高等师范院校
GAODENG SHIFAN YUANXIAO

化学教育教学前沿研究
HUAXUE JIAOYU JIAOXUE QIANYAN YANJIU

陈光巨　万　坚◎顾　问
林　深　陈建新　黄紫洋◎主　编

北京师范大学出版集团
BEIJING NORMAL UNIVERSITY PUBLISHING GROUP
北京师范大学出版社

图书在版编目(CIP) 数据

高等师范院校化学教育教学前沿研究／林深，陈建新，黄紫洋主编.—北京：北京师范大学出版社，2010.10

ISBN 978-7-303-11588-4

Ⅰ. ①高… Ⅱ. ①林… ②陈… ③黄… Ⅲ. ①化学－教学研究－师范大学 Ⅳ. ①O6-42

中国版本图书馆 CIP 数据核字（2010）第 194344 号

营销中心电话 010-58802181 58808006
北师大出版社高等教育分社网 http://gaojiao.bnup.com.cn
电子信箱 beishida168@126.com

出版发行：北京师范大学出版社 www.bnup.com.cn
北京新街口外大街 19 号
邮政编码：100875

印　　刷：北京京师印务有限公司
经　　销：全国新华书店
开　　本：184 mm × 260 mm
印　　张：19
字　　数：404 千字
版　　次：2010 年 10 月第 1 版
印　　次：2010 年 10 月第 1 次印刷
定　　价：60.00 元

策划编辑：范　林　　责任编辑：范　林
美术编辑：毛　佳　　装帧设计：天泽润
责任校对：李　菡　　责任印制：李　啸

内容提要

《高等师范院校化学教育教学前沿研究》一书收录了第十三届全国高等师范院校化学课程结构与教学改革研讨会提供的部分教育教学研究论文，共 85 篇。论文主要涉及我国高等师范院校化学教育和教学改革与创新方面的内容，大体归纳为如下 5 个方面：第 1 章　高师化学专业人才培养模式改革与创新(22 篇)；第 2 章　高师化学专业课程建设与理论教学改革与创新(14 篇)；第 3 章　高师化学实验与实践教学改革与创新(17 篇)；第 4 章　高师化学专业学科环境建设改革与创新(21 篇)；第 5 章　高师化学专业衔接教学研究改革与创新(11 篇)。这些论文反映了最近我国高等师范院校化学课程结构与教学改革与创新在教育教学领域所取得的研究成果，对我国高等师范院校化学教育教学和高素质人才培养具有一定的指导和参考作用。

前 言

为了加强我国高等师范院校化学课程结构与教学改革，提高教育教学质量，更加有效地服务于基础教育与社会经济发展的需要，促进同行相互联系与交流，受教育部化学教学指导委员会师范协作组委托，第十三届全国高等师范院校化学课程结构与教学改革研讨会于 2010 年 11 月 12～16 日在福建福州召开。本次会议旨在交流近年来我国高等师范院校化学课程结构与教学改革所取得的成果，研讨在实施高等教育质量工程中的经验，探讨新时期高等化学教育所面临的机遇与挑战。

会议征文得到各校教师踊跃响应，收到的论文经审阅、遴选，结集出版《高等师范院校化学教育教学前沿研究》一书。本书编辑收录的 85 篇论文凝聚了全国高等师范院校各化学学院(系)中潜心于教育教学工作的教师和教学管理人员的心血，既反映了我国高等师范院校教育改革与创新的前沿研究成果，又汇集了作者对我国未来教师教育发展的真知灼见。根据所收录论文的内容和研讨会主题，我们将论文按 5 章归纳整理：高师化学专业人才培养模式改革与创新、高师化学专业课程建设与理论教学改革与创新、高师化学实验与实践教学改革与创新、高师化学专业学科环境建设改革与创新、高师化学专业衔接教学研究改革与创新。

由于论文提交时间的跨度大，不同作者所提供的论文格式不尽相同，而编辑时间和编者的水平有限，论文的审理、编辑等工作难尽如人意，错误和不妥之处在所难免，恳请作者和广大读者批评指正。

本书的编辑出版得到了教育部化学教学指导委员会师范协作组的悉心指导，会议承办单位福建师范大学化学与材料学院给予了经费上的资助，北京师范大学出版社给予了大力支持，北京师范大学陈光巨教授和华中师范大学万坚教授也给予了大力帮助。在此，对所有为本书出版给予关心和支持的单位和个人一并致以衷心的感谢！

第十三届全国高等师范院校
化学课程结构与教学改革研讨会组织委员会
2010 年 8 月

目　录

第 1 章　高师化学专业人才培养模式改革与创新

高师化学人才培养应坚持教师教育特色

黄元河，李奇

（北京师范大学化学学院，北京，100875）

摘要：本文从化学专业学生对教师职业的认识，高师院校学生就业和公费师范生培养的角度，讨论了坚持教师教育特色的必要性和重要性。

我国的高等师范院校在向综合性研究型大学靠拢，化学学科也同样顺着这个潮流推进，这个进程尚未完结，仍在进行中。应该说这是社会发展趋势对师范院校培养人才的要求，也是高师人才培养模式适应社会需求进行改革的一个重要方面。我国社会对于中学教师也有了更高的要求。在有关教师培养方面的研究文章，以及报纸杂志和互联网的讨论中，常可见到认为即使是从事基础教育的中小学教师，也要求培养成为研究型教师的论述。也就是说，对中小学教师，我们也希望其能成为有很强研究能力的教育家。事实上，对于城市中学，本科生已经很难进入。相当大的一部分城市中学已经早就要求教师应具有研究生学历，一部分中学甚至还要求应聘教师为博士研究生。这种情况表明了社会对基础教育人才培养的高要求，虽然也不完全排除一些单位过于追求高学历的盲目性。因此，我国的高师转型是一个必然的趋势。北京师范大学高等教育研究所在一份调研报告中[1]，给出本校 2004 级学生对教师事业问卷调查结果。调查结果表明，愿意把教师作为终身职业的学生仅占约 12%，另有约 10%的学生选择将教师职业作为长久的谋生手段。两项加起来，愿意长期从事教师职业的学生只有 1/5 强。也就是说，这个年级的大多数学生今后工作的意向与教师无关。这也是高师院校转型的明显标志之一。但是，无论是从历史的角度、现实的考虑，还是从将来的发展，在高师院校向综合性研究型大学转型的同时，应该保持教师教育特色甚至还应该强化教师教育特色。特别是对于化学这样的传统学科，更需要坚持教师教育特色。下面简单地从三个方面进行讨论。

1. 学生当教师的强烈愿望

化学专业的很多学生报考师范院校，就是为了将来成为一名教师。化学专业学生这方面的倾向在理科学生中似乎是最强烈的。例如，在我参加过的对本院“4＋2”模式报名学生进行面试时都会看到几名学习成绩和综合排名都在前几名的学生。所谓“4＋2”模式，指“4＋2”教育学硕士培养模式，即以培养专业教师为目标，在 4 年本科专业学习的基础上，硕士阶段的 2 年在教育学院学习教育学、心理学、学科教学法的相关课程并进行教学实践，同时研修部分专业课程的研究生课程。“4＋2”模式培养是收费的。这些优秀的学生完全有条件被推荐为3年制的研究生，并享受公费待遇。但他们就是想当中学教师，几乎所有学生都会提到中学教师是他们中学起，甚至是小学生时就拥有的梦想，就是想尽快地成为一名中学教师。"4＋2"模式是实现他们梦想的较快和较合适的途径。对于前面提到的对我校学生的调查，虽然总体愿意长期从事教师职业的学生只有1/5强，但化学专业学生却超过1/3，占到35.5％，仅次于历史学院学生的42.3％。而且需要特别指出的是，化学专业学生把教师作为终身职业的比例为22.6％，为全校最高。传统理科的数学专业这个比例为第二高，占13.6％，物理为11.8％。顺便提一下，历史学院学生把教师作为终身职业的比例仅为7.7％，但作为长久的谋生手段的比例高达34.6％。当然，这个调查仅限于北京师范大学2004级学生，所得的数据和结果的适用性和广泛性仍需要更多的检验。但是，看起来化学专业学生立志终身从事教育事业的愿望更强烈，很有可能对于教师教育的培养方面有更高的期望，我们应该加强这方面的建设，不辜负学生对我们的期望。

2. 公费师范生(免费师范生)培养问题

作为承担国家这一战略任务的部属师范大学必须强化教师教育特色，以实现国家的战略目标。由于基础教育对新发展学科师资需求不大，培养任务主要由传统学科担任。例如，北京师范大学化学专业自2007年以来，每年新生中，公费师范生占该年级学生的比例已超过50％，甚至达到60％多。而其他部属院校化学专业的公费师范生的比例可能更高。公费师范生的培养目的主要是为我国西部地区培养大批优秀的基础教育教师。在这样一个明确的目的下，发展和创新教师教育是必然的选择，这也极大促进了部属师范大学教师教育领域的改革与探索，同时也强化了部属师范大学的教师教育特色。

对于公费师范生的培养，下面是我们所采取的一些具体措施：

(1)制定并逐步完善化学教师教育专业课程方案

在制订教师教育类课程计划时，按照了解化学教育现状—化学教育理论学习—化学教学实践的思路系统设置各门化学教师教育类课程。

(2)加强了化学教师教育专业师资队伍的建设

为了加强化学教师教育类课程的建设，我们首先加强了师资队伍建设，除了聘请一线中学高级、特级教师作为学生的导师外，学院教学指导委员会多次专题讨论公费师范生培养问题，以指导和加强公费师范生的教学。

(3)增加化学教师教育实践的教学

化学教师教育专业建设很重要的一环是要重视化学教师教育实践课程的建设。为此，我们花了大力气来解决公费师范生的化学教学见习、实习等教学实践基地的建设问题。我们积极主动在西部地区建立了实习基地，得到了当地负责部门的大力支持。在教学实践环节，我们提出了全程渗透的概念，一年级新生就进行见习观摩活动，了解中学教育中教与学的关系。例如，我们从新生一年级起就组织参加北京市教研室组织的化学教学观摩活动，使学生了解、感受教育先进地区的化学教学及研究活动。

(4)探讨培养研究型中学化学教师的途径

在未来的中学化学教师是研究型教师的看法上，达成一定的共识。所谓研究型化学教师，一是要对化学科学进行研究；二是要对化学教育教学方法进行研究。为此我们聘请国内外化学科学家、化学教育教学及研究工作者举办讲座，使学生了解当前化学科学发展的最新进展和化学教育教学的发展趋势。

(5)加强实验教学，鼓励学生进行中学化学实验教学设计与创新

化学实验在中学化学中占有重要的地位。基础教育化学新课程中对化学实验的认识不仅是帮助学生学习化学知识，而且是学生学习化学知识的源泉。因此，在化学教师教育类课程中加强实验教学并鼓励进行创新设计是培养未来优秀化学教师的重要途径。为此，化学学院利用“国家化学实验教学基地”的一切优质教学资源，并添置了现代化的中学化学教学仪器，让学生开展中学化学实验的演示、组织、设计和创新等活动。

3. 学生就业竞争

可以说在基础教育领域的就业，师范院校学生一直具有优势。但在越来越多的各类大学学生也往这个领域谋求发展的情况下，这种优势现在已经明显趋弱。经过改革开放30多年的社会发展，人们越来越认识到教育的重要性。现在的中小学教师已是得到社会尊重和学生向往的职业，不应该使我们的学生丧失在这方面的竞争力。恰恰相反，需要加强和提高我们学生在这个领域就业的竞争力，保持我们的优势地位。这就需要在提高科研能力的同时，继续保持和强化我们的师范特色。学生的就业竞争能力也是一所学校良好声誉的重要保证，还是反映学校竞争力的一个方面。当然，良好的科研训练水平和掌握扎实宽广的学科专业知识非常重要，这是成为一名优秀学科专业教师的基础要求，仅此是不够的。每年我们都会与实习学校的教师和管理人员进行座谈和访谈，在提到我们的学生到中学应聘教师职位时，多次听到这样的问题：“以后你们的学生用什么来与综合性大学的学生竞争?”这个问题的确值得我们深思。

参考文献

[1]北京师范大学教务处，北京师范大学高等教育研究所. 北京师范大学本科人才培养方案参考材料(二)：学生调研报告. 2007.

对化学创新拔尖人才培养方案的探讨

林深，陈建新，杨发福，黄紫洋，颜桂炀

(福建师范大学化学与材料学院，福州，350007)

摘要：福建师范大学化学创新拔尖人才培养的研究与实践拟从2010级入学的新生开始实施，每年将从新生中选拔约30名优秀的学生，从院内外集中优秀的教师资源，组成教授团队授课，实行导师制，让学生较早参加科研训练，在科研实践中学习，同时在管理上引入滚动竞争制，实行动态管理，旨在为海西更好更快地发展培养高素质化学专业拔尖人才的后备军。

关键词：化学高等教育；创新拔尖人才培养模式；实践与管理

1. 项目研究与实践的背景

《国家中长期教育改革和发展规划纲要(2010—2020年)》中强调，今后十年我国教育改革发展要贯彻优先发展、育人为本、改革创新、促进公平、提高质量的方针，特别强调要把改革创新作为教育发展的强大动力，健全充满活力的教育体制。这对加快推进教育改革和发展，建设人力资源强国具有重大战略性指导意义。为了适应我国国民经济和科学事业发展对人才的需求，原国家教委早在1990年兰州会议上对我国高等理科教育的发展作出部署，制定了一系列加强理科基础人才培养的政策，先后批准了一批学校的一些专业为国家理科基础科学研究和教学人才培养基地专业。经过20年来的改革与实践，厦门大学、武汉大学、郑州大学等化学人才培养基地(班)以"强化基础、注重能力、面向前沿、提高素质"作为基地教学的指导思想，在完善办学条件，优化师资队伍，更新教学思想观念，改革课程体系与教学内容，优化人才培养模式等方面进行不断的探索与实践，立足培养知识、能力、素质三位一体的新世纪人才，探索出了各具特色的人才培养模式。

然而，20世纪以来的化学诺贝尔奖依旧与中国本土无缘，这不得不引起我们对国内人才培养模式的反思。培养具有创新精神和创造能力的高素质人才，高等院校责无旁贷、任重道远；本科教育是人才成长的关键时期，本科人才培养模式的改革至关重要。为全面贯彻落实《国家中长期教育改革和发展规划纲要》和我校第五次本科教学工作会议精神，深化教学改革，推进教育创新，提高人才培养质量，本项目拟以化学专业为试点研究化学拔尖人才培养模式并付诸实践，为省属高校培养高端人才探索途径和积累经验，为海西更好更快地发展培养高素质化学专业拔尖人才的后备军。

化学专业拔尖人才培养计划拟从2010年秋季入学的新生开始实施，它不同于一般本科专业的培养，要求学生具有良好的科学素养和扎实的专业基础，及时跟踪学科发展趋势及前沿，具有较强的创造能力和交叉学科扩展能力，有能力继续深造从事基础研究和实践应用研究，成为适应能力和发展潜力强的新型复合型人才。化学专业拔尖人才的培养将以"导师制、课程负责人制、滚动竞争制、奖学奖教制、齐抓共管制"等措施，通过教学管理模式的探索，调动拔尖人才班教师和学生教与学两方面的积极性、主动性，在其内部形成良好的学术氛围和学习风气，带动其他相关专业学生学习的积极性，对学院良好教风、学风的形成起示范和带动作用，促进整体教学质量的提高。通过本项目的实施，对"化学拔尖人才的培养"先行先试，总结经验，为其他专业整体提高人才培养质量提供借鉴和参考作用。

2. 项目建设与实践方案

2.1 项目研究与实践的基础

化学(师范)专业是我校品牌专业，是我省特色专业，具有悠久的历史和办学经验，培养出以卓仁禧、姚建年院士为代表的著名科学家、学者。目前，本专业师资力量雄厚，教学与培养人才经验丰富，在教学与科研中均颇有建树，已形成一支教学科研经验较为丰富，高学历、高职称、中青年结合的教师队伍。近年来，本专业教师关注教学改革，在培养人才方面狠下工夫，取得了一系列可喜的成果。化学(师范)专业本身已具备较好的教学改革研究的基础与环境，各级精品课程的建设也为教学改革研究奠定了一定的物质与学术基础，化学省级教学示范中心和高分子材料重点实验室的仪器设备为该项目的研究与实践提供了全方位的支撑。

2.2　项目研究与实践的方法

(1)学生的遴选。注重考察学生的综合能力、学生的兴趣和发展的潜质，实行动态统筹机制，将最优秀的学生选入培养计划当中。

(2)教师的配备。安排高水平的专家学者担任专业的导师和授课教师，聘请海内外知名学者参与教学和科研训练。

(3)培养模式。突出个性化的培养，积极开展教学理念、模式、内容和方法的改革，让学生有自由探索的时间和空间，鼓励学生自主学习，参加科学研究的项目训练，培养他们的科研兴趣，从而使他们志向更加远大，心态平和，德才兼备，成为未来一流的学者和一流的科学家。

(4)营造学习和学术氛围。通过对世界级的科学家的访问、高水平学术报告等形式，营造浓厚的学术氛围和开放平等的交流氛围，激发学生的求知欲和创新的愿望。

(5)制度上的创新。学生管理实行“导师制”和班级管理相结合，制订灵活的课程选修、免修、缓修等制度。

(6)其他条件的支持。重点实验室、开放实验室、创新平台、实验教学示范中心等，向实验班学生开放，并为学生创新活动提供专门的支持，包括经费的支持、条件的支持、空间的支持。

2.3　项目研究与实践的内容

(1)实行“导师制”，强化科学素质培养。在 2010 年入学的新生中遴选 30 名左右的学生编成“重点班”，从一年级开始配备导师，有意识地循序渐进地在科学精神、专业思想、课程学习、实验技能、文献资料的检索和科研论文的撰写等方面给予系统指导。一方面，结合课堂教学和前沿知识讲座，指导学生撰写课程论文；另一方面，鼓励学生尽早进入教师的科研课题组，培养学生的科学研究能力。其中抓好“导师制”的落实问题，才能充分发挥导师对试点学生在各方面的引导作用，使导师和学生的职责分工明确、到位。

(2)改革教学方式，营造“双语”氛围。采取“精讲多练”与“课堂讨论”相结合的课堂教学方式，注重学生独立思考、勤学好问能力和自我获得知识能力的培养。基础课实施“双语教学”，先采取英文教材、英文 PPT、中文授课的方式，而后过渡到全英文教学，结合化学专业知识，使学生的英语水平在“听、说、读、写”方面得到显著提高。克服“双语教学”的语言障碍，突破大一新生专业基础和英语基础薄弱的障碍。

(3)注重实践能力培养，提升综合素质。提供良好的实验教学条件，单独编班，单独开课，各类化学实验实行一人一套仪器、单人操作，提高学生的动手能力；鼓励学生自带实验题目进行科学研究，培养学生敢于质疑和勇于创新的科学精神；优先组织学生申报各级各类大学生课外科技计划项目和各种竞赛活动，让学生在实践中学习，提高学生的创新能力和综合素质。

(4)创新人才选拔机制，保证人才质量。对进入“拔尖人才班”的学生在提供良好条件的同时也要让他们体会到“拔尖人才”不应有优越感，而要有强烈的使命感。在人才选拔的管理上引入滚动竞争制，实行开放式动态管理，即采取考试成绩为主、兼顾综合素质的评价体系，做到优胜劣汰，不断激励学生的进取心，同时鼓励普通班优秀学生补充进入“拔尖人才班”学习，保证人才培养质量。

3. 项目研究与实践的特色

(1)强化专业主干课程体系。为夯实学生专业基础，在培养方案设计过程中，强化专业主干课程体系，加大课时量，设置8～10门专业主干课程，每门课程配备最优秀的专业教师授课。同时，要求将知识传授与研究方法、研究能力的培养结合起来，实行主干课程小班授课，全面实施研究性教学，以问题为导向，以大作业、专题研究、课程设计、阅读报告、研究性实验等为载体，引导学生进行探索式学习，逐步培养学生自主学习和发现问题、解决问题的能力。

(2)构建科研训练体系。对学生实践能力、科研能力和创新能力培养进行一体化设计，构建做学融合的科研训练体系。该体系纵向分为科研训练课程、科研活动、学科竞赛三个系列，横向分为基础层、专业基础层和提高层三个层次，实现理论与实践的结合、课内与课外的结合、结果与过程的结合，确保科研训练和创新实践贯穿人才培养全过程。

(3)突出跨文化交流能力培养。通过大学英语课程、双语课程、学术讲座、文献选读、中高级英语选修课程以及竞赛等课外活动，确保学生英语学习4年不间断。此外，积极为学生提供参与各类科研项目开发与研究的机会，促使学生增长专业知识和技能、扩展知识领域、开阔国际视野。

首届化学拔尖创新人才培养实验班将从2010级化学(教育)专业新生中选拔，人数30人，进行独立设班开课，配备“一流条件、一流师资、一流氛围”。将通过考查学生综合能力、兴趣和发展潜质，将最优秀的学生选入培养计划。学院为他们配备高水平专家学者作为导师，进行个性化培养。学生可以在中心实验室创新平台、重点实验室进行研究学习，并有机会到国外一流大学学习和交流。在本科阶段四年学习中给予灵活的选择学科方向的机会，注重研究性教学，将科研训练列入教学计划，实行本科生导师制，贯通本科和研究生教育，实现80%以上本科毕业生继续攻读研究生。通过本项目实施，研究并总结出化学创新拔尖人才培养的模式与方案，使试点班学生的整体素质和培养质量显著优于往届生和本届普通班学生，实现对人才学习潜能最大限度的发掘，为研究生教育输送高素质的后备人才，为更好更快地建设海西输送拔尖人才。

参考文献

[1]尚仁成，阮东，熊家炯．基础科学拔尖人才培养模式的探索——清华大学基础科学班简介[J]．物理，2006，35(5)：398－401.

[2]郭祥群，王尊本，朱亚先．发挥学科优势，建设好理科化学人才培养基地——厦门大学化学基地建设的实践与体会[J]．大学化学，2000，15(2)：22－25.

[3]蔡少华，罗裕基．面向21世纪，办好人才培养“基地”——谈谈关于化学基地班的建设问题[J]．大学化学，1995，(6)：16－17.

融合、创新、特色、示范
——国家化学特色专业建设实践

肖小明，尹笃林，曾跃，毛丽秋，何红运，李志强
（湖南师范大学化学化工学院，长沙，410081）

湖南师范大学化学专业于 2008 年被正式确定为国家特色专业。作为师范院校的化学专业，其建设目标自然要服务于教师教育的发展。我们基于对师范教育促进社会发展的必要性和先进性的认识，觉得高等师范院校要突出教师教育特色，必须加强学生综合素质和创新能力的培养。根据国家特色专业建设的要求和学院实际状况，我们在化学特色专业建设过程中提出了“融合、创新、特色、示范”的建设理念。本文简单介绍按照这种专业建设理念所开展的专业建设实践及几点认识。

1. 融合——“理工教融合”

我们通过对国内外教师教育的比较研究，立足化学学科对社会发展的作用、化学专业人才培养在基础教育发展中的责任和学生个性发展的实际需要，在近十年的实践中建立和发展了“理工教融合”的湖南师范大学化学化工学科系统。对于化学特色专业，通过“理工教融合”的人才培养模式的实施，将学生培养成适应社会主义现代化建设所需要的，具有良好的道德品质和社会责任感、务实的人文精神和科学精神，初步的科学研究能力和创新意识，基础知识扎实、基本理论深厚、基本技能强劲的理学—工学—教育学融合的高素质化学教师与化学专门人才。

借鉴国内外著名高校人才培养的成功经验，学院于 1998 年、2003 年、2006 年和 2008 年对以往的人才培养方案进行了全面修订。逐步形成了“理工教融合”的课程体系，即将 165 学分的课程分为必修课(109 学分)和选修课(56 学分)。公共必修课(53 学分)，包括马克思主义理论课、大学语文、大学英语、大学体育、数学、计算机基础等，以全面提高学生的思想素质、政治素质、文化素质、身体素质、道德修养和社会适应能力。专业必修课则是以无机化学、有机化学、分析化学、物理化学和化工原理作为主干课(28 学分)，培养坚实的理学基础；以三级(基本操作、综合训练、研究设计)实验课程(15 学分)和工科方向选修与课程模块、课程设计及研究性学习的相应课程(18 学分)，增强工学知识与技能，培养解决生产生活中实际问题的能力；以教育心理学系列课程、教师教育弹性素养课程(12 学分)、双语课程、信息课程和教师技能训练培养现代师范教育素质，亦即形成“理工教融合”的公共课、专业课、弹性素养课和文化素养课立体交叉式的课程新体系，既彰显教师教育特色，又拓宽学生知识面，提高学生综合素质。

学院还从办学的学科专业、教师团队中的学位类别与学院结构、教育教学条件建设、科学研究与社会服务的各领域，全面地探索了“理工教融合”的途径和方式，形成了化学专业的办学特色，促进了毕业生就业与在工作岗位的持续发展[1~4]。在 2006 年于西安召开的第十一届全国高等师范院校化学课程结构与教学改革研讨会上，我们递交的《“理工

教融合”与产学研结合发展高师化学专业》[2]被大会组委会选为八个大会报告之一，这种人才培养实践中形成的特色也在湖南省重点专业评估和国家本科教学评估中均受到专家的肯定和赞扬。在2008年举行的第12届全国高等师范院校化学课程结构与教学改革研讨会中，与会代表对我们探索出的“理工教融合”的人才培养特色给予了积极的评价，大家一致认为这是高等师范院校化学专业发展中所探索的有效途径之一[5]。

学院完成的“理工教融合与产学研结合发展高师化学专业的研究与实践”的教学改革成果获得了2008年湖南省高等教育教学成果二等奖。

2. 创新——教师教育创新

2.1 教师教育理论创新

多年来，我们根据人才培养需要和高等教育发展趋势，针对理工教融合化学化工人才培养的目标和模式开展理论研究与探索，提出了高师的综合性发展有利于学生个性发展与创新人才培养；师范教育与教师培养模式的发展需要创新，创新性是师范性的本质所在；基础教育的发展需要高师加强学科建设，促进学生和教师不断提高研究能力与学术水平；“理工教融合”是高师院校化学专业发展和创新的有效途径等一系列创新观点。形成“研究—建设—培养”高素质化学教师三维培养方案。我们先后在第十一届(2006年)和第12届(2008年)全国高等师范院校化学课程结构与教学改革研讨会上大会报告“理工教融合”人才培养模式研究成果，产生了积极反响。2001年以来，获得与本项目相关的国家级教改立项3项，省级立项10项，校级立项16项。获国家级教学成果奖1项，省级教学成果奖6项。

2.2 教师教育创新实践探索

我们构建了国家、省、学校、学院四级创新实验体系，学院规定每位高级职称教师都要将科研成果转化为本科生创新实验项目，并通过科研导师制使学生的创新实验落到实处。学院从2007年开始在化学专业全体本科生中推行中期研究性学习，即二学年完成后，学生自主选取感兴趣的课题和指导教师，利用暑假到开放实验室和科研室进行研究性学习，完成研究性学习报告或小论文，以此作为中期水平考试成绩的评判依据。中期研究性学习的选题主要目的是激发学生的创新意识，让学生尝试开展研究的乐趣，并认识自己的不足，为以后的学习把握方向，为本科毕业论文打下良好基础。同时，也可从中发现有价值的研究课题，有利于选拔有特色的大学生创新试验和“挑战杯”等科技创新参赛作品。近年来我院学生课外科技创作的作品在全国大学生“挑战杯”赛中获二等奖1项，湖南省大学生“挑战杯”竞赛中获特等奖1项，一等奖2项；本科生获发明专利1项(为我校首创)；在湖南省首届(2007年)和第2届(2009年)大学生化学实验竞赛中，我院选送的6名学生有5人获一等奖(每届一等奖名额6人)，1人获二等奖；自国家大学生创新实验项目实施以来，我院本科生获得国家大学生创新实验18项，湖南省大学生创新实验6项；在国内外学术刊物发表成果18项，52篇论文被评为湖南师范大学本科生优秀创新实验论文，5名学生的研究成果参加了全国首届大学生创新实验成果展，4名本科生论文获湖南省有机化学化工课外创新奖。

3. 特色——“理工教融合”基础上的教师教育特色

我院化学专业的显著特色是“理工教融合”基础上的教师教育。为了突出教师教育特色，我院从20世纪末以来在化学专业逐步推行四个“四年一贯制”。

3.1　教师教育四年一贯制

一年级主要进行“三字一话一机”(钢笔字、毛笔字、粉笔字、普通话、计算机)的现代教师基本技能训练，开展师德教育，弘扬“仁爱精勤”精神；二年级实施“课前5分钟的即兴演讲”训练和研究性学习，学年末的暑假应对中学研究性学习课程开展中期研究性学习实践与评价活动，并以此作为中期水平考试成绩的依据；三年级主要通过化学教学论系列课程进行教学技能达标训练，进行第一次教育实习和教育调查，引导学生热爱教师职业；四年级主要进行第二次教育实习和实习后的以说课为主的教学技能提高训练，全面强化，提高职后工作适应性。

3.2　实践创新能力培养四年一贯制

四年一贯制的实践教学分为五个环节。

(1)实验课程教学。创设了基础、综合、研究设计性三级化学实验课程新体系，即一级为基本操作训练；二级为化学基本原理性质验证和物质分离、鉴定、合成、制备与表征等实验技术的综合培养；三级为实验设计能力和研究能力的强化。形成基础—综合—研究设计三层次的实验室开放格局。实践证明该体系更有利于学生基本技能、综合思维能力和创新能力的培养。该实验教学改革项目于2001年获得国家教学成果二等奖。

(2)中期研究性学习。学院从2007年开始在化学专业全体本科生中推行中期研究性学习，即二学年完成后，学生自主选取感兴趣的课题和指导教师，利用周末和暑假到开放实验室和科研室进行研究性学习，完成研究性学习报告或小论文。

(3)大学生创新实验。大部分学生参加国家、省级、校级、院级大学生创新实验。并将科研导师制与大学生创新实验结合起来。

(4)工厂见习。化学专业的工厂见习安排在第七学期，与化工原理、化工制图等工科课程相衔接，其目的是通过理论联系实际，巩固、拓宽所学的理论知识，培养分析问题和解决实际问题的能力；让学生“眼见为实”，真实了解实践、了解工厂、了解社会、了解国情。我们与国家一级企业长岭(集团)股份有限公司、中国南方最大的化工原料生产基地之一的湖南株洲化工集团有限责任公司、岳阳石油化工总厂、湖南海利化工股份有限公司等大型化工企业建立了产、学、研合作关系。这些现代化化工企业作为化学专业的见习基地，不仅提供见习场所，而且提供工程技术人员作为现场见习指导教师，为保障工厂见习效果发挥了重要作用。

(5)毕业论文。毕业论文是大学四年学习的综合测试，集中体现了学生应用知识分析、解决实际问题及进行科学研究的能力。学院制定了《化学化工学院本科毕业论文质量控制程序》，从论文选题—开题报告—中期检查—论文写作—论文答辩五个环节做出明确规定，把好论文质量关。毕业论文选题采取教师根据自身的科研课题拟题，由学生根据自己的兴趣和爱好选择。通过开题报告监控和研究室主任把关，使选题都具有学术价值或实用意义。从2004年开始，在保证专业水平的条件下，积极鼓励本科生用双语(英汉)

写作毕业论文。

3.3 双语教学四年一贯制

自2002年以来，化学专业已对“无机化学”“分析化学”“有机化学”和“中学化学课程”开展双语教学，这四门课程分别在一、二、三、四学年开设，并让部分本科生用双语撰写毕业论文，保持双语教学的四年一贯制的连贯性，以培养适应新时代要求的能够承担发达地区双语教学的中学化学教师。今年3月，英籍学者Samantha Jenkins和Steven Robert Kirk两位博士加盟我院，为双语教学创造了良好条件。

3.4 化学信息教育四年一贯制

信息技术的应用是当代教师工作的基本功之一，掌握信息的能力是教师职后继续发展的基本保障。我们从2001年开始将计算机课程与化学教育技术、化学信息课程进行整合，提出四年一贯制的化学信息教育，以更有效地提高学生对化学信息的获取、加工、创新和表达传授的能力。该项教改研究于2004年获得学校教学成果二等奖。

4. 示范——以良好建设效果示范

按照“理工教融合”的构想对化学专业进行建设以来，已取得了明显成效。学生学习积极性高、成绩好，综合素质高，就业竞争力强。本科生大部分必修课程考试一次性通过率达到90%以上；2003级以来本科生英语四级通过率都达到98%，六级通过率都达到50%以上；2005～2009届学生计算机等级考试通过率均达100%；由于学生素质高、竞争力强，本科生考研录取率一直名列学校前列：2006年39%，2007年40%，2008年39%，2009年39%，2010年42%；本科毕业生一次就业率连续4年在全校名列第一；由于毕业生的综合素质好，很快能在工作中崭露头角，如在2009年举行的湖南省高中优质课程比武和实验创新大赛中，获一等奖的教师一半以上是我院毕业生。

国家化学特色专业建设还推动了学院质量工程建设工作的展开：继化学国家特色专业后，我院于2009年又获得国家级“‘理工教融合’化学化工人才培养模式创新实验区”，2010年姚守拙院士领衔的“化学实验教学团队”被评为国家级教学团队，“分析化学教学团队”被评为省级教学团队，尹笃林院长被评为省级教学名师，并有一名教师被评为学校“十佳师德标兵”，一名教师获学校青年教师课堂教学艺术大赛一等奖(全校仅5名)的第一名。此外，分析化学教研室被评为湖南省首批“优秀教研室”(2008年)，学院推荐的“湖南康源制药有限公司”被评为省优秀实习基地(2009年)，蒋雁峰副教授进入“评师网”全国2009年通识类课程最受欢迎十大教授榜(211院校类，排名第6)。从而在教学模式、课程、内容、方法和教师与团队等各项工作全面提高了质量，系统地促进了人才培养的能力。

参考文献

[1]尹笃林，肖小明，曾跃，等. 高师化学人才培养中师范性与学术性融会点的思考[J]. 高师化学教育创新，2008，(3).

[2]尹笃林，肖小明，曾跃，等. “理—工—教”学科融合发展高师化学专业的实践探讨[A]. 高等师范院校化学教学改革研究论文集[C]. 西安：陕西师范大学出版社，

2006：48.

[3]肖小明，尹笃林，曾跃．不断深化教学改革，提高本科教学质量[A]．第一届大学化学化工课程报告论坛论文集[C]．北京：高等教育出版社，2006.

[4]肖小明，尹笃林，曾跃，等．在理工教融合的基础上凸现化学专业教师教育特色[J]．高师化学教育创新，2008，(23).

[5]肖小明．第12届全国高师化学课程结构与教学改革研讨会纪要．教育部高等学校教学指导委员会通讯，2009，69(2).

高师化学专业开设STS课程的探讨

霍爱新，沈玉龙

（唐山师范学院化学系，唐山，063000）

摘要：STS教育已经进入中学化学新课程，要求高师在人才培养上与基础教育相适应，开设相关的STS课程，以保障师资的支持，使师范生具备进行STS教育的条件性知识和本体性知识。高师化学专业开设STS课程有不同的形式，但课程内容是实现课程目标的关键。STS教育应该以化学科学发展、化学技术、化学技术对社会的影响为核心，与基础化学教育和高师课程结构相适应。

关键词：高师；化学专业；STS教育；课程设置；课程内容

STS是Science(科学)、Technology(技术)、Society(社会)的缩写，是一个广泛的教育领域，它的基本点是突出科学技术在社会中的应用以及科学技术和社会之间的联系和相互作用[1]。STS教育是为培养了解科学技术及其后果，能够积极参与与科学技术有关的社会问题的决策，具有一定科学素养的公民而进行的一种教育。我国新课程改革非常重视STS教育[2]，STS教育观认为：基础教育应当传授与当代生活的重要方面有密切联系的科学知识，科学内容应该与每个学生的需要有关。化学作为一门重要的自然科学，化学技术在社会生活中广泛应用，与学生的生活密切相关，所以此次课程改革无论是初中化学，还是高中化学，从课程设置到教材研制都充分体现了STS教育理念。

与中学化学教育改革相适应，高师化学专业STS教育也受到了重视。高师化学专业的学生需要具有基本的STS教育观和相关的本体性知识，才能适应基础教育改革，保证师资的支持[3]。因此，高师化学专业设置有关课程进行STS教育，或在已有的相关课程中增加STS内容是非常必要的。

高师开设STS课程应该有两个目的：一是进行STS教育的条件性知识养成，培养师范生具有STS教育理念，了解中学化学STS教育的重要性以及实施STS教育的模式和知识体系，在从事中学化学教育工作中能够有意识地对中学生进行科学素养的培养；二是进行STS教育的本体性知识养成，使师范生了解化学科学的发展，了解化学与技术，化学与社会的关系，在教学的过程中能够根据教学内容进行STS教学设计。

以上培养目标需要通过高师相关课程的设置或在教学中增加相关内容来实现。目前，虽然高师化学专业STS教育观受到了重视，但无论是课程设置还是在教学中增加相关内容，都不系统不完整，课程设置和教学内容随意性很大。下面从教学和课程设置两个方面讨论一下高师化学专业STS教育。

1. 在不同专业课的教学中进行STS教育

自从STS教育观提出，尤其是中学化学教育改革及化学新课程开始实施，很多教师在各专业课的教学中就开始有意识地进行STS教育，如在有机化学、无机化学、仪器分析等课程及实验课程中进行STS教育[4~6]。这种STS教育不是以课程的形式出现的，是非规定性的，需要教师具有STS教育理念，在教学的过程中以不同的教学内容为载体进行知识的拓展、理念的渗透，并和教学内容整合，让学生了解化学技术的发展以及与社会、生活的关系。但是这种STS教学的形式，一个缺点就是很大程度上决定于教师的教育理念，很难系统化，也很难全面实施；另一个缺点就是不同的课程，在进行STS教育的时候会有不同程度上的重复。例如，在教无机化学时，可能根据某一教学内容，对学生进行绿色化学概念的渗透，而在教有机化学时也有可能进行相同内容的渗透，因为绿色化学是化学发展中的一个重要概念和一种重要理念，这样就会造成教学内容的重复。

2. STS独立课程的设置

目前很多高师院校化学专业都开始开设STS教育的相关课程，这些课程设置形式有两种，一种是通过不同的分科课程群来实现；另一种是通过综合的STS课程来实现。

一些学校在培养方案中，设置相应的分科课程群来实现培养目标，如化学与社会、化学与环境、化学与能源、化学与生活、化学与健康、化学与材料、绿色化学等相关课程，这些课程群形成课程模块，主要是为了知识拓展，都具有STS教育理念，也是进行STS教育的一种课程设置方式。但是这种课程设置需要对课程群进行整合，避免课程之间的重复和课程门数增多，增加学生的学业负担。在课程文件制订时，如大纲的设置要综合考虑各课程之间的关系和内容整合。

还有一些学校在培养方案中，设置STS教育综合课程，以化学学科发展和化学技术以及化学技术对社会的影响为核心，形成知识体系。这种综合课程内容大多数也包括化学的发展及化学科学的价值观，化学与技术，化学技术对社会的影响，同样会涉及环境、能源、生活、健康等问题。这种课程设置的方式比较有利于本体性知识的养成，也可以避免分科课程的重复。

无论是STS教育的分科课程还是综合课程，课程目标和课程性质在本质上都是相同的，只是课程名称和组织形式不同，而实现课程目标的关键是课程内容的设置，所以探讨STS课程的内容设置是更重要的。

3. 高师化学专业STS课程内容的构建

教学内容是课程的实体要素，是实现培养目标的关键因素，选择合适的教学内容是实施STS教育的核心问题[7]。高师化学专业STS教育不应该是现有课程的简单增减，至少应考虑三个因素：一是STS教育的含义；二是中学化学STS教育的模式和知识体系；

三是高师化学专业的课程结构。

从 STS 教育的含义来看，STS 代表的是科学、技术和社会，要求学生不但了解化学学科本身，而且了解化学对社会的影响，所以应在化学—技术—社会之间，找到适合师范生的学习内容。

从高师 STS 课程的目标来看，是为了培养师范生在中学化学教学中进行 STS 教育的能力，所以要充分考虑中学化学教育现状。

在初中化学中，新课程标准下的教材把许多问题放在社会的大背景下启发学生思考，使学生了解化学与社会、生活、生产、科学技术等的密切关系，增强学生的环保意识和经济效益观念，以促进学生理解所学的知识和学以致用。例如，设计了燃料及其利用，金属和金属材料，盐、化肥，化学与生活等主题。而且在教材中设置了阅读材料，介绍一些化学科技的新发展或与社会生活相联系的最新科学技术。

高中化学新教材设置有化学 1 和化学 2 两个必修模块，并设置了"化学与生活""化学与技术""物质结构与性质""化学反应原理""有机化学基础"及"实验化学"六个选修模块。这八个模块教材的构建，从体系到内容都体现了 STS 的教育理念，这些教材内容贴近生活、贴近社会，与科技、社会、生活密切相关，内容不仅保障学生在学习到扎实的知识与技能的基础上，使所学知识与实际相结合，也照顾到学生学习兴趣的需要，尤其是"化学与生活""化学与技术"两个模块更是为了提高学生的科学素养，实现 STS 教育。

高师化学专业的培养方案是一个完整的课程体系，STS 课程的设置必须符合高师化学专业的培养目标和课程结构。所以，高师化学专业 STS 课程设置还要考虑化学专业的整体课程结构。从课程性质来看，STS 课程应为教师教育课程，虽然 STS 课程是一个广泛的教育领域，但是不属于二级学科，STS 课程更多地是为了使师范生适应中学化学教育的教学工作；从课程组织形式来看，该课程应为选修课。通过查阅文献，一些 STS 教育的研究者认为该课程应为必修课[8]，以体现它的重要性。但从课程性质来看，该课程不是基础课，所以设置为选修课更科学。如果为分科课程，可以设置为任选课；如果为综合课程，可以设置为限选课。高师化学专业课程一般选修课设置是 32 学时，那么根据 32 学时的课程，精选与中学化学教育相关的 STS 教育内容是课程建设的关键。

通过以上分析，高师化学专业 STS 课程内容的设置要有最基本的理论依据，以减少随意性和盲目性，使高师化学专业 STS 课程系统化、结构化。根据化学学科特征和 STS 教育理念，课程由理论课程和实践课程共同构成。

理论课程包括三部分内容。首先是化学科学的发展。因为 STS 代表的是科学、技术、社会，所以对于化学教师首先要了解化学一级学科的发展；其次是化学与技术，应符合高中"化学与技术"课程模块的要求：了解化学在资源利用、材料制造、工农业生产中的具体应用，在更加广阔的视野下，认识化学科学与技术进步和社会发展的关系，培养社会责任感和创新精神。再次是化学与社会，应符合高中"化学与生活"课程模块的要求：了解日常生活中常见物质的性质，探讨生活中常见的化学现象，体会化学对提高生活质量和保护环境的积极作用，形成合理使用化学品的意识，以及运用化学知识解决有关问题的能力。通过以上三部分内容的学习，使师范生了解化学本身和化学在社会生活中的应用。

实践课程主要是通过一些实验和社会实践活动，将师范生所学的知识应用到教学设计和社会实践中，培养师范生的动手能力和创新能力。同时提高学生的教育教学能力。如"居室中甲醛含量测定的实验设计""当地酸雨的情况及形成的原因调查""废旧塑料的回收及利用"等。

参考文献

[1]教育部基础教育司，化学课程标准研制组. 全日制义务教育化学课程标准(实验稿)解读[M]. 武汉：湖北教育出版社，2002.

[2]霍爱新，倪静娴. 用"双基"教学和"STS"教育评价新的化学课程[J]. 天津师范大学学报，2004，(12).

[3]孙树萍，刘淑芬，王春华. 开设"高师化学STS教育"课程的探讨[J]. 化学教育，2003，(10).

[4]程青芳，许兴友，马卫兴，等. 在有机化学教学中渗透STS教育[J]. 甘肃科技，2008，(10).

[5]何丽君，王永红，叶鹤琳. STS教育在无机化学实验教学中的渗透[J]. 甘肃高师学报，2007，12(5).

[6]汪兵.《仪器分析》教学中实施STS教育的初探[J]. 巢湖学院学报，2007，9(3).

[7]赵川青. STS教育及其在中师化学教学中的应用[J]. 浙江师范大学学报(自然科学版)，1999，(5).

[8]蔡文联，张丽敏. 高师化学专业中的STS教育[J]. 漳州师范学院学报(自然科学版)，2005，(3).

化学师范生"三课四赛"主体式教学技能训练模式的构建与实施

罗秀玲，钱扬义，肖常磊

(华南师范大学化学与环境学院，广州，510631)

摘要：本文针对目前我院化学师范生教学技能训练存在的问题，即学术性与师范性冲突，课程时间设置不合理，师资力量不足等，提出了"三课四赛"主体式教学技能训练模式，主要通过基础课程先行的策略，将"三课"一体化，为加强师资力量，提出"一主二辅"师资力量合作方式；以及通过各类师范技术大赛，以赛促练，层层选拔，达到以点带面的目的。

关键词：师范生；教学技能训练；三课四赛；三段式教育见习

1. 我院化学师范生教学技能培训存在的问题

1.1 学术性与师范性的冲突

近几年来，随着华南师范大学从单纯的理科师范类大学向教学科研型综合性大学的转型，化学与环境学院(以下简称我院)化学教育专业师范生在科研方面取得了令全校瞩目的成绩，每年都有不少化学本科师范生在导师指导下成功申报了各种课外科研课题，并以第一作者身份在各类期刊上公开发表论文或申请专利，特别是发表的英文SCI论文数量在全校排名第一。但是，对学生师范技能方面的重视和训练明显不足，学生对师范技能训练的重视程度下降，表现为：在师范技能相关的比赛中，没有取得与科研同样的好成绩。事实上，在国内各高师院校不断强化“学术性”“综合性”的追求中，教师职业技能训练正呈现出不断弱化甚至缺失的趋势。在“学术性”风起云涌、大行其道的同时，是对“师范性”的冷淡和疏离。结果使得高师毕业生在激烈的就业竞争与实际工作中，对未来定位不够清晰，缺乏应有的职业表征与专业底蕴，从而失去了应有的竞争力。

1.2　课程时间设置不合理

我院化学教育类课程开设得都比较迟，主要是在大三、大四开设。其中“化学教学论”(理论课)在第五学期开设；“中学化学实验与教学研究”、“微格教学”、“多媒体课件制作”在第六学期开设，还有一些化学师范类选修课甚至在第七、第八学期才开设。

这样的课程设置存在三个问题：一是“化学教学论”等课程的理论学习和后面的微格教学实践训练脱节；二是学校师范生教师教育技能系列竞赛在第六学期上半段举行，不利于选拔优秀学生参加这些竞赛。更重要的是，没能充分利用学校系列竞赛的契机，调动学生师范技能训练的积极性。三是到了第七、第八学期，学生基本已修够学分，继续选修化学教育选修课的积极性不高，化学教育类的选修课往往形同虚设。

如何更合理地进行课程设置，融合化学教育理论培养与教学技能的实践，使师范教学技能训练类课程在各类课程中占有应有的、合理的比重，需要深入地思考和探索。

1.3　师资力量缺乏

随着高校扩招，大学生人数剧增。以我院化学教育类学生的人数为例，十年前每个年级不到100个学生，现在一个年级有200多个学生。但由于近年来新进教师主要侧重于科研型人才，教学法教师却没有增加，其他院系也有类似情况。在师资力量明显缺乏的现实状况下，更需要充分调动各类相关的师资力量。

2.“三课四赛”主体式教学技能训练模式的构想与实施

针对当前我院化学师范生教学技能培养中存在的问题，提出“三课四赛”主体式教学技能培养模式。“三课”是指“化学教学论”“化学微格教学”“多媒体课件制作”；“四赛”是指“为了明天师范生课堂教学优秀奖”评奖活动、“师范生多媒体课件制作大赛”“师范生基本教学技能竞赛”“‘东芝杯’中国师范大学师范专业理科大学生教学技能创新实践大赛”。前面三个比赛是学校举办的，“东芝杯”是全国性的比赛。“主体式”体现了以学生的发展为本的思想，充分发挥学生的主体性，促进学生自身积极主动地发展。通过多种手段和方式激发师范生提升教学技能的意识，积极进行师范技能训练的迫切需要和兴趣。

“三课四赛”主体式教学技能培养模式目标是更加合理设置课程时间和内容，加强师资力量，以赛促练，以点带面。主要包括三个方面的内容：基础课程先行，沟通多方师资力量合作，以赛促练、以点带面。

2.1　“三课”一体化，基础课程先行

针对课程设置中“化学微格教学”“多媒体课件制作”课程滞后的情况，提出了“三课”

一体化(即"化学教学论""化学微格教学""多媒体课件制作")基础课程先行的策略(图1),这些课程全部安排到第五学期。这样安排有两个好处:一是理论结合实践,使"化学教学论""多媒体课件制作"课程所学的理论和相关知识在"化学微格教学"实践中立刻找到用武之地,体现课程设置的一体化;二是使学生尽早进入微格训练。教师教学技能训练是一个千锤百炼的过程,学生尽早进入微格训练,起码在训练的时间上得到了保证。由于第五学期学生还有其他化学专业主干学科课程,所以中学化学实验与教学研究还是放到第六学期。

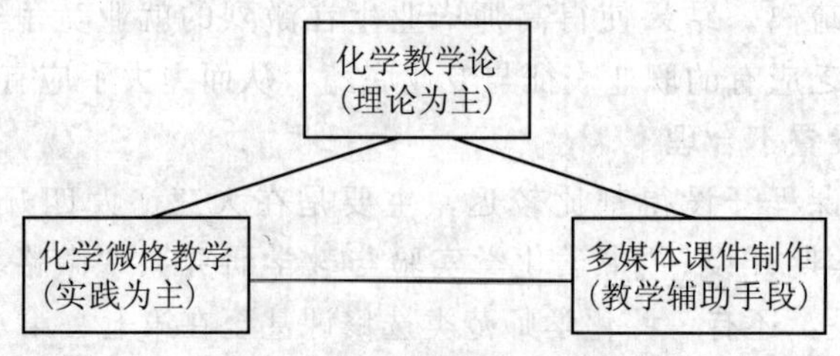

图1 "三课"设置的一体化

2.2 "一主二辅"师资合作,多方资源充分利用

师范生教学技能培训的师资,应当是理论知识和实践经验相均衡,既要具备丰富的教育教学理论知识,也应该具备比较丰富的中小学教育教学经验。教学法教师往往是理论丰富,但中小学教学实践缺乏;而从教多年的中学教师则实际经验丰富而缺乏理论。中学教研员与中学教师一样具有丰富的实践,但理论水平优胜一些。大学化学专业教师一般是从教多年的大学教师,他们既有丰富深厚的学科基础,又对教学的基本技能掌握得炉火纯青,热衷于教学,对学生的培养富有责任感。

因而在现实师资力量缺乏的情况下,充分利用师资力量,构建"一主二辅"师资合作模式(图2),即以教学法教师为主、中学化学教师(含中学化学教研员)和大学教学型教师为辅的师资合作模式。

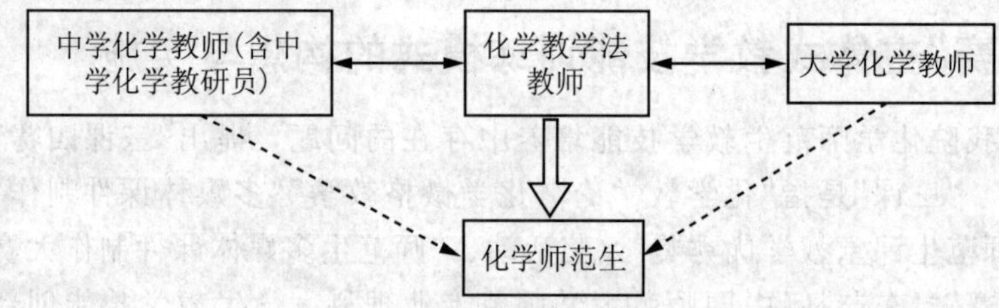

图2 "一主二辅"师资合作模式

利用大学化学教师加强师范技能的训练,主要有两种形式:一是成立学院师范技能训练小组,主要是在比赛的选拔中给予辅导和担当评委。二是利用导师制,规定每位导师要对所指导的本科学生进行一定次数的师范技能训练指导和考核。

学生实习是充分发挥中学化学教师师资的主要途径,但学生实习在第七学期,如果我们能在第五、第六学期师范技能类课程的教学中,就融入中学教师或教研员的力量,可以使学生更早体验实际的教学情境,使师范技能的训练能更好地服从并服务于基础教育课程改革的需要,不会偏离方向。

教学法教师与中学化学教师、中学教研员师资合作的方式除了教育实习外，主要是讲座、教育见习、微格训练指导。

为了使学生的教育见习真正收到效果，我们采用“写教案—见习—反思”三段式的训练模式(表 1)。

表 1　三段式教育见习模式

阶段	实施过程与要求	目的
见习前写教案	在见习前一星期，教学法教师就向上课教师了解课题、教学对象等。要求每个师范生根据这些要求，写一份详细的教案，所有教案在见习前交上来，教学法教师抽查	通过自己写教案，学生对所要见习的内容有深入细致的了解
见习	请上课教师在上课前或上课后，对教案进行分析，即说课	学生体验真正的教学过程；通过上课教师的说课，了解教师教学设计意图
见习后写反思	要求每个学生写教学反思，见习一星期后交上来。教学法教师进行批改，并针对学生的疑问和存在问题进行点评(1 节课)	学生通过对比自己的和上课教师的教学设计，修正自己的观念和不足

图 3　2007 级化学教育专业学生到华南师大附中见习

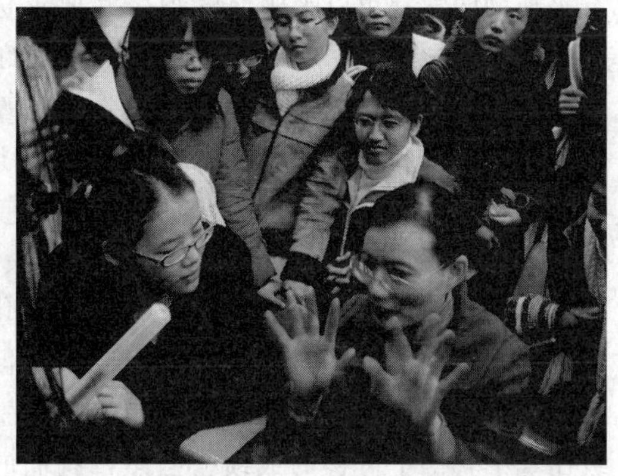

图 4　见习后师范生与示范教师讨论问题

■听完郭老师的课后，我觉得自己那股求知欲被激发了，之前不想当老师的想法动摇了，我想，虽然离作为一个合格优秀的教师还很远，但是我会努力的。

■真的是“纸上得来终觉浅，绝知此事要躬行”啊！这次教育见习，个人感觉收获可以与上一学期的理论课的收获相比了。当然，这还要得益于郭老师的提醒：听课应该有准备地去听，听课要有思考！

■听了这节课，真的觉得化学教学论这门课太重要了！里面讲的讲课方法、学法指导、学习策略、教学语言等知识要点是多么需要我们去领悟、去掌握、去锤炼的！

2.3　以赛促练、层层选拔、以点带面

我校一直注重师范技能的比赛，自 1997 年起华南师范大学已连续举办了 13 届“为了明天师范生课堂教学优秀奖”评奖活动，自 2001 年起已连续举办了 9 届“师范生多媒体课件制作大赛”，自 2008 年起连续组织了 2 届“师范生基本教学技能竞赛”，这三项教师教育教学技能竞赛已逐渐成为我校师范生教学技能培养的品牌。"'东芝杯'中国师范大学师范专业理科大学生教学技能创新实践大赛"属于全国范围的比赛，已经举办了2届。为了带动和促进师范生师范技能训练的深入开展，提高学生的积极性和兴趣，我们提出了以赛促练、层层选拔、以点带面的策略。

以2010年学校"为了明天师范生课堂教学优秀奖"为例，我们从2009年12月就开始选拔，历经半年的时间，主要经过三轮选拔：

第一轮选拔，2007级化学教育专业的所有学生(213人)都必须参加，每个学生进行12 min模拟授课，教学法教师对每个学生进行评课，打分，按照分数高低，综合考虑，按照15%的比例选拔学生进入第二轮选拔。

第二轮选拔，分成三组进行，每个学生进行12 min模拟授课，评委由1名教学法教师、1名学科教师和2名化学教育类研究生组成，按照分数高低，综合考虑，按约50%的比例选拔学生进入第三轮选拔。

第三轮选拔，学生进行12 min模拟授课，评委由教学法教师、学科教师、辅导员三方面的教师组成。根据分数高低，评选出一、二、三等奖。其中，获得一、二等奖的同学，参加学校"为了明天"师范生课堂教学优秀奖比赛。

在整个选拔过程中，对学生进行了30多次的细致辅导，每次筛选和辅导都是公开的，有兴趣的同学都可以来观摩学习，并要求选拔出的学生进行汇报课展示，让其他同学甚至低年级的同学观摩学习，达到以点带面的目的。

"师范生多媒体课件制作大赛"选拔也基本参照了这种形式，并在第一轮选拔中，融合了教师评价和学生评价，体现了学生学习的主体性。

3. 结论与展望

通过调整课程设计，实行"三课"一体化，基础课先行；结合教学法师资、中学化学师资和大学化学师资的力量；采用以比赛促进技能训练，以点带面等课程建设理念和技术训练模式，我院师范生的各类专业技能整体上得到相当的提升，并且已经在今年的校级比赛中获得了可喜的成绩。当然，我们的实践还刚刚起步，前面还存在不少的困难和障碍需要去克服，但我们相信，通过教师和学生的共同努力，我们将探索出一条既能让学生充分表现化学学科专业素养，又能让学生彰显师范特色和优势的道路。

化学专业高素质人才培养模式的改革与实践

白洪涛，刘宗瑞，许良

(内蒙古民族大学化学化工学院，通辽，028043)

摘要：当前，人才短缺已经成为制约少数民族地区经济社会发展的最大瓶颈。如何培养高素质的综合性人才，更好地为地方经济建设和社会发展服务，是摆在高校面前的重要课题。本文结合多年的教学改革实践，提出：人才培养模式改革，要树立先进的教育理念，根据当地的经济社会发展确定专业培养目标，优化课程结构，完善考核评价体系，培养适合经济社会发展需求的高素质人才。实践证明，人才培养模式的改革，有利于高素质人才的培养。

关键词： 高素质人才；培养模式；改革实践

随着我国高等教育向大众化教育转型，我院在持续数年的规模扩张之后，人才培养工作面临着一个从量变到质变的关键时期。地方经济建设需要大批化学专业人才，而我校是坐落在内蒙古东部地区的唯一一所综合性民族院校，承担着为地方经济建设培养高素质化学人才的重任。为了加快民族地区化学专业人才培养速度，为了使化学专业教育能够做到"三个面向"，培养化学专业高素质人才，我们结合民族地区化学专业人才成长特点，以提高人才培养质量为核心，对化学专业人才培养模式进行了改革，通过几年的教育实践，取得了明显成效。

1. 更新人才培养理念，完善人才培养方案

根据社会和经济发展对化学综合人才的需求，我们依据现代化学教育理念，学习和借鉴国内外关于化学专业人才培养模式的经验，结合我校化学专业人才培养工作实际，通过拓宽化学专业口径，重新修订专业培养目标，制订新的教学计划，改革和调整课程结构，优化更新教学内容及方法，构建新的化学专业本科教育人才培养模式。以加强素质教育为基础，培养学生的创新精神和实践能力为重点，创造有利于学生个性发展的环境和条件，实现"宽口径、厚基础、强能力、高素质"的民族院校化学专业本科人才培养目标。

为适应经济建设和社会发展的需要，培养具有综合素质的化学人才，我院在原有化学教育专业的基础上，增加了材料化学和应用化学专业。使学生专业选项增加，毕业后可以在教育、化工、环保、医药、食品、商品检验、材料研发等领域从事教学、科研及相关管理工作，拓宽了广大毕业生的就业渠道。

2. 创建高素质教师队伍，提高育人水平

创新人才的培养需要高素质的教师。我院十分注重师资队伍建设，通过在职培养及引进人才相结合，提高教师队伍学历层次。目前，我院教师队伍中硕士以上学位的教师已占60%以上(12名博士)，其中教授12名。由他们组建的教学团队和科研团队积极开展教学改革及科学研究。近几年，我院承担国家自然科学基金、内蒙古自然科学基金和高校科研基金等42项课题。在国内外学术期刊上发表学术论文180余篇，其中SCI收录40篇，出版学术著作、教材12部。学院积极引导学生广泛参与教师立项课题的研究，每届毕业生中有近30%的学生参与了教师的课题研究，并发表了一系列高水平的研究论文。有些科研成果(如微型化学实验的研究等)已在实验教学中得到推广应用；在自治区大学生"挑战杯"竞赛中，我院选送的学生获得二等奖2项，三等奖1项。学院实现了以科研促教研，进而培养学生科学素质的目的。

3. 深化实验教学改革，培养学生创新能力

微型化学实验是在常规实验基础上，适应社会发展需求，利用现代科技手段发展起

来的化学实验新技术，是绿色化学选项之一。在微型化的条件下，对实验进行创新性的变革，在化学创新教育中起着重要的作用。可以强化学生动手能力训练，有利于学生探索性地开展实验。由于实验成本低、污染少、安全性高，我国已将微型化学实验的研究课题列入了高校化学教育的科研规划，但目前广泛开展微型化学实验的高校还不多。

对于化学专业的本科生，基础化学实验是培养学生创新能力和科学精神最为重要的组成部分。为适应21世纪我国高等学校化学专业创新教育的发展要求，从1998年起，学院各专业教研室开始进行化学实验课的微型化改革。通过不断探索和实践，无机化学、分析化学和有机化学等专业的实验教学已形成了微型化学实验与常规实验(包括基础实验、设计性实验和综合性实验等)相结合的新体系，两者取长补短，取得了良好的教学效果。实践表明，在化学实验环节中增加微型化学实验教学，可以激发学生学习化学的兴趣，强化学生的实验训练，培养学生强烈的环保意识和探索精神。微型化学实验教学已成为我院实施创新教育的重要途径之一。

为鼓励和激发学生的实验兴趣，提高学生综合实验能力，学院还增加了开放式实验教学形式。面向学生课外科技活动开放实验室，充分满足不同兴趣学生的需求，调动了学生实验的积极性和主动性，达到了自主动手实验，自觉动脑分析的目的。通过实验过程各个环节的训练，学生独立思考和解决实际问题的能力得以提升，同时也培养了创新意识。

4. 改革考试方式，优化育人环境

考试是学校人才培养过程中一个十分重要的环节，是检验教师教学效果，评价学生掌握知识和技能程度的重要手段。为适应高校人才培养目标的要求，我院在20世纪90年代初就开展了考试模式的改革探索实践，实行了教考分离制度。自1992年起对专业主干基础课无机化学、有机化学、物理化学等课程购置了试题库。近几年又先后购置了分析化学、结构化学、大学化学等课程试题库。为了充分发挥教考分离考试模式的优势，学院每学期都对教考分离课程进行总结分析，进而补充、更新和完善试题库，保证试题库的先进性，使之始终能与科技发展及教育改革相适应。

教考分离制度的实施，使教学与考试之间形成一种相互促进、相互制约的关系。教考分离的意义在于它加强了基础知识、基本技能的教学和能力的培养，强化了考试命题的严肃性，避免了随意性。能够促进教师精心组织和安排教学，增强了贯彻教学大纲的自觉性，使教学质量得到保证。

教考分离也增大了阅卷评分的公正性，避免了给印象分、人情分等现象，使考试结果更加真实。这充分调动了学生学习的积极性和自觉性，有利于培养求真务实、勤学进取精神。对学生的学习具有很大的导向性和启发性，有利于进一步提高学生的综合素质和创新能力。教考分离的实施，能够自然形成一种激励机制，对教与学两方面都能起到极大的促进作用，有利于教风、学风和考风的根本好转，全面提高育人质量。

5. 深化课程体系改革，加强教材体系建设

我们对本科化学专业的主要基础课程进行了大幅度改革，必修课将原来的1 360学时

压缩到 1 120 学时。压缩学时的目的是加强学生自学，引导思维，启发创新。增加选修课和实践教学课时，对化学课程体系进行了优化。改革后的教学内容，体现了当今化学学科与材料科学、生命科学和环境科学等学科间相互渗透的特点，增加了有利于培养学生新思维的研讨课程，让学生掌握现代科技观点、方法和手段，拓宽学生知识面。同时补充更适宜的选修课程，达到通识教育的目的。化学实验分为基础化学实验和综合化学实验，最大限度地减少基本操作实验中简单重复内容，减少验证性实验，扩大综合能力训练及体现学科发展趋势的实验内容，加强化学合成及综合分析等手段的运用，使学生能够学以致用，取得了良好效果。

建立教材选用和评估制度，保证优质教材进课堂。优先选用国家规划教材、教育部教学指导委员会推荐教材、“面向 21 世纪课程教材”和公认的水平较高的教材。及时更新教材，选用近三年出版的、高质量的新教材，提高使用新教材的比例。按照化学专业创新人才培养目标和课程建设需求，学院部分骨干教师在更新教学内容的基础上，编写出版了一批具有专业特色(如《微型化学实验》，该教材 2000 年出第一版。经过补充、优化、重新审定的第二版即将于 2010 年年底出版)的教材。教材建设的系统性及适用性保证了人才培养质量。

6. 教学改革成效显著

经过学院一系列教学改革的实践和探索，收到了显著的效果。

“教学质量与教学改革工程”项目成果突出。我院化学专业于 2006 年被评为内蒙古自治区品牌专业，2008 年被评为“国家第三批特色专业建设点”。创建自治区级精品课程 2 门、校级精品课程 4 门；2006 年化学实验教学中心被评为“自治区级实验教学示范中心”。2009 年我院刘宗瑞教授的教改课题《高校实验室资源的合理配置研究与实践》获得国家教学成果二等奖，2005～2009 年有 3 项教改项目获自治区教学成果一等奖。

教学方法与教学手段的改革、考试方式的改革及教考分离制度的实施，使教学质量得以稳步提高，学生创新能力和综合素质明显提高。毕业生就业率和考研升学率均保持较高水平。近 10 年来，我院的考研升学率一直名列全校第一名。2007～2010 年四年的考研率分别是 41.3％，39.3％，45.1％，42.2％。其中 60％以上被国内重点大学及中科院录取，为学生的进一步深造奠定了基础。

高素质人才培养是一个系统工程，人才培养模式也不会有定律。今后，我们会不断更新育人理念，进一步深化教学改革，完善管理措施，改进教学方法，加强基础设施建设，改善教学环境，努力创建高素质化学人才培养基地，为社会、经济可持续发展输送人才。

参考文献

[1]刘宗瑞，等. 树立绿色化学理念，推广微型化学实验[J]. 内蒙古民族大学学报，2009，15(4)：6－8.

[2]白洪涛，等. 教考分离与提高育人质量的探索与实践[A]. 大学化学化工基础课报告论坛论文集[C]. 北京：高等教育出版社，2010.

基础课教学中应渗透学科发展前沿，选修课教学中更应关联学科基础知识

王文亮，王渭娜
（陕西师范大学化学与材料科学学院，西安，710062）

为了适应培养创新型人才的要求，各院校近年来相继对各专业的培养目标与方案、课程结构体系与教学内容等进行了新一轮大幅度的修订与调整。就化学类各专业来说，总的趋势是较多地压缩了课堂教学学时，增加了实验课学时(包括研究型或创新性实验)；压缩了基础必修课比例，增大了选修课比例。因此，我们面临的具体问题是：如何在较少的学时内仍然能够达到我们应有的教学目的和要求？如何让具有多元化价值观的学生愿意甚至喜欢学习课程？如何在传授知识的同时，达到激发兴趣、培养能力和创新精神的目的？这是每位教师所必须探索研究的课题。笔者曾在第十届全国高等师范院校化学课程结构与教学改革研讨会上就化学基础课教学方法研究问题进行交流，列举了化学基础课教学应注意的七个问题(①应重视学科发展史的作用；②以正确的哲学思想为指导；③工科基础课教学也应渗透人文精神；④采用框架结构教学法；⑤强调基础的同时注重发展；⑥应加强文字表达能力的培养；⑦正确认识教学中的重复与创造)。在第十一届会议上又进行了三点补充(⑧广泛采用框架结构教学法，开展研究型教学模式的探索；⑨适度采用案例教学法，消除学生学习结构化学课程的畏难情绪；⑩充分利用现代教育技术手段，构建学生自学平台)。基础课课堂教学学时的压缩并不意味着弱化专业基础，相反，创新型人才应具备更为扎实的专业基础。正是基于这样的认识，很多院校提出“宽口径、厚基础、重能力(或重技能、重应用等)”的培养理念。也有一些教育专家提出创新型人才培养应在过去强调“三基”基础上，突出“基本思维和基本能力”的培养，即培养创新型人才应抓好“五基”(基础理论、基础知识、基本技能、基本思维和基本能力)教学。显然，在教学的各个阶段、所有环节、每门课程中渗透“五基”是创新型人才培养的核心。经过多年的探索与积累，特别是实施教育质量工程以来，各院校结合自己的实际情况，已开设了一大批高质量的专业选修课，为学生强化专业基础、拓宽学术视野、激发学习兴趣提供了丰富多样的选择。但同时也应看到，当前个别专业选修课教学确实也存在一些问题。主要体现在对专业选修课在课程结构体系中的地位与作用以及教学内容与方法认识不清，将专业选修课当成单纯的学科前沿介绍或自我研究方向与兴趣的拓展，弱化了专业选修课教学中“五基”的渗透。存在的主要问题有：其一，某些专业选修课教学中，个别教师将多半学时用于泛泛介绍学科新发展和新现象，主要内容直接剪切于相关学术期刊，既未对相关材料进行系统分析、归纳与总结，也未认真分析、探求促使新现象出现的核心动力与成因，更未对新现象所遵循的基本原理、规律、公式进行透彻解剖，使专业选修课成为学科“惊奇”介绍。学生在课堂上听起来热闹非凡，课后烟消云散，无法达到提高分析问题、解决问题能力的教学目的。其二，个别教师完全根据自己的研究方向与兴趣组织讲授材料，讲授内容过于专业或深偏，多数学生不感兴趣，课程的受益面

过窄。实际上这是将本应为研究生开设的研究方向讲座课程照搬到了本科高年级阶段，自然不可能达到应有的教学目的。我们认为，尽管专业选修课内容受限较小，教师可以根据学科发展动态与自己的研究特点较自由发挥，以达到拓宽视野、激发学习兴趣的目的，但专业选修课的基本定位还应该是基础课的延伸、补充与提高，其内容应该与基础课构成较为完整的学科知识体系。因此，专业选修课教学中必须注重“五基”的培养，以弥补专业基础课学时大幅度压缩带来的不足。在专业选修课教学中应有选择性地对有代表性的新现象进行“解剖麻雀”式的分析，力求利用基础课中所学得的基本化学原理、基本规律、基本公式等对新现象做出合理解释，并探求新现象背后所隐含的变化规律，这样才能促使学生举一反三，有利于学生分析问题、解决问题能力的培养与提高。不同学科、不同课程、不同教师自然有不同的具体做法，但专业选修课教学中关联学科基础知识应该成为一条普遍性原则。下面列举几例：

案例一：在材料化学或相关选修课中，经常要介绍快离子导体的概念与结构。如果在课堂上仅介绍几个快离子导体的实例，而不是从结构特点进行详细分析，学生收获不大。如果首先介绍快离子导体所必须具备的两个条件：①导电运动离子的数目远远少于固定离子堆积形成的可被运动离子数填充的空隙的数目；②导电运动离子可以在空隙之间较自由地穿梭(或运动离子能通过热激活从一个空隙跃迁到邻近的空隙所克服的势垒足够低，且运动离子可占据的空隙之间必须连成通道)，然后分别以 KCl 和 α-Li_3N 晶体为例，分析其结构特点并判断是否满足上述条件，就自然会得出正确的结论。在 KCl 晶体中，因 K^+ 占据了 100％的八面体空隙，不满足成为快离子导体的条件①，故在室温下不能导电。另外，还可以通过计算说明，即使通过特殊技术使 KCl 晶体产生阳离子空位，八面体空隙中的 K^+ 也无法从八面体的三角形窗口穿出，无法在八面体空隙之间迁移，在室温下也不能导电。α-Li_3N 晶体是由 Li_2N^- 平面层和非密置的 Li^+ 层交替叠加而成，其中 Li_2N^- 平面层中的 Li^+ 如同六方石墨层中的 C 原子，N^{3-} 处在六元环的中心，N—N 间的距离为 364.8 pm。非密置层中的 Li^+ 与上下 Li_2N^- 层中的 N^{3-} 呈直线相连，N—Li—N 长度为 387.5 pm。根据 N—N 间距离及 N^{3-} 半径(146 pm)数据，可计算出 Li_2N^- 层中三个 N^{3-} 组成的三角形的自由孔径为 64.6 pm，此自由孔径大于 Li^+ 的半径 59 pm，所以 Li^+ 可以出入此类空隙。另外，Li^+ 层是非密置的，其空隙更大，Li^+ 也可以在层间迁移。因此，很容易得出该晶体应该具有良好的导电性，其推论与实验测定相符。这样的分析讲授，对学生颇具启发，有利于学生分析问题、解决问题能力的培养与提高。

案例二：同样，在材料化学或有关选修课中，必然要介绍纳米碳管的概念与结构。单层纳米碳管的结构可分为单臂或椅式纳米管(C—C 键与管轴垂直)、锯齿形纳米管(C—C 键与管轴平行)、手性纳米管(C—C 键与管轴既不垂直也不平行)3 种类型。如果在课堂上仅演示其结构图形，不从理论上描述其结构特点，学生对其印象不深，教学效果不能令人满意。在教学中如果设想石墨层沿不同方向卷曲成管(并不一定代表真实的生长机理)，经过一定的数学处理，可以导出纳米碳管直径 d，C—C 键长 l_{C-C} 及手性角 θ 应满足如下关系式：

$$d = \frac{\sqrt{3}}{\pi} l_{C-C} \sqrt{m_2 + mn + n^2},$$

$$\theta = \arctan \frac{\sqrt{3}n}{2m+n},$$

式中，m 和 n 均为整数。①当 $n=m$ 时，计算得 $\theta=30°$，C—C 键与管轴垂直，此时卷曲成单臂或椅式纳米管；②当 $m=0$ 时，计算得 $\theta=0$，或 $n=0$ 时 $\theta=60°$。这两种情况其实相同，C—C 键与管轴平行，此时卷曲成锯齿形纳米管；③当 $0<\theta<30°$时，C—C 键在管壁上的走向呈螺旋形，C—C 键与管轴既不平行也不垂直，此时卷曲成手性纳米管。显然，由此出发分析，学生对3种纳米碳管结构特点记忆深刻，也有利于培养学生从复杂现象中提炼模型、利用数学语言概括描述的能力。这种能力是目前多数学生所欠缺的、同时也是创新型人才所必备的基本素质。

案例三： 在化学反应动力学或高等有机等选修课中，有关电子转移、质子转移、H迁移重排等反应是必然涉及的基本内容。按照传统的过渡态理论，往往对上述反应某些现象不能给出合理解释(如能量低于活化能垒的部分分子也可转化为产物分子、按阿氏公式计算获得的某些反应的速率常数常常小于实验值等)。如果授课过程中利用结构化学中一维势箱的基础知识，适当延伸到有限高势垒模型，给出量子力学隧道效应穿透系数 T 公式(当粒子能量 E 小于势垒 V_0，势垒宽度为 a 时)，并给出速率常数的 Wigner 校正系数公式($\tilde{\nu}$ 为过渡态对应的振动虚频)：

$$T = \exp\left[-\frac{2}{\hbar}\sqrt{2m(V_0-E)}\,a\right],$$

$$\kappa = 1+\frac{1}{24}\left(\frac{hc\tilde{\nu}}{k_B T}\right)^2\left(1+\frac{RT}{V_0}\right)$$

显然，对有关涉及粒子质量小、势垒低而窄的反应体系，上述所谓的反常现象，其实是量子力学隧道效应的必然结果。隧道效应是量子力学中最不平常和最有意义的结果之一，诸如放射性原子核 α 粒子衰变、隧道二极管、超导 Josophson 结、电子/质子转移反应、电子扫描隧道显微镜 STM 成像等均与隧道效应有关。如果在有关选修课中适时引入有关隧道效应的上述两个基本公式，则可对众多的类似现象做出合理解释，可达到事半功倍的效果。

因此，在专业选修课教学中如果能随时注意学科基础知识渗透，选择性地对具有代表性的新现象进行"解剖麻雀"式的理论分析，就能达到预期的教学目的。这种教学方式也是一种示范，学生日后遇到复杂的新现象时，就会自觉思考为什么出现这种新现象?这些化合物在结构上有什么共同特点?用什么样的物理模型或数学语言来高度抽象概括?这样的思考过程是培养学生分析问题、解决问题能力的最佳途径。

参考文献

[1]化学类专业教学指导分委员会. 普通高等学校本科化学专业规范(草案). 大学化学，2005，20(6)：30－42.

[2]侯文华，陈静. 大学化学课堂教学中应该注意的一些问题[J]. 大学化学，2009，24(3)：22－30.

[3]李炳瑞. 结构化学[M]. 北京：高等教育出版社，2004：312－314.

[4]王文亮，胡满成. 重视化学基础课教学方法的研究[A]. 广西师范大学学报(专

刊)，2004，(21)：66－70；第十一届全国高师课程结构与教学改革研讨会论文集[C]. 西安：陕西师范大学出版社，2006：332－335.

化学教师教育学科课程群建构之应然与实然

杨承印，代黎娜

(陕西师范大学化学与材料科学学院，西安，710062)

摘要： 基础教育课程改革对教师的知识水平、教学能力和综合素质等都提出了新的要求。高等师范院校传统的化学教学论课程为适应教师专业化发展和基础教育新课程改革的需要，为提高师范生从教的综合素质和能力，在课程设置上进行改革，构建了化学教师教育学科课程群思想，通过开设化学教学导论、化学课程论、化学教师技能、化学教学论实验研究、化学教育实习等必修课以及序列选修课来体现。

关键词： 化学教学论；化学教师教育学科；课程群

我国启动的基础教育课程改革从课程目标、课程结构、课程内容、课程实施、课程评价等方面构建了新世纪我国基础教育课程改革的宏伟蓝图。基础教育课程改革对教师的知识水平、教学能力和综合素质等都提出了新的要求。高等师范教育作为基础教育的"母机"，担负着培养未来教师的重任。为适应中学新课程改革对化学教师队伍的需求，培养师范生具有先进的教育教学理念、基本的教学理论与实践技能和教学科研能力，实现教师教育与基础教育的有效衔接，笔者提出建构化学教师教育学科及其课程群思想。

1. 传统化学教学论学科改革的背景

高等师范院校以培养素养全面、学识深厚，且具有创新精神和实践能力、有持续发展潜力、能承担中小学教育教学工作的较高层次的专业化教师人才为己任。要实现培养专业化教师人才的目标，必须改革教师教育的课程设置，强化和突出教师教育课程的地位和作用。因此，设置教师教育类课程，以适应教师专业化发展就成为必要。

传统的化学教学论作为高师化学专业的一门专业基础课程，对合格中学化学教师的教育与培养起着不可替代的作用。但是，许多现存的问题已经不能单靠一门学科课程能够解决。国家基础教育课程的实施，提高了对师资的要求，培养基础教育师资不仅在师范院校，而且也在综合院校同时进行，过去所称的化学教学论已经不能代表这门学科的全部内涵。[1]

2. 构建化学教师教育学科之应然

过去由于教育普及程度不高，教师需求量大，教师待遇比较低，教师主要接受职前培训的情况下，我国一直把教师培养称为"师范教育"。在科学技术的快速发展、知识的不断更新、教育普及程度提高和教师的地位也不断提高的情况下，对教师的要求也越来越高。因此，教师需要不断更新其知识结构，提高其教育教学水平。在这种条件下，对教师的培养，不仅仅局限于教师的职前培养，也包括在职培训。由此，“师范教育”这一概念逐渐被“教师教育”所取代。[2]

用教师教育代替师范教育，内涵扩大为既包括职前的师范教育，又包括职后的继续教育。由于基础教育的分科教学，使得教师教育项下又分为学科教师教育专业，如化学教师教育专业。专业是由课程来支撑的，因而专业又是由基础理论课、基础实践课、专业基础理论课、专业基础实践课构成。这里，我们不研究作为化学教师教育专业的课程问题，而是研究传统的化学教学论学科(专业基础课，今天称之为化学教师教育学科)中的课程设置问题，我们用化学教师教育学科中的课程群来表达，并且在这个课程群里我们重点讨论职前化学教师教育课程设置问题。

化学教师教育学科是由若干化学教师教育课程设置来体现的，我们称之为课程群，按照课程的重要性与必要性，可分为专业基础理论课和专业基础实践课。从课程的性质上划分，包括三类课程：化学教师教育理论课程、化学教师教育技能课程和化学教师教育职前实习。按照课程的基础价值和特色价值，可分为必修课程和选修课程。

3. 构建化学教师教育学科课程之实然

高等师范院校要培养符合当代要求的高素质教师来从事中学教学。中学化学教育属于基础教育，这个阶段的学生由于未来职业的不确定性，其教育内容的基础性、教育对象的全民性、个体发展的全面性和施教过程的循序渐进性，决定了中学化学教育应该体现国家课程改革的基本理念，尊重和满足不同学生的需要，运用多种教学方式和手段，引导学生积极主动地学习，掌握最基本的化学知识和技能，了解化学科学研究的过程和方法，形成积极的情感态度和正确的价值观，提高科学素养和人文素养，为学生的终身发展奠定基础。[1]

化学教师教育学科对师范生将来从教所需的学科教学理论知识和学科教学技能能够提供更直接的帮助，教学过程强调传授知识的有效性、正确性，尤其强调显性化学知识背后所隐藏的科学教育价值。因此，强化化学教师教育课程的质与量的比例，改变原来比例较少的弊端，构建与课程目标相适应的、有利于师范生终身发展的课程就成为这个时代的应然。通过化学教学导论、化学课程论这样的专业基础理论课和化学教师技能、化学教学论实验研究、化学教育实习这样一些专业基础实践课，加之一些选修课如化学基础教育课程改革(18学时/学期)、化学思想方法(36学时/学期)、科技发展史(18学时/学期)等的开设，使得化学教师教育学科中的课程群日臻完善，促进化学教师专业化发展。以下对必修课程做更进一步描述，以期同行的指正。

3.1 化学教学导论

该课程是以中学化学教学为研究对象，是本科阶段为师范生开设的一门理论性较强的必修课。化学教学导论是研究化学教学规律及其应用的一门学科，主要强调教学观念的更新、教学理论和教学方法的传授，它的教学目的是使师范生掌握化学教学论的基础知识和化学教学的基本技能原理，培养从事化学教学工作和进行教学研究的初步能力。它具有严密的逻辑性和理论性，以现代课程理论、教学论、学习论为理论基础，结合化学学科教学实际，力求从理论高度把握化学学科教学的一般规律，回答化学教学目标、化学课程、教学过程、教学建模、教学评价等基本理论问题；具有鲜明的时代性和前瞻性。随着新课程改革的全面推进，新的课程理念、新的教学方式不断涌现，化学教学导论课必须不断吸纳当代教育理论与化学教学实践中的最新成果，与时俱进，不断调整、充实、优化自己的理论体系。

3.2　化学课程论

作为必修课，该课程属于课程群中的专业基础理论课，主要研究化学课程标准、化学教材与教学设计。对综合实践活动课程和学科课程通过比较来定位各自的功能；对国家课程、地方课程、校本课程进行剖析，达到把握课程实质和对课程的运用自如。对教材做横向比较，以体现“一标多本”下不同版本化学教材相同中的相异点。对教材做时间纵向比较，体会从知识中心到学生活动中心的演变。对教材做空间纵向比较，体验义务教育的化学课程和高中阶段的化学课程之间的分与合。

教学设计是以现代教育、学习理论为基础，依据教学对象的特点和自己的特长，运用系统的观点和方法，分析教学中的问题和需求，确定知识与技能、过程与方法、情感态度与价值观的教学目标，在选择适宜的教学策略的基础上，合理地组织和安排各教学要素，把握教学活动的整个过程，使设计者顺利完成执教前的各项准备工作。从备课到教学设计，这之间有怎样的不同，如何根据教学系统中的要素特点，设计出同一时空中使不同学生的科学素养都能在原有基础上提高的教学过程？

3.3　化学教师技能

该课程属于课程群中的专业基础实践必修课。该课程以鲜明的实践性为突出特征，通过基本教学技能的训练，培养师范生必备的教学能力。这种训练基于微格教学原理，根据中学化学教学的特点，重点培养师范生的教学语言(教学口语、体态语、书面语)、新课导入、课堂提问、结束新课等技能。让师范生选好教学主题，然后做微格教学设计，再以评价指标为指导进行教学实践练习，接着对实践状态进行录像，最后对教学录像通过同伴、课程与教学论硕士研究生团队、任课教师、录像者本人进行多元评价，促使师范生掌握中学化学教学基本技能，培养师范生全面的教学素质，完成从学生到教师的转化。

3.4　化学教学论实验研究

该门课为必修课程。以师范生已有的化学基础知识和基本实验技能为基础，着重训练和培养其独立从事中学化学实验教学工作的基本技能和研究实验教学的能力，包括演示实验、设计和改进实验、指导学生开展综合实践活动进行科学探究教学等。[3]

3.5　化学教育实习

作为必修课，主要是指师范生在学完有关化学教师教育学科的理论课和实践课后，进入中学进行实际教学。其中包括化学课程教学、班主任工作见习、基础教育调查报告等。教育实习时师范生以化学教师的身份站在讲台上，通过备课、试讲、课堂教学和批改作业，体验教学的成功与喜悦、教学的不足与困惑，从而认识到化学教师教育学科提供的课程群的重要性，使学习动机由外部动机转化为内部动机。该课程安排在第7学期，利用1学期时间来完成。

综上所述，新构建的化学教师教育学科课程群，在课程设置、课时分配等方面，都表现出了化学教师教育类课程的地位和作用，更有利于高等师范院校培养目标的实现，促进教师的专业发展和师范院校的转型，并适应基础教育改革。

参考文献

[1]杨承印. 化学课程与教学论[M]. 西安：陕西师范大学出版社，2010：6，14.
[2]袁振国. 从“师范教育”向“教师教育”的转变[J]. 中国高等教育，2004，(5)：29－31.
[3]李广洲. 化学教学论实验[M]. 第二版. 北京：科学出版社，2006.

化学专业师范生教育技术能力的培养

胡佳妮，周青
(陕西师范大学化学与材料科学学院，西安，710062)

摘要：教育技术能力是教师应该具备的一种综合的现代教学素质，仅靠一门公共课程很难保证师范生深入掌握与本专业相关的教育技术知识和技能。文章揭示了师范生教育技术能力培养中的问题，论述了化学专业师范生教育技术能力培养的模式与方法。

关键词：师范生；化学；教育技术能力

1. 师范生教育技术能力的内涵和特殊要求

1.1 师范生教育技术能力的内涵

2004年12月，教育部颁布了《中小学教师教育技术能力标准(试行)》(以下简称《标准》)，从四个方面对中小学教育机构中的教学人员、管理人员和技术人员教育技术能力进行了统一的规范。师范生教育技术能力的内涵主要有以下四个方面：

(1)意识与态度。即能从教学角度认识到教育技术的有效应用对于推进教育的信息化、促进教育改革具有重要作用，能够意识到教育技术能力是教师专业素质的必要组成部分。另外，还要形成自觉地不断学习技术与方法、促进专业发展和个人发展的意识和态度。

(2)知识与技能。师范生应当熟练掌握教育技术在教学中应用所必需的基本教育理论、信息技术知识与技能、教学设计方法、媒体资源的选择与开发、教学效果的评价技术与方法等基本知识与技能。

(3)应用与创新。即能够开展教学环境的设计与管理，教学活动的设计与管理，教学资源的设计、开发与管理，教学评价活动的设计与实施，教学科研活动等，以及能熟练应用信息技术与教育教学有关人员就教学、科研、管理等各个方面开展合作与交流。

(4)社会责任。师范生应该意识到信息技术在教育领域的应用应该遵守国家的法律、法规和社会伦理道德，应该公平利用、有效利用、健康使用，真正把教育技术能力发挥到促进学生有效学习、促进自己教育教学能力有效提高的积极方面。

1.2 化学专业师范生教育技术能力的特殊要求

化学是研究原子、分子等微粒运动和变化规律的一门学科。化学以实验为基础，借助肉眼只能观察到化学现象，而无法进行更深入的研究。借助计算机技术可以进行数据处理、信号分析、结构解析、有机合成、分子设计。还可将实验数据、量测信号、谱图、原子结构、分子结构、化学知识和 Internet 这一系列看似零散但却有着内在联系的内容串联起来。

化学教学中的难点通常在于一些抽象、微观、难以解释、不可见的内容，而这往往也是教学重点。计算机技术在化学教学中的应用对解决以上教学难点相对其他教学手段具有显著优势。这对化学教师的教育技术能力也提出了更高的要求。通过调查发现，我国化学教师的教育技术能力还处于初级阶段，一方面是由于相关培训还处于起步阶段；另一方面师范生教育技术能力教育还存在很大问题，不能理论联系实际。如果能从学科特点出发，设置相关课程，将有利于师范生专业素质的发展和教育技术能力的提高。

具体来说，化学专业师范生教育技术能力除了和《标准》中相关的四个基本要求以外，还应包括几个方面：一是对化学资源的信息检索能力；二是教育技术与化学实验相结合的能力；三是运用化学类软件进行教学设计的能力。

2. 化学专业师范生教育技术能力的培养

通过调查发现，化学教师和师范生的教育技术能力总体都在较低水平。原因有几点：一是我国对教师和师范生进行的教育技术培训为所有学科开设，缺乏针对性；二是实验设备和场地欠缺，影响学生动手能力的培养；三是评价方式不完善。多数学校以总结性评价来评定学生的学习结果。使得教师和师范生在教育技术能力方面远远滞后于信息技术的发展，很难适应教育信息化和教学改革的要求。因此，如何有效培养化学师范生的教育技术能力，是当前化学师范教育中迫切需要研究和解决的重要问题。

2.1　调整课程设置，丰富教学内容

目前，师范院校已相继开设公共必修课和扩充课程，前者为理论学习课程，后者为学生自学提供资源。授课对象为所有师范专业学生。总学时约为 45 学时，课程内容丰富，但缺乏根据各学科的特点实施的专业课程。

化学专业师范生除开设公共课程以外，还可开设以下课程：

(1)公共基本技能(必修课程，54 学时)：让学生掌握常用软件的使用方法，如 Word、PowerPoint、Flash、AuthorWare、PhotoShop。教师由学校选派，学生上机操作。

(2)专业基本技能(必修课程，54 学时)：主要让学生掌握化学专业软件的使用，并结合常用软件制作多媒体课件，进行教学设计。其中包括 Origin、ChemOffice、ChemSketch、ChemLab 等的使用。ChemOffice 可以轻松画出分子结构，呈现分子二维、三维结构，书写化学方程式，组合简单仪器等；ChemSketch 是一款绘制有机分子结构的软件。功能增加了很多。软件中包含各种链结构、环结构、组结构、有机化学等模板，并支持自定义模板。所作图形均为矢量图，能任意旋转、放大，所见即所得；ChemLab 软件可以非常逼真地再现实验过程，可用它来模拟包括物理属性实验 8 个，酸碱实验 12 个，动力学包括炸药实验 4 个、气体实验 5 个、测量同位素半衰期等附加实验 3 个，共计 32 个实验。还有常见分子空间结构的三维浏览。

2.2　设计教育技术能力培养的学习环境

学习环境是学习资源和人际关系的一种动态组合，学习资源包括学习材料、帮助学

习者学习的认知工具、学习空间等；人际关系包括学生之间的人际交往和师生之间的充分的人际交往。学校应该把教育技术能力的培养放在信息化的社会背景下考虑。师范生教育技术能力培养的学习环境设计主要包括以下几个方面：第一，在学校的校园网上建立教育技术学习网站，把一些优质的教育技术课件挂到网上，同时和全国其他高校的教育技术精品课程链接起来，便于学生的自学，同时开辟现代教育技术讨论专区，让师生共同参与讨论。第二，加强课外实践活动。如课件制作大赛、教学网站制作大赛、教学设计比赛等活动。利用竞赛活动和兴趣小组等来激发学生的学习和创作热情，扩大现代教育技术的影响，使学生在活动的参与过程中学到知识、培养能力。

2.3 加强过程学习指导，积极搭建学生能力发展平台

师范生教育技术能力的培养是一个长期的过程。为了给学生提供经常性的学习指导，师范院校应将现代教育技术实验室面向学生开放，学校应安排教育技术专业教师给学生提供学习指导。学校应建设好基于信息化的网络教学平台，学生应非常方便地通过学校网络教学平台，向现代教育技术教师寻求学习帮助和问题答疑。学生也可以登录学校的教育技术网站，获得相应的学习帮助。

另外，让学生在微格录像和教育实习中提高、发展教育技术能力。在微格录像课程中，安排学生1～2节多媒体课程、化学实验和多媒体整合课程，教学设计由指导教师审阅，给予意见后修改，方可进行录像。安排学生进行实习前，教育技术教师和指导教师应要求学生精心准备多媒体课件，熟练运用信息技术手段备课、上课，在实习中虚心向中小学一线的教师学习信息技术与课程整合的方法、技术，从而锻炼了他们的教育技术能力。

总之，在教育教学实践中，我们只有从教师专业化发展的视角，从培养适应21世纪教育发展需要的角度，不断改进教师教育培养体系，把教育技术能力作为教师专业化素质的重要组成部分，那么师范生教育技术能力的培养才能进入一个崭新的天地。

参考文献

[1]中华人民共和国教育部. 中小学教师教育技术能力标准(试行)[S]. 2004.

[2]陈明选. 师范生教育技术能力培养模式的创新与实践研究[J]. 电化教育研究，2006(3)：22－24.

[3]马文娟. 师范生教育技术能力培养之课程体系研究[D]. 南京：南京师范大学，2008.

[4]何克抗. 正确理解"中小学教师教育技术能力"的目的、意义及内涵[J]. 中国电化教育，2006(11)：20－21.

科研经历对化学师范生科学探究能力培养的作用

郭静，周青

（陕西师范大学化学与材料科学学院，西安，710062）

摘要： 科学研究的一般过程囊括了科学探究的基本要素，师范生在参与科研活动的过程中，培养了提出问题的能力，发展了探究技能，提升了反思评价能力。在化学师范教育中，科研经历对化学师范生科学探究能力的培养具有很大的促进作用。

关键词：师范生；科研经历；科学探究能力

化学师范生作为未来的化学教师，是教师队伍中肩负教学改革的新生力量，是新课程的后备力量，如何有效地促进他们科学探究能力的发展，加深他们对科学探究的理解，是摆在化学教师教育研究领域内一个迫切需要解决的问题。

1. 科学探究能力及其形成途径

美国《国家科学教育标准》指出：科学探究是指科学家用以研究自然界并基于此种研究获得的证据提出种种解释的多种不同途径；科学探究也是指学生用以获取知识、领悟科学的思想观念、领悟科学家研究自然界所用的方法而进行的各种活动。我国《全日制义务教育化学课程标准(实验稿)》对科学探究下了可操作性的定义：科学探究是学生积极主动地获取化学知识、认识和解决化学问题的重要实践活动。它涉及提出问题、猜想与假设、制订计划、进行实验、收集证据、解释与结论、反思与评价、表达与交流等要素。学生通过亲身经历和体验科学探究活动，激发学习化学的兴趣，增进对科学的情感，理解科学的本质，学习科学探究方法，初步形成科学探究能力。

科学探究能力就是在学习知识的过程中利用探究的方法，掌握探究技能的过程中形成的能力。科学探究能力作为人们探索、研究自然规律和社会问题的一种综合能力，通常包括提出问题的能力、收集资料和信息的能力、建立假说的能力、进行社会调查的能力、进行科学观察和科学实验的能力、进行科学思维的能力等。

科学探究能力与科学探究活动联系在一起。研究发现没有进行过科学探究活动的教师，他们趋向于把科学描绘成是系列事实、原理和概念的堆积，而很少或根本未弄清楚科学知识的产生过程。这恰恰与当前的基础教育课程改革理念背道而驰。作为未来教师的师范生，多数在中小学阶段就缺乏探究学习的体验，而如果在师范教育中仍不曾有探究学习的经历，日后就很难适应当前中小学的教学改革。因此，必须在大学阶段注重培养化学师范生的科学探究能力，充分利用学校和社会的资源开展科学探究活动。

科学研究的一般过程包括：运用证据来提出有研究价值的问题，在一定的证据基础上进行猜想与假设，依据一定的证据来论证设计方案的可行性，运用多种形式对证据进行整理加工、去伪存真，去粗取精，将所获得的证据与他人进行交流，并对证据的可靠性进行评价。科学研究的基本过程囊括了科学探究的基本要素，因此可以利用科研活动来培养师范生的科学探究能力，为以后的化学教育事业打好基础，做好准备。

2. 科研经历对科学探究能力的培养

随着高校间竞争压力日益增大，高等师范院校纷纷转型，强调教学与科研并重，加强学校的学术性建设。师范院校的学术科研实力不断提升，大部分教师都有独立的科学研究课题，这些都为师范生参与科学研究提供了很好的平台。师范生参与到教师的课题组，从事科学研究工作，可以从以下几个方面得到发展，从而形成科学探究能力。

2.1　培养提出问题能力

科学研究是从问题开始的。只有提出问题，才可以说是真正地进入了研究。科学的发现不是对已有知识的简单重复，而是要观察到其他人没有观察到的事物，询问其他人没有想到的问题，尝试其他人没有做过的事情，做出其他人没有做过的推断；是要集中更多的注意力于“明智的”答案上而不是“正确的”答案上。因此，提出好的问题是进行科学研究的必备条件。在科学研究中，学生通过对科学背景知识的认真思索和分析，从中发现各种矛盾或疑难，形成研究问题，发展提出问题的能力。

2.2　发展探究过程技能

人的能力是在实践活动中形成和发展起来的，而科研能力也只有在科研的实践活动中才能形成和发展。离开了探究实践，个体即使有良好的素质，并且掌握了大量的科学知识和探究技能，他自身的科学探究能力也难以达到一定的高度。化学师范生已经掌握了丰富的科学文化知识，也具有一定的探究技能。然而，已有研究表明，他们的科学探究能力却没有达到相应的高度，这与在学习过程中缺少必要的探究实践活动是分不开的。科研实践是师范生科学探究能力形成和发展的非常好的途径。

(1)发展猜想与假设能力

科学研究中的假设是对问题的一种或数种解释，而预测则是根据原理或假设预言未发生的现象。假设或预测是进一步进行科学研究的起点。根据假设或预测，人们设计实验或收集信息对其进行检验，肯定则得出结论，否定则提出新的假设和预测，这样的循环和螺旋是科学发展的基本方式。科学探究活动可以很好地让学生体验和感受这种基本方式，同时培养学生做出假设或预测的能力，进而使其在独自面对未知现象时有基本的科学方法和态度。

(2)发展制订计划和进行实验的能力

在科学探究中，对科学问题提出猜想或假设，必须通过实践进行证实或证伪。为使验证假设或猜想的实践能顺利而有效地进行，必须精心设计方案、制订计划。针对化学学科特点，主要是以实验的方式来验证假设或猜想，因此制订计划也可以看做是实验方案设计。在科研活动中，学生灵活地运用所学的化学基础知识、化学实验基本技能和各种科学研究方法(如实验、测定、实验条件的控制、假说等)，发展学生实验设计的能力。化学实验设计对于发展学生的科学探究能力，提高他们的科学素养具有重要意义。

(3)发展收集证据的能力

在科学研究中，学生为了检验提出的假设，需要根据制订的计划，通过多种途径收集证据。已有的知识经验、科学家科学研究的史料、对自然现象和生活生产实际的观察、报纸杂志、网络资料和实验都是学生获取证据的有效途径。在收集证据的过程中，学生要仔细观察实验现象，准确记录实验事实，并对实验现象的原因进行分析和思考。在此过程中，很好地锻炼和发展了收集资料和信息的能力。

(4)发展解释与结论能力

信息、证据、实验数据等并不能等同于研究结论，实验数据仅是对某一特定实验事实的客观记录，而研究结论是在事实证据基础上通过分析论证得出的具有普遍意义的规律。在科学研究中，学生在收集大量证据的基础上，根据信息、事实或现象之间的关系，通过分析、比较、概括、归纳等方法，找出它们之间的本质联系和区别，用科学的方法对事实证据进行概括总结，就形成了探究结论。同时也使进行解释和得出结论的能力得到发展与提升。

2.3　交流科研结论，促进反思评价

反思与评价是整个科研活动的一个重要因素，它贯穿于科学研究的全过程，是提高科学研究有效性的一种主要策略和机制。在科学研究中不断反思与评价，能够使科学研究活动少走弯路，提高科学研究的效率。在科学研究过程中，学生通过研究问题的表述是否科学、提出的猜想与假设是否被事实和证据所证实、设计的方案和计划是否有效、收集的证据是否准确真实、给出的结论是否正确等科学研究的不同阶段，不断发展和提高自身的反思与评价能力。

3. 结论

化学师范生是未来的化学教师，要落实新课程目标，必须关注化学教师教育，关注化学师范生科学探究能力的发展。科学探究能力的形成和发展是一个逐步提高、持续进步的过程。在大学期间，增加化学师范生的科研经历，对他们科学探究能力的发展具有很大的促进作用。因此，高等师范院校化学教学应提供机会让师范生参与具体的科学研究活动，让他们有亲身做科研的经历，以使他们对探究过程有更清楚的理解，从而逐步提高他们的科学探究能力，让他们更有信心面对以后的探究教学。

参考文献

[1]中华人民共和国教育部. 全日制义务教育化学课程标准(实验稿)[M]. 北京：北京师范大学出版社，2001.

[2]中华人民共和国教育部. 普通高中化学课程标准(实验)[M]. 北京：人民教育出版社，2003.

[3]王晶莹. 师生科学探究观的国际研究探析[J]. 外国中小学教育，2010，(4)：11－15.

[4]徐学福. 科学探究与探究教学[J]. 课程·教材·教法，2002，(12)：20－23.

[5]古力巴尔. 浅谈高师学生科学探究能力的培养[J]. 伊犁师范学院学报(自然科学版)，2007，(2)：52－53.

师范类化学专业知识-技能一体化培养课程体系的构建与研究

何广平，俞英，钱扬义，申俊英，曾卓，李核

(华南师范大学化学与环境学院，广州，510006)

摘要：化学专业教师教育的目的是促使学生实现从专业知识向技能的转变，成为具有良好综合素质、职业能力和终身学习能力的研究型化学教师。本论文围绕课程方案制

定、优秀师范生培养与激励机制等对化学专业教师教育如何实现知识与技能一体化培养的课程体系构建与优秀师范生培养机制进行研究与思考。

关键词： 教师教育；教师教育一体化；化学学科；课程设置

化学专业教师教育包括化学专业系统的知识体系学习，这一阶段的教育目的，一部分是传授学生专业知识及培养学生的专业技能；另一部分是师范技能培养，既实现从专业知识向技能的转变。而作为培养化学专业教师的课程体系，其培养方案与教育模式应具有的特点包括：拓宽知识基础以提高综合素质；强调师范技能以增强职业能力；注重教育科研，以促进终身学习，其目的是为学生打下良好的专业知识和师范技能基础，为中学培养可持续发展的研究型化学教师[1]。

化学专业教师教育的目的是促使学生实现从专业知识向技能的转变。然而，目前师范院校化学专业学生在校期间很少考虑过怎样将大学所学知识应用于中学化学教学工作中，师范教育阶段重理论知识学习，轻师范专业意识和技能的培养，往往没有从教师专业化发展的角度去确定知识、能力、素质之间的关系，从而导致了教师教育缺乏“知识-技能”一体化的培养[2]。

作为为中等学校培养和输出优秀教师的师范教育专业，在学生的职前教育中如何能够将专业知识与师范技能相融合；探索在职前教育与培养中注重大学—中学化学教学的衔接，体现“知识-技能一体化”的课程设置理念，是当今教师教育改革中需要关注的问题。因此，本论文工作围绕课程方案制定、课程设置以及优秀师范生培养与激励机制等对化学专业教师教育如何实现知识与技能一体化培养的课程体系构建与优秀师范生培养机制进行研究与思考[3]。

1. 制定集知识与技能一体化培养的课程体系与课程方案

教师教育模式改革必须从课程的设置做起，制定科学的专业培养方案。华南师范大学化学与环境学院在2005年化学专业(教育)的培养方案实施的基础上，于2009年重新修订专业培养方案，新方案在保留原方案模块制和分流培养的原则的基础上，突出了专业知识基础、师范技能以及科研创新能力的一体化培养及鼓励学生个性化的发展。

图1为培养方案中各组合模块。其中综合教育课、学科基础课(含必修、选修)为学校为本专业学生开设的化学专业课程以外的综合学习课程。包括政治理论课、大学英语、军事课、大学体育、计算机基础、就业指导。公共选修课分为人文社科、自然科学和艺术三大类，学生按不同学科与学分要求任选。学科基础课程为必修课程，包括高等数学和普通物理课程。

专业必修课程包括教育类专业必修课程和化学类专业必修课程。教育类必修课程包括教育学、心理学、教育科学研究方法、现代教育技术、微格教学与“三笔一话”训练等。化学类课程则包括化学专业与化学学科教学类的必修与选修课程。

为了体现课程方案中知识与技能培养的一体化，突出拓宽知识基础以提高综合素质；强调师范技能以增强职业能力；注重教育科研，以促进终身学习的教育思想，我们在化学类课程中采用了模块制和分流培养的方法，在化学类课程设置中，重点突出学生专业

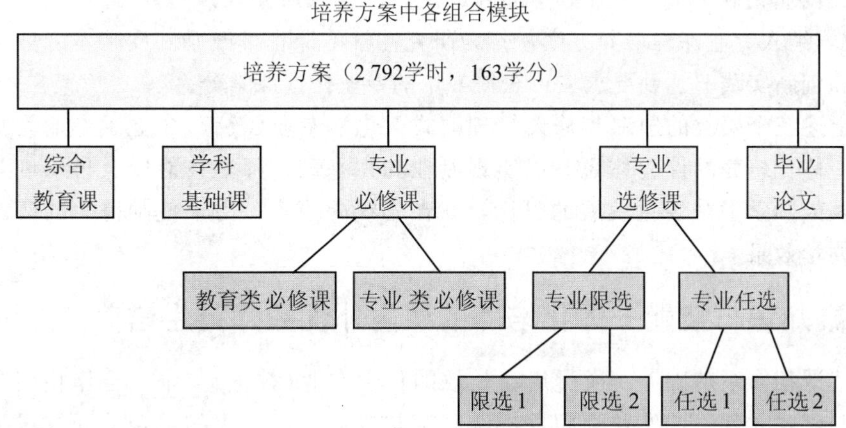

图 1　培养方案中各组合模块

知识及专业技能的学习与培养，促使学生实现从专业知识向技能的转化同时，并鼓励学生的个性化发展。

为了体现模块制和分流培养的目的，我们在课程设置中采用三层次的选课与修读管理模式。化学专业类必修课为培养化学专业能力的课程，主要包括无机化学、有机化学、分析化学、仪器分析、物理化学、结构化学、化工基础的理论与实验课程，这些课程构成了化学专业较为系统的知识体系，是从事化学专业的必修科目。这一部分的教育目的，主要是向学生传授专业知识及培养学生的专业素质。化学教育类必修课包括化学教学论、化学实验教学研究、教师教学技能训练三门课程，是学生在修读了教育类必修课程基础上，针对化学学科特点所开设的化学教育类课程，上述课程为化学专业(教育)学生必须修读的课程。在此基础上，我们为学生开设了不同模块的限选和任选课程，这些选修课程是在专业必修课基础上的补充与拓展，学生可根据个人兴趣和志向，构建个人学科与专业知识体系，达到能力培养与个性化培养的目的。

“限选 1”课程包括环境化学、生物化学、高分子科学概论、化学文献与检索、误差理论与数据处理、专业英语、课件制作技术等课程，要求学生在其中选择并修读一定学分，这部分课程设置为专业必修课程的横向拓展，突出和加强学生的专业知识、学习能力与师范能力的培养。“限选 2”课程为专业必修课程的纵向拓展，为无机化学、有机化学、分析化学、仪器分析、物理化学、高分子化学等基础课程的后续课程，学生可根据个人兴趣选择不同课程修学，以深化和加强专业知识的学习。

任选课程分为“任选 1”和“任选 2”，“任选 1”为化学教育类课程，是对必修课基础上的化学教育类课程的深化，包括化学课堂教学与管理技能、掌上实验技术教学研究、化学教材分析与教学设计、化学史、现代化学与中学化学、结构化学与中学化学教学等课程，强化教师教学技能的培养与训练，注重大学化学与中学教育的衔接，突出现代化学与中学化学关系。“任选 2”为化学专业类课程，此课程设置力求从课程体系的整体结构体现不同学科课程的完整性，也体现本学院科学研究的特色与优势。学生可根据自己的需要和兴趣从中选读，有志于从事中学教学的学生可多选读“限选 1”课程，有志于报考化学专业的研究生可多选读“限选 2”课程。在任选模块中，我们还增设了教师教学讲座、科学前沿讲座、创业就业讲座，增加办学的开放性和社会性，并计以一定学分。将"研究创新型实验"教学纳入专业课程培养方案，作为研究性学习课程，鼓励和支持本专业学生进行科学研究和创新实践。达到要求者可获得一定的专业任选课学分。

通过上述三个层次的选课与修读管理模式，化学专业(教育)建立了专业教师教育知识与技能一体化培养的课程体系，以实现专业知识基础、师范技能以及科研创新能力一体化培养及鼓励学生个性化发展的目标，并在实践中探索，力求使师范生的职前教育达到更好的办学效果。

2. 建立融知识与技能一体化培养的课内外优秀师范生培养与激励机制

在上述课程体系基础上，通过启动长效的化学专业(教育)与中学合作相结合的教育与管理机制，建立基于课外教师聘任授课制度与专业师范课程相结合的开放式师范技能培训平台。

在原有教育类课程以及专业必修课"化学教学论""化学实验教学研究""化学教学技能"等基础上，系统建设与中学化学教学与技能培养相关的课程群，包括"课件制作技术""化学教材分析与教学设计""掌上实验技术教学研究""化学课堂教学与管理技能""现代化学与中学化学""教师教学讲座"等选修与专题研讨课程，从课程开设中体现课程体系师范技能训练的系统性与独创性；充分利用学校师资、微格实验室、优秀中学教师与中学教学实习基地等资源，建立基于课外教师聘任授课制度与专业师范课程相结合的开放式师范技能培训平台，其中专业选修课"化学教材分析与教学设计""化学教学技能"实行开放式教学，由外聘优秀中学教师参与课程授课，并在职业技能培训等专业师范教育中由课外优秀中学教师进行不定期讲座，结合新形势下中学教育的现状与发展，给学生讲授各种师范技能、化学教材分析与教学设计以及师范生所应具备的素质与技能，让学生了解社会、了解中学，提高学生从教能力和就业竞争力。

化学教育类必修课通常在大三学年开设，除了课程培养方案中的课程学习与师范技能训练外，课外的积累与强化训练也是非常重要的，为了使学生师范技能课外训练更为有效与规范，我们在上述课程体系专业理论知识与师范技能学习与培养的基础上，建立优秀师范生选拔培养激励机制与培养模式，建立"课外师范技能培训"管理与实施条例与导师责任制，从大一下学期开始到大二学年按不同阶段，围绕三笔字、普通话、说课、模拟课堂等训练，建立优秀师范生选拔培养与激励机制，强化专业意识和技能的培养，并结合目前多项校级、省级及国家竞赛，包括"东芝杯"、"挑战杯"、"全国大学生化学实验技能比赛"、"为了明天"系列师范技能比赛等竞赛，有针对性地选拔学生并进行相关培养，以点带面，鼓励学生多元发展，提升化学专业(师范)的本科培养水平，使学生在四年的专业学习中有一个系统和循序渐进的师范技能的培训过程，并做到课内课外培养相结合，达到更好的教学效果。

3. 结语

化学专业教师教育知识与技能一体化培养，关键是在课程设置中注重拓宽知识基础以提高学生综合素质；强调师范技能以增强学生职业能力；注重教育科研，以促进学生终身学习，其目的是为学生打下良好的专业知识、师范技能基础以及科研创新能力，为中学培养可持续发展的研究型化学教师，而在学生四年的教师职前教育中，强化专业意识和技能的培养，促使学生实现从专业知识向技能的转变是非常重要的，它可为学生职后的发展乃至终身学习打下良好的专业与职业基础。

参考文献

[1]姚玉环．教师教育视野下研究型教师的职前培养[J]．中国高等教育，2009，(9)：22－24．

[2]徐创新，陈春燕，等．5所高等师范院校高师化学本科课程设置的比较[J]．大学化学，2009，24(2)：19－23．

[3]杨华．化学学科“教师教育一体化”有关课程设置的研究[J]．黄冈师范学院学报，2007，27(6)：78－81．

师范生免费教育背景下的化学教育专业课程改革分析

邢丽娟，周青

（陕西师范大学化学与材料科学学院，西安，710062）

摘要：本文初步分析了目前免费师范生教育现状及存在的问题，并对高师化学教育专业课程改革提出了一些建议。

关键词：免费师范生；化学教育；课程

随着师范生免费教育政策的实施，高师化学教育专业传统的课程体系和教学方式受到了巨大冲击和严峻挑战。高师院校的化学课程体系是否能最大限度地满足免费师范生的需要，化学课程的设置是否缺乏对农村实际教学情况的考虑等。本文从化学教育专业免费师范生的培养目标出发，针对免费师范生未来的工作从事的是农村地区的化学教学，解决如何适应农村中学化学教学，探讨了高师院校化学教育专业免费师范生的课程设置。

1．当前免费师范生教育现状及存在的问题

由于免费师范生政策实施的时间较短，六所部属师范院校缺乏培养经验，在免费师范生的培养过程中出现了一些问题，具体如下：

1.1　免费师范生学习主动性欠佳

实行师范生免费教育，是要落实到具体学生个体的重大举措，其实质性变化是：对工作的选择由“后选择阶段”(毕业后再找工作，不一定谋到教师岗位)到“前选择阶段”(入学时就明确将来自己从事教师工作，并且要前往农村任教两年)。这一变化势必影响学生在校学习的目标和动力。一些免费师范生对自身角色认知存在偏差，对基层教师社会地位问题感到担忧，甚至认为自身今后的发展受到了束缚，对从事基础教育事业所需的各种知识结构、职业技能以及履行相关义务也缺乏必要的心理准备、思想准备和专业准备，

这种角色认知的偏差反映在学习上就表现为学习欠缺主动性、创造性。

1.2　免费师范生化学课程设置还有待完善

(1)当前课程设置缺乏一定的弹性，与农村中学化学教育的需求存在脱节

由于免费师范生毕业之后主要是服务农村教育，但目前师范院校化学教育中，化学知识层次呈阶梯式上升，中学化学知识难以与高等化学知识直接衔接。另外，农村地区的经济发展状况相对较差，各学校化学实验器材很难大范围普及，而现在各高校在课程设置时几乎没有充分考虑这一重要的因素，尤其是针对农村师资、器材等不足的课程在设置上缺少开发。

(2)缺乏一些现代教育技术在化学教育方面的课程设置

教育部在《2004—2010年西北地区教育事业发展规划》中强调：大力推进教育信息化，积极发展现代远程教育。加强西北地区农村中小学网络建设和管理、服务体制及运行机制建设，大力推进西北地区农村中小学现代远程教育发展，提高西北地区农村中小学教育的信息化水平。而现有的化学教育专业课程设置中一些关于现代教育理论及现代教育技术方面的教学内容的课程较少。

(3)专业理论课与实践课安排不是很合理

免费师范生教学技能的培养是教师可持续发展的保证。不论是高年级还是低年级师范生都应将教育理论与教育实践结合，提高教育理论和教学法学习的针对性和实效性，强化教育教学实践环节，加强教育实践基地建设。而目前针对免费师范生的化学教育专业实践课程与以往相比并没有太多改变。

(4)课程内容缺乏与生活的联系

新课程提出“注重与现实生活的联系”理念，就是要改变轻学生生活的现状，让学生在真实的生活中学习和体验知识。现行高师化学课程更多倾向于强调课程自身的系统性、完整性，相对而言忽视了与学生生活以及现实自然、社会的联系。化学课程内容对学科知识系统性、全面性的追求虽然使课程内容学术味道很浓，这种缺乏生活气息的课程无法让免费师范生体会到知识的价值，这势必会影响到实习以及职后的教学质量。

(5)关于教师教育、心理健康等人文课程的设置较少

丰富的课程可以为免费师范生提供很好的学习和发展平台，对于提高和扩展教师教育“师范性”和师范生修养有很好的作用。现行的师范化学教育专业课程体系，是在学科为本的思想指导下构建的。这种课程体系注重学科的系统性和专业性，缺乏反映当今科学发展的最新成果；化学与社会、化学与技术、化学与其他科学的教育课程欠缺，与生活和时代的联系极不适应，缺少人文精神的培养。

2. 对高师化学教育专业课程改革的思考

师范生免费教育体系下化学教育专业课程的构建，要在综合性、适应性、主体性、科学性、可操作性基本原则的基础上，最大限度地激发在校免费师范生的学习兴趣。必修课可仍然依据新课程标准，选修课在新课程标准的基础上适当进行微调，开发和增加一些具有免费师范生特色的校本选修课程，发展具有学校特色的课程。例如，化学开放型实验课、农村教学实践课等。

2.1　改变传统教学模式，让免费师范生主动参与到课堂中来

激发免费师范生的学习兴趣是化学课程改革的首要任务，只有最大限度地激发免费师范生的学习动机，才能够为农村教育培养出优秀的、合格的人民教师。使免费师范生成为课堂的主人是激发学习兴趣的根本。对于化学学科，涉及的前沿性内容十分广泛，单纯依靠教师的讲解是远远不够的。让免费师范生参与到教学中去，使其在参与中发现问题，在参与中深入思考，在参与中获取知识，在参与中掌握学习的主动权，从而激发免费师范生的学习兴趣。

2.2　重视核心课程的同时，要兼顾农村的实际需要

在当前国家推出师范生免费教育政策的大环境下，适当增加一些新的课程兼顾农村地区的实际需要，使学生了解并学会一些适合在农村地区开展的学科知识，拓宽专业口径，在搞好化学专业课的同时，结合师范生免费教育开设选修课程，如农村教学实践课，讲授农村有机肥料和农药的配制等。免费师范生要时刻关心、研究当前我国农村的现状，尤其是自己所处的农村地区的现状，为农村教育的开展和发展作出更多的贡献。

2.3　进一步加强教师教育必修课程内容，并丰富选修课程内容

教师专业内涵、体现教师专业特点而设置的课程，是教师教育区别于其他专业教育的重要标志，也是提高教师教育专业化水平的重要保证。如何培养免费师范生将学术形态的知识转化为教育形态的知识，更好地为基础教育服务，是教师培养必须思考的问题。教师只有懂得教育教学理论知识，才有可能将教与学有机融合，做到对知识的深入浅出，更好地为学生服务。

2.4　开设更多的化学教育专业免费师范生特色课

(1)增加师范素质培养课程

师范素质培养课程是教师教育的特色课程。它是保证学生具有较强的教学实施、教学研究、教学管理的实践能力，促使学生具有从事教育教学改革与创新的能力。

(2)增加教育实践课程

教育实践课程包括：教育实习、教研训练、观摩教学、毕业论文等。主要目的是增强学生组织教学能力，对中学化学学科教学要求及特点熟练掌握。

(3)调整实验教学课程

高校化学实验教学应该减少验证性实验，增加设计性、探究性实验，促进学生开展自主学习、研究性学习，激发学生的学习兴趣和激情。

2.5　增加师德教育课程内容，重视免费师范生师德培养

师德教育是教师的职业道德和思想道德素质的总和，教师职业道德尤为重要，它肩负着为人师表、传播文明、开发人类智慧、塑造人类灵魂的历史使命，是教师职业区别于任何其他职业最鲜明的特点，是教师忠诚于教育事业的内在驱动力。免费师范生主要是服务农村教育，要求有更高的师德，做好在艰苦环境下工作的准备。

3. 小结

构建合理的课程结构框架，实现课程体系的整体优化，构建科学、合理的课程结构是课程体系与教学内容改革的核心及培养新世纪教育人才的关键；而当前，国家推出师范生免费教育政策后，构建或者对一些课程的设置进行微调以适合本政策下偏远地区农村教育的适应意义就显得尤为重要。在课程设置中需充分体现农村实际情况，充分利用当地的自然条件和现实条件，充分发挥这些地区的人文和社会资源，创造性地开设一些适应农村教育的独有课程，培养的学生能够适应这些地区的实际条件，发挥特长，从而在今后工作岗位上可以很好地上好化学课。

参考文献

[1]胡柏平，万炳军，康喜来．师范生免费教育背景下体育教育专业课程构建的思考[J]．当代教师教育，2009，(3)：44－49.

[2]石海信．让小实验成为学习化学的桥梁——对新课改精神下的师范化学教学的认识[J]．广西广播电视大学学报，2003，(9)：82－84.

[3]张晓峻．基于师范生免费教育的化学教育改革[D]．武汉：华中师范大学，2008.

[4]耿原文．免费师范生政策下西北农村学校体育现状与体育教育专业课程设置研究[D]．西安：陕西师范大学，2009.

[5]李芙蓉．师范生免费教育背景下生物教育专业课程体系和教学方式的研究[D]．西安：陕西师范大学，2009.

物理化学教学团队建设体会

陈亚芍，王文亮，胡道道，刘守信，房喻

(陕西师范大学化学与材料科学学院，西安，710062)

以物理学的思想方法和实验手段并借助数学研究化学体系行为最一般的宏观、微观、宇观的规律和理论的物理化学一直是化学学科的理论基础与大厦支柱。其严密性的科学体系、前瞻性的新思想和新概念、创新性的研究方法与手段，使整个化学科学的面貌为之一新。正是物理化学在化学学科中的重要地位，决定了物理化学在当今培养复合型创新型人才中发挥着轴心科学的作用；决定它在人才培养质量与效率上较之其他学科更具优势之所在。该学科本身独具深邃性的严谨逻辑体系与多元化的丰富知识营养，使其在教学与训练中培养出来的化学学科人才具有较深的理论根基、较宽的学术视野、较佳的实验技能、较高的思维技巧和鲜明的哲学思辨。正是基于对物理化学教学在化学相关学科人才培养中的重要地位的认识，结合当今创新型人才培养的社会需求之现实，以及当今与物理化学相关的新概念、新方法的不断涌现之现实，我院实施了以物理化学为带头学科提高教学质量和人才培养水平的本科教改理念。围绕这一理念，强化以物理化学为核心的课程体系建设，形成了包括物理化学基础课程群和拓展课程群的课程体系。围绕课程群建设，强化了与之相适应的教学团队建设。经过多年努力，形成了一支年龄结构和学缘结构合理、学历高、学术背景丰厚、教学经验丰富的教学团队。目前该团队现有教师23人，其中教授14人，副教授7人，讲师2人。其中年龄40以下7人，40～50岁13人，50岁以上3人；有博士学位者20人，有海外留学经历者14人。自2008年获批作为国家级教学团队建设单位以来，本团队从化学学科发展高度和人才培养目标建设物理化学学科，进一步明晰并实施了适应其内涵的课程体系和师资队伍结构优化。经过近两年建设，物理化学教学团队更加成熟，在学科发展中的优势更加凸显，带动与示范辐射作用更加明显，为今后的进一步发展奠定了坚实基础。本文围绕物理化学教学团队建设，谈谈我们的体会。

1. 凸显团队精神，共谋物理化学学科发展

团队运作理念在于培育共同的信念与协作精神。作为教学团队是一个围绕共同愿景，由知识技能互补并愿意为共同目标而相互承担责任的人员所组成的互动系统。自2008年以来，本教学团队以国家级物理化学与结构化学教学团队建设为契机，高度重视团队精神和责任在学科发展中的重要作用。本团队实践证明，定期或不定期举行学科发展研讨会能够起到抓机遇、鼓干劲、集智慧、聚团队和谋发展的积极作用。这既是教学团队目标的内在需求，也是有效实现内在需求的重要保障。

2. 优化师资结构，提高团队整体水平

良好的师资结构既是教学团队持续发展的必然需求也是提高团队整体水平的内在需求。良好的师资结构应具有多元化的知识结构和合理的年龄结构。多元化的知识结构有利于团队个体的共同提高，合理的年龄结构有利于团队的持续发展。团队中每个个体的素质提高不仅有赖于个体自身的努力，更有赖于每个个体对团队给予更多更持久性的贡献。良好的师资结构不仅需要政策保证下的结构性构建，更需要团队系统内支持其良性发展的团队文化。团队多元化的知识和合理的年龄的结构性建构是团队结构优化的客观基础，团队系统内的自我反馈机制是团队结构自身优化的重要保障。团队中个体间的相互激励与共同进步是维系团队凝聚力的内在动力。在这种动力的作用下，使团队中每个个体能力不断提高的同时，也将使团队自身的结构不断优化。这种优化的结构有利于团队整体水平持续性提高。整体水平的提高又会使团队个体因其成为其中的一员而感到自豪。这种个体与团队的正反馈性互动使团队的发展进入一个良性循环。团队的良性发展既需要组织建设，更需要文化氛围建设。

3. 整合教学资源，全方位优化课程体系

3.1　加强精品课程群建设

物理化学和结构化学是本团队所在学科的两门基础理论课程。2004年物理化学率先获得陕西省精品课程，2005年获得国家级精品课程，完成了团队基础课程建设的历史性突破。为进一步促进基础理论课程体系建设，提出了构建精品课程群的目标。结构化学课程是另一门物理化学基础课程群课程，它是化学类各本科专业必修的基础主干课程之一。该课程对深入理解及研究化学问题具有十分重要的意义，在理论层面解释化学实验现象方面发挥极其重要的作用。该课程所涉及的基本理论涵盖于各化学分支，是化学各相关专业学生应掌握的最基本、最重要的理论。基于此课程对学生建立化学有关基本概念的重要性认识，针对该课程理论性强、难于理解的特点，结构化学教学小组实施了强

化队伍建设、打造结构化学精品课程的行动计划。现已形成了由6位结构化学主讲教师组成的教学小组，其中教授2人，副教授3人，讲师1人，具有博士学位获得者3人。2009年结构化学获省级精品课程。集多年来在结构化学教学方面的优势，对该课程实施不同内容的一整套针对性教学方案，使枯燥、难于理解的结构化学成为学生喜爱的课程之一，收到了良好的教学效果，也在西北地区产生了积极影响。结构化学精品课程与物理化学精品课程建设，不仅使物理化学教学团队结构更加完善，而且形成了所承担主要基础课程的精品课程群。

3.2 加强物理化学基础课程群教材建设

基于物理化学在化学学科中的核心地位和作用，以及物理化学与结构化学在构建学生化学基础理论和基本概念中的内在关联性，我们实施了以物理化学基础课程群体系建设的教学改革。围绕上述思路，使物理化学和结构化学这两门课程在基础课程群中成为既区别又关联的统一整体，尽快完善与之相适应的教材建设显得非常重要和必要。为此，本教学团队组织陕西师范大学、西南大学、河北师范大学、湖南师范大学、山东师范大学、福建师范大学、河南师范大学等单位编写了分为上、下册的《物理化学》教材。另外，本教学团队结构化学教学小组参与了国家级规划教材编写，"十一五"国家级规划教材——《结构化学》已于2008年正式出版，《结构化学学习指导》也已列入"十一五"国家级规划教材出版计划，将在2010年年底正式出版。

3.3 加强物理化学相关拓展课程群建设

基于物理化学基础课程群在化学基础理论、研究方法、基本概念构建中的特殊地位和特点，以及与物理化学相关的拓展课程群具有应用上述基本理论、研究方法以及基本概念的特点，我们实施了既注重理论又注重应用的两个课程群整合方案。作为新的教学理念，拓展课程群建设是一个全新的举措。在建设好基础课程群建设的同时，我们组织承担拓展课程群的相关教师，从所承担课程与基础课程群课程的关联性、相关课程在整体课程群中的地位和作用等方面进行了研讨。确定了以课程群构建的宗旨为出发点，对尽管有联系但关联性不够强的拓展课程群实施统一性建设，制订了拓展课程群统一性建设计划。拓展课程群建设有利于学生对物理化学相关应用的拓展课程群与理论性很强的物理化学进行对接，促进学生对物理化学乃至化学学科内相关知识和技能间联系的更全面认识。

3.4 加强实践教学体系建设

物理化学不仅在化学学科理论体系中具有重要地位，而且以其理论为指导形成的一系列实验方法、实验参数间的定量关系等对于学生深刻理解理论、提高实验技能方面发挥着重要作用。为此，本团队一直坚持加强物理化学实践教学体系建设的传统。围绕实践教学体系建设，本教学团队实施了除传统基础实验外，强化了创新能力培养的实践教学体系建设。

基于教师科研成果在学生创新能力引导培养上的鲜活性、有效性、全面性、完整性等诸多方面的优势，本教学团队结合学院实验教学改革，实施了以教师实验室为场所，以教师科研成果为内容、通过学生对教师创新性科研实践的亲身体验，感受创新性研究的整个过程，激发学生的创新热情与能力。从2009年起，本团队主要成员每人每年接受

6～8 名本科生在教师科研实验室开展创新性研究型实验研究。目前本教学团队已开展的研究型实验有 17 项。实践证明，此实验教学形式受到学生一致好评。目前本团队正在总结经验，使这一有效而富有特色的实验教学形式更加规范和完善。

物理化学实验教学的目的不仅在于学生要掌握实验的操作技能，而且还要能利用物理化学理论和实验技术解决专业方面的实际问题，培养学生的探索精神和创新能力。物理化学教学团队教师结合目前仪器发展趋势和技术进步现状，提出了针对性地解决现有实验仪器存在诸如内容陈旧、方法落后、仪器实验误差较大等问题的实验教学改革计划。以教学实践中所存在的问题为驱动，为学生建立了对传统物理化学实验仪器实施改进的创新性实践平台。通过实现测量电子化、输出数字化、控制智能化、数据处理计算机化、实验装置一体化，不仅使现代技术的最新成果在实验过程中充分体现，而且这一实践活动的可参与性有效地提升了学生的实践学习能力和研究探索兴趣。通过这一教学实践活动，先后研制出凝固点测定仪、金属相图测定仪和风冷式冷却水循环装置实验仪器，并已经在长安大学等省内几所高校的本科物理化学实验教学中使用，效果良好。所开发的新型液体蒸气压测定仪和最大泡压法测定溶液表面张力仪已取得了突破性进展，有望年底研制出仪器样机。计划明年将研制新型物质燃烧热测定仪、物质比表面积测定仪和沉降分析仪。

4. 发挥教学团队优势，积极搭建交流与研讨平台

为了扩大教学团队在西部乃至全国的示范和辐射作用，本教学团队积极承办物理化学学科教学和学术会议。2008 年以来本团队承办了五次物理化学学科的教学和学术会议，分别是 2008 年 10 月“西部高校化学类物理化学与结构化学教师培训班”、2009 年 7 月“物理化学教材编写研讨会”、2009 年 10 月“物理化学学报第三届编委会会议”、2009 年 12 月“胶体科学和催化材料学术研讨会”、2010 年 1 月“陕西省物理化学学科发展研讨会”。同时，还邀请了国内外物理化学学科专家学者 10 余人来校进行教学和学术报告。通过各个研究方向有影响的学者的学术报告和交流，大大提高了团队教师的整体教学和科研水平，也有利于扩大本校教师在国内外的影响。为配合我校教学质量工程建设，本教学团队与我校新闻中心合作拍摄与编辑了两期《开卷讲堂》节目。《开卷讲堂》——梦之队，介绍物理化学国家级教学团队节目，生动而系统地展示了教学团队的精神风貌。《开卷讲堂》——我为化学说句话，团队带头人房喻教授从科学技术发展与人类进步角度阐释化学学科在其中所发挥的作用。团队通过组织不同形式的学术与经验交流活动，不仅有利于同行交流与学习，而且有利于团队自身发展。

5. 加强科学研究，促进教学与科研协调发展

在高校，教学与科研始终是一对既对立又统一的关系。对于一个真正意义上的大学教师而言，必然会深刻地领悟到教学与科研实乃“一体不二、相辅相成”之不可分割的辩证、统一关系。我们始终认为没有一个由优秀研究者组成的教师队伍，就不可能期望培养出真正有创造力的学生。为此，在加强团队成员的教学水平提高的同时，本教学团队以应用表面与胶体化学教育部重点实验室为依托，加强团队成员的科学研究的组织与交

流，努力打造一支教学与科研协调发展的教学团队。2008年以来，团队成员承担国家863计划项目1项，国家973前期专项1项，国防973计划子课题1项，国家自然科学基金仪器专项1项，国家自然科学基金重点项目1项，国家自然科学基金面上项目15项，教育部科学技术研究重点项目2项，教育部新世纪优秀人才支持计划项目1项，“十一五”国家科技支撑计划项目1项。举办学术与教学研讨会5次，参会人数380人次。SCI源刊发表学术论文123篇，其中SCI一区13篇，二区49篇。申请专利15项。团队成员的科学研究不仅有效地提高了教师的创新能力和水平，而且研究成果直接渗透到创新性教学之中，真正使教学与科研协同发展、教学与科研相互促进。

国家级教学团队既是荣誉更是责任。我们深知所做与相应的要求差距很大，但团队成员非常珍惜国家级教学团队的荣誉，期望从教学理念、教学方法、教学组织、教学评估、引领示范策略等诸多方面展开全面而深入的研究，认真总结经验，使本教学团队在物理化学乃至其他学科的教学中起到应有的更大的作用。

新形势下地方高等师范院校教师教育模式探究

何立芳，章汝平

（福建龙岩学院化学与材料学院，龙岩，364000）

摘要： 随着我国新一轮基础教育课程改革的深入，教师教育的功能面临新的挑战，尤其是师范院校的教师教育。我国现有的教师教育模式的改革趋势是突出教师教育专业知识和教师职业技能训练，而这一目的的实现必须依赖于“一体化”的教师教育发展。师范院校的教师教育必须主动深入、充分利用并进一步拓展自身的教育实习基地，使“职前师范教育、入职岗位培训、在职教师教育”得以有机地结合，从而将“高等师范教育的理论价值和中小学基础教育的实践价值”融为一体，积极引领基础教育课程改革。

关键词： 师范院校；教师教育；特色功能

随着素质教育的全面开展和基础教育课程改革的不断深入，师范教育的转型已成为历史的必然。师范教育转型从教育制度变革的层面来看，其功能主要体现在以下三个方面：教师教育一体化、教师教育开放化和教师职业专业化。其中，教师教育开放化，即教师教育不再仅仅是原有的高等师范院校、教育学院的“专利”，综合性大学通过设立教育学院或教育专业也承担起此任务。教师职业专业化，即作为专业人员的教师不仅要有学科知识，还必须具有专门的教师从业资格并符合职业规范的要求[1]。

教师教育一体化，即按照教育部有关文件对教师教育内涵的界定，对教师的职前培养、入职教育和在职培训统称教师教育。这一界定既是对师范教育的拓展和延伸，也是对师范教育内涵的提升，而且打破了长期以来我国教师教育的职前培养与职后培训相分离的制度框架，是我国教师教育制度的又一次大的变革。师范院校应该具有这一鲜明的教师教育特色，这是所有业内人士的共识。

1. 改革教师教育人才培养模式和管理体制，构建现代教师教育专业化体系

教师教育体制的构建是教师教育改革的首要环节[2]，它包括围绕教师教育任务和活动进行的组织建构、权利配置、岗位设置、人员调配以及制度安排等。当前，我国大部分高师院校的教师教育体制沿用的均是京师大学堂师范馆所设计的学科教育与教师教育混合的范式，学科教育与教师教育不相分离。其弊端是教师教育被相对弱化、教育资源难以优化，直接影响了教师教育的质量和办学效益的提高。

1.1　整合教师教育资源构建“大学＋师范”教师教育管理体制

各国教师教育发展的共同规律是，随着社会人口平均受教育年限的延长，对教师学历层次和专业要求逐步提高，大致都经历了专科化、本科化、综合化和专业化的发展历程，并最终形成了“大学＋师范”这一国际教师教育通行的新体系。在该体系中，学校全面整合教育科学研究和教师教育资源，成立专门的教师教育管理机构，统筹教育学科和教师教育的发展工作。将学科专业教育与教师养成完全剥离，学科专业教育在各院系进行，教师养成主要由教师教育管理部门组织完成。鉴于地方高师院校的实际情况，在构建新教师教育体制时可以采取“分步实施、循序渐进”的策略，主要方式是先构建联盟形态的教师教育体制，并向综合性大学办教育学院的模式逐步过渡。学校成立专门的教师教育管理机构，统一协调和管理学校的教师教育活动，包括安排全校师范类专业的教育课程；组织全校的教育见习和教育实习；组织学生的教师职业技能训练和考核；组织全校师范生教学实践活动等。教师的职后教育及其他教育教学活动仍由学校中的多个教学组织机构来实施，将教师教育的职前工作从学校其他教学工作中分离出来，自成系统，纳入统一的管理轨道。

1.2　采用“学科专业教育”＋“教师专业教育”的培养模式

“4＋2”模式是北京师范大学最先在全国试点的本、硕贯通培养的学士后教师教育模式，体现了人才培养多元化和专业化的教育理念，提升了教师教育层次，但是该模式运行的前提是获得相应的政策支持以及需要强大的学科优势。按照地方高师院校的实际情况，“3＋1”的培养模式是相对合理与科学的学士教师教育模式。“3＋1”的培养模式是将学科专业学习重心下移，要求教师教育专业的学生集中三年时间修完学科专业课程，最后一年进行职业分流培养，修完教师教育课程，完成教育实习和实践活动训练，获得教师资格。

2. 构建科学合理的学科专业与课程体系，提高学生的从师技能与实践创新能力

2.1　合理优化学科专业结构，打造师范类特色专业

学科和专业是大学教学和科研的依托，高师院校的教师教育学科和专业是培养优秀师资的最重要的支撑平台。教师职业的特殊性在于，教师既要具有学科专业知识，同时又要具有学科教学和教育知识，因此，教师教育是学科专业与教育专业的有机融合。随着基础教育改革的不断深化，对教师综合素质的要求也在不断提高，过于狭窄的专业设

置限制人才素质全面发展的空间，制约师资的复合性。所以在学科专业建设中，应该拓展学科专业发展空间，突出学科与专业结构的综合性和多元性。作为高师院校在发展综合化的同时，还要立足自身特点，把师范类专业做精、做强。

地方高师院校在专业建设的过程中应始终把握这样几个原则：第一，加强专业内涵建设，特别是应对有整体优势和发展潜力的具有地域特点的师范专业进行重点支持和投入，使其办出特色和水平。第二，在学科建设的基础上开发新的专业增长点，努力拓宽专业口径，灵活增设专业方向。第三，打破专业壁垒，整合各专业的师资、设备等资源，开发新型的跨学科专业。

2.2 科学设置课程结构，增加大教育类课程的课时比重

课程体系改革是带动整个高等教育观念、职能乃至体制变革的切入口和关键。国际通行的教师教育培养体系中，教育课程的学时一般占到总学时的25%～35%，我国许多学校的经验是将教师教育学分控制在25学分左右，但学时数都相对偏低。国际通行的教师教育培养大多是学士后教师教育模式，对于地方高师院校的学士教师教育模式下，教育类课程的课时比重达到总课时数的15%～20%是较为合理和可行的。在课程结构优化和调整上，要打破传统的公共教育学、心理学和学科教学法“老三门”的课程结构，应逐步增设两类课程：第一类是与中小学发展联系密切的教育理论课，如青少年心理学、学校管理与班级管理等；第二类是具有较强实践性的教育技能课，如中学生学习和生活指导、中学生心理咨询与治疗等。逐步形成通识教育、学科专业教育和教师专业教育等各类课程比例合理、文理渗透、学科渗透、融为一体的课程体系。

2.3 实施职业资格证书制度，培养和强化学生从师技能

与现行教育理念接轨，要着力培养和提高学生将来从事基础教育必需的教师职业技能，如较强的表达分析和比较归纳的能力，动手操作、实验演示的能力，制作教具、绘制图表的能力，开发和使用现代化教学手段的能力等。部分地方高师院校已经实行“多证(外语等级证、计算机等级证、普通话等级证)换一证(毕业证)”的制度，应该进一步实施增加教师职业技能合格证和现代教育技术培训合格证，强化学校主体专业的教学内容和职业资格标准的相互沟通与衔接，以此提升学生的教学职业技能水平。同时应进一步通过多种途径积极开展微格教学实践、师范生基本技能比赛、三字一话、双语训练、面向基础教育新课程的教学法训练、说课训练等职业技能训练、竞赛和考核活动，有效增强学生的从师技能。

3. 完善教学质量监控体系，实施与培养模式相应的运行保障机制

加强教学质量监控，是实现教学过程全面质量管理，保证教学质量的有力措施。科学完善的教学质量监控体系为人才培养模式正常运行提供了保障机制。

3.1 构建“四大系统”，实施“四大模块”工作内容

科学合理的教学质量监控体系应该是一个闭合系统，能全面实施教学质量监控的全过程[3]。其体系应该至少具备以下四大系统，即指挥与管理系统、质量监测与评估系统、信息反馈系统和调查研究系统。指挥与管理系统是中枢系统，统率质量监测与评估、信息反馈和调查研究系统，而后三个系统分别为执行系统、反馈系统和调节系统，进行“制

度建设与调控”“质量监测与评估”“信息收集与反馈”“教学调查与研究”四大模块工作内容。以此有机联系形成一个层次结合、上下贯通的完整体系，服务于学校全面的教学质量监控。

3.2　以“三三式”为运行机制，进行“三全评估”

进行教学质量监控，要有重点，有抓手，采取“重点监控，全面推进”的策略科学实施。四大系统在运行的过程中可以“三三式”为手段，即通过学生、教师和领导的三级评估，开展学期初、学期中、学期末三个阶段的教学检查，突出“三个重点”，即重点监控课堂教学、学生考试和毕业论文；采取“三个结合”，即过程性评估、终结性评估与随机性评估相结合，学生、教师和领导的三级评估同教学督导中心的专家评估相结合，教学的全面评估同专项评估相结合，进行全面、全程、全员的“三全评估”，实现教学质量监控的科学化、制度化和规范化。

4. 师范院校教师教育特色功能的实施途径

为了进一步突出和彰显教师教育的特色功能，师范院校须做出以下几个方面的努力。

(1)师范院校的办学定位应该是“教学科研型”，这就要求学校首先要搞好“山基建设”，即抓“教学质量”，“山基”坚实方能塑造更高的“山峰”，即“科研成果”。相反，若是师范院校一味地追求“山峰建设”而完全忽视“山基”的坚实与否，那么，学校赖以生存和发展的命脉就会中断[4]。科研课题往往产生于教学实践，科研成果通常指导和完善教学实践，完全脱离教学实践的科研只能显得乏味、空洞、无力。

(2)在职前教师教育阶段，实行“两次分流”：第一次分流的最佳时机是两年的通识教育和学科基础平台课程结束时，让师范生自愿选择是否继续接受教师教育的专业培训。第二次分流的最佳时机是第三年的专业基础平台课程结束时，让已经选择继续接受教师教育专业培训的学生重新选择是否还要再接受一年的教师教育专业课程以及教师职业技能训练。这样的两次分流旨在保证将来从事基础教育事业的学生都拥有坚定的基础教育信念，热爱学生，热爱教师这份职业。

(3)要充分发挥师范院校已有的自身资源优势，主动深入教育实习基地(也可以根据需要拓展新的基地)，了解基地教师培训的现状、教师自主发展的需求以及面临的主要问题。通过观课、议课和访谈对教师培训和教师专业发展中的问题和需求进行诊断式研究，设计出具有针对性的教师教育方案，实施培训方案，收集并分析各种培训数据(特别是教师的培训反思日记)，进一步完善并实施教师教育方案，在职教师逐步获得自主的专业发展意识和能力(通过“教师成长记录袋”得以反映)。

(4)在各地各级各类中小学推广设立“教师发展学校”，选派教育学、心理学、学科教学论教师深入教师发展学校和课堂，诊断研究，跟踪指导，实现理论与实践的融通，实现师范院校的大学教师和教师发展学校的中小学教师的共同发展，引领基础教育课程改革。

(5)鼓励师范院校的大学教师积极参加专业考察调研，在教学实践中不断提高指导实践教学的能力，建立一支业务素质较强的实践教学队伍。

(6)建立并不断加强与基层中小学的合作关系，聘请中小学知名校长、骨干教师、教育行政部门教研人员为教师教育学院兼职教师，承担相关教学任务，指导学生实践和对基础教育的研究。通过与中小学的合作，形成专兼职结合的教师专业发展队伍，共同带领学生开展专业发展活动。

(7)根据师范类专业的培养目标，调整现有课程设置结构，适当压缩学科专业课程，加大教育理论、教育教学技能和教育管理课程的比例，提高学生的教育理论素养。

(8)适当延长教育见习和实习时间，规范校内教学实习、校外教学实习、反思实习的任务和要求，加强教育实习的指导和评价，加强师范类专业学生教学技能的培养，切实提高师范专业学生的教育教学能力，增强就业竞争力。

师范院校"一体化"的教师教育特色功能的推广实施将主要体现两个方面的价值：第一，稳定和发展社会的价值。第二，指导和完善实践的价值。贯彻教师教育"一条龙"的宗旨，使"职前师范教育、入职岗位培训、在职教师教育"得以有机地结合，从而将"高等师范教育的理论价值和中小学基础教育的实践价值"融为一体，集中体现为教师自主专业发展的意识和能力，以及学生学会学习、学会生活、学会自主终身发展的能力。

5. 开展教师专业化等方面的研究，构建为基础教育提供指导的服务体系

师范院校作为培养基础教育师资的专门机构，要发挥高校理论研究的优势[5,6]，结合基础教育改革与发展的新问题，全力以赴地研究和探索教师专业化的理论与实践，为教师教育改革提供理论支撑。高师院校要加强社会服务的功能，必须突出师范性，不仅要为基础教育培养高素质的师资，同时要开展基础教育研究，并把理论研究的成果在社会加以推广和应用，把地方高师院校办成区域基础教育研究的中心，还要加强教师职后培训工作，成为学校所在区域师资在职培训的主要基地。应组织教育学院及各学院学科教学法教师等学术力量，定期到中小学进行调查研究，及时了解中小学生的思想状况和心理特点等方面的情况，全面准确地理解和把握基础教育新课程改革的理念、内涵、目标、任务和方法、手段，加大对中小学教学理念、教学原理和教学模式等指导性理论研究。

地方高师院校作为我国高等教育的重要组成部分，在教师教育方面长期积淀，形成了宝贵的教师教育资源，这些资源是地方教育事业发展所依赖的基础，也是一个地方经济可持续发展的宝贵财富。在高等教育呈现办学主体多元化、办学空间国际化、发展方向大众化和办学手段信息化的趋势下，地方高师院校的机遇与挑战并存。高师院校只有在与其他高校的竞争中找准立足点，彰显"精品师范"教育特色，才能保持自己的核心竞争力，保证学校持续健康发展，使学校在新时期的教育体系中继续担当重要角色，为地方基础教育服务，促进地方教育事业的全面发展。

参考文献

[1]张斌贤. 教师培养模式改革若干问题的思考[J]. 教育研究，2005，(12).

[2]李鲁. 探索培养教育家的高层次教师教育模式[J]. 新华文摘，2007，(10).

[3][瑞典]胡森 T，[德]波斯尔斯韦特 T N. 教育大百科全书：教学卷；教师教育卷[M]. 重庆：西南师范大学出版社；海口：海南出版社，2006.

[4]朱欣欣，张丽珍. 国内外教师专业发展标准研究详析[J]. 国家教育行政学院学

报，2008，(12).

[5]Teacher Education Accreditation Counci. l Accreditation Goal and Principles[EB/OL]. http://www.teac.org/accreditation/goals/index.asp，2007-04-19.

[6]仇毓文. 教师教育培养模式发展的思考[J]. 青海师范大学学报，2007，(1).

中俄师范体系中化学专业课程设置比较

刘亚转，周青

（陕西师范大学化学与材料科学学院，西安，710062）

摘要：本文对中国和俄罗斯师范教育体系中的化学专业课程设置进行初步比较。

关键词：课程设置；化学教育；俄罗斯

俄罗斯在世界上处于领先地位的教育发展水平和质量与其师范教育密切相关。俄罗斯师范教育的目标是：培养出能胜任某种学科教学的教师，培养出能启迪学生人道精神、发展学生天赋的教育家。这一目标使俄罗斯师范教育把化学专业课程设置定位在培养合格化学教师和教育家的双重目标上，这与我国高师院校化学教育的培养目标基本一致。课程是教育目标和教育价值的体现，在此，本文对两国师范教育体系中化学专业课程设置结构进行了初步比较和分析，旨在为我国高师院校化学教育专业课程设置改革提供借鉴。

1. 化学专业课比较

化学专业课是化学师范生必修的专业基础课程，在化学师范生培养中占有非常重要的地位。俄罗斯师范教育中的化学专业课主要有：普通和无机化学、化学分析、有机化学、物理化学、胶态化学、生物化学、环境化学、化学工艺等。我国化学师范教育中的化学专业课程包括：基础化学原理、无机化学、分析化学、物理化学、有机化学、结构化学、化工基础等。与俄罗斯相比，我国师范教育中的化学专业课中无生物化学、环境化学、化学工艺等综合学科，化学专业课设置过于强调向纵深分化，学科之间缺乏横向有机联系、贯通。

2. 教育专业课程比较

教育专业课程是指为各专业学生开设的有关教育教学理论、方法、技能技巧的课程，是师范教育区别于其他教育的独特性所在，在师范课程设置中占有重要地位，旨在培养未来教师职业素养和技能，帮助未来教师解决“怎样教”的问题。

根据俄罗斯教育大纲的最低课程标准，俄罗斯师范教育的教育专业课程主要有：师范职业概述、教育原理、普通心理学、年龄心理学、社会心理学、教育心理学、化学教学法、教育理论与教育系统及工艺、教育哲学与历史、教育系统管理基础、特殊心理学与矫正教育学等。我国师范教育的教育专业课程主要有教育学、普通心理学、化学教学法。由此可见，在教育课程体系上，俄罗斯相对门类丰富，涉及教育系统中诸多方面的知识。

3. 通识教育课程比较

在世界各国的师范教育课程体系中通识课程处于基础学科的地位，俄罗斯师范教育中的通识教育课程包括哲学、人类文明史、人类学、文化学、法学、政治学、社会学、经济学、文学、历史学、伦理学、逻辑学、生态学、宗教史、美学、现代自然科学概念、数学和信息学、语言与修养、外语、体育等课程，旨在培养学生的人文社会素养。

我国师范教育中的通识教育课程包括政治理论课、外语、体育、公共选修课等，并且思想政治教育及工具类课程比例偏大，而文化素质类课程比例偏小。与俄罗斯相比，我国通识课程结构单一，使得我国师范院校学生很少花大量时间和精力学习除自己专业以外的人文、社科、自然等学科方面的知识，而且文理泾渭分明。

4. 启示与建议

21 世纪的化学教育要求师范教育的化学专业课程设置在夯实化学专业基础的前提下，突出教师教育的特点，同时又要体现通识教育和素质教育的思想，并且要加强学生综合能力、创新能力的培养。通过与俄罗斯化学教育课程的对比，我国高师院校的化学专业课程可以从以下几方面进行革新：

4.1 在化学专业课设置上，整合专业基础课程，设置综合学科，加强学科间联系

随着现代科学技术的快速发展以及学科间的交叉与渗透，使化学学科的面貌发生了根本的变化，原有的无机化学、有机化学、分析化学和物理化学四大分支学科之间的界限渐趋模糊，化学学科与其他学科间的相互渗透而形成许多新型边缘学科，如固体化学、生物化学、材料化学、能源化学、环境化学等，这些新型学科又构成了许多新的生长点，从而产生许多新理论、新知识、新概念、新工艺、新方法。由于高师院校化学专业课程设置内容体系更新跟不上时代的变化，导致一方面学生不得不继续学习旧知识；另一方面新知识无法及时地纳入现有课程体系。高师院校要适应社会、科技发展和基础教育改革需要，培养专业口径宽、综合素质高、具有创新和实践能力的人才，迫切需要拓宽课程设置目标定位，调整课程内部结构，以传统的单一学科背景下的"专业对口"培养为主，转变为学科交叉背景下的具有"通识教育"基础的宽口径专业培养，探索综合和交叉学科人才的培养。为了在保证化学专业课教学质量的前提下，突出综合性，面向中学化学教学，高师院校的化学专业课改革可从以下几方面着手：

(1)整合化学专业基础课

为了避免各门课程之间低层次的重复，在"化学基础"课程内容的基础上，根据整体优化的原则，突破四大化学之间的壁垒，对无机化学、有机化学、分析化学、物理化学等课程的内容进行精选、调整和重组，精选经典内容，删除陈旧落后部分，增加新知识、新理论，避免课程之间的过多重复，使之更能针对中学理科综合课的实施。

(2)设置综合理科

在化学专业课的基础上，设置物理、化学、生物、地理四个专业的新型的"综合理科

教育”的选修课和必修课，主要学习物理、化学、生物、地理四个专业的基础知识，使学生将4门专业课程知识融会贯通，掌握各个学科领域之间的联系和一致性，将各个学科领域中的知识加以整合，注意各科之间的沟通与综合，使学生通过辅修选修课程来完成学分。此外，还可以通过设置化学专业的选修课，如化学文献、专业英语、环境化学、生物化学、精细化工、化学史等课程来拓宽学生的知识面。

4.2　在教育专业课设置上，针对中学化学教学的应用和实践，突出师范教育的师范性

所谓“学者未必是良师”，一个教师要成功地扮演好自己的角色，在专业知识够用的基础上，更重要的是具有教育科学方面，尤其是针对学科教学方面的知识和教育教学的能力。教师的职业决定了它的专业性首先体现在教师这一角色上，然后才是某学科教师。正因为如此，所以必须突出并坚持师范教育的师范性，重视教育专业课程，在借鉴俄罗斯的化学教师教育专业课程结构的基础上对我国化学师范生教育类课程结构进行优化。

值得强调的是，我国当前有针对性的面向中学化学的教育专业课程只有化学教学论一门，无论是从深度还是广度上都无法满足中学化学教学的实际需要，因此，为了有针对性地培养学生将来的化学从教能力，迫切需要开设中学化学教学系列课，其中包括中学化学教学研究、计算机辅助中学化学教学研究、中学化学教材分析、中学化学解题研究以及中学化学测量与评价等课程；在形式上，可将必修课、选修课、实践课、活动课、专题性讲座等多种研习方式相结合，以满足师范生多方面发展的需要。

4.3　在通识教育课程设置上，通过增设必修课和选修课，调整和拓宽通识教育课程的内容

未来的化学人才需要有宽广的知识面，化学教育首先要注重素质教育。通识教育有利于培养学生的兴趣和爱好，提升学生的综合素养。我国化学师范教育在这方面的努力还有待继续加强，通过借鉴俄罗斯化学教师教育的通识教育课程结构，我国高师院校应开设旨在提高学生综合素质的通识课程，以拓宽师范生的知识面，使师范生素质得以全面提高。诸如：

(1)增设通识教育课程的必修课门类

开设包括自然科学、社会科学、人文科学和艺术等各方面的通识教育必修课程，在现有的基础课程中广泛增加各领域的基础知识。在教学内容安排上，要强化文理渗透，遵循文理兼容的原则，培养学生对知识综合分析、理解的能力。

(2)增设丰富的通识教育选修课程

在开设必修课的同时，增设丰富的通识教育选修课程，实行学分制度，学生可根据自己的兴趣和发展方向需要，进行有选择地学习，达到学术精湛或知识广博的目的，给学生留下充分的个性发展空间，全面拓展个人的综合能力，从而形成符合社会发展所需的综合型人才培养模式。

参考文献

[1]张拴云. 教师教育课程设置：美国的经验与启发[J]. 外国中小学教育，2005，(1)：31—33.

[2]刘继芳，李劲松. 俄罗斯师范教育结构及课程设置概述[J]. 绥化学院学报，

2005，(4)：85—87.

[3]史俊玲. 高师本科化学教育专业课程改革研究[J]. 华中师范大学研究生学报，2008，(3)：121—125.

[4]朱朝菊. 高师化学专业教育类课程设置探究[J]. 达县师范高等专科学校学报，2005，(5)：72—75.

[5]刘筠. 国外教师教育课程设置的状况及启示[J]. 河南教育学院学报，2009，(4)：12—15.

中美高校体制及课堂教学的比较及思考

章鹏飞，郑辉，吴静，盛国定

(杭州师范大学材料与化学化工学院，310036)

在美国“Kennesaw State University”课堂教学法高级培训班的学习期间，参观访问了Harvard University，Massachusetts Institute of Technology (MIT)，Princeton University，Yale University，University of California Los Angeles，并结合曾访问过的Stanford University，University of California Berkeley，Columbia University New York等世界一流名校，感触颇多。下面就高校体制及课堂教学谈几点看法。

1. 美国教育行政组织

美国现行的教育行政组织体系包括联邦、州和地方三级，与我国相似。教育部负责：(1)分配和管理联邦补助的教育经费，以推动全国教育的发展。(2)收集全国教育数据，提供信息服务。(3)开展教育研究，促进教育革新。而州教育行政组织则有州教育董事会和州教育部(厅)，州教育厅是州教育董事会的执行机构。其主要职能包括：(1)指导或认可学区的建立、改变或废除；(2)改变学区教育董事会的结构和权力；(3)更换在职的教育董事会成员或取消其任职；(4)建立公立中小学的校历及应授或禁授的课程；(5)决定提高学校收支的来源和方法；(6)规定教师的资格及任期；(7)规定各类公立学校的修业年限和学生入学的最低标准；(8)颁发新建高等学校的特许状，撤销不符合州法律条例的公立学校的办学特许证书等。州教育董事会负责本州初等和中等教育的行政管理机构，分设有高等教育董事会负责高等学校的管理与协调，州教育董事会一般由7～10人组成。州高等教育董事会为中学后或高等教育管理、协调机构，属于管理性质的委员会拥有管理和经办下属院校的法律责任。在州的拨款确定以后，他们的权力涉及学校的预算管理和经办方针的确定，也涉及形成预算和把预算提交给议会和州长。在涉及学校内部的运营和管理方面，他们有制定规章以及任免校长的权力。首席执行官员就是该州大学系统的校长。他们有权提出州的公立高等教育的统一预算，获得和分配拨款，批准与评价专业计划，以及对州的高等教育系统进行规划。

教育行政组织的权责，分中央集权式和教育行政组织独立式，各有利弊。其中，中央集权式的教育行政三级制，易收统一事权之效，平衡地区受教育权利、统一规范教育规程。而独立制的优点是：(1)教育行政体系独立运作，可依各地教育需求迅速行动，无须通过普通行政体系之认可，改革脚步较快；(2)教育行政体系独立运作，使行政干预力量减少，在人事上，也较能根据需求招徕专业人士，尽速解决教育问题。其缺点是：(1)普通行政与教育行政分离，易造成各自为政，彼此排斥的现象。(2)普通行政与教育行政分离，在资源利用上较不经济。

教育行政组织的发展趋势是国家干预教育事务日益增强：现代化国家都把教育看做是国家发展的重要前提，所以从国家角度出发，必然要在管理上采取一些措施来干预教育，以实现国家教育总体目标。而要实现国家教育总体目标，只靠中央或只靠地方都不行，必须调动和发挥两方面的积极性。例如，美国根据宪法规定教育行政管理权归各州政府，中央不享受教育行政管理权，但是近年来，美国已发现过度的地方分权，会阻碍全国各地的教育均衡发展，会阻碍教育政策的推行。因而，美国有加强联邦教育行政权力的趋势，使中央与地方权力趋于均权制。给我们的启示是，像我国这样一个中央集权制的国家要加强地方教育权限，给地方以适当的权限，以调动他们办学的积极性。

体会：(1)避免政府对高校办学的过多干预；(2)降低高校内部的办学行政化趋势；(3)建立让人肃然起敬的“一流校园文化”！没有最广泛的开放，就没有一流的大学。“大学不只在围墙内”，学校可以用“栋”但不可用边长来度量；“大学的荣誉，不在它的校舍和人数，而在于它一代一代人的质量”。世界名校的历史告诉我们：从来是学校因人而出名，鲜有人靠校名而真正获得荣誉者！

2. 中美高校师资队伍结构比较

美国高校师资队伍的职称结构是实行单一的职称制度分为教授、副教授、助理教授、讲师(讲师没有终身制)四级。两国高校师资队伍存在以下共性：第一，高校教师高级职称比重加大。第二，高校教师向高学历方向发展。第三，高校一方面注重师资队伍的年轻化，另一方面也注意发挥老教师的作用。

我国尤其是我省与之存在的差距：第一，高校师职比不理想，非教学人员占有太大比例。第二，留校或来自区域内高校任教的师资较多，这种近亲繁殖现象普遍存在，不利于活跃学术思想，有碍学科发展。第三，高校教师队伍年龄结构不合理。第四，具有硕士学位及以上学历的教师比例仍然偏低。第五，高水平教授比重太少。

建议：

(1)引进竞争淘汰机制，优化教师资源配置。

(2)完善教师职务聘任制，强化竞争和激励机制。

(3)强化教师培训，全面提高教师素质。

3. 美国高校教师聘任的基本程序

(1)高校在教师招聘工作中享有较高的自主权，各级教师的聘任权也在高校手中。由需聘任教师的系向教务副校长申请招聘，经同意后在全国专业报刊上刊登招聘广告，面向全社会广泛筛选。通过民主程序和自由竞争，对每一岗位确定多名候选人进行面谈和试教。面试结束后，由系聘任委员会最后评议，确定最佳人选上报校长或董事会批准，聘书由校长签发。为了避免“近亲繁殖”或在招聘过程中掺杂私人感情，教师的招聘工作具有公开性。规定不从本校应届毕业生中招聘教师，有些名校甚至规定教授的提拔也不从本校助教中进行。这种面向社会的公开招聘，通过校外的广泛应聘、竞争、选拔，有利于选贤任能，有利于大学间、大学与社会之间不同学术流派、学术思想和不同学风的交流，从而活跃了学术思想，促进了国家科学技术的发展，同时，也促进了高校间合理的教师流动。这样不仅保证了教授的质量，而且控制了教师的数量，从而保证了高校具有较为合理的教师结构和师生比例。

(2)考核程序严格。有明确的备选条件，主要包括几个方面的要求：学历、学位；资历；教学、科研能力。考核制度严格，以确保所聘教师的“名副其实”。考核不仅仅只停留在聘用教师时，而且同时延用于教师的晋升过程中。在教师的晋升提拔上有着严格的考核、审批制度。美国实行“非升即走”的原则，规定讲师聘任合同为1年，助理教授为3年，还可续聘3年，到期后，如通不过专门委员会对其教学效果、科研能力、论文及著作水平以及咨询或服务质量等方面的考查，就得被解聘离校。这种严格的聘任标准和考核程序，不仅保证了教师队伍的高素质、高质量，而且能激励教师勤奋上进，不断提高专业水平和敬业精神，有利于人尽其才和人才流动，也便于及时发现问题和选拔人才。

(3)美国的职称评聘机制益处有四：其一，具有运行的客观性。首先，是符合条件的人有多少评多少，没有也不做“拉郎配”，比较客观地反映人才运行实际状况。其次，由于没有指标制约，同行、同事、同等条件者可以是事业上的竞争对手，但不会成为利益上的冤家，彼此关系融洽，合作容易，谁在职称评审上都不会在投机钻营、歪门邪道上打主意。其二，具有潜在的竞争性。同行、同事之间也有攀比，比谁职称晋升快，但比的是成果质量、论文数量，这是一种实实在在的良性竞争。其三，每隔3～5年，职称进行复核，在此期间没有造诣、没有成就，是难以在原层次上维系的，这是一种隐性的竞争机制。其四，具有高效的实用性。实行的是评、聘分开，“评”只是学术水平的认证，“聘”才是实用价值的体现。职称与就业状况没有挂钩的必然，关键看人才的能力大小、雇主怎样聘任。在美国高职低聘、低职高聘、评聘错位的现象非常普遍。

建议：一是要注意标准制定的合理性、标准执行的延续性；二是要改变学评教的方式和方法，学评教的最终目的不是对教师的奖惩，而是促进教学水平的提高，融洽师生关系(切莫太功利!)，让学生评价来改进教师的课程设计和进行个人教学大纲的修订；三是关注分岗定级中的科研岗、教学科研岗、教学岗的定岗标准，切不可使教学岗成为“科研不行岗”！“教学岗”要有明确的门槛，对处于“教学岗”而在学科上取得与教学科研岗或科研岗同等成果的教师，要加倍奖励！反之亦然。让绝大多数教师定位在“教学科研岗”，形成两头小、中间大的岗位格局；四是要确保学术的纯洁性。学术腐败已成为目前中国学术发展的最严重的障碍！在严厉打击抄袭、剽窃、侵占、伪造数据、明买、暗购“成果”的行为的同时，要防止、杜绝瓜分学术资源、打压不同学术观点的同行或利用职权、资源获取他人成果的学术不良行为。此种行为隐晦，且有被“合法”化的趋势！不引起高度重视，似乎就像一个很瘦的人肚子上忽然长了一块肉，开始会沾沾自喜的，因为其体重达标了。当检查发现这块肉是个恶性肿瘤，已经发展到严重威胁生命的时候，就晚了。

4. 课堂教学的比较及思考

中、美两国在教育理念上的不同，导致了在课堂教学上存在着较大的差异。由于我们太关注“知识”的传授，从而形成了一种叫“灌输式”的教育方法。该方法的优点是基础知识学得扎实，但在面对新事物时存在畏缩心理。与美国学生比起来，创新意识、协作意识、团队意识均较差。无论是课程学习报告、设计报告还是期末考试，我国大学更重视学生的答案是否符合“标准”；而美国大学更看重实践以及实践过程中的创造性、批判性思维。若我们能学彼之长，避己之短，改革好我们的课堂教学方法，则能促进学生之间的相互交流、共同发展，促进教学相长。

4.1　合作学习(Cooperative Learning)在课堂教学上的应用

在课堂教学中实施合作学习是师生、学生之间共享学习过程的有效途径。“合作学习就是在教学上运用小组相互合作的形式，使学生共同活动以最大限度地促进他们自己以及他人的学习。”

我们的学生有惊人的记忆能力和良好的数学基础，若更多地要求学生去参与、实践、创造，多安排案例学习、讨论及学生为主进行的案例分析、陈述等以学生为中心的教学活动，培养出具有批判精神、开拓和创新意识的人才也许不再是一句空话。

考虑到十几年中小学的一贯教育所产生的长期影响，对大学教育可能将起到负面作用：

(1)学生小组成员之间缺乏必要的人际交流和合作技能，不具备合作的心向和倾向性，学生不知道怎样与他人进行有效的互动。当问题出现时，学生之间不能做到相互了解对方、信任对方，并进行清晰正确的交流；当产生不同意见时，不能建设性地解决矛盾冲突。

体会：在分组学习时，要开展学生为主体与教师为主体的教学方式相结合，体现以学生为本，互相学习，互相尊重(学生要诚实，不能抄袭、作弊，否则惩罚很重)。形成合作、互相促进的动力机制。

(2)小组合作学习前，学生没有明确的合作学习的目的和步骤，无法迅速、准确地把未知信息和已有的认识经验联系起来，从而选择最佳的研究起点，尽快找到解决问题的策略。

体会：教师要指导、巩固小组合作的措施、研究目标，并进行集体评价，注意帮助薄弱小组，小结时要包含对协作互助典型事例进行表彰与鼓励。

(3)在合作学习中，优等生往往具备合作交流的某些条件和要求，处于主导地位，承担了主要职责，使之成为合作小组中最活跃的分子，他们的潜力得到了发挥，个性得到了张扬。而学困生因基础薄弱，参与性、主动性欠缺，思维的敏捷性、深刻性稍逊，往往总是落后优等生半步，无形中失去了思考、发言、表现的机会，形成两极分化。

体会：可试验采用美国的模板来设计一份符合国情的个人大纲，与学生签协议，并结合学校里学生对教师评价的反馈来改进个人教学大纲；或采用更巧妙的方法提升兴趣性学习。

综上所述，合作性学习更加强调成员之间的紧密合作，协同合作，集思广益。课堂教学中不能牵着学生走，而应让学生自己走。让学生有质疑、反对的权利，让学生自己提方案，并进行自我评价，力求更好地凸显学生个性。

4.2 加强新技术(Enhancing Instruction with New Technology)在课堂教学上的应用

现代教育技术如多媒体设备、WebCD网上课程平台、智能白板、交互式无线应答器等，在教室、实验室设备的武装上不一定比美国差，但在管理和使用上则存在较大的反差。美国大学里的现代教育技术服务部门为保障教学，教师可在24小时内随时与之联系，以解决在备课或教学中遇到的各种问题。美国对教学的管理井然有序，对教学的服务更是周全细致，为现代教育技术的广泛应用提供了各种有效支持。

现代教育科学技术日益成为教学中不可或缺的辅助工具，当代教育教学中，能否利用好现代教育技术是提高教学质量的关键。在教学中，根据学科的特点和学生认知能力的实际，利用现代教育教学手段，更有利于打造高效的理想课堂教学模式：(1)应用现代教育技术，便于学生探究未知，可以更好地培养学生良好的探究习惯和学习兴趣。(2)应用现代教育技术，制作直观、动态的图解，演示板书不能表述的形象画面，达到教学中的“直通车”作用，提高教学效果。(3)应用现代教育技术，化抽象为形象，化模糊为具体，帮助学生理解基础知识。(4)应用现代教育技术，师生实现真正意义上的灵活互动。

现代教育技术作为一项系统工程，事实已经证明，在教育教学中有效地运用现代教育技术，对于提高教学质量、扩大办学效益、改善教学方法、实施素质教育，乃至最终形成适应未来社会需要的人才培养模式和新型教育体制，具有十分重要的意义。

使用时要做到以下几点：(1)设计课件要做到新、活、变；(2)制作课件模式要多样化，易于被学生接受；(3)课件的使用要简单易学，利于操作；(4)正确看待课件的功能，避免走入使用误区。

在实际教学中，要避免一提使用现代教育技术，就是PPT，就是课本的转移，从而导致另一种方式的照本宣科。要针对不同课程、不同授课内容灵活地采用现代教育技术与传统的黑板、粉笔相结合的方法，活跃课堂气氛，增加学生自学、查阅资料、学生之间相互讨论、提问及进行批判性论述等内容。对思维独特、见解不一般的学生大加褒扬，提升学生的自信心和解决问题的能力。现代教育技术在课堂外的使用同样很重要，教学不单单是课堂教学！关于这方面有多位老师进行了论述，这里不再赘述。

总之，作为大学教师要时刻记住：我们的行为带动的是一批人，只有每位教师做到了“为人师表”，形成良好的教风，才能带出优良的学风，这是一所学校的脊梁。教师要以高尚的情操和深厚的教学功底感染和影响学生。

“学高为师，身正为范。”学问不高何以为人师？高校的教师不只是单纯意义上的教好课，而是担负着为国家培养各类创新型建设人才的任务。首先我们要有创新精神，学术要创新、教学要创新。渊博的知识的获得，严谨治学的态度和敬业、创新精神的形成，只有在从事科研活动中获得，并在科研活动中不断得到锤炼、得到提升、得到巩固。

如果大学教授都以研究学问为毕生志向，以教育后进为无上职责，这所大学自然会养成良好的学风，培养出博学敦行的学生。评价一位大学教师既要看学生的培养，又要看学术的研究。学术研究要站在学科的前沿，研究的问题专、精、深、细、难，在高年级本科生和研究生的培养中，可以教学相长，共同探讨。高校教师对学术本身应具有敬畏感、神圣感，才能进行创造性的研究。为人不易，为学实难，无论是为人、为师、为学，都必须投入和追求。

身教重于言教。作为从事化学专业的教师，其大半时间应当是在实验室而不是在豪华的办公室里度过。化学实验室是学生学习的最有效和收获最丰富的场所；是培养化学科学素养，传授知识，发展学生的动手、观测、查阅、记忆、思维、想象、表达等智力和非智力素质的重要场所；也是教师自我提高、从事科学研究，对学生进行言传身教的最好场所。倾注真实的爱，用爱心、责任心来培育学生，逐步转变学生的失败心态，恢复他们的自信，领他们走向成功，我们会备感光荣与自豪！“师爱”是“师德”的灵魂，是教师教育学生的情感基础；把热爱自己的专业和热爱自己的学生结合起来才是一个好教师。化学是一门古老而又年轻的神奇学科，它自成体系，同时也是生命科学、医学、药学、农学、环境科学、材料学等学科的基础或中坚，它不仅给人以知识、智慧，而且推动了人类社会的发展。

办大学也好、当教授也罢，均有许多要务，简言之，凡事均有个一、二、三、四……若顺序出问题了，就会像兄弟射大雁的故事那样：原本第一要务是先把天上飞着的大雁射下来，然而却被第二要务如何分吃所遮掩和替代，等争论有了结果时，大雁已无影无踪了……

参考文献

[1]Camburn E, Rowan B, Taylor J. Educational Evaluation and Policy Analysis, 2003, 25(4): 347－373.

[2]Goldstein J. Educational Evaluation and Policy Analysis, 2004, 26(4): 397－422.

[3]Wood P. International Journal of Leadership, 2004, 7(1): 3－26.

师范教育专业学生创新意识与实践能力的培养

游瑞云[1,2]，卢玉栋[1]，游文强[3]

（1. 福建师范大学化学与材料学院，福州，350007；2. 福建省化学实验教学示范中心，福州，350007；3. 福建省福清市三山中学，福州，350318）

摘要：创新是一个民族进步的灵魂，是国家兴旺发达的不竭动力。培养具有创新意识的化学教学人才是目前化学教育专业师范生的重要培养目标之一。本文就如何培养师范生的创新能力进行了探讨，并提出化学教育专业本科生课外实践活动的形式、内容、组织与支持等，简要介绍了福建师范大学化学与材料学院化学教育专业创新能力培养的模式及所取得的实践结果。

关键词：创新意识；化学；师范生；实践；培养

创新是一个民族进步的灵魂，是国家兴旺发达的不竭动力。《中华人民共和国高等教育法》指出，“高等教育的任务是培养具有创新精神和实践能力的高级专门人才，发展科学技术文化，促进社会主义现代化建设”。教师工作的重心必须从“教会知识”转向“教学生会学知识”，即所谓的“授之以渔”。师范教育担负着为基础教育培养师资的重任，在我国的教育发展中具有重要的作用。

我国化学基础教育的师资队伍建设已经从根本上解决了教师“量”的需求。随着我国化学教育的不断发展，素质教育及新课程标准的实施，对教师“质”的要求逐渐凸显出来。新课程实施的核心内容正是新理念、新方法、新手段的更新。教师在教育教学领域勤于思考、勇于创新所体现出的精思熟虑和真知灼见，能为教师群体间的交流、进步并最终实现专业发展提供榜样。从中学化学教学实践来看，任何一个有作为的优秀化学教师，无不有较强的教育科学研究能力。对化学教育专业学生的教育创新意识和实践能力的培养，是化学教育得以良好发展的重要因素。培养具有学术研究创新能力的化学教育人才，是适应和满足社会发展、人才发展及普及化学教育师资的要求。

本文简要介绍我院在培养化学教育专业本科生创新意识方面的实践与体会。

1. 化学实验教学中心的建设

化学实验教学中心的前身是福建师范大学化学系的中心实验室，于2002年成立现在的化学实验教学中心。目前从事实验教学的教师共61人，其中专兼职教师46人，教辅及实验技术人员15人。学校共计投入资金270万元用于改善实验室的基础软硬件条件。2003～2004年学校投资240万元用于专业基础实验室建设和新区一二年级基础实验室的仪器设备添置。2006年再次投入460万元，用于新区理工楼群化学实验室软硬件建设。通过建设和发展，目前能够较好满足化学学科、材料学科、环境学科各专业以及学校其他院系基础化学实验课的要求，同时结合学院的科研特色和专业特长开设一定数量的综合性、设计性实验，加强对学生综合素质、创新能力、实践能力的训练。

2. 本科生课外科技活动

随着福建省省级“本科生课外科技计划基金”的启动，我校于2005年设立了“福建师范大学本科生课外科技计划基金”。目前申请和执行各级“本科生课外科技计划”的研究课题是本科生课外科技活动的主要形式之一[1~2]。近三年我院化学教育专业本科生参与各级“本科生课外科技计划”课题研究的学生占总数的10%以上。利用假期参加教师主持的研究课题是最常见的本科生课外科技活动形式。这种形式对学生的压力小，指导教师可根据学生素质、期望和时间确定研究内容。

为了促进本科生课外科技活动，学院领导积极动员宣传，使学生认识到课外科技活动是培养学生实践创新能力的重要载体，是造就复合型人才的重要手段，是一项涉及学校教学、科研、管理以及思想政治工作的系统工程，健全了本科生课外科技活动的工作机制，出台相关的学生课外科技活动的管理规定。由院共青团委负责组织本科生课外科技活动，把学生科技创新活动与奖学金评定、优秀学生选拔等活动并举，设立大学生科技创新奖，激发学生的参与积极性和创新热情。

近三年来我院化学教育专业学生共获得30多项福建省和福建师范大学“大学生课外科技计划”研究项目立项，在学术刊物上发表了20多篇科研论文。对培养学生初步从事科学研究的能力，培养学生学术研究创新能力具有非常重要的作用。

3. 优秀自制教具比赛

福建省优秀自制教具比赛是在党的十七大"优先发展教育，建设人力资源强国"的精神指导下开展的，活动坚持教育创新，深化教育改革，全面推进素质教育。

我院化学教育专业学生报送的《多用气体制取及性质实验器》、《元素周期表》、《跳跃的音符》、《全封闭绿色化学实验装置》与《钠与水反应试验装置》等作品，在福建省第七届优秀自制教具评选中获得了优异的成绩。

其中，《多用气体制取及性质实验器》参加由教育部主办、上海市教委承办的第七届全国优秀自制教具评选活动，荣获全国二等奖。该教具采用常规玻璃集气瓶与玻璃管巧妙组合，解决了分析水的组成，氧、氢、氯、二氧化碳等中学常见气体性质和一氧化氮、二氧化氮、二氧化硫等有毒气体的绿色制取和性质的中学生自主探究难题，具有一定的便捷性、教学性、创新性、实用性和推广性，充分展示了我院学生在教具研究制作、教学实验创新以及动手实践操作等方面取得了长足的进步。此次参赛告捷，是我院在增强专业实力同时培养学生创新意识的重要体现，也是我院不断致力于提高教学水平的同时努力挖掘学生创造力的重要体现。

4. 学院开放实验

为了积极推进实验室开放，加强对学生创新精神和实践能力的培养，学院每年在暑期前都组织教师申报化学实验教学示范中心实验室开放项目。在 2008 年，学院建立了学生创新开放实验室，配备了常规合成和化学分析装置、紫外分光光度计、pH 计、旋转蒸发仪、高速离心机、接触角测定仪、界(表)面张力测定仪等设备，并通过预约方式开放了红外光谱仪、高效液相色谱、气相色谱、元素分析、原子吸收光谱、原子发射光谱、电化学工作站等近代分析仪器。

学院开放实验主要根据以下三个条件进行申报：

(1)时间的业余性：开放时间安排在学生课外时间及暑期，项目计划截止时期为 8 月 26 日。

(2)内容的提高性：实验内容必须是本科培养方案以外的较高层次的实验项目，重点支持综合性、设计性、研究性实验项目的申报。

(3)申报的唯一性：已从本科生课外科技计划、各类竞赛等申报活动中获得经费资助的，不在申报范围之内。

对于申报该项目的教师，首先要填写《福建师范大学实验室开放项目申请表》，提供项目详细指导书(应包含实验目的、实验要求、实验内容、考核形式、实验报告或实验论文要求等内容)。然后由学院组织专家进行评审后予以立项。

对于立项的项目，在学生中进行公开，由学生自由选择自己感兴趣的课题进行报名。在执行过程中要求学生做好原始记录，上交有特色与创新性的实验报告，鼓励学生撰写研究性论文。学院于 8 月底组织验收，验收主要考察开放项目档案(包括填写开放实验项目验收表、学生的实验心得、教师的评语)、实验报告(或论文)质量等。

5. 参加“挑战杯”比赛

“挑战杯”大学生课外学术科技作品竞赛和创业计划竞赛是我国目前大学生课外科技创新活动中最具导向性、示范性和群众性的赛事，也是各高校展示科研成果、办学水平和人才培养质量的重要途径。“挑战杯”大学生课外学术科技作品竞赛和创业计划竞赛交叉轮流开展，每个项目每两年举办一届。在培养大学生的创新、创造、创业意识和能力，提高大学生的综合素质方面起到了重要的示范作用[3]。

为了鼓励学生与教师参与到“挑战杯”比赛中来，学校颁布了《福建师范大学关于组织学生参加挑战杯大学生课外学术科技作品竞赛和创业计划竞赛的实施办法》。学校成立了校大学生课外学术科技创新工作领导小组，领导规划、组织协调学校“挑战杯”竞赛相关工作。由校党委书记、校长担任顾问，分管学生工作的党委副书记担任组长，分管教学、科研的副校长担任副组长，成员由学校办公室、学生工作部(处)、研究生工作部(处)、校团委、人事处、教务处、科学技术处、社会科学处、财务处等部门负责人以及各学院院长组成。学院也相应成立领导小组，由院长任组长，分管学生工作的分党委(党总支)副书记和分管教学、科研的副院长任副组长，成员由学院团委书记、教学秘书、科研秘书和一些有科研能力、有指导经验的教师组成。

我院化学教育专业的学生，在历届“挑战杯”比赛中都积极参加，并获得了福建省“挑战杯”4 银 6 铜的好成绩。

实践结果表明，通过上述几种实践活动，对学生深入理解和掌握理论知识，养成严谨求实、勇于创新的科学态度，学习解决问题的思路、方法和手段，增强团队协作精神等均起着重要的作用。

参考文献

[1]陈少平，卢玉栋，吴宗华. 促进应用化学专业课外科技活动的实践[J]. 中国校外教育，2009，(12)：84.

[2]国家大学生创新性实验计划指南.

[3]姜一飞. 从第八届“挑战杯”看大学科技创新动力新机制[J]. 科学与管理，2005，25(4)：33.

由本科生导师制向本科生专业班主任制转变实施的探索与思考

郭海明，王晓兵

(河南师范大学化学与环境科学学院，新乡，453007)

摘要：为了将分流培养教学计划落到实处，我们试行了专业班主任制度。专业班主任能够向学生介绍本专业的基本情况、发展趋势和社会需求，引导学生热爱本专业，并在此基础上激发学生的学习积极性，帮助学生制定适合自身特点的培养方案，实现因材施教；同时，专业班主任能引导学生培养创新精神和实践能力，促进学生知识、能力、素质的协调发展，正确引导学生就业，从而提高本科生培养质量。

关键词：本科生导师；专业班主任；教学改革；分流培养；本科生培养

随着我国高校学分制改革的实施，起源于 14 世纪英国牛津大学的导师制正逐渐成为我国高校实施学分制后对辅导员制和班主任制度管理的一项重要补充手段，其实施意义一般认为有以下五点[1]：(1)有利于学生构建合理的知识结构；(2)有利于引导学生适应大学的学习和生活；(3)有利于培养学生的自学能力和创新能力；(4)有利于因材施教；(5)有利于教书与育人的有机结合。

然而，在目前我国本科生导师制实施的过程中，却出现了许多问题，主要可概括为[2]：(1)导师角色定位模糊；(2)导师工作内容不清晰；(3)导师资源稀缺；(4)缺乏相应的监督考核制度；(5)激励措施不到位。

结合目前我国高校的学生管理工作，我们不难发现，学生的日常管理工作通常以辅导员管理为主。辅导员一般在思想工作方面经验丰富，是德育工作的组织者、传播者、教育者，他们很好地起到了学校、学生、家庭、社会之间交流沟通的桥梁和纽带作用。但就某一专业来说，如化学专业，由于专业性强、发展迅速，辅导员很难精确把握专业的基本情况、发展趋势和社会需求，不能全面了解化学学科的各专业在推动科技进步、经济建设和社会发展中的地位和作用。因此，对于学生的择业方向、考研方向等辅导员难以给出专业指导。如何更好地管理本科生的学习，引导本科生一开始便能热爱自己的专业，并树立科学的发展目标，全面提高不同专业本科生的综合素质，是摆在本科生教育面前的一个具有挑战性的课题。

专业班主任制是河南师范大学化学与环境科学学院针对目前本科生导师制实施几年来存在的问题并结合学院的教学改革和教学实践实际情况，适应本科生扩招后学生专业学习的需要，在学院各年级普通全日制本科生由 1 名辅导员管理实施的基础上形成的一项提高学生综合素质和创新能力的重要举措，是学院实施全员育人的一项重要措施。它的实施，一方面克服了导师角色定位模糊、导师工作内容不清晰、导师资源稀缺的问题；另一方面又有利于对导师进行及时的监督考核、制定相应的激励措施。实施一年来，我们在注重学生个性发展的基础上，又充分发挥了专业教师的指导作用，起到了良好的效果。

1. 实施的具体措施

下面就我院正在实施的专业班主任制职责、任职资格及管理程序等进行简要的介绍。

1.1　专业班主任的职责

(1)根据专业培养目标和专业教学计划，向学生介绍所学专业的基本情况、发展趋势和社会需求，本专业在推动科技进步、经济建设和社会发展中的地位和作用，以及我校本专业取得的成就等，引导学生热爱自己所学的专业，树立正确的学习目的，激发学生学习的积极性和主动性。

(2)帮助学生了解学科知识结构和学分制教学计划的指导思想、总体框架，指导学生掌握课程之间以及相关学科之间的关系。向学生介绍专业教学计划、课程设置和毕业要求，并根据专业教学要求介绍学习方法和经验，指导学生制订学年、学期学习计划。

(3)鉴于目前的学分制管理，要求专业班主任了解和掌握学生的学习基础与爱好特长，介绍选课方面的规定和程序，接受学生的咨询，根据学生的实际情况和学校教育资源状况，提出合理的选课方案，恰当安排学习任务，审核批准学生的选课单，并在学院教学指导委员会的统一安排下，帮助学生按时圆满完成网上选课。

(4)指导学生选择适合自身发展的第二专业以及第二学士学位专业的学习。

(5)以教书育人为己任，满腔热情地关心学生成长，促进学生形成良好的人生观和价值观；帮助学生改进学习方法，提高学生主动获取知识、掌握技能的能力，促进学生职业技能的提高；培养学生严谨的学风，督促学生完成学业，并使学生构建符合自身特点的比较完整的知识、能力和素质结构。

(6)注意发现和培养思想素质好、能力强、有特长的优秀学生，向学院和任课教师提供因材施教的建议。关心和帮助学习困难的学生，提高学习质量。

(7)经常了解学生普遍存在的问题，尤其是教与学的情况、学生选课方面的问题等，并及时向上级反映，提出改进教学的建议，以不断完善教学制度，改善教学质量。

(8)指导学生参加课外与教学有关的科技活动及各类竞赛活动，指导学生积极申报并认真实施大学生科技创新实验项目。

(9)全面落实所有与教学有关的事情，执行学院及教学院长布置的各种任务，并积极主动向分管学生工作的副书记、学生辅导员反映学生的思想和学习情况，协助他们做好学生管理工作。

1.2　专业班主任的任职资格

(1)具有坚定的政治方向，坚持四项基本原则，热爱社会主义祖国，具有高度的责任心和敬业精神，为人师表，师德高尚。

(2)具有两年以上教学科研工作经历，且具有讲师以上职称。

(3)热心教育教学工作，具有一定的管理经验，具有高度的责任心，教学经验丰富，熟悉教育规律，在学术上有一定造诣，了解本专业的培养目标，熟悉本专业教学计划及各教学环节的相互关系，了解学校教学管理和学生管理的有关规定。

(4)全面理解学分制的运行机制及学校相关的各项政策。

1.3　专业班主任的遴选、配备和管理

(1)专业班主任实行聘任制，任期每届四年。凡符合任职资格的专职教师都有义务担任专业班主任。专业班主任的遴选由本人提出申请，学院领导认定，院长聘任。

(2)专业班主任的管理参照学校人事处、教务处、学生处对本科生导师制的管理实行。学院对专业班主任的管理由分管教学工作的副院长主管，分管学生工作的副书记协助。学院制定严格的考核办法和激励措施，并将专业班主任的工作记入教师的年度考核档案。专业班主任的岗前培训由教务处、学生处和学院共同负责。

(3)专业班主任的配备一般从新生入学第一学期开始，根据各专业招生情况，每100名左右的本科生配备1名专业班主任。每个年级成立一个专业班主任委员会，组长由教学副院长担任。无特殊情况，学生在校期间不更换专业班主任。

(4)专业班主任要根据所带学生的具体情况，每周至少与学生见面一次，通过讲座、座谈会、学科进展报告、总结交流等形式，解答学生与学习有关的疑难问题，在学习方面提出具体要求，并做好指导记录。

(5)建立专业班主任例会制度，学院每月至少召开1次专业班主任工作会议，交流经验，提高指导能力，对有关工作进行总结。

(6)为使专业班主任制真正落到实处，取得预期效果，学院将不定期对专业班主任带教工作进行检查。对专业班主任的年度考核由学院统一组织，主要根据学生对专业班主任的评价、所指导学生的平均学分、英语等级考试通过率、计算机等级考试通过率以及参加各种学习竞赛、科技活动的获奖情况和论文发表情况等方面进行考核。经考核合格的专业班主任方可认定其工作量。

(7)专业班主任在任期届满后，应撰写工作总结。学院在评先、评优和职称评定工作中，优先考虑成绩突出的专业班主任。

2. 实施中存在的问题及思考

2.1　专业班主任制实施后的学生个性化管理问题

本科生导师制实施的最终目标是根据学生的个体差异，实施因材施教、因人施教，而我们在实施专业班主任制后，随着指导教师的减少，如何有效对本科生做到因材施教、因人施教成为各方面关注的重要问题。对于这一问题我们在实施专业班主任制之初就已有了充分的考虑。

以我们正在实施专业班主任制度的2009级来说，目前共有化学、化学工程与工艺、环境工程3个专业，分别有在校生222人、93人、87人，1名辅导员负责学生的日常管理，在此基础上，我们对化学专业配备2名专业班主任，其他2个专业各配备1名专业班主任。在大一这一学年里各专业班主任认真按照我们的要求圆满完成了大一学年度的工作并使学生对本专业已有初步的了解。

进入大二之后，我们将结合大学生创新实验，根据学生的个体差异，实施因材施教、因人施教。从大三下学期开始根据学生的爱好对学生实施分流培养[3]。具体思路是：

我们充分利用我院的大学生创新实验基地，让学生自由结合组成创新实验小组，再与相关教师自由结合，以项目申报的形式实施大学生实验创新项目，在过去几级学生中，99%的学生都能参与到大学生实验创新项目。在此阶段除了辅导员、专业班主任的管理之外，又引入了实验创新项目指导教师的管理，能充分针对学生的特点进行因材施教、因人施教。并使学生在此过程中对自己的专业知识产生极大的兴趣和提高，有利于学生综合素质得到整体提高。有效避免了专业班主任指导学生过多而不能有效根据各个学生的个体差异制定适宜培养方法的问题，也解决了目前导师资源不足的问题。

2.2　专业班主任管理与辅导员管理的职责与分工问题

在本科生导师制实施的过程中，我们也一直想对本科生导师和辅导员建立明确的职责与分工，希望建立一个有效的协调机制[4]，但在实施过程中由于本科生导师的数量庞大，且不掌握学生的评先、评优、入党、量化考核等实质的利益关系，使本科生导师的职责和定位往往不被学生所重视。

而进入专业班主任制实施后，专业班主任除了完成上述的管理职责外，其所管理学生的考试管理，与教学相关的课外活动管理(文体活动除外)都纳入到专业班主任的管理范围，从而使学生对专业班主任的管理加以重视，也使辅导员从这些繁重的管理中解放出来，专心做好学生的思想政治教育工作和量化管理工作。

3. 结语

河南师范大学化学与环境科学学院根据目前的教学改革和教学实践的实际情况，为本科生实施全面培养方案而推出了专业班主任制度这一项创新性措施，旨在创新本科生教学管理模式，发挥专业教师的专业指导作用，解决学生专业学习中遇到的各种问题。专业班主任能够向学生介绍专业情况与优势，让本科生一开始便能热爱自己的专业，并树立科学的发展目标，从而在学习生活中充分施展他们的创新能力和实践能力。将专业班主任制与目前学生管理的辅导员制互相配合，发挥专业教师的专业指导作用，无疑会对提高本科生培养的质量起到积极的作用。

参考文献

[1]张河清. 完善高校本科生导师制的初步探讨[J]. 中国科技纵横，2009，12：82－84.

[2]周营军. 高校本科生导师制实行过程中的问题与对策分析[J]. 郑州轻工业学院学报(社会科学版)，2010，11(1)：126－128.

[3]郭海明，王晓兵. 市场需求和个性培养 构建高师本科化学专业分类培养模式[J]. 中国大学教学，2010，(2)：22－24.

[4]余国升，贾冠忠. 本科生导师和政治辅导员职责问题探究[J]. 安徽工业大学学报(社会科学版)，2007，24(3)：136－138.

致谢

感谢河南省高等教育教学改革研究项目的基金资助(编号：2009SJGLX145 和 2009SJGLX021)。

适应基础教育发展的化学教师教育一体化的改革与实践

郑长龙

(东北师范大学化学学院，长春，130024)

为了发挥高等师范院校在推进基础教育改革过程中的核心力量，我们把促进化学教师专业化发展作为追求的目标。以合理的课程结构内容为基础，以丰富的教育资源平台为载体，以先进的教学方式方法为动力，以深厚的教育研究成果为支撑，构建了师范生职前培养、教育硕士学历提升与在职教师职后培训一体化的化学教师教育体系。

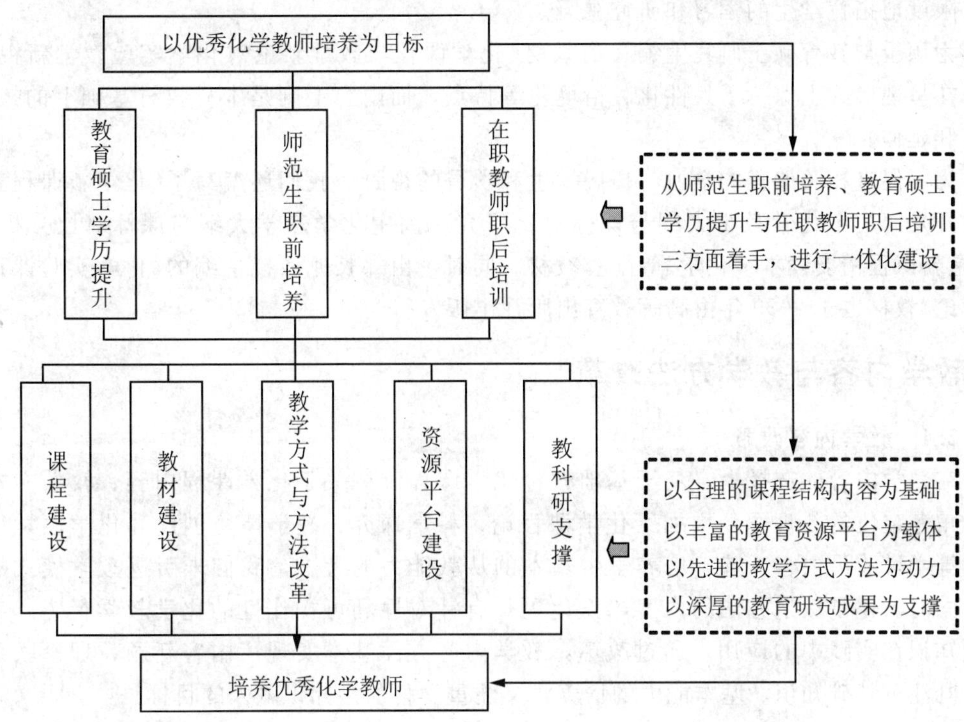

1. 课程与教材建设

1.1　课程建设

课程学习是促进化学教师专业发展的主要途径，良好的课程结构设置是课程建设的首要内容。因此在本科课程体系上我们构建了由化学学科教育理论课(化学课程与教学论、化学专题教学法)、化学学科教育技能课(化学教学设计、中学化学实验研究、化学教育研究方法等)、化学教育实践课(教育实习、教育见习、教育调查)和化学教育系列课(现代化学教学评价、中学化学教学典型案例分析、探究活动教学设计等)4 类 17 门课程组成的新的化学师范生教师教育课程结构。这一课程结构为教学内容和教学方式的改革提供了基础，对于促进师范生的教师专业素养的发展发挥了重要作用。

在教育硕士课程设置上，构建了包括化学课程理论研究、化学教学设计、化学实验设计与教学研究等 9 门课程在内的教育硕士课程体系。这些课程一方面考虑了教育硕士的教学实践经验基础，另一方面也兼顾了与本科课程的继承性与延续性。

1.2　教材建设

2004 年年初，我们承担了化学课程与教学论教材建设课题，编写了一部《化学课程与教学论》本科生教材。该教材把为本科生形成基本的从教能力奠定基础作为最根本的目标，注重教材呈现的人性化，变“教材”为“学材”，从学生的角度来选择、组织和呈现内容；通过“教师成长札记”“教学片段”等栏目，创设问题情境，激发学生的学习兴趣，将理论知识的学习融于对实际教学案例的讨论和分析中，促进学生对知识的自主建构；教材还通过“资料卡片”“阅读资料”“参考文献”等形式为学生提供了丰富的阅读资料，力图最大限度地拓宽学生的学习和研究视野。

为硕士与教育硕士研究生编写的教材《化学课程与教学新论》《化学实验教学新视野》等，在呈现形式上保持了人性化、情境化等特点，而内容上则是本科教材基础上的拓展、丰富和延伸。

为了促进相关课程的学习，拓展学生和学员的视野，我们还编写了《化学新课程教学素材开发》《初中化学教学大纲与课标对比研究》《高中化学教学大纲与课标对比分析》与《实施新课程精要读本·化学》等配套教材。同时，由郑长龙教授主编的《化学实验课程与教学论》教材也于2009年由高等教育出版社出版发行。

2. 教学内容与教学方法改革

2.1 教学内容改革

在教学内容的选择上，基于基础教育化学课程改革关于化学课程内容、教学方式和教师角色定位的新理念，增加了化学课程论、科学探究、教学情境创设和化学教学行动研究等学科前沿内容。基于培养学生基本的从教能力的考虑，我们未引进教学模式的概念，同时弱化了教学方法的内容，强化更具有针对性和可操作性的化学教学行为，突出理论知识在实践中的应用。通过改革，教学内容方面基本实现了内容新颖，理论联系实际，既注重基础知识、基本能力的培养，又注重学科前沿知识融入的目标。

2.2 教学方式方法改革

教学方式改革是课程发展的动力。为了改变课堂教学“单向传输”的局面，我们加强了教学方式方法的改革。

(1)师范生职前培养

基于师范生教学零经验的特点，在职前培养上，我们采取了以下方式：

①通过实施案例教学，使学生在“教学现场”中发现和提出化学教学问题，在对案例的讨论和分析中寻求解决问题的办法，获得相关的理论知识。

②开展研究性学习，提升师范生化学教育科学研究能力。

③加大课程教学的实践环节，使理论学习与实践经验学习相结合。

④加大开放性、探究性实验的比重，切实提高师范生实验研究能力和实验教学研究能力的发展。

(2)教育硕士学历提升

丰富的中学化学教学实践经验是教育硕士专业研究生区别于教育学硕士的突出特点。这一特点既为教学提供了丰富的教学资源，同时也对教师的教学方式提出了新的要求。针对教育硕士我们采取的主要教学方式是：

①开展以学员为中心的教学案例展示与研讨学习，由学员自己提供和展示教学案例，大家有针对性地进行研讨与交流，生成新的理论性认识，实现自己经验的改组、改造与新生。

②开展以问题解决为核心的行动学习，在“问题—研究—行动—新问题—再研究—再行动”的动态学习过程中使学员“从做中学”“从反思中学”，在巩固理论知识的同时，提升学员的教育科研能力。

(3)在职教师职后培训

对于在职教师职后培训，我们采取了集中培训与实践指导相结合的方式。一方面，通过主持和参与国家级与省级的化学新课程培训对职后教师进行集中培训；另一方面，积极深入到中学一线进行培训、听课以及互动研讨，促进教师在职提高。

对在职教师的集中培训主要采取了以下方式：

①采取讲座学习与研讨交流相结合的学习方式，促进知识的更替与经验的更新。

②开展课程观摩与研讨活动，通过实验区优秀教师的课堂展示，切实感受课程理念与形式的变化。

同时，通过教育硕士与本科生结成教学和科研合作体的形式，充分发挥本科生在资源使用上的优势，与教育硕士共同承担科研课题；充分利用教育硕士在教学实践上的丰富经验和优势带动本科生的教师实践能力发展，形成互相促进的学习模式。

3. 资源平台建设

3.1　网络资源建设

2004 年以来，我们先后开发了“化学教学论”“现代化学进展”“化学课程与教学论”和“中学化学实验研究”4 门网络课程，为学生的网上学习与交流提供了丰富的资源。

2007 年，创办了“东北师范大学化学教育研究网”，网站设置了“化学课程与教学论专区”“中学化学实验研究专区”“教育硕士专区”和“新闻频道”等板块。提供了丰富的资源和信息。网站还设有博客和论坛两个互动区域。通过博客与论坛，本科生、在职教师和化学教育研究者可以方便地进行交流，针对化学教育问题展开讨论，寻找解决办法，同时也分享各自的研究成果。

3.2　开放实验室建设

为了促进化学教师实验研究能力与实验教学研究能力的发展，我们建设了为基础教育教学服务的“中学化学实验教学研究专业实验室”。该实验室为师范生、教育硕士和一线在职教师提供了中学化学教材中所有化学实验的实验方案及检索；配备了所有必需的仪器和药品(包括手持技术实验的配套仪器)；提供进行化学实验课件开发的多媒体设施和相关软件；配备了微格教学设施，具备模拟化学实验教学过程的摄录和回放功能。

为了切实提高学生的实验教学能力和实验教学研究能力，实验室还建设了“中学化学实验教学研究网络资源平台”。平台由“中学化学实验方案库”“实验教学文献库”“实验教学课件库”“实验教学录像库”和“中学化学实验研究网络课程”几个模块组成。网络资源平台为学生的实验研究和实验教学研究提供了丰富的拓展资料，在学生实验研究能力的培养过程中发挥着重要的作用。

通过几年的改革与实践，我们取得了丰硕的成果。郑长龙教授被评为吉林省教学名师(2008 年)、获宝钢优秀教师奖(2009 年)和全国首届教育硕士优秀指导教师奖(2007 年)，化学课程与教学论教学团队被评为吉林省优质教学团队(2010 年)，“化学课程与教学论”课程被评为吉林省精品课(2007 年)，《化学课程与教学论》教材获吉林省高等院校优秀教材二等奖(2008 年)，基于优秀教师培养的化学实验课程改革获第六届吉林省高等教育教学成果奖三等奖(2009 年)。

普通高等教育国家级特色专业建设的思考
——以辽宁师范大学化学专业为例

于世钧，杨梅，王长生
（辽宁师范大学化学化工学院，大连，116029）

摘要：辽宁师范大学化学专业建设以办学定位—教育目标—师资队伍—课程体系—教学条件—培养质量—突出特色为主线，制定具有特色的人才培养方案，构建科学的课程体系，打造高效的师资队伍，突出实验实践教学特色，加强学科建设，重视科研水平，提高专业办学层次和学术影响力，树立良好学风，促进专业建设。

关键词：普通高等教育；国家级特色专业；建设

辽宁师范大学化学化工学院化学专业具有50多年的历史，经过几代辽师化学人的辛勤建设，取得了阶段性成果，2008年4月被确定为校重点建设专业，2008年12月成功申报省重点建设专业，2009年10月获批国家级特色专业。在欣喜的同时我们也有许多思考。

1. 深刻理解特色专业内涵，明确建设目标

特色专业是指充分体现学校办学定位，在教育目标、师资队伍、课程体系、教学条件和培养质量等方面，具有较高的办学水平和鲜明的办学特色，获得社会认同并具有较高社会声誉的专业。特色专业是经过长期建设形成的，是学校办学优势和办学特色的集中体现。

专业建设要紧紧抓住办学定位—教育目标—师资队伍—课程体系—教学条件—培养质量—突出特色这一主线，在学校总的办学思想指导下，遵循本专业教育教学规律，明确本专业的建设目标，围绕所制定的建设目标进行师资队伍建设、课程体系建设与改革、教学条件建设。在各个环节中要以强化优势为根本，以突出特色为核心，提高培养质量，充分体现本专业在学校发展和区域经济社会发展中的特色。

2. 根据专业特点、经济和社会发展需求，制定具有特色的人才培养方案

人才培养方案的制定与优化是特色专业建设的核心内容，也是特色专业建设的重点和难点。特色专业建设要以培养满足经济社会发展所需人才为出发点。因此，一定要根据本专业特点，紧紧结合社会对各类人才的需求，制定出科学的人才培养方案，体现出先进科学的专业教育思想和产、学、研在人才培养中的协同作用。

化学是一门重要的基础科学，化学专业具有综合性强、专业口径宽的特点。辽宁师范大学化学专业是全省中学化学教育师资的主要输出基地。在辽宁省的GDP总量中，化学工业与相关产业的产值长期以来远远高于其他产业，并且在全国范围内居于前列。为

适应区域经济结构调整以及各类人才需求，本专业提出了明确的建设目标：继续保持本专业的历史传统和教师教育特色，将培养掌握化学基本理论和实验技能、具有现代化教育理念和方法的化学教育专门人才作为本专业长期的发展方向。同时加大综合型、研究型化学人才培养力度，努力培养专业基础理论扎实、实验操作能力强、知识面广、创新精神突出、科研能力强、专业水平高的新型化学化工人才。

考虑到近年来化学专业毕业生就业呈现出多元化趋势，除了一部分从事教师职业外，大约 45%的学生考取研究生，还有一些毕业生进入化工企业或相关行业就业(如从事化工产品的检验、开发和销售工作)。而传统师范专业培养模式中学科专业课程和教师教育课程混合设置方式存在一定的弊端：一方面，教师教育特色突出不够，使一部分学生到中学竞聘就业缺乏竞争力；另一方面，实验技术技能欠缺，使一部分学生在考研复试时以及到企业就业时受阻。为此，相应地进行了人才培养结构和人才培养模式的改革，改变过去单一的人才培养模式，拓宽专业发展空间，确定了两阶段化学专业人才培养模式和具有多元就业能力的复合型人才培养方案。新培养方案的实施保证了学生进行多种职业和专业选择时具有较强的竞争力。

这一培养方案实施后，毕业生的从师素质、实验技能、科研素养、创新能力得到明显提高和增强。2005 级多名学生在首届“全国高等院校化学专业师范生教学素质大赛”中获得特等奖和一等奖；2006 级 3 名学生在首届“全国高等师范院校大学生化学实验邀请赛”获一等奖和三等奖；近年来，很多毕业生考取了中国科学院、北京师范大学、浙江大学、南开大学、吉林大学、大连理工大学、北京理工大学等名校的研究生，并且在科研实力很强的学术团队中也表现出良好的科学素养，得到导师的一致认可。使得一贯只接收 211 院校免试研究生的中科院大连化学物理研究所、吉林大学、厦门大学、中科院安徽光学研究所、东北大学等科研院所近几年来都向我院化学专业学生敞开大门，主动提出愿意接收我们的保送生；尽管面临严峻的就业压力，但是我校化学专业一次就业率较高，就业率连续多年位居学校前列。

3. 围绕教育目标，构建科学的课程体系

特色专业的课程建设应紧紧围绕教育目标，根据相关产业和领域的新发展和新要求，从课程体系、教学内容、教材、教学方法和手段等方面进行改革与建设。

化学专业课程体系建设的指导思想是：从理论到实践，从基础到应用，从知识到技能，全方位保证培养具有宽厚的知识基础、较高的科技素养和专业素养、较强的创新精神和实践能力、适应基础教育和经济社会发展化学专门人才的目标的实现。

化学专业课程内容要求：深入研究社会、行业、学科发展对人才知识、能力、素质结构的要求，要将行业与产业形成的新知识、新成果、新技术引入教学内容，减少课程间教学内容简单重复问题。具体做法是合理确定基础课程与专业课程、必修课程与选修课程、理论教学与实践教学的比例。在课程体系设置中延长创新实践教学时间，并在第三、第四年开设基础化学扩展系列和不同就业方向选修课，为学生提供加强基础知识、提高化学实验技能和应用能力的系列课程。

经过多年的努力，化学专业课程建设取得丰硕成果。本专业现有“有机化学实验”省级精

品课程，“分析化学”省级优秀课程，“物理化学实验”和“化学分析实验”校级精品课程。

4. 适应专业发展的需要，打造高效的师资队伍

师资队伍是特色专业建设的重要保障。化学专业采取了以下思路进行师资队伍建设：首先，师资队伍是特色专业建设的重要保障。化学专业在师资队伍建设中把师德师风作为师资建设的重中之重。严抓教师风范教育，提倡以不计名利的无私奉献精神教书育人、进行科学研究，体现了高尚的师德；同时以多项措施并举提高现有教师整体教学科研水平。在大力扶持优秀专家、知名学者、教学名师、骨干教师的前提下，重点提高青年教师的教学科研水平。教学方面，制订了严格的青年教师培养计划，实行课程主讲教授负责制，通过听课—助课—评课—试教等环节；根据青年教师已有的科研背景以及各学科发展的需要，对他们的科研方向与现有的课题组进行必要的整合，帮助他们逐步开展教学及科研工作。从而建设了一支以学术带头人为骨干、教学和科研综合水平高、结构合理的教师队伍；围绕化学专业建设目标，根据构建的课程体系，择优引进人才，注重师资结构特别是学历结构和学缘结构的适度调整，使专业师资吸百家学术之灵气；将优质教学与科研师资用于本科教学，鼓励教师根据教育目标积极开展有针对性的教学研究。

在以上建设思路指导下，化学专业具有一支高学历、高职称、高素质的教学科研团队。化学专业现有教师中，有全国优秀教师、辽宁省优秀专家、大连市优秀专家、辽宁省优秀青年骨干教师、享受国务院政府特殊津贴教师、省市级优秀共产党员、校级教学能手等多人。此外，本专业还有省级教学名师 1 人，校级教学名师 1 人，辽宁省科研创新团队 1 个，省级优秀教学团队 1 个。

5. 完善学科建设层次和科研团队，提高学术影响力

学科建设、科研水平是提升专业办学层次、提高专业办学水平、体现专业学术特色的重要标志。化学专业几十年的发展，一直按照以下原则进行建设：集中优势资源，优化结构，强强联合，进行学位点、重点实验室、重点学科、创新团队建设；强化团队在教学科研上的攻坚作用，摒弃个人单兵作战的模式，以重点学科和创新团队为平台，积极组织教师申报国家基金及其他各项基金，并为课题研究提供有利条件；加强对外学术交流和内部交流，营造浓厚的科研氛围；在科研方面实行奖罚制度，促进教师的科研热情。

化学专业现有物理化学博士点、化学专业一级学科硕士点(含无机化学、有机化学、物理化学、分析化学、高分子化学与物理五个二级学科硕士点)、学科教学论(化学)硕士点；物理化学辽宁省重点学科、无机化学校重点学科；“功能分子和材料设计模拟研制”辽宁省创新科研团队；本专业获批各类项目居于学校前列，发表的 SCI 收录文章约占全校的 70%。

化学专业的学科建设和科研成果极大地提高了本专业在国内同类学校中的影响力，也形成了本专业的学术特色。

6. 深入探讨实验实践教学，走特色突出的发展道路

特色专业建设应特别注重加强实验实践教学，其中的内涵有两个：一个是实验实践

条件，另一个是实验实践内容。

近几年来，我校化学专业在实验室建设、实践基地建设等方面在辽宁师范大学乃至在辽宁省属院校同类专业中处于领先地位。目前，已建设成以无机化学、有机化学、分析化学、物理化学基础实验为主的“辽宁省化学实验教学示范中心”和“分子与功能材料省重点实验室”，以及十余个稳定的工业见习和教育实习基地。

长期以来，化学专业十分重视实验教学内容与教学方法的改革与创新，推广微量、半微量实验，增加实验难度，尽量减少验证性实验而增加设计性、综合性与创新性的实验，按照基础训练—综合实验—设计创新实验三个层次组织教学。本专业实验课中100％有综合性和设计性实验，并开放了小型化有机化学实验室、化学分析实验室、中级无机化学实验室和中级物理化学实验室，为学生创设了更多的发展和探索空间，学生的实践能力与综合素质得到了训练与发展。

在建设过程中，形成了特色鲜明的创新实践能力培养模式。第一，化学实验绿色化与绿色化学教育，实现了化学实验的半微量化，提高了学生的环保意识，形成了真正意义上的绿色化学教育。第二，特色多媒体课件辅助实验教学与实验教学的数字化管理。本专业已出版了“中英文半微量有机化学实验”“化学分析实验”“物理化学实验”等特色多媒体实验课件，并通过网上实验室实现了全程实验教学的数字化管理。第三，创新实践与科学研究有机结合，加大研究项目向学生开放的力度。在实验教学中，本专业实行教授责任制，这样在保证实验教学效果的基础上，将科研创新理念直接引入教学。同时，针对学生的特点和兴趣，吸收更多学生参与各类科研项目研究，通过知名教授的指导，在实践中培养学生的创造力和科研素质。

7. 加强学风建设，促进专业建设

学风建设是专业建设中不容忽视且须特别重视的工作。教师和学生是专业建设的具体实施者，因此师资队伍和学生队伍都是专业建设的保障。化学专业学生学风正、自主性学习能力高，不仅能够认真学习基础理论，而且具有远大的抱负和突出的创新意识，使得专业建设的各项工作都能顺利实施。这都要得益于辅导员和全体教师的辛勤付出，得益于学风建设的突出成果。

化学专业的建设历程是学院领导集体智慧的成果，是教师展现高尚师德和教辅人员默默奉献的历程，是专家学者在实验室呕心沥血的结晶，是化学专业学生勤奋学习的写照。我们将以国家特色专业建设为契机，深化改革，不断进取，强化特色，使本专业在全国同类专业中发挥示范作用。

地方本科院校“应用型”化工人才培养模式探索

林棋，李心忠

（闽江学院化学与化学工程系，福州，350108）

摘要：为了更好地满足当前社会变革和地方经济建设的要求，提高地方本科院校“应

用型”化工人才的培养质量，本文结合我校应用化学专业“应用型”人才的培养实践，对“应用型”化学本科人才培养目标定位、指导思想的多元质量观、专业课程的建设、教学模式、工程实践能力的培养等问题进行了探讨。

关键词： 应用型人才；培养模式；本科教育

1.“应用型”化工人才培养的必要性

福建省人民政府《关于印发福建省石化产业调整和振兴实施方案的通知》(闽政文[2009]305号)提出：石化产业是福建省三大支柱产业之一，是能源和基础原材料工业的重要组成部分，对农业、能源、电子、轻工、纺织、建筑、汽车、医药等许多行业的发展起着极为重要的支撑作用。近年来，我省通过重点建设湄州湾、漳州古雷两大石化基地和福清江阴、三都澳溪南半岛石化园区等，不断推进闽台石化产业对接，形成了具有一定规模和实力的石化产业集群。2009年，全省有规模以上石化企业970家，实现工业总产值1 103.69亿元，增长28.4%，占全省规模以上工业总产值的6.61%；在石化10个分行业中，石油加工、合成材料、橡胶加工、基础化学原料、专用化学品5个分行业总产值占全行业的85%；石化产业产值占全国石化产业总产值的1.66%，居全国第18位；2009年11月，中国首个中外合资炼化一体化项目在泉港正式投入商业运行。目前，漳州古雷石化项目(PX、PTA等)、中化泉州1 200万吨炼油、石狮佳龙PTA、省石化集团合成橡胶、东南电化搬迁、福建炼油乙烯二期、中国化工集团江阴重油催化热裂解(CPP)等一批在建和前期项目都在加紧推进。这些将为石化下游产业发展提供较为丰富的化工原辅材料，也将进一步促进化工行业乃至工业经济的快速发展。因此，迫切需要我省加快培养、培训各类适用的专门人才特别是工程技术人才。

石化产业的发展速度和增长质量与化学工业人才的培养水平密切相关。迫切需要大批既懂化学又懂工程同时擅长管理的复合型高级人才。适应石化产业发展，我省石化产业高等教育得到了较大发展。石化产业相关本科专业领域主要包括化学、应用化学、材料化学、石油工程、高分子材料与工程、化学工程与工艺、油气储运工程、过程装备与控制工程，高职高专相关专业领域主要包括应用化工技术、有机化工生产技术、高聚物生产技术、化纤生产技术、精细化学品生产技术、石油化工生产技术、炼油技术、工业分析与检验、油气开采技术、油气储运技术、油气藏分析技术、油田化学应用技术、石油与天然气地质勘探技术、高分子材料应用技术、高分子材料加工技术等。从整体上看，我省在化工人才培养方面与该产业在国内石化行业所处的地位不相匹配，无论在人才培养的数量还是在人才培养的质量上，都还远远不能满足作为我省对化工专门人才的迫切需求。

根据我省石化产业对人才培养提出的新形势、新任务，中共福建省委组织部等联合出台了《关于加强我省石化产业人才培养培训工作的意见》(闽教高[2010]31号)，根据我省石化产业发展需要及各地产业发展特色，进一步调整优化专业结构，鼓励相关高校设立应用化学、材料化学、高分子材料与工程、化学工程与工艺、油气储运工程、应用化工技术、石油化工生产技术等石化产业发展重点领域急需的专业，努力提高专业建设的适应性和针对性。因此建设好以培养我省石化行业高级工程技术与管理人才为目标的高水平化工类专业是十分必要和迫切的，也完全符合福建省经济社会发展及产业结构调整的需要和社会发展规划，必将会加快我省急需的石化行业专门人才的培养速度，满足福建省对化工类专门人才的需求，为福建省经济建设作出贡献。

2. “应用型”化工人才培养目标

对不同类型人才的培养所对应的学校类型也不同，对于学术研究型人才，显然主要由一流大学及研究生院培养；对应用型和技术实践型人才，主要由本科院校特别是新建本科院校培养。福建闽江学院属于地方本科院校，主要立足于区域经济，面向全省和全国，服务区域比较明确，学校的办学定位是培养应用型人才，即技术实践型和技能实践型两种，或者介于这两者之间。因此，在人才培养及专业方向上，更要充分考虑区域经济对人才培养的需求，及时了解区域经济的发展趋向，适时地根据区域经济的发展来设置专业，调整专业方向，合理调整培养目标、课程体系和教学内容，以更好地服务于区域经济，同时也可以在不断满足市场需求的同时，自身得到更快的发展与提高。从学校办学定位出发，我们的本科教育紧紧抓住“工程应用型”这个含义，应用化学专业培养目标：培养具备坚实的化学化工基本理论、基本知识和较强的实践和操作技能，能从事化学化工产品的技术开发、产品检测、经营管理、科学研究等方面的复合型高级专门人才。工程问题是学生最终面临的问题，涉及内容主要有化合物的合成、分离、纯化、过程控制等工程问题和质量管理法规，因此从工程技术性的角度来制定人才培养方案和确定培养模式。所构建的教学体系，应在注意理论基础知识的同时，更要注意学生工程技术能力的培养，加强对学生工程实践的实际训练，强调创新能力、创业能力的培养。

3. 构建“应用型”化工人才培养模式的指导思想

应用化学专业在课程体系设置上如果没有明显的特色，专业设置的课程门类繁多、混乱，课程名称繁多、重点不突出，容易产生混淆。这样既不利于学生选课，也不利于明确向社会进行特色宣传，进一步适应市场需求。因此，为了培养既懂化学又懂工程同时擅长管理的复合型人才，体现闽江学院在培养“应用型”化工人才方面的特色，必须对我校应用化学专业的培养方式、培养目标与要求、人才的知识与能力结构、课程设置及其进程等进行深入的研究和教学实践探索。理顺应用化学专业课程，使相关专业、学科、课程有机融合和同类课程的整合，设置与专业培养目标相适应的课程体系，培养适应福建省石化工业需要的专业基础扎实、工程实践和创新能力强的专业人才，使培养的人才更好地适合市场和行业发展的需要，更好地服务于我省的石化行业。

3.1　创新人才培养模式，改革教学计划设置体系，培养学生创新能力

建立新的课程体系及内容，采用现代化教学手段，课堂教学与实践性教学环节密切结合，做到新体系、厚基础；新手段、重实践、促自学。改变传统的以教师为中心的“满堂灌”的教学模式，逐步建立以学生为中心的“主动型”教学模式，培养学生创新意识和创新能力。通过精选、优化、整合教学内容，将化工领域的最新研究成果、发展趋势和学术动态引入课程，建立创新的课程体系。

3.2 设置与培养目标相适应的课程，加强相关专业学科课程的有机融合和同类课程的整合

对现行的应用化学专业的人才培养体系进行改革，设置与培养目标相适应的课程体系，在教学计划和培养方案中注重体现个性特色，使应用化学专业相关学科的课程有机结合，相同的课程进行整合，研究和探索出更为合理和完善的专业人才培养模式，提高专业人才培养质量。

3.3 积极探索专业定位，适应市场需求，明确培养目标

根据 1998 年国家教育部颁布的《普通高等学校本科专业目录和专业介绍》，结合福建省石化产业发展现状，制定出特色明显、目标明确、适应市场需求、符合社会发展的应用化学专业的业务培养要求及目标。

4. 我校应用化学专业“应用型”化工人才培养规格

专业素质要求包括思想素质、人文素质和业务素质三个方面。其中业务素质应体现在系统地掌握本专业的基本理论和基本知识，受到良好的工程实践基本训练，具有系统分析、设计、开发与研究的基本能力。具体包括：

(1)具有扎实的自然科学基础、较好的人文社会科学基础和外语综合能力。

(2)掌握本专业领域必要的较宽的技术基础理论知识，主要包括无机与分析化学、有机化学及合成、化工设计、精细化工、绿色化学等。

(3)较好地掌握精细化工、环境科学等方面的知识，具有本专业领域 1 个或以上专业方向的专业知识和技能，了解本专业学科前沿和发展趋势。

(4)获得较好的课程设计、化工设计等方面的工程实践训练。

(5)在本专业领域内具备一定的科学研究、科技开发和组织管理能力，具有较强的工作适应能力。

参考文献

[1]福建省人民政府. 关于印发福建省石化产业调整和振兴实施方案的通知. 闽政文[2009]305 号.

[2]中共福建省委组织部，等. 关于加强我省石化产业人才培养培训工作的意见. 闽教高[2010]31 号.

[3]郭祥群，胡荣宗，朱亚先，等. 高素质化学人才培养的实践教学建设[J]. 中国大学教学，2006，(2)：15—16，20.

[4]沈超颖. 巧妙选择教学方法 培养学生工程设计思维[J]. 中国西部科技，2006，(13)：72—73.

[5]李丽敏，孙效正，李红. 化学专业课程设置改革构想[J]. 潍坊学院学报，2004，4(4)：138—139.

[6]余炜，张英. 地方工科院校化学课实践教学环节教学改革探析[J]. 高教论坛，2005，8(4)：93—95.

本科师范生编写与时俱进教材能力培养初试

王明召

（北京师范大学化学学院，北京，100875）

摘要：为完善我国师范生能力结构的培养，作者拓展 12 年硕士生培养的实践经验，探索培养本科生编写与现代化学相适应教材的基本能力。借助本科科研基金平台进行小规模实验，实验成功后，为大三本科生开设选修课，狠抓“自由选题，查阅文献、调整题目，深入调研、微调题目，设计作品框架，精心完成作品”5 个环节，尝试在创新的课程平台上对本科生实施这种能力培养。

关键词：师范生；中学化学；现代内容；教材编写能力；探索实践

当前我国中学化学教材与现代化学内容的衔接不够紧密，对现代化学的新思想、新方法、新内容的体现不够充分，这是不争的事实。而我国的师范生培养也只是强调学生应该学会如何去“深入挖掘教材”、“用好教材”，以致我国的基础化学教育与现代化学脱节。事实上，现代化学的日新月异发展趋势要求高中化学与时俱进，不断引入现代化学的新思想、新方法、新成果，这已经成为时代对高水平中学化学教师的一个新的要求。高等师范院校应该进行探索，帮助师范生获得编写与现代化学相适应教材的基本能力，以满足国家对创新型人才的需求。

自 1998 年国家设立教育硕士学位，并为此设立现代化学与中学化学课程以来，作者作为我国该课程的首批建设者，一直在进行如何培养师范生教材编写能力的探索。经过 12 年的不懈思考和实践，逐渐形成了以现代化学与中学化学课程为平台的培养模式。通过课上、课下的各个环节，对学生实施思维训练及实践训练。最终，使每个学生都能依据现代化学发展趋势找出中学化学内容体系的某些不足，并就某方面不足设计出具有实用价值的解决方案，形成具有特色的一份份具体的教学材料。自 2006 年以来，学生经课程完成的作品陆续走向社会，至今已正式发表论文 30 余篇。

在对硕士生培养的成功经验之上，作者开始进行将这种能力培养模式拓展和下移的探索实践，尝试在本科生阶段进行编写现代教材的基本能力培养，完善师范生的能力结构，填补我国中学化学师资培养的这项空白。

1. 借助于北京师范大学本科生科研基金平台首次进行探索实践

作者之前对硕士生的训练是要求每个学生独立经历整个过程，独立完成作品的设计与制作。对于本科生，他们的起点比硕士生低，文献检索、阅读、分析、整合能力需要培养，专业知识相对也差一些。对象变了，培养方案必须随之调整，这需要进行实验。2009 年，作者以设立一个本科生课题的形式来考察这种能力培养模式用于本科生的可行性。作者招收了 3 名大三本科生，尝试以小组合作的方式进行训练。这 3 名学生中，两名为免费师范生，1 名为师范生，但喜爱教师职业，立志要当一名优秀中学教师。训练过程大致可分为以下环节：

1.1　自由选题

首先要放手让学生自主提出需要引入中学化学的现代化学课题。此时学生的思路完全局限在现有的中学化学内容范围，他们采用的方法是翻看高中化学教材，记下有兴趣、有意义的话题，经讨论、综合、筛选，提出约20余个题目，最后筛选出4～5个合适的题材。在此基础上进行第一次论证，让学生说出关于每个题目的想法，结果使他们自己认识到这些题目要么范围太大，要么意义不大。

1.2　查阅文献、调整题目

然后让学生把想选的题目在CNKI网上搜索，看看当前学术界都在做什么，这些内容是不是研究前沿。这时学生遇到检索文献的困难，查不到想要的内容。这其实是一个必经过程，应当告诉学生这很正常，并针对学生的困难，教他们一些检索方法和技巧，学习分析出关键词。经过这种挫折和磨炼后，他们检索文献的能力得到大幅提高。

阅读查到的论文后，学生又经常会发现内容与当初所想象的不一样，而且面对论文中密密麻麻的文字、数据，学生看得很不得要领。他们感到茫然，不知道题目如何定。这时，需要鼓励学生在继续检索的同时，去图书馆找一些相关的中文书籍，获得背景知识。随着检索、阅读的进行，学生发现用于骨组织修复与再生的生物陶瓷这部分内容特别有意思、有价值，有很多人在研究，而且与中学化学和生活息息相关。经过作者引导的反复质疑、论证后，最终学生确定以此为题目。此阶段，他们开始尝试查阅英文文献，发现该领域真正前沿的研究都是国外学者在做，从中看到了我国与国际水平的差距。

1.3　深入调研、微调题目

确定目标后，学生通过使用学校图书馆和校园科技期刊网站，深入查阅文献。这时，学校图书馆和中文CNKI网的局限凸显出来，作者指点学生去国家图书馆、上校园外文科技期刊网站查。学生出现了问题，一是怕麻烦，二是畏惧英文文献，看后不知所云。作者让学生再分步走，先只看中文文献，即使它不够新、不够权威，但把它们看懂，真正明白题目的研究意义所在。

学生静下心来看每一篇中文文章和中文书籍，从中找到线索，并扩展出大量资料。他们开始觉得题目定得范围太广，体会到对化学人真正有价值的内容应该是作用机理。此外，他们发现CNKI已经不能满足需要，国家图书馆的书也不那么先进了。作者肯定学生的认识，鼓励他们继续朝这个方向走，然后“顺其自然”地提出让他们看英文文献。

学生对英文文献还是很头疼，心里有些抵触，硬着头皮做。作者指导他们从筛选出的40多篇英文文献中选出几篇重要的，让他们分头翻译，真正看懂。

1.4　设计作品框架

汇总翻译材料并认真阅读后，组织学生进行讨论，决定按照材料的“三代”来构架作品的内容，随后补充具体内容，“填充血肉”。当他们静下心来认真地阅读所下载和查阅的所有资料，结果吓坏了，因为他们发现之前的想法有误，关注点发现偏差。其实到这一步，学生才是“真正看进去了”。作者不仅不批评，反而夸奖学生，并帮他们按照理通了的思路修改论文框架，标注出许多需要解决的问题。

1.5　精心完成作品

作品的完成还是分成几个环节，作者带着学生一遍一遍地修改。这一步是学生实现再创作的过程，涉及明确目标、凝练内容、组织架构、准确表达、把握规范、设计图表、版面设计等多方面的能力，涉及许多具体的方法和技巧，需要仔细处理每一句话、每一幅图、每一张表格、每一个标点、每一个字母。此外，在这个阶段学生仍然发现他们有没有吃透的内容，于是返回再查阅文献，进行充实。经过反复修改，最终形成了一篇高中生阅读材料。该作品目前正在进行精细修改之中，近期将完成修改并向刊物投稿，让学生的作品接受社会的检验。

2. 为三年级本科师范生开设选修课

作者对以上探索实践进行认真总结，包括详细了解3个实验对象的心路历程，了解他们的实际收获，分析这个过程中的不足，归纳经验与教训，结合为硕士生开课的经验，确定在课程平台上进行实验。已定于2010年9月为三年级本科师范生首次开设选修课，拟定名为“中学化学现代内容的研究与设计”，将主要采用上述小组合作培养形式。鉴于这门课程的特殊性，首期只招收10名学生。待以后条件成熟时，例如配有课程助手时，再尝试适度扩大规模。

此外，作者总结12年开课的经验，编撰了课程教材，由北京师范大学出版社出版。该教材不为提供可“讲”的现代化学内容，而是注重与读者探讨如何做好现代化学内容与中学化学的融合。作者编写该教材既是为了配合课程教学，作为化学专业教育硕士研究生、化学教学论专业硕士研究生、“4＋2”学生现代化学与中学化学课程的教材，以及作为为本科师范生开设课程的教材，又是为中学化学教师自主培养教材编写能力提供训练载体和成功实例，并可供他们作为业务参考书。

总之，作者拟搭建一个真实的实践平台，培养师范生根据学科的发展改革中学化学内容、融入现代化学内容、进行中学教学材料建设所应该具有的基本能力，并撰写出具有实际价值的中学化学教学材料，为我国教师教育事业和中等教育事业的发展，为我国尽早成为创新型国家而添砖加瓦。

参考文献

[1] 杨梅，王明召．纳米 Fe_3O_4 的制备走进中学化学[J]．化学教学，2010，(2)：12—13.

[2] 刘艳梅，王明召，刘小英．干洗手剂走进中学化学实验室[J]．化学教育，2010，30(6)：74—75.

[3] 丁惠娟，王明召，张博．新课标高中化学课外制作与阅读——果冻与魔芋胶[J]．科学教育，2009，(5)：95—98.

[4] 潘程，王明召．微生物燃料电池知识引入高中化学——设计一篇配合新教材的阅读材料[J]．化学教育，2010，30(1)：14—16.

[5] 胡琴，王明召，张博，等．一篇跨学科高中生阅读资料——人工仿骨材料[J]．中国教育技术装备，2010，(9)：26—28.

[6] 顾红霞，王明召，张博，等．一种新型汽车尾气处理催化剂——扩展新课标高中化学内容的学生阅读材料[J]．科学教育，2010，(2)：74—76.

[7] 蒋涛，王明召．中学化学与现代化学的一个结合点——掺杂 Ag 纳米 TiO_2 材料的抗菌机理[J]．化学教育，2009，(11)：4—5.

[8] 秦晋，王明召，张博．新课标高中化学阅读材料——聚合物固体电解质[J]．化学教学，2009，(11)：73—74.

[9] 白林灵，王明召．超声技术处理水中有机污染物—— 配合新课标高中化学的学生阅读材料[J]．化学教学，2009，(8)：85—87.

[10] 李艳，王明召．阳极氧化铝模板法制备氧化铝纳米线——一篇配合高中化学新课标教材的阅读材料[J]．科学教育，2009，(6)：92—94.

第 2 章　高师化学专业课程建设与理论教学改革与创新

面向免费师范生，加强教师教育，改革材料化学课程体系*

李奇，陈光巨，黄元河
（北京师范大学化学学院，北京，100875）

摘要：面对免费师范生教育政策对教师提出的挑战，明确培养目标及课程设计，为有力推动教师培养模式的改革、彰显北京师范大学教师教育学科专业的优势和特色，针对教师教育体系专业课程之一的“材料化学”，进行课程体系改革。

实施师范生免费教育，充分体现了国家对教育和教授队伍的高度重视，是为促进教育发展而做出的一项重大战略决策。三年来，一方面，北京师范大学认真落实师范生免费教育政策，连续招收了大比例的免费师范生。另一方面，自 2002 年北京师范大学庆祝百年华诞之际，开始正式实施战略性的重大转型，目标为 2015 年前后建设成为综合性、有特色、研究型的世界知名大学，向社会输送一大批各级各类高级人才。在这样的办学宗旨下，多年来为大专院校、重点中学培养了不少优秀教师，也为科研机构、政府机关、企事业单位等培养了众多的优秀人才。在这样的形式下，国家的师范生免费教育政策在给学生带来实惠的同时，也对我校教师提出了挑战。因为面对半数以上的免费师范生，坚持综合性的前提下，培养教师的任务将成为教学重点，培养对象也会从原有的大部分是城市高中老师，转向相当一部分面向农村中小学教师的培养。因此，各专业必须明确培养目标及课程设计，重新调整课程设置，加强教师教育。

1.“材料化学”课程的开设宗旨与建设成果

材料化学是一门新兴的边缘学科，是在学科的生长和发展中互相交叉、互相渗透中，作为基础学科的化学更直接地介入到材料科学而形成的。我们结合教学体制改革，本着调整专业结构，改革人才培养模式、课程体系、教学内容的方针，从 1999 年起，对原教学计划进行大规模调整，重组课程体系，更新教学内容，加强系列课程建设，制定了一整套全新的教学计划，2002 年起开设面向理科类本科生的“材料化学”课程。

课程开设宗旨明确为：根据新世纪人才培养目标，本着在本科教学原有师范教学计

* 北京市教育委员会共建项目专项资助。

划的基础上向综合性大学转型的方针，为体现“宽口径、厚基础、高素质、强能力、重创新”的人才培养要求，在保证教学质量和教学要求的基础上，适应新的课时计划，对化学专业的本科生“结构化学”和“结晶化学基础”课程进行了改革。在新的课程体系中，将量子化学基础、原子结构、分子结构等化学键理论部分的内容在“结构化学”课程中进行；将结晶化学内容作为理论基础，综合了有关材料的制备、组成、结构和性能等知识，开设面向化学专业一级学科本科生的“材料化学”课程。

在多年的教学实践过程中，基于教育必须面向不断变化的未来的理念，我们创造性地构建了包括教学内容、教学方法、教学模式、教学手段和教学评价在内的结构化学教学新体系，这种新体系的内核在于将教学活动与学生的主动学习和创造力培养紧密融合在一起，不仅提高了学生学习和探究的兴趣，而且切实地激发出学生的潜能，使之在学习中积极思考、发展思维、勇于创新。该课程已被评选为2007年度北京市高等学校精品课程，2008年被评选为国家精品课程。

2. 结合高中化学新课标理念的教师教育重点

基础教育正在发生深刻的变革，新课程教学的动态化、复杂性，使教师的教学能力与综合素质面临前所未有的严峻考验。目前，越来越多的学校已采取一系列的措施进行不同方式的教学改革以适应新课程。作为培养未来中学教师的高师化学专业，改革“教师职前教育”的课程体系，已成为紧迫而现实的问题。

新课程改变了学生的学习习惯，也对教师的综合素质提出了新的要求。面对新课程，教师应在教学观念、教学策略、教学行为、教学能力等方面做出相应的转变。首先，面对新课程，教师应认识到自己不再是传授者、管理者、居高临下者，而是促进者、解惑者、平等中的首席；其次，在课程改革中，由于课程功能的转变，教师的教学策略也将发生改变，由重知识传授向重学生发展转变，由重教师“教”向重学生“学”转变，由重结果向重过程转变，由统一规格教育向差异化教育转变，引导学生学会学习、学会生存、学会做人；再次，新课程提倡学科间的联系与综合，这就要求教师具有各方面的知识，并且具有创新精神，能创设教学情境，与学生共同构建课程。

实施素质教育的关键在教师，学生的整体素质要提高，教师的素质首先要提高，教师素质的高低对实施素质教育产生直接的影响。农村中学教育质量是我国民族素质提高的关键。目前，由于受到各方面的条件限制，农村中学化学教师的职业道德意识淡薄、教学能力差、教育理念落后、专业知识贫乏、自我专业发展意识差[1]。提高农村中学化学教师素质不仅是知识经济发展的必然，也是化学课程改革的需要，更是农村实施素质教育的必然要求。因而，对免费师范生的教育，要立足于向农村输送优质教师人才。

3. 对应新课程标准优化中学化学教师学科知识结构

在当今知识爆炸的时代，世界科学技术高速发展，知识更新异常迅速。学科有高度分化的同时，又出现了综合化和整体化的趋势，一些边缘学科不断产生，环境、能源、生物、信息、材料等综合学科也相继出现。为了适应这种变化，就需要培养综合型人才。作为一名高中化学教师，应不断加强在职学习，时刻关注当前高科技领域本专业发展的新动态、新成果，并善于吸收化学新成果，努力提高自己独立获取信息和处理信息的能力及专业水平，力争将教学与科技接轨，使学生的视野和思维得以开阔。在近几年的高考中，一些当今世界化学领域的高科技成果以信息给予题的形式引入了试题的内容中。最新高科技研究成果在高考试题中的分布和特点给广大化学教师以极大启示，它要求教师具备较高的职业敏感性和紧迫性，在知识体系上能及时捕获信息，并加以整合。

以化学教师的学科知识结构为研究的侧重点，对江苏省部分中学化学教师的学科知识结构的现状进行的问卷调查及研究结果显示[2]，目前中学化学教师学科知识结构方面有很大不足。主要表现在：在化学学科知识领域中所处位置的高度不够，视野不够宽阔；对一些大纲要求为"理解"的内容的实际掌握情况欠佳；实验意识较为淡漠，忽略了化学是一门以实验为基础的科学；对于化学学科的前沿动态了解不多，对化学教育研究杂志关注不够；特别表现在理论性较强的知识点方面，例如，物质微观上的组成、结构等方面，大部分教师对化学物质的成键方式把握不住。

由于我国过去的教育体制，长期以来教师的主要任务是按照统一的教材教书，即传递教材知识，而且必须忠于教材。由此形成学科教学统得过死、教得过死，教师成了教书匠的局面。由于我国的教育仍主要停留在传统"应试"教育的层面上，并未从根本上转变成"素质"教育。教师的主要精力仍是集中在化学习题上，让学生会做更多的题，以实现高分高升学率为最终教学目的。化学的新发展、新突破必然会带来化学学科的新概念、新理论，也必然会反映在我们的中学化学教学中，近年来在我们的中学化学教科书中，已经出现了许多新物质、新知识，引入了许多新概念和新理论，联系到化学在社会生活中的新应用，作为一个教师，必须领先一步，尽早、尽多、尽快地学习和了解化学领域的新发展，才能带给学生新鲜的而不是过时的知识和理论。

4. 明确培养目标，更新课程设计，调整课程设置

材料的结构、性能及应用一直是中学化学课程中重要的内容，特别是中学化学新课标中，对材料科学更加重视。2009 年全国高考化学大纲(新课标卷)必考内容中，化学基本概念和基本理论部分均加强了化学与生活、化学与材料的要求，而"生活中的材料"和"化学与材料的制造和应用"更是选考部分 4 大模块中 2 个模块的主要内容。

为有力推动教师培养模式的改革、彰显我校教师教育学科专业的优势和特色，"材料化学"作为我院教师教育体系专业课程之一进行课程设计与调整。

(1)开发、设计、使用结构化学模型实习多媒体学件

大学本科生结构化学课程中有一定数量的模型实习，而大多数学校的这类课程因受到课时的限制，上课学生人数过多、模型套数不足，每次课只能有部分学生能够动手操作，使整个课堂气氛、教学效果都受到很大影响。在我校的结构化学和材料化学教学改革的系列工作中，我们设计、制作了以学生为主体的结构化学模型实习的指导学件。教学指导学件的应用在近几年的教学中取得了良好的教学效果，如将具有更强动画效果、3D 效果、更高可控性的学件应用于教学中，这将是一种全新的实践性课堂的指导方式[3]。

(2)《材料化学(第 2 版)》教材编写体现新课标

《材料化学》自 2004 年出版以来，每年都有印刷，已累计出版 1.7 万多册，已被许多

兄弟院校用作教材或教学参考书，2006年被评为北京市高等教育精品教材。《材料化学(第2版)》作为“十一五”国家规划教材即将出版。新版编写为适应教改学时而保持适当篇幅，适当删减了与其他课程重叠的内容，简化了经典内容。特别考虑了以上教师教育特点，尽力体现中学化学新课标内容。例如，增加了铜及其合金、新型合金材料与稀土材料；新增纳米材料的结构与性质，简化纳米结构检测技术；纳米材料的应用重组，侧重最新发展的在信息能源方面、化学化工方面、生物和医学方面、建筑环保方面的应用等。

(3)依托下一代互联网技术，建成适合教师教育的网络课程

网络课程是在现代教育思想、教学理论与学习理论指导下基于Web的课程，其学习过程具有交互性、共享性、开放性、协作性和自主性等基本特征。网络课程又是科学、艺术、技术相结合的产物，主要通过多媒体网络和以学习者为中心的非面授教育方式开展教学活动。IPv6是Internet Protocol Version 6的缩写。IPv6是IETF(互联网工程任务组，Internet Engineering Task Force)设计的用于替代现行版本IP协议(IPv4)的下一代IP协议。

我们依托下一代互联网技术(IPv6)，建成能够通过互联网远程学习和辅助学习的、适合教师教育的网络课程。方便地应用于按照教师专业发展的不同阶段，对教师实施职前培养、入职培训和在职研修等连续的、可发展的、一体化的教育过程。

参考文献

[1]徐秋云，吴梅，张芙蓉．农村中学化学教师素质的现状分析及提高对策[J]．井冈山医专学报，2006，13(2)：22－24.

[2]冯翊，李广洲．中学化学教师学科知识结构调查研究[J]．化学教育，2009，(12)：39－43.

[3]栗巍，黄元河，陈光巨，等．结构化学模型实习多媒体软件的设计与制作[J]．中国科学教育，2009，(5)：33－35.

化学教学论课程改革的反思与发展

马雷蕾，周青

(陕西师范大学化学与材料科学学院，西安，710062)

摘要：化学教学论是一门以理论与实践紧密结合为显著特点的课程，是高等师范院校化学教育专业学生学习化学教学理论和训练化学教学技能的师范专业课程。化学教学论的教学应顺应基础教育化学课程改革的要求，并在与中学化学课程改革的相互作用中不断发展和创新。

关键词：化学教学论；改革；发展

我国第八次基础教育课程改革于2001年秋季正式启动，面对基础教育课程的改革，高师教育必须及时转变观念，与基础教育同步改变人才培养模式。化学教学论课程是以

培养未来化学教师从事中学化学教学工作和基础教育化学教学研究为宗旨的一门专业必修课程，是高等师范院校化学教育专业学生学习化学教学理论和训练化学教学技能的师范专业课程。化学教学论这门学科最显著的特点应当是理论与实践的紧密结合。然而，传统教学则要求在一个学期内向学生传授大量理论知识和实践总结，并要求转化为教学思想、方法及技能，满足他们走上教育实践岗位的需要。从实际效果来看，这一目标是很难实现的。

1. 化学教学论的反思

1.1　课程目标的反思

化学教学论承担的任务是培养合格的中学化学教师，即要求学习者掌握扎实的学科专业知识，有过硬的教学实践技能，具备独立承担中学化学教学工作的能力。该课程在师范院校的开设，其最重要的目标在于即将走上教师工作岗位的学生学完这门课程以后，能够知道作为一名中学化学教师应该怎么做，尽可能理解为什么这么做，最后根据所处教学环境能够确定怎样做更好。化学教学论的知识对师范生来说，主要是一种实践性的知识，是运用教育学、心理学和化学教学的一般原理和方法来指导教学实践，而不是要求师范生成为教育学家或心理学家。任何脱离实际的理论和要求都不利于师范生教学能力的有效培养。而在化学课程论的实际教学中，依然存在教师只重视基本理论是否讲得深、讲得透，忽视了理论知识与教学实际情况的结合。

1.2　课程内容的反思

基础教育课程改革最大的特点，就是教育观念的改变。同样，化学教学论内容也要与时俱进。化学教学论课程既紧密结合化学学科专业课程，又密切联系中学化学教学实际。因此，内容的选择既要对化学教学的理论和方法进行深入、系统的分析，更要重视其实践应用，使教学理论能够指导教学实践，提供方略，从而有效地促进学生的学习，达到教学目标。面对基础教育课程内容的生活化与综合化，传统的化学教学论课程很难适应，因为它关注的是课程内容的系统性、科学性，忽视了实际的生活。因此，化学教学论的课程内容建设不能只局限于关注学科内容本身，除了要学习和借鉴当代教育学等理论的最新成果，更要关注化学教学实践，将中学化学教学一线的实践提升到理论高度，再反过来指导实践。

调查表明，学生对与具体实践紧密联系的内容如教材分析、教学技能训练等比较感兴趣，认为很重要，而对抽象的教学目的、教学原则等则不感兴趣，认为不重要。为了使教学理论能够为教学实践做出指导，就需要我们在选择教学内容时坚持理论研究和教学实践紧密结合，从而增强学生学习的兴趣。

1.3　课程实施的反思

化学教学论授课对象是缺乏教育实践经验的学生，实践性是这门课程的精髓。一方面，教师在向学生介绍新课程改革鲜活的理念；另一方面，教师本人却固守着传统的教师教、学生学的单向交流方式，学生进行的是一种接受性学习，理论教学与实践脱节，不能使学生真正学有所得，激发不出学生的学习兴趣，忽视言传身教。学生的学习由被动地听课、被动地练习、被动地应考所支配，抽象的理论难以在学生的心里扎根。许多师范生在校期间是为了考试而学习化学教学论，临考时死记硬背，毕业后忘得一干二净；有的虽然记住只言片语，但难以用这些教学理论指导教学实践。

同样的，在化学课程论的教学中，不仅教学方法单一，而且方式落后。大部分教师仍然主要是依靠黑板和粉笔教学。即使有少数教师运用多媒体进行教学，往往也只是把它作为自己板书的另外一种呈现方式，对于提高师范生的教育教学理论水平与教学实践能力方面没有什么显著效果，无法将多媒体教学的优势充分发挥出来。

2. 化学教学论的改革与发展

2.1 课程理念的发展

基础教育课程改革中普通高中的教育应为学生的终身发展奠定基础。为了顺应这种变化，化学教学论也已从培养合格的中学化学教师发展成为培养发展型化学教师的课程体系。着眼于培养即将进入教师岗位的师范生改革创新的意识和可持续发展的能力，以培养面向未来的发展型教师为课程改革的宗旨。对中学优秀教师成长规律的研究表明，教师的教学思想观念是影响教师教学效果的重要因素，而教师设计和组织教学的能力则是教师必须具备的基本能力，是教师将来进一步发展的基础。同时，考虑到学生缺乏教学实践经验，以及教育学、心理学知识相对薄弱的实际情况，任何脱离实际的理论和要求都不利于师范生的培养。

我们认为，作为培养化学教师的核心课程，化学教学论的教学应当使学生形成先进的化学教学思想，认识化学教学的基本特征和规律，了解化学教学设计和教学活动的程序方法，形成基本的化学教学能力，了解化学教育科研的基本方法。从而引领师范生提高自身的从教能力和教科研能力，以适应未来步入教师岗位的需要。

2.2 课程内容的发展

教材改革是课程改革的核心，化学教学论课程的教学内容及其组织形式，是提高该课程教学质量和实现教学目标的核心和基础。大力提倡综合实践能力和创新能力的培养是当前进行的基础教育课程改革的一个鲜明的特点。化学课程的功能已从培养“化学精英”转变为培养“具有科学素养的公民”。这导致新课程的理念、内容、实施和评价等较以往都发生了重大的变革。

教师对于新课程的理解与实施影响着课程改革实施的效果。今天的师范生是未来的教师，他们对新的课程理念、课程意识等的认同和习惯，将影响到未来新课程的实施。面对丰富多彩的内容，我们必须对其进行精心挑选并加以合理组织。课程内容应该顺应时代变化，吸收教育研究的新成果、新观点，将素质教育、基础教育课程改革等内容纳入其中。现代大学生善于接受新事物，并且头脑中传统教育的条条框框相对较少，先入为主地指导他们接受一些现代教育观念，了解教育改革动向，有利于将这些观念融入他们的思想，从而在以后的教学实践中自觉运用。

化学教学论课程内容的选择除了要对化学教学的理论和方法进行系统、深入的分析，更要重视其实践应用，使教学理论能够指导教学实践，提供方略，从而有效地促进学生的学习，达到教学目标。坚持理论学习与实践训练相结合的原则，与中学化学教学改革相联系，不断更新课程内容，保证课程内容的先进性和实践性。

2.3 课程实施的发展

化学教学论的教学中，要克服两种倾向。一种是撇开理论，把教学论变成纯粹的技能训练课。另一种是只讲理论，空谈意义、地位、内容、方法、原则。在实际授课时，不妨对教学内容做适当的处理。精选师范生今后教学工作和专业发展所必需的、有利于提高教学能力的知识。而对理论性知识只做简要介绍即可，将有关的更详尽的内容作为背景资料，或安排学生自学该部分内容。这样的编排由具体到抽象，从实践到理论，符合师范生的认知规律。使理论学习和教学实践得到很好的结合，使师范生的教学理论知识、教学技能在学与用中同步发展。

在精选教学内容的基础上，教师也要改变教学方法。新课程改革实施以来，广大中小学采用了探究式教学、研究性教学、合作教学等新的教学方法，并取得了显著效果。化学课程论的教学也应该关注新课程改革的要求，采取灵活多样的教学方式方法。既重视理论讲解，又注重学生兴趣的调动，变满堂灌、填鸭式教学为学生主动学习。推广新型的教学组织形式和方法，加强学生理论学习过程中的实践环节，让他们真正走出书本，走入实践。使化学教学论的课堂中能够渗透新课程改革提倡的教学原则、策略和方式，增强该课程的实践性和可操作性，努力构建学生积极主动参与实践的教学模式。使他们通过一定的实践活动，获得亲身体验，增加感性认识，在实际运用中加深对理论知识的理解和掌握，锻炼和发展基本的教学技能和能力。

总之，充分加强实践环节，是提高化学教学论课程的教学质量，实现教学目标的最重要的途径。

参考文献

[1]黄敏文. 构建五模块化学教学论的高师教学模式[J]. 化学教育，2008，(4)：46—47，62.

[2]杨承印，刘丽君. 对 20 年来我国《化学教学论》课程发展的反思[J]. 陕西师范大学继续教育学报，2006，(3)：116—119.

[3]毕华林，裴新宁，李晓林. 化学教学论课程改革的理论探索与实践[J]. 山东师范大学学报(自然科学版)，2000，(9)：326—328.

[4]毕华林. 培养发展型教师的化学教学论课程改革[J]. 大学化学，2003，(10)：7—9.

[5]龙世佳.《化学教学论》课程内容和教学方式改革初探[J]. 天水师范学院学报，2006，(3)：76—78.

[6]纪芳莲. 新课改背景下我国高师教育类课程改革的研究[D]. 上海：上海师范大学，2009.

充分利用现代化学软件，提高结构化学教学效果

王渭娜，王文亮
（陕西师范大学化学与材料科学学院，西安，710062）

结构化学是阐述物质的微观结构与其宏观性能之间的相互关系的基础学科，是化学各专业课程中理论性、抽象性较强的一门课程。由于原子、分子及晶体的微观结构，无法通过肉眼进行直接观察，并且微观结构难以用宏观模型进行科学的描述。传统的是以“教师＋黑板＋粉笔”的教学模式或凭借一些球棍实体模型教具帮助学生理解的教学方式，存在模型有限和难以表达一些抽象、复杂的空间构型的缺点，使学生缺乏形象化和空间化的思维环境。抽象的内容采用平面化的教学方式既不容易讲清知识，学生听课质量也不高。针对结构化学课程的这一特点，利用现代教育技术可以使所讲内容更加形象直观。为此各高校相继开展了结构化学课程多媒体教学，多媒体教材也应运而生。近年来的教学实践表明采用多媒体教学的确极大地提高了教学效果，然而笔者在近年来的教学过程中发现，学生学习过程中把直观图形简单记忆，并没有把抽象的理论和直观的图形联系起来，没有达到结构化学教学的真正目的。笔者认为，在结构化学教学过程中，教师应该适当让现代化学软件走进课堂教学，不但可以使抽象的化学理论变得形象、简单，还可以加深学生对理论学习的理解。例如利用 Gaussian03 和 Gaussview 系列计算化学软件创建、计算并展示分子的微观结构和分子轨道图形，利用 Materials Studio 软件构建晶体结构，这不仅有利于培养学生的空间思维和形象思维能力，提高课堂教学效果，更能激发学生对理论化学的学习兴趣。本文以分子轨道对称性守恒原理为例来说明化学软件在结构化学教学中的应用。

在结构化学中讲授分子轨道对称性守恒原理时，都是以丁二烯和己三烯关环反应为例，分析不同条件下的关环方式。传统的教学过程是这样处理的：对于丁二烯和己三烯这类共轭体系通过休克尔分子轨道法，近似求解分子的薛定谔方程得到分子轨道图形，然后结合分子轨道对称性守恒原理分析其关环反应机理。这样的求解过程往往复杂，学生望而却步，此时大多数学生就会退而求其次，简单地记忆简单共轭多烯的分子轨道图形规律的结果，而不追求图形结果的理论根源。采用多媒体教学后，教师精心制作多媒体课件，是这样处理的：采用各种化学软件得到准确的分子轨道图形，把较为准确的分子轨道图形插入在多媒体课件中，然后根据分子轨道图形结合分子轨道对称性原理分析反应机理。此时学生只是看到精美的图形，而忽略了图形来源的理论基础，把结构化学的学习回归到有机化学中的目标要求，因而只可能对分子轨道得到一点非常粗浅的认识，不能达到结构化学的教学目的。因而我们在针对这部分的课堂教学时，采用 Gaussian03 程序优化分子结构，并结合 Gaussview 软件的分子轨道显示功能和分子轨道编辑器，将分子轨道以三维可视化的形式输出，达到理论和图形结合的目的。

在课堂教学中我们是这样处理的：简单介绍从头算原理基础和 Gaussian03 软件的使用，课堂示例 Gaussian03 计算过程及结果。以丁二烯和己三烯电环合反应为例，采用

HF/6－311G 方法优化丁二烯和己三烯分子结构。利用 Gaussview 软件打开结构优化的＊. chk文件，在菜单栏中选择 results→surface，此时弹出一个 Surfaces and Cubes 窗口。在点击 Cube Actions 按钮后弹出的窗口中选择要显示的分子轨道，点击 Surface Actions→new surface 即可得到要显示分子轨道的图形，丁二烯前线分子轨道如图 1 所示。

(a)　　(b)

图 1　丁二烯前线分子轨道(a 为 HOMO 分子轨道，b 为 LUMO 分子轨道)

软件采用不同的颜色区分轨道的不同部分，它们与波函数的符号相对应。这种图形显示方式比教科书上的分子轨道图形的显示方式更美观，更具有立体感。依据分子轨道图形分析其关环反应机理：加热条件下电子仍然处于原分子的最高占据轨道(HOMO)上[图 1(a)]，两边的电子云通过顺旋可以使同相重叠。光照条件下原来的最高占据轨道(HOMO)上的电子被激发到原来的最低空轨道(LUMO)上[图 1(b)]，两边的电子云要通过对旋才能使同相重叠。由此可以得出结论：丁二烯在加热条件以顺旋方式进行关环反应，光照条件下以对旋方式进行关环反应。同此方法可以得到己三烯的前线分子轨道，进而分析己三烯关环反应机理。这样就直观地解释了不同反应条件下共轭烯烃的闭环方式，既简单明了，又避免了烦琐的数学计算。也不是简单地只展示图形，而不注重理论基础。

课堂教学中我们还应用此方法分析了 $H_2+I_2 \rightarrow 2HI$ 的反应机理。该反应在 1967 年以前一直认为是双分子基元反应，从前线轨道理论分析此反应并不是双分子基元反应。通过 Gaussian03 计算得到 H_2 和 I_2 的前线分子轨道如图 2 所示。

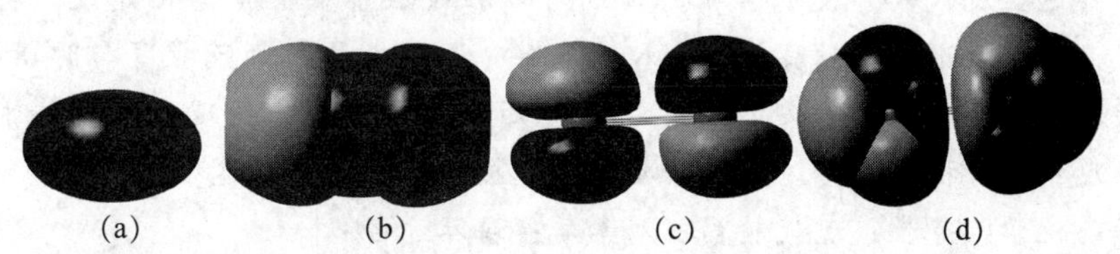

(a)　　(b)　　(c)　　(d)

(a 为 H_2 的 HOMO，b 为 H_2 的 LUMO，c 为 I_2 的 HOMO，d 为 I_2 的 LUMO)

图 2　H_2 和 I_2 的前线分子轨道

若是双分子基元反应，则反应时有两种方式：第一种是 H_2 分子的 HOMO 与 I_2 分子的 LUMO 的对称是否匹配，第二种是 I_2 分子的 HOMO 与 H_2 分子的 LUMO 对称是否匹配。若反应时以 H_2 分子的 HOMO 和 I_2 分子的 LUMO 进行时，从图 2 可以看出两者的对称性不匹配；反之，若反应时以 I_2 分子的 HOMO 和 H_2 分子的 LUMO 进行时，此时尽管对称性匹配，但电负性不允许电子如此流向，且电子流向不利于I—I键的断裂。这两种方式下反应都不宜进行，因此该反应不属于双分子基元反应。现在公认的机理为三分子基元反应，机理如下：

$$I_2 \xrightarrow{h\nu} 2I$$

$$2I + H_2 \longrightarrow 2HI$$

其中第二步为数率控制步骤。应用前线轨道理论可以这样来解释：I原子的p_z轨道上有一个电子，既可作HOMO，也可作LUMO。与H_2反应，因I的电负性较H大，应作LUMO。I原子的p_z轨道与H_2的HOMO轨道对称性匹配。按照这种机理进行反应，对称性允许，电负性也允许，且H_2中成键电子的流出，也有利于H—H的断裂。

课后结合本校学生的创新性实验平台，给学生提供上机实习机会，学生亲自上机操作，并分析结果。这样处理的结果，学生既掌握了理论知识，还学会了使用化学软件，同时可以体会科研乐趣，有利于培养学生的科研创作能力。

我们的体会是，将微观结构的基本原理与科研工具结合并展示给学生，有利于激发学生学习兴趣，促进学生加深对结构化学课程的理解，提高学生创新意识以及自我学习、自我思考问题的能力。

参考文献

[1]侯若冰．利用Gaussian系列软件辅助分子轨道教学[J]．大学化学，2008，23(10)：29.

[2]李炳瑞．结构化学(多媒体版)[M]．北京：高等教育出版社，2007.

化学师范生现代教育技术素质的培养

黄娜

（陕西师范大学化学与材料科学学院，西安，710062）

摘要：师范生现代教育技术素质的提高可以推进教师教育信息化建设。实现师范生终身教育，为全面推进素质教育提供了人才准备，显著地体现师范教育与时俱进的性质。本文从现代教育技术的内涵出发，阐述了化学师范生应该具备的现代教育技术素质，及化学师范生现代教育技术素质培养的必要性，并提出了培养策略途径。

关键词：化学师范生；现代教育技术素质；培养途径

1. 现代教育技术素质

教育技术是教学硬件、软件和教学方法组成的系统，从现代教育技术的内涵上分析，现代教育技术可以优化课堂教学结构。符合学生心理认知规律，符合信息论、系统论、协同学、传播学原理，体现了以教师为主导、学生为主体的现代教学法的要求。因此我们可以看出现代教育技术素质主要体现在：掌握先进的现代教育媒体的能力；掌握各种各样多媒体课件的制作能力；掌握媒体组合教学设计的能力。

师范生的现代教育技术素质，就是指未来的教师能够运用现代教育理论和现代科技成果，学会通过对教与学过程和教与学资源的设计、开发、利用、评价和管理，实现教与学最优化的能力。

2. 化学师范生现代教育技术素质培养的必要性

化学师范生一般只是通过本院校开设的教育技术课程粗浅地了解一点书本知识，而真正实现信息技术与课程整合的能力不强。对该课程各方面缺少正确认识，重视不够，教育技术课程教学内容不够合理，缺乏应用性教学内容，教育技术课程教学方法没有符合课程教学要求。这表现在：一方面，化学师范生在化学教学实习中进行教学设计时不能够运用现代教育技术，或只会一些简单的操作；另一方面，化学师范生不能综合运用各种信息技术手段，实现信息技术与教学资源、教学要素、教学环节的优化组合。这也是各种类型教育师范生的通病。

新课程改革实验表明，化学教学现状很大程度上受制于教育技术的发展和普及，先进的现代教育技术就在此背景下凸显出其诸多优势。对比国内外的现代化学教育技术应用现状来看，我们应结合化学的学科特点，在化学教学中重视现代教育技术的应用。

首先，现代教育技术和传统教育技术相比较，现代教育技术能通过更多方面刺激人的学习，它可以让人的视觉、听觉从更大的范围内感受课堂，从而获取更多的信息。不同感官获取知识的比重如下：视觉占 83.5%，听觉占 11%。通过比重分析，我们可以看出，在化学课堂教学过程中，若一个老师呈现的视觉信息更多，同学们接收到的信息也更多。现代教育技术在化学课堂上，以多媒体等教学材料呈现的多角度信息比我们的教科书或老师的教学语言等传统教学材料提供的信息更多，比如化学物质的颜色、状态等静态的信息。一些复杂有机物质的化学结构可以在现代教育技术的帮助下，让同学们更直观地多维度地了解它，还有一些音频录像等听觉材料的听觉信息刺激了同学们的学习。同样的学习材料不同感官学习后的效果比较表明，现代教育技术比传统教育技术有信息量上的优势。在化学教学过程中适当利用先进的现代教育技术，不但能激发学生的学习兴趣，而且能突破重点和难点，解决演示实验中的不足，增加课堂教学的容量，丰富课堂教学的模式，有利于发挥学生的主体作用，有效地提高教学质量。这是从学习者接受信息的角度看，师范生学习现代教育技术是十分必要的。

其次，从化学师范生是未来化学教师的中流砥柱的角度出发，高等师范院校培养的化学师范生是几年后的化学教师，应当长远规划，要有超前意识，着眼于未来几年的教学要求，培养适合几年后教育技术发展的人才。因而目前就应该把要求提高，加强师范生的现代教育技术素质培养。这样培养出来的化学人才才能够主动适应将来教育现代化的需要。

最后，对化学师范生进行现代教育技术素质的培养比对化学在职教师进行现代教育技术培训效果更好。主要是由于：化学师范生年轻，精力充沛，接受新的观念、新的知识速度快、效果好，而且学习时间长，加上现在的师范生一般都具备计算机、外语的基础知识，学习现代教育技术的某些内容往往会事半功倍。现在的师范院校一般都具备较好的实验条件，这对培养化学师范生的现代教育技术素质也是一大有利条件。

加强师范生现代教育技术运用能力的培养是推进教师教育信息化建设的必然要求，是师范生实现终身教育的物质前提，是为全面推进素质教育提供人才准备的有效途径，是体现师范教育与时俱进的显著标志。

3. 化学师范生应具备的现代教育技术素质

为了在走向工作岗位后能适应多媒体化、信息化现代教学环境下的教学，师范生在学校学习期间就必须获得良好的现代教育技术培训，掌握现代教育技术的基本理论，能将现代教育技术运用于教育教学，能遵循学习原理、认知心理和教学规律。这样才能在进行教育活动时，针对学生特点和课程内容，采用不同教学形式，注意教学设计，讲究教学策略和教学艺术，使用不同教学媒体和教具，运用适当的教学技术和教学方法进行教学。

由于现代教育技术素质的重要性，普通高中化学课程标准对现代教育技术素质提出了明确的要求。课程标准在第四部分(实施建议)中教学建议的第四点，提出了“运用现代信息技术，发挥多种媒体的教学功能”：多媒体技术和网络技术具有的强大的信息传播功能，为化学课程改革提供了极为有利的条件，展现出新的前景。在第四部分第四节(课程资源的利用与开发建议)中提出要“重视利用网络资源和其他媒体信息”。

现代教育技术素质是化学师范生就业的需要，与教师职业素质密切相关。同时，现代教育技术素质也深刻地影响着学生的后续发展。作为将来要走向教师岗位的师范生而言，具有更新的知识和能力是十分重要的。而作为一名化学教师，必须能够利用音像和网络资源等，丰富教学内容和形式，提高课堂教学效果；必须能够利用计算机和多媒体教学软件，探索新的教学模式，促进个性化学习；必须能够合理地开发和利用广播电视、化学报刊、图书馆和网络等多种资源，为学生创造自主学习的条件。

4. 化学师范生现代教育技术素质培养的有效途径

随着信息技术的发展和基础教育改革的逐步推进，化学师范生毕业后若想胜任化学教学工作，那么在大学期间就必须重视现代教育技术素质的培养。教育技术素质的培养工作任重而道远，要切实反思，更新观念。

4.1 现代教育技术教学方法的革新

现代教育技术公共课是一门理论与实践并重的学科。教授这门课程，除了可以运用传统的讲授法外，还可更多地运用示范教学、案例教学、任务驱动法这几种锻炼师范生能力的教学方法。

示范教学法就是通过化学教师操作，化学师范生从教师的示范性操作中学习操作的步骤和方法的一种教学方法。该方法主要应用于基本媒体能力模块的教学工作。案例教学法就是根据教学目的要求，教师组织学习者对案例进行的调查、阅读、思考、分析、讨论和交流等活动，从而促进学习者对基本知识的理解，培养他们分析问题和解决问题的能力。该方法主要用于教育技术应用能力方面的学习，如以学为主的教学系统设计、多媒体课堂教学设计。任务驱动是一种建立在建构主义教学理论基础上的教学策略，在整个教学过程中，教师以完成一个个具体的任务为线索，把教学内容巧妙地设计并隐含在任务中，让学习者单独地或协作地完成任务的方式领会学习的核心内容。该方法主要用于媒体应用能力的培养。

4.2　现代教育技术与实际化学教学相结合

让现代教育技术与实际化学教学相结合，这样才能最大限度地引起师范生的共识，化学师范生可以自己组织试讲，共同观摩，查找缺点。在这个过程中应以坚持集体备课为主。集体备课先确定课题，然后围绕这个课题阐述各自的观点。它的优点是目标明确，信息渠道多，人员互动合作，效果明显。授课之前，做好课件，使其清晰易懂；之后学生试讲，讲解过程中，同样要注意如何将课件完美地展示于听众，必要时可以事先确定每张幻灯片的放映时间，从而能够更好地在授课过程中与听众进行交流。最后教师和学生一起进行交流、评价、修改、完善。在整个授课的过程中，要坚持体现现代教育素质的理念。

教育实习是师范生的第一次实战演习，它对师范生的影响深远。在教育实习阶段，化学师范生可以结合自己的实际教学，充分运用学校的现代教育资源，将现代教育技术与实际化学教学相结合，制作课件、教案。在这个时候让学生养成应用现代教育技术的习惯，认识到现代教育技术对教学的巨大影响无疑是重要的。而在这个时候现代教育技术老师参与进去，有助于帮助学生解决遇到的一些问题，指出存在的误区，培养学生应用现代教育技术的信心。

素质教育的目标是培养创新型人才，其实质是培养学生的个性能力，而个性能力的培养只有依靠现代教育技术手段，才能提高效率，取得明显的教学效果。因此，只有让师范生具备现代教育技术素质，才能适应素质教育的需要，为我国未来教育的振兴和发展奠定坚实的基础。

参考文献

[1]洪亮，等. 也谈师范生现代教育技术素质的培养[J]. 扬州教育学院学报，2002，(3).

[2]关伟，李志刚. 提升师范生教育技术能力的培养途径与方法[J]. 通化师范学院学报，2007，(10).

[3]刘秀菊. 师范生现代教育技术能力的培养探究[J]. 人才培养，2008，(16).

[4]屈洁. 提高师范生现代教育技术课程教学质量的策略研究[J]. 中国现代教育装备，2010，(1).

基于已有化学知识，引导学生“推出”有机物的性质

魏俊发

（陕西师范大学化学与材料科学学院，西安，710062）

有机化学是理科化学本科生的四大基础课之一，其重要性不言而喻。现行有机化学教材中介绍各类有机物性质时，一般采用陈述事实进而解释理由的模式。这种模式的大

量甚至全部采用，使学生思维受到限制，并且不利于已有知识的运用。我们在多年的教学中，对许多章节内容采用“合理推测、事实印证”的教学模式，与其他章节的既有模式互相补充，取得了较好的教学效果，使学生深刻理解到有机化合物“结构决定性质，性质反映结构”，受到学生的欢迎。下面为“卤代烷”一章的教学案例，请同人批评指正。

顾名思义，卤代烷就是卤素取代的烷烃。用化学术语来说，是烷烃分子中一个或多个氢原子被卤原子取代而生成的化合物。可以推知，必有许多卤代烷中有这样的结构：

运用以前学过的知识，我们不妨进一步推测：由于卤素的电负性比碳的大，但又没有大到将碳的电子完全夺下来的程度，只好与碳原子各出一个电子共用，形成 C—X 共价键。这个共价键中的成键电子对不再居中，而是偏向电负性较大的原子即卤素一侧。

这样，卤素原子上的电子云密度增大，带部分负电荷 δ^-，而碳原子电子云密度减小，使原子核部分暴露，带部分正电荷 δ^+。因此，C—X 键有了显著的极性。键有了极性，将导致分子也产生极性，除非分子非常对称。反映在物理性质上，其熔、沸点将升高，同时，由于卤原子较重，其密度也会增大，而且卤素越多、卤原子越重，密度应当越大，水溶性也会有一定的增加。

由于电子云分布发生了改变，它们的化学性质比较活泼。当带有负电荷的试剂(：Nu^-)进攻时，一定会进攻带部分正电荷的、与卤原子直接相连的碳原子(α-碳)，而且：Nu^- 与 α-碳成键时，卤素必然离去(否则碳为五价，而这是不可能的)，即被取而代之(取代反应)。由于：Nu^- 进攻的是原子核部分暴露的碳原子，因而称为亲核取代反应。当：Nu^- 为 H^- 给体时，即被还原(还原反应)为烷烃。

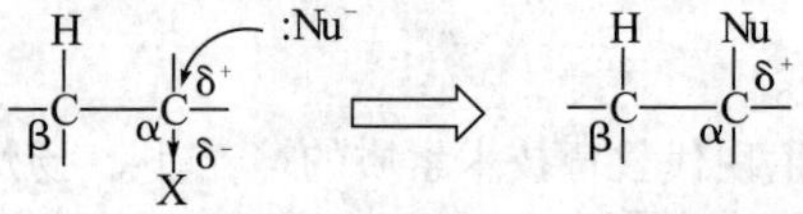

正电荷试剂，如 Ag^+ 或其他 Lewis 酸如 $AlCl_3$ 则进攻卤原子，并使 C—X 键进一步极化。

进一步看，由于该碳原子上带有部分正电荷，将会诱导它与 β-碳间的 C—C 键的电子云向它靠近，致使 β-碳上电子云密度下降，从而带有部分部分正电荷 $\delta\delta^+$。这就使 β-氢有了一定的酸性。当遇到强碱性试剂时，该氢就可能以质子形式消去，同时卤原子以负离子形式离去，结果等于从卤代烷中消去了一个小分子——HX(β-消去)，给出烯烃。

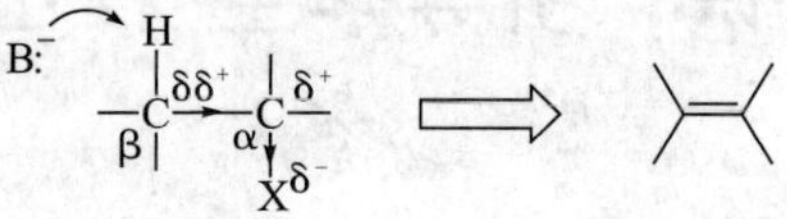

另外，一些电正性很强的活泼金属，也可以进攻缺电子碳，生成金属有机化合物。

至此，除了卤代烃的制法(其中一些方法我们已经学过)，我们已推知了卤代烃几乎全部的知识。

结构化学教学实践和探索

张越

（陕西师范大学化学与材料科学学院，西安，710062）

摘要：以结构化学作为教学课程内容研究对象，重建结构化学课程内容、实施育人与教书相结合的课堂教学、互动教学和创新思维培养结合、运用易理解的动态多媒体课件等多种教学手段和方法，培养 21 世纪的综合素质的创新型人才。

结构化学是现代化学的一个重要支柱，主要内容是原子、分子、晶体结构及其与性质的关系。当任何一种物体的性质和物体的结构(以原子、分子和组成它的更小的粒子来表示)联系起来时，那么这种性质是最容易、最清楚地被认识和被理解的(世界著名结构化学家、诺贝尔化学奖获得者 L. Pauling)。在自然科学中，探明物质的结构始终代表着基本理论研究的一个头等重要的方向(著名化学家唐有祺)。作为当今现代文明三大支柱——能源、信息、材料，在很大程度上是沿着物质结构方向、微观层次进行科学实验所取得的重大成果。进入 21 世纪，科学技术的进步使得化学学科进入从宏观到微观、从定性到定量、从描述到推理、从静态到动态的新的发展时期，并与宇宙、地质、环境、生命、材料、能源、生物、信息、医药等领域相互交叉渗透、彼此促进、快速发展。理论体系日趋成熟的现代化学已经从一门描述性、实验性学科中摆脱出来，开始系统地阐述化学事实，全面地指导化学实践。化学学科正步入分子设计新方向并在分子水平上揭示化学反应的本质。诺贝尔化学奖获得者 R. Hoffmann 说过：化学理论的最重要作用是提供一种思维体制，以总结、更新知识。所以，结构化学课程的目标，不仅要让学生掌握结构化学的具体知识，而且希望学生能够学会从微观层次看问题，拓展思路，抓住问题本质，深刻理解“结构决定物性”这一基本原理，培养理论联系实际的能力，以利于素质教育和人才培养，适应社会需要。结构化学教学内容如何与时俱进，怎样适应学科发展，适应加强素质教育和培养创新型人才的需要，是课程教学改革必须考虑的问题。

由于结构化学是一门比较抽象的科学，是建立在一些公设、公理和科学实验基础上的来描述微观世界本质的学科，其中许多新概念、新方法和新原理与这些思维模式和以前学过的概念不一致，从而产生了较大的跨度，而且结构化学课程涉及较多的物理、数学知识和较强的逻辑推理能力、高度的空间想象力和抽象思维，使得学生在学习这门课时遇到了前所未有的困难。如何消除学生对结构化学知识的神秘感，克服畏难情绪是摆在我们高校化学教师面前迫切需要解决的课题。

一些兄弟院校的教师在结构化学课程教学内容、教学方法和教学手段方面进行了改革和实践。如北京师范大学的陈光巨和李宗和、兰州大学的李炳瑞等在结构化学内容重构、教学方法和多媒体教学方面做了积极的探索，取得了卓有成效的结果。苑星海根据自己多年的教学经验，提出教学应以学生为本的主体地位，教师应从“传道、授业、解惑”的传统定位逐渐转变为教书育人的引导者和点拨者，把教学过程变为与学生共享新知，共同探究新知，共同合作创造新知的过程。我们结构化学教学组多年来一直在结构化学教学改革和实践方面做着不懈的探索研究。参与编写结构化学教材和学习辅导教材，发表有关教学方法和教学中的心得体会的论文，参加专业学会组织的有关结构化学教学研讨会，制作了多媒体课件，建立结构化学网站(http://202.117.144.106/)，实现课堂教学和网络在线教学相结合的模式。在各位教师的辛勤劳动和努力下，结构化学课程先后被评为校级和省级精品课程(2009)，充分说明了我校的结构化学课程在教学改革和实践中与许多兄弟院校都在相同的发展水平上。

但是我们清醒地认识到：提高教育教学质量，不断更新教育教学理念，坚持进行教学改革是我们今后工作永恒的主题。为了培养21世纪综合素质的科学人才，结构化学的教学工作任重道远，还有许多工作要做。如何让学生掌握结构化学知识，在各个化学学科中灵活运用，真正做到理论和实际相结合，以历史唯物辩证法的观点在教学和研究中获得创新知识，培养中国未来本土的诺贝尔奖获得者，使我们的学生成为对社会有用的人，是我们这门课最终的目标。下面是本人在结构化学教学中的改革实践和体会。

(1)育人为纲，教书为主

作为高校的教师，培养综合素质的人才是我们义不容辞的责任和义务。然而何为综合素质的人才可谓仁者见仁，智者见智。个人认为综合素质人才不仅仅是文理兼备，掌握了科学文化知识，到世界名牌大学进一步深造攻读博士学位这样的人，还要成为社会有用的人，即要有正确的人生观，乐于为社会无私奉献。我们可以看到有些所谓的掌握了科学与技术的人却做着危害社会的事情，利用高科技手段进行犯罪。就我们化学学科来说，一些金钱利益至上的人利用所学的化学知识制作毒品，对社会造成了极大的危害，尤其损害青少年身心健康的发展。有些有所学识的青年在改革开放的浪潮中悲观厌世，最后走上自杀的不归之路。这不只是心理学和哲学教师的责任，每一个教育工作者都应该担负起这份责任。把育人和教书相结合贯穿于高等教育中，在获取知识的同时培养学生正确的人生观和科学的价值观，使他们成为对社会有用的人才。

(2)重构结构化学课程内容

结构化学课程的重点是三大部分：量子力学基础与原子结构、化学键与分子结构、点阵理论与晶体结构。其中化学键的部分知识已在无机化学等课中有所讲述，类似这样的内容就可以删减。根据结构决定性质的关系以“物质结构”探索作为主线，分层次渐进深入，以“原理”作为基础，以“谱学技术”作为手段，贯穿到整个“结构”讨论之中。根据这条思路，主要“章”的构造依据“单电子原子→多电子原子→双原子分子→多原子分子→共轭分子→配合物结构→晶体结构→结晶化学”顺序扩展，并在各章中应用不同层次的原理，把谱学和衍射法纳入相应结构的讨论范围而不是割裂开来单独讲授。在理论内容讲授过程中根据我院的计算机资源创造条件进行计算化学实验，扩大计算化学创新实验的范围，使抽象的理论和实践紧密结合起来。

(3)制作动态多媒体教学课件

晶体结构及其点阵理论需要高度的空间想象力和抽象思维，而教学模型种类有限、数量不足，学生缺少观摩实习和自己动手的机会，更加剧了这种困难。解决这一问题的较好办法是采用多媒体技术制作生动形象的三维动态课件。现有的课件主要是静态的图片，不利于认识三维晶体结构，变静态教材为动态教材，用分子图形软件制作立体感强、可实时操作的动态模型，使抽象概念形象化。

(4)互动、开放教学模式的实践

教学中主张学生为主体，教师为主导的原则。要善于引导学生如何学习，即“授之以鱼，不如授之以渔”的著名论断。对于以理论为主的结构化学课程，更要学生在课堂上对没听懂的知识点当堂提问，不把问题带到课下去，我曾对此种方法进行过实践，效果很好。开放式教学就是让学生到自然界、社会中去学习，对于在基础教学中科学上尚无定论的问题，要鼓励学生积极探索，有利于培养研究型创新人才。因此互动式和开放式教学结合才能更体现出现代教育的宗旨。

(5)引导启发学生主动听课

结构化学和其他以理论为主的课程一样起初难以理解，这主要与学生所学习过和接触的背景知识有关。大多数学生认为化学是以实验为基础的学科，对化学理论了解得少，尤其是对从微观层次揭示事物的规律和本质的量子化学知之甚少，这就使学生对结构化学产生了一种神秘感和畏难情绪。解决这一问题要遵循从简单到复杂，由浅入深，从客观存在的宏观理论无法解释的事实入手，以辩证历史唯物主义观点结合各个知识点的发展史把理论知识铺展开，从中引导学生发现问题的来源，讲述科学家们是如何解决这些问题的，启发学生当遇到类似问题要开动脑筋，善于运用发散思维，吸引他们主动听课，主动思考，主动提问，避免学生被动听课，导致无法理解所授知识，过后就忘。例如，量子力学概念相当抽象，甚至有悖人们从宏观世界所习惯的常识。所以，讲授这一部分内容不宜直接从量子力学基本假设入手，而是要结合量子力学发展史的几条主要线索来讲授。首先消除学生的畏难情绪，阐述不求深奥，但要尽可能准确。对容易混淆的概念采用比较法重点讲述，加以辨析。例如，轨道与电子云、几率密度与几率、原子轨道的角度分布图与界面图、径向密度函数与径向分布函数、本征态与非本征态、本征值与平均值、简并态与非简并态、组态与状态等，不但要讲它们的相互联系，更要说明它们的相互区别。此外，还要注意将这些抽象的概念与真实的物理现象联系起来。

化学教学改革和实践是一个漫长的教育大工程，在这里只是做了一些初步的探索和实践，希望在今后的工作中借鉴兄弟院校老师们的教学经验，提高本人将来的化学教学质量。

参考文献

[1]陈光巨，李宗和. 反思与重构——关于结构化学教学内容的改革[J]. 大学化学，1998，(2).

[2]苑星海. 运用系统论重构结构化学教学内容体系[J]. 化工高等教育，2004，(3).

空间效应对有机物性质及反应的影响

韩秋萍

（山西省运城学院应用化学系，运城，044000）

摘要：有机物分子中原子之间的相互作用力主要有电子效应和空间效应，有时空间效应对有机物的性质及反应影响是较大的，可决定、阻碍、促进其性质及反应。另外，空间效应对某些竞争反应的选择性也有明显影响，可控制反应的途径，决定产物的组成。

关键词：空间效应；芳香性；旋光性；构型；构象；亲核取代；亲核加成

空间效应也叫立体效应，是一种原子或原子团之间相互影响引起的效应，它与取代基的大小和形状有关，空间效应往往和共轭效应、诱导效应共同起作用，尽管它对有机物的性质和反应影响不如共轭效应、诱导效应那么普遍，但有时空间效应的作用是不可忽视的，下面我们讨论的有机物的性质及反应就是空间效应起了主导作用。

1. 空间效应对有机物酸碱性的影响

空间效应对有机物酸碱性有明显的影响。例如，由于空间的挤压使酸性基团或碱性基团所连接的键发生扭转，破坏了它与其他 基团之间的共轭效应。

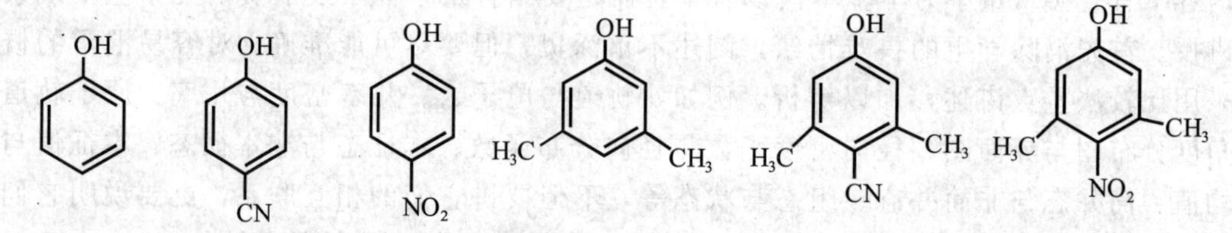

OH　　OH　　OH　　OH　　OH　　OH

H_3C　CH_3　H_3C　CH_3　H_3C　CH_3

CN　　NO_2　　CN　　NO_2

pK_a 9.98　7.95　7.16　10.18　8.21　8.25

从上面酸性变化比较中可看出：在前三种酚的 3，5 位引入两个甲基后，酸性都有所降低，但程度却不相同，pK_a之差分别为 0.20，0.26，1.09，其中 3，5-二甲基-4-硝基酚的酸性降低的程度比较大，这是由于硝基受两个邻位甲基的挤压作用，使硝基和苯基不能在一个平面内，共轭效应减弱，酸性降低，而氰基的影响则比较小，这是由于它是线形结构，受到空间挤压的影响较小的缘故。

同理，空间效应对有机物碱性的强弱也有类似影响。例如，下面两种有机物碱性大小为

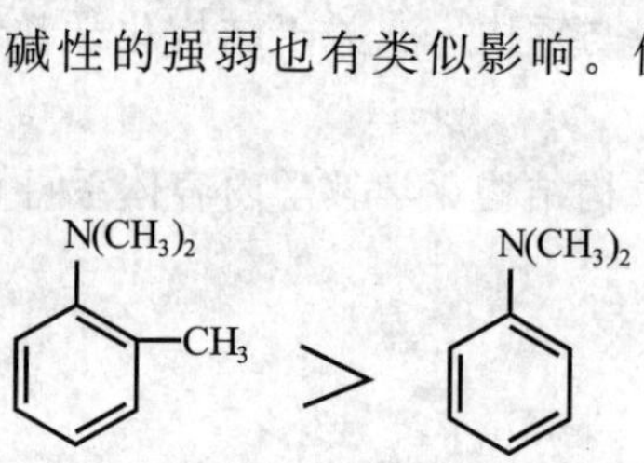

$N(CH_3)_2$　　$N(CH_3)_2$

CH_3　＞

这也是由于邻位甲基的存在，使氨基扭转，以致氨基和苯环不能处于一个平面内，共轭效应受到破坏，碱性增强。

2. 空间效应对有机物共轭作用的影响

共轭分子所涉及的全部原子应在同一个平面内或几乎在同一个平面内，但是，如果由于空间阻碍把其中的某个原子或原子团挤出平面外，则使其空间作用减弱或空间作用完全失去。例如，2，3-二叔丁基丁二烯

$$H_2C{=}C(C(CH_3)_3){-}C(C(CH_3)_3){=}CH_2$$

由于两个大的叔丁基连在相邻碳原子上相当拥挤，使得两个双键失去了共轭作用，而成为非共轭二烯。

3. 空间效应对有机物芳香性和旋光性的影响

判断轮烯是否具有芳香性，除了电子数要符合 $4n+2$ 外，整个环还必须共平面。例如，

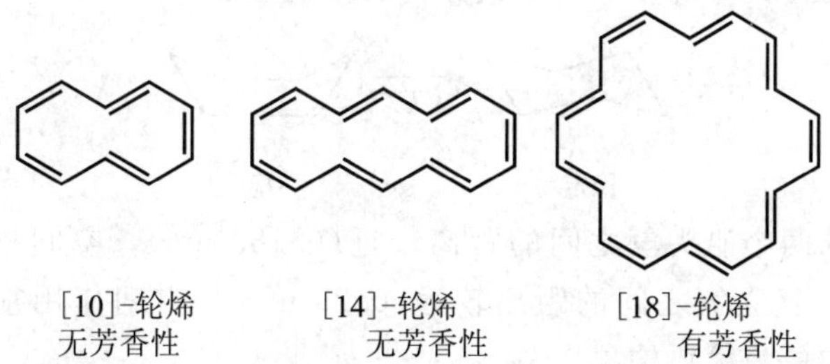

[10]-轮烯　无芳香性　　[14]-轮烯　无芳香性　　[18]-轮烯　有芳香性

[10]-轮烯和[14]-轮烯电子数符合 $4n+2$，本应有芳香性，但是因为它们的轮不够大，轮内的氢原子具有强烈的空间排斥作用，使环不能在同一平面上，故没有芳香性。而[18]-轮烯电子数符合 $4n+2$，轮内空穴相当大，其内氢原子几乎没有空间排斥力，使整个分子基本上处于同一平面上，因而具有芳香性。

同样，判断一个有机化合物是否具有旋光性，就是要判断它是否为不对称分子。例如，

COOH　COOH

NO_2　NO_2

无旋光性　　有旋光性

当苯环邻位上连有体积较大的取代基，空间位阻较大时，两个苯环之间单键自由旋转受阻，此时，如果两个苯环上的取代基分布不对称，导致两个苯环不能处于同一平面上，整个分子就具有手性，分子就具有旋光性。

4. 空间效应对有机物构型、构象稳定性的影响

一般来说，烯烃反式异构体较稳定，这是因为反式异构体的两大基团相距较远，空间排斥较小，体系能量降低，二取代的环丙烷、环丁烷、环戊烷衍生物，通常也是反式异构体较稳定。

空间效应对构象异构稳定性的影响也尤为突出。

例如在丁烷的4种典型构象中，反交叉式的两个甲基相距最远，空间排斥作用最小，因而能量最小、最稳定。

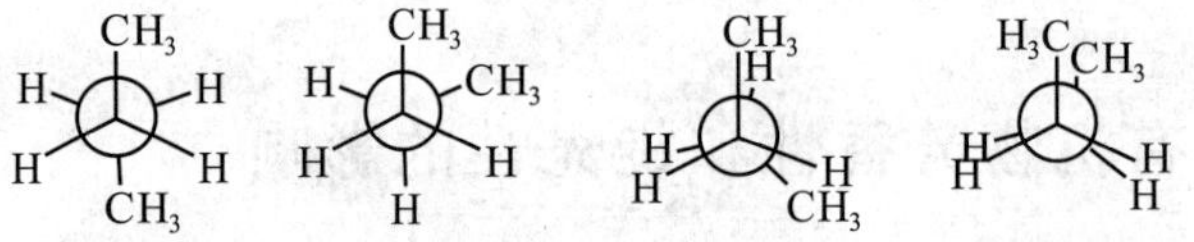
CH3
H
H
H
H
CH3
CH3
H
CH3
H
H
H
CH3
H
H
H
H
CH3
H3C
CH3
H
H
H
H

反交叉式　　顺交叉式　　部分重叠式　　全重叠式
最稳定　　　　　　　　　　　　　　　　最不稳定

再如环己烷，两种典型构象——船式和椅式分别如下：

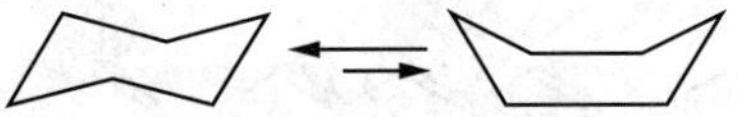

椅式　　　　船式
稳定　　　　不稳定

因为船式构象的两个船头氢之间的距离较近(0.183 nm)，空间排斥作用较强，能量较高，而椅式构象的直立氢之间的距离较远(0.25 nm)，空间作用很小，能量较低，所以，环己烷的椅式构象为优势构象。

5. 空间效应对活性中间体的影响

当 sp^3 杂化的碳原子上连有体积较大的3个基团时，基团之间的相互排斥作用使体系能量升高，稳定性降低，当转化为 sp^2 杂化碳原子，即形成碳正离子或自由基时，键角由109.5°增加到120°，基团之间的拥挤将被大大缓解，基团的体积越大，这种缓解所带来的能量降低就越多，离解越有利，活性中间体就越易形成，所以碳正离子或自由基的稳定性随中心碳原子级别的升高而增加。例如，

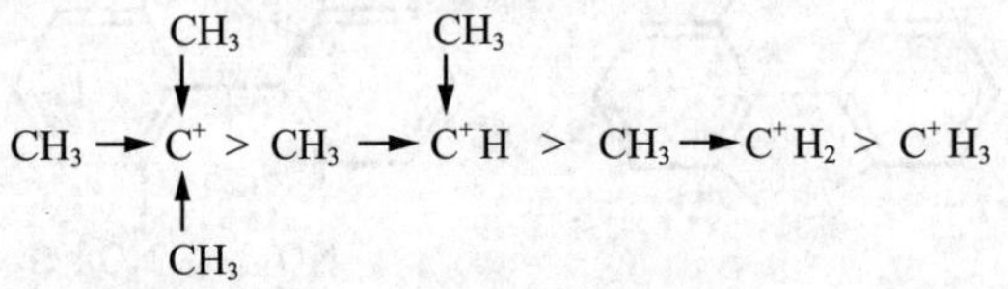
CH3
CH3
CH3 → C+ > CH3 → C+H > CH3 → C+H2 > C+H3
CH3

$3°C^+ > 2°C^+ > 1°C^+ > C^+H_3$

同样，如果在活性中间体周围有大的取代基，阻碍它与其他物种的反应，则此活性中间体的稳定性就增大，因此空间效应对活性中间体的稳定性有显著的影响。例如，

$(H_3C)_3C$—（苯环）—$O\cdot$，两邻位各连 $C(CH_3)_3$

此自由基很稳定，因为邻位两个较大的叔丁基的空间阻碍作用，使其不能反应。

6. 空间效应对亲核加成反应活性的影响

对羰基的亲核加成反应最为突出。例如，α，β-不饱和羰基化合物的加成，以 1，2 还是 1，4 加成为主？这与羰基化合物的结构、亲核试剂及反应条件等有关，有时主要受空间效应的支配。例如，巴豆醛和 3-戊烯-2-酮分别与乙基溴化镁反应，前者得到 100％的 1，2-加成产物，后者则以 1，4-加成产物为主。

$$CH_3CH=CHCHO \xrightarrow[H_3O^+]{C_2H_5MgBr} CH_3CH=CH(OH)C_2H_5$$

100％

$$CH_3CH=CHCOCH_3 \xrightarrow[H_3O^+]{C_2H_5MgBr} CH_3CH(C_2H_5)CH_2COCH_3 + CH_3CH=CH-C(CH_3)(OH)-C_2H_5$$

75％　　　25％

又如，3-苯基-2-丙烯醛和 2，2-二甲基-5-苯基-4-戊烯-3-酮与苯基溴化镁加成，前者得到 100％的 1，2-加成物，后者得到 100％的 1，4-加成物。

$$PhCH=CHCHO \xrightarrow[H_3O^+]{PhMgX} PhCH=CHCH(OH)Ph$$

1，2-加成物 100％

$$PhCH=CHCOC(CH_3)_3 \xrightarrow[H_3O^+]{PhMgX} Ph_2CHCH_2COC(CH_3)_3$$

1，4-加成物 100％

以上反应主要受空间效应的影响，即反应物的羰基所连基团空间阻碍小，有利于 1，2 加成；空间阻碍大，有利于 1，4 加成。醛羰基比酮羰基空间阻碍小，因此醛主要生成 1，2 加成物，酮主要生成 1，4 加成物。

7. 空间效应对亲电取代反应活性的影响

当苯环上有第一类定位基时，虽然使新导入的基团进入它的邻、对位，但邻、对位异构体的比例将随原取代基空间效应的不同而变化，空间效应越大，邻位异构体越少。例如，甲苯、乙苯、异丙苯、叔丁苯在同样的条件下硝化，其邻、对位的产物比例见表 1。同样，邻、对位异构体的比例，也与新引入基团的空间体积有关。例如，甲苯分子进行一烷基化，分别引入甲基、乙基、异丙基和叔丁基，这时，随取代基的体积增大，邻位取代的产物减少，对位取代产物增多(见表 2)。

表 1

反应物	产物比例/%	
	邻位	对位
甲苯	58.05	37.12
乙苯	45.1	48.3
异丙苯	30.1	62.0
叔丁苯	15.6	72.2

表 2

新引入基团	产物比例/%	
	邻位	对位
甲基	53.6	28.5
乙基	45.0	25.0
异丙基	37.5	32.2
叔丁基	0	93.1

如果苯环上原有取代基和新引入的取代基空间效应都很大，则邻位异构体的比例更少，如叔丁苯的磺化，几乎生成100%的对位产物。

综上所述，有机物的性质及反应并不能完全归结为电子效应，有时则与空间效应有关。因此，在判断有机化合物的性质和反应时，既要考虑电子效应，又不能忽略空间效应，只有这样，才能准确地认识有机物的性质及反应。

参考文献

[1][美]丁·马奇．高等有机化学(上)[M]．北京：人民教育出版社，1981.

[2]高鸿宾．有机活性中间体[M]．北京：高等教育出版社，1988.

[3]汪秋安．高等有机化学[M]．北京：高等教育出版社，1990.

[4]赵文宪．有机化合物的分子结构[J]．大学化学，1998，(7).

[5]高鸿宾．有机化学[M]．北京：高等教育出版社，2005.

[6]邢其毅．有机化学[M]．北京：高等教育出版社，2004.

[7]胡宏纹．有机化学[M]．北京：高等教育出版社，2004.

[8]陈乐培．中级有机化学[M]．北京：中国环境科学出版社，2005.

[9]黄培强．有机合成[M]．北京：高等教育出版社，2005.

陶行知“教学做合一”理论在分析化学教学中的应用

黄颖

（福建师范大学化学与材料学院，福州，350007）

摘要： 文章以陶行知生活教育理论中“教学做合一”为指导思想，以福建师范大学化学专业本科分析化学课程教学为例，阐述了立体化的课程体系和教学内容的构建、教学团队的建设、课程教学方法和手段的优化及科学和合理的课程评价体系的建立。

关键词： 教学做合一；分析化学；教学

陶行知先生是我国杰出的人民教育家，“教学做合一”是陶行知于20世纪20年代提出来的，是其教育思想的核心组成部分，是陶行知所创立的生活教育理论体系中最富有建设性的，并具有可操作性的分支理论，也被称为一种教学法[1]。教、学、做三者是有机结合成一体的。教、学、做是一件事的三方面，对事说是做，对自己之进步说是学，对别人的影响说是教。“教学做合一”是基于“做”上的“教学做合一”；“做”为“教”、“学”的依据，为“教学做合一”的核心。

当前我国的教育目的强调要以培养学生的创新精神和实践能力为重点，“教学做合一”这一教育思想对于实施素质教育，深入推进课程改革有着重要的现实意义，陶行知的教育理论和实践无疑是我们教育工作者的宝典，也是我们实施本科教学工作的指南。本文以福建师范大学化学本科专业分析化学教学为例，结合自己多年的教学经验，谈谈“教学做合一”在分析化学课程教学中的体会，旨在起到抛砖引玉、和同行探讨商榷，共同提高教学质量的作用。

1. 以“教学做合一”为指导思想，构建立体化的课程体系和教学内容

陶行知在多年实践的基础上，提出了“生活即教育”，“社会即学校”，“教学做合一”的生活教育理论。生活教育是生活所原有，生活所自营，生活所必需的教育[2]。“人生需要什么，我们就教什么”，“全部的生活都是我们的课程”，“社会即学校”等教育领域观展示了生活教育的社会性。“到处是生活，即到处是教育；整个的社会是生活的场所，也就是教育的场所”[2]；教学做合一的方法论强调以“做”为教及以“做”为学的根本性。

基于此，课程体系和教学的内容应是多元的、立体的。一方面，教学内容来源于教材，是“做”的积累和总结，是前人在特定的时代、特定的社会和生活中的知识积淀。其主要功能是启迪智慧，奠定创新的基础。分析化学课程同时采用武汉大学主编的“分析化学”(第五版)，和国外优秀教材(D. C. Harris 主编的“Quantitative Chemical Analysis，6th edition”)。另一方面，教学内容来源于最新的科研成果。由于教材的滞后性及版面所限，无法反映最前沿的科研信息和应用领域，为此应根据社会的发展和学生的特点适时补充这方面的内容，还可以学术讲座形式辅助教学。此外，教学内容应和生活实践紧密结合，做到理论联系实际。在教学内容上，针对各个章节，对应建立了应具备的理论知识和实践知识，采用每章讲解理论后紧接着介绍实际应用，突出教学的重点和难点。总之，分析化学初步建立了“以能力和实践为本位的与国际接轨的分析化学立体化课程体系”。

2. 以“教学做合一”为指导思想，建设一支高水平的教学团队

要保障高水平的教学质量，必须有高水平的教学团队，为此，从以下几个方面来实施教学团队的建设。

2.1　多学习且不断从实践中学习，提高自身素质和业务能力

必须树立全方位学习和终身学习的意识。边教边学、教学相长，只有好学才是终身进步之保证。一位称职的教师，一定是在教中学、学中教、做中教，不仅要探索本学科本领域的理论和技术，做到精益求精，还要关注社会热点问题、精通教育学和心理学等方方面面的知识。具备虚心、宽容、好学和正直的基本素质。在具体措施上，可以采取校际交流、出国访学、学术探讨、顶岗挂职等方式。建立一支以专业骨干教师为主，学缘结构、年龄结构和学历结构呈梯队分布的资源共享、优势互补的教学团队。

2.2 开拓进取，不断创新

陶行知认为，第一流的教师素质是“敢探未发明的真理，敢入未开化的边疆”[3]。即要有开拓和创新精神。因此，做到手脑并用，在劳力上劳心，需要“解放眼睛”、“解放双手”、“解放头脑”，在探索的过程中注重打开视野，突出实践基础上的创新。笔者在实践陶行知教学的理论过程中，注重在教学团队进行本学科的科学研究、课程体系和教学方法的改革创新；在授课内容上，保留了分析化学的基本概念和经典章节，同时吸取了分析科学发展的前沿信息和最新的知识点，及时扩充到教学内容中。充分应用在美国访学期间所学到的教学理念和方法，融会贯通地应用到本专业课程的教学中。在参考大量的文献和教辅材料的基础上，根据理论知识的重点和难点，合理安排教学内容。使学生们在学习本专业知识的同时，一举三得：一是充分了解分析化学学科的特点和发展，培养学生科学正确的学习方法。二是通过本课程的学习和介绍，使学生能够了解本专业最新发展动态和最前沿的研究课题。三是通过双语教学，使学生的英语水平和专业英语有较大的提高。为其他学科的学习和科学研究奠定了良好的基础。

3. 以“教学做合一”为指导思想，优化分析化学课程的教学

陶行知生活教育理论中，“做”是贯穿理论和实践的主线，他提出，“我们要以‘事’为我们活动的中心，主张事怎么做便怎么学，怎么学便怎么教，教育乃教人学做事”[4]。这里的“事”就意味着“做”，意味着“实践”，即主张“做”或“实践”是教学活动的中心，也是教与学的根本。他进一步阐明，“不在做上下工夫，教固不成为教，学也不成为学”。因此，课程的实施，是在“实践”中获得知识、经验和技能，而实践是和生活紧密联系的。

分析化学是一门实践性很强的学科，教师只有亲手做过各种实验，才能切实领会分析化学的方法和原理，才能教好学生。在讲授做到循序渐进、承上启下；注重学生能力的培养，加强实践性和启发性教学的内容。课堂教学采用“巧设问题”或“典型案例”的启发式教学，理论联系实际，使学生掌握好基本知识、原理和技能。如在介绍 pH 缓冲溶液时，通过典型案例——血浆的缓冲性质，引出缓冲溶液的概念、作用、组成和缓冲容量及配制等，说明缓冲溶液和大自然及人类自身息息相关，并在很多方面都起着重要作用。通过典型案例分析使学生留下深刻印象，很好地掌握了相关知识。

分析化学离不开分析方法。在阐述每一个方法之前，通过“问题的提出—分析原因—提出解决方法—分析方法的建立”来讲授，所有的问题皆来源于生活实践，最后又回归生活。如在讲授“校准方法”中的标准加入法时，通过地表水中高氯酸根的测定实例[5]，提出标准曲线法测定结果与实际结果存在很大差异的问题，使学生对这个问题产生了浓厚的求知欲。接着对产生误差的原因进行解释，并提出解决的方法——应用标准加入法进行测定。

4. 以“教学做合一”为指导思想，建立科学合理的课程考试体系

传统教育中“学生是学会考，教师是教人会考，考试需要的要教，考试不要的，不必教，甚至于必不教，所要教的只是会考的书，读书等于赶考”等现象[6]现在还普遍存在。陶行知呼吁“停止那毁灭生活力之文字考试，发动那培养生活之创造的考成。创造的考成

所要考成的是生活的实质，不是纸上的空谈”。可见考核的目的在于促进学生实践能力的提高和生活力的发展。

笔者认为，对于学生的考评应注重学生的综合素质，即需要综合平时成绩和期末考试成绩，而不是由单纯的一次考试来决定。平时成绩主要是来自作业、平时测验、课堂参与与讨论、出勤率和小论文等。课堂要精讲，留出一定的空间让学生课外自己去阅读、思考、完成各类作业。这样的评价体系，一方面，督促学生做好课前预习与课后复习的工作；另一方面，也有利于教师对学生平时学习情况的同步控制，提高了教学效果和效率。考试内容覆盖面宽，形式多样，重视创造性思维和独立思考，强调分析问题和解决问题能力的考核。这需要学生重视平时的功课，积累相当的分析化学专业知识，这样在考试中才能思路清晰、灵活运用，从而作出分析和决策。

总之，在本科分析化学教学上实践“教学做合一”，对于教师教学、学生学习以及教学各个环节都有着重要的现实意义。提倡研究性学习、探究教学，坚持学习书本知识与生活实践的统一，造就手脑并用的人，是实施素质教育、提高教学质量的有效途径。

参考文献

[1]李玉年，余国江．陶行知“教学做合一”理论下的教师教育改革[J]．合肥学院学报，2009，26(4)：120－123.

[2]《陶行知全集》编委会．陶行知全集：第 3 卷[M]．成都：四川教育出版社，1991：246.

[3]《陶行知全集》编委会．陶行知全集：第 1 卷[M]．成都：四川教育出版社，1991：25－27.

[4]《陶行知全集》编委会．陶行知全集：第 2 卷[M]．成都：四川教育出版社，1991：208.

[5] Harris D C. Quantitative Chemical Analysis [M]. 6th ed. New York：W. H. Freeman and Company，2003：88.

[6]《陶行知全集》编委会．陶行知全集：第 3 卷[M]．成都：四川教育出版社，1991：159.

提高学生对无机化学学习兴趣的若干做法

刘志宏

（陕西师范大学化学与材料科学学院，西安，710062）

摘要：无机化学是大学化学专业的一门主干必修基础课程，在各化学专业课的学习中起着承前启后的作用，对于无机化学学习的兴趣的提高对学生巩固专业学习思想有重要影响。本文从六个方面总结了我们多年来提高学生对无机化学学习兴趣的做法。实践证明，采用这些方法，教学效果良好。

关键词：无机化学；学习兴趣；教学方法

无机化学是大学化学专业的一门主干必修基础课程，在各化学专业课的学习中起着承前启后的作用。师范院校的无机化学又是和中学化学教学内容关系最为直接和密切的专业课程。所以，对于无机化学学习的兴趣的提高对学生巩固专业学习思想有重要影响。无机化学课程内容中的基础理论部分虽然比较抽象，但是该部分内容规律性强，易于讲授，学生便于掌握。然而，元素化学部分的特点是内容庞杂、叙述烦琐、知识零散、规律性较少、要记的东西多，长期以来元素化学是无机化学教学的难点，处理不好会严重影响学生对无机化学乃至整个化学学科的学习兴趣。众所周知，传授新知识是课堂教学的中心环节，这一环节要求学生理解和掌握一定的化学概念、化学性质、化学原理等知识。教师如果不注意讲授艺术，只是照本宣科或只是进行简单粗糙、千篇一律的分析、推理、归纳、总结，进行一般化的讲解，学生往往会感到枯燥无味，提不起学习劲头。怎样提高学生对无机化学学习的兴趣，众多的教师都曾进行过探索，我们通过多年的教学实践也进行了一些有益的尝试，现叙述如下。

1. 提出有趣的问题

大一学生由于刚刚迈入大学校门，往往有一种好奇心理。在讲授知识之前，针对所教内容的特点设计一些有趣的问题，不但能激发学生强烈的学习欲望，而且能帮助学生集中注意力，提供学生参与的机会，启发学生思考。

例如，在讲影响电极电势的因素即能斯特方程以前可以向学生提出以下问题：

(1)已知 $\varphi^{\ominus}(MnO_2/Mn^{2+})=1.228$ V，$\varphi^{\ominus}(Cl_2/Cl^-)=1.36$ V，为什么还可以用 MnO_2 与浓盐酸反应制取 Cl_2 呢？

(2)$Sn+Pb^{2+}(1\ mol/L)$══$Pb+Sn^{2+}(1\ mol/L)$，该反应向右进行；

$Sn+Pb^{2+}(0.1\ mol/L)$══$Pb+Sn^{2+}(2\ mol/L)$，该反应向左进行。这与金属活动性顺序矛盾吗？

2. 简述一些化学小故事

千百年来，在这奇妙的世界上酿出的与化学知识相关的故事，真是浩如烟海，有的妙趣横生，有的惊险离奇，有的感天动地。如果我们能够在传授新知识时适当地加入一点故事佐料，教学过程就会生动活泼、趣味盎然，学生就会把学习当成乐事，全身心地投入到这种富有情趣、难以舍弃的教学活动中，保持学习的积极性、主动性。

例如，在讲 $CuSO_4$ 时，提到农药“波尔多液”的配方，并简要叙述偶然发现该农药的小故事。在讲王水时简要叙述王水发明的小故事。在讲电解铝时，说明在该方法未发明前金属铝的价钱特别昂贵，当时人们给予伟大化学家门捷列夫的奖杯就是一个现在看来廉价的铝杯。

3. 引入趣味化学实验

趣味化学实验对人们有着特殊的吸引力，而大一学生因年龄小而好奇、好问，富于想象力，对于引人入胜的趣味化学实验更是喜闻乐道。

例如，讲硅酸盐时谈到“水中花园”趣味化学实验。讲白磷与强碱的反应时谈到“水中取火”趣味化学实验，并进一步指出迷信的人相信的所谓的“鬼火”只不过是尸体骨骼上的磷酸盐在细菌还原下产生的 PH_3 和 P_2H_4 在空气中自燃的结果。在讲高锰酸钾的强氧化性时，可以叙述“魔棒点灯”化学小魔术过程，即把浓硫酸和高锰酸钾混合，用玻璃棒蘸取少量混合物，往酒精灯芯上一放，酒精灯就被点燃了。然后指出其原理是浓硫酸与高锰酸钾反应生成氧化性很强的七氧化二锰，它和易燃物如乙醇等剧烈反应放出大量热，可将乙醇等有机物点燃。

4. 对无机物质的俗名予以解释

化学物质都有固定的化学名，但是无机物中有不少物质有化学名以外的一个名称——俗名。俗名主要是根据该化学物质的来源、用途和物理性质等来命名的。在授课时适当简谈一些无机物的俗名来由，就能引起学生注意力的集中。

例如，Hg_2Cl_2 由于具有甜味而俗称甘汞，$HgCl_2$ 则是由于具有升华性质而俗称升汞。N_2O 气体由于可刺激神经引起人发笑而俗称笑气。

5. 密切联系实际

元素化学很多内容与工农业生产、日常生活关系十分密切。在教学中主动联系实际问题，教学就会更加深入、生动活泼，学生学习就不至于感到枯燥无味，反而对学习产生浓厚兴趣。

这一类例子不胜枚举。例如，在相应章节知识点处谈到用做高级装饰品的“钻石、水晶、玉石、宝石以及黄金与白金”等的化学组成；水垢的形成原因和消除方法；雷雨天过后的空气有新鲜感的原因；含氟牙膏、碘酒等医药问题；旧油画的翻新；各种人体必需微量元素和宏量元素的生理功能，等等。

6. 利用多媒体激发学生学习兴趣

利用 PowerPoint、Flash、ChemDraw 等软件制作与教材配套的课件，利用色彩、图片、动画、媒体文件等多种形式生动表现教学中的不同内容。

(1)设置多步动画，内容随着讲解的进行而由教师点击出现，避免过多不相关内容同时出现而分散学生注意力。

(2)无机元素化学的特点是性质多、反应多、颜色多，将方程式设计成多个动画文本框，在讲授过程中，教师先点出反应物，引导学生进行分析思考，再点出反应产物，并将字体颜色与化合物颜色尽可能调成一致，加深学生印象。

(3)适当插入一些有趣味性的 Flash 小实验，激发学生的学习兴趣。如 HCl 的喷泉实验。

兴趣是学习的先决条件，也是最能够提高学习效率的一种动力。在化学教学活动中，如果学生没有兴趣，就根本谈不上“主动地获取知识，形成能力”。因此，在教学过程中要尽可能多地激发学生学习的兴趣。我们通过多年的教学实践，通过这些尝试，取得了良好的教学效果。

选修课催化原理教学中的几点思考

许春丽，李保新
（陕西师范大学化学与材料科学学院，西安，710062）

摘要：选修课的设置可以有效填补学生知识的空白，增加他们知识面的宽度和广度，也为本专业的学习钻研提供了很多思路，丰富了知识储备，扩大了视野。然而选修课教学不能简单复制必修课教学的做法，应深入研究选修课教学的特殊性，提高教学质量。本文把催化原理课程的特点和选修课教学的特殊性结合起来，谈了一下作者在催化原理选修课教学中的一点体会。

关键词：催化原理；选修课；教学

选修课与必修课共同作用于学生的发展，但由于选修课的目标、任务功能、教学途径和方法乃至考核评价具有自身的特点，我们不能直接将必修课教学的做法简单移入选修课教学中，应深入研究选修课教学的特殊性。从教学目标看，必修课侧重共同知识、技能、素质的形成，为学生的终身发展奠定共同的根基，而选修课则侧重拓展学科视野，深化学科知识与技能，发展学生的特长、个性。从教学功能看，必修课传授基本的科学文化知识、技能、技术，保障基本学力，培养基本素质，奠定个性化发展和终身学习的基础。而选修课则着眼于学科知识的拓展、深化，满足学生的兴趣爱好，发展学生的个性与特长[1]。催化原理是给大学化学专业学生开设的一门选修课，下面就催化原理课程自身的特点，谈一下以此课程为选修课时在教学中的一点体会。

1. 首先让学生了解催化原理课程的重要性，激发学生的学习兴趣

催化剂的特点使得催化原理的内容与化学工业、生产实践息息相关。催化剂的研究和开发，是现代化学工业的核心问题之一，现代化学工业的巨大成就，是同使用催化剂联系在一起的。目前，80%以上的化学工业过程（石油加工、传统化学工业、食品工业、建材工业、精细化学品工业、环保产业等）是采用催化过程来实现的。催化剂的销售额在100亿～200亿美元。与催化剂相关的工艺设备销售收入可达数千亿美元[2]。本课程在讲授过程中，应提供较多的例子，使得学生对将学知识与化工生产的关系有一个较全面的了解，拓宽学生的知识面。

2. 增加学生对已学专业知识的理解

本门课程主要是给有化学专业背景的学生上的一门选修课。本选修课的学习有助于增加学生对已学专业知识的理解，可有效地调动学生的主观能动性，并能增加课堂上老师和学生的互动。学生都已经系统学习了无机化学、有机化学、物理化学、分析化学、化学工程学等专业必修课，掌握了相关的专业知识。催化原理课程和这些课程的理论知识密切相关。催化剂的制备涉及无机化学、金属有机化学、材料化学等方面的知识；催

化剂催化的具体反应包括无机化学反应、有机化学反应等；研究催化反应机理要凭借物理化学、分析化学等理论知识和方法；催化剂的表征要用到现代物理手段、波谱分析、结构化学等知识；而催化剂在实际化工生产中的应用离不开化学反应工程、化学反应工艺学。教师在讲授本门课程内容时，注意和已学专业必修课内容的关联。例如，催化剂是一种物质，它能加速反应的速率而不改变该反应的标准Gibbs自由能的变化。而加速反应的机理可由学过的速率理论(碰撞理论、过渡状态理论)进行解释。又如，催化剂的类型包括金属、金属氧化物、无机盐和生物酶等，催化剂的催化活性与其结构密切相关。在讲到金属催化剂的结构和活性关系时，注意让学生意识到，他们在无机化学和结构化学中学到的价键理论、配位场理论和分子轨道理论，是解释金属催化剂的结构和活性关系的主要理论依据。这些理论也是制备高活性催化剂的前提。金属氧化物催化剂的制备、设计和应用研究也离不开已学的晶体理论、半导体理论的指导。教师在讲授本门课程时，可采用启发式教学，引导学生应用已学过的理论知识来解释催化剂在催化过程中出现的现象。

3. 在教学中可穿插学生自学、讨论的形式

20世纪70年代以来，能源开发和环境保护成为人类社会生存和发展的两大战略问题，引起了全世界的关注。随之兴起的能源化工和环境化工，为工业催化提出了新的课题和新的活动领域。就环境保护来说，造成大气污染的三个主要领域，都可以通过催化技术加以控制。(1)对于污染大气的可燃性气体，采用催化燃烧技术控制；(2)对于工业装置排放的气体，消除的办法是将NO_x催化还原成N_2；(3)对于各种车辆用燃料排放气的控制，目前已提出了许多种方法，包括改用清洁燃料、低温燃烧降低排放量、重新设计发动机等，采用催化燃烧技术也可以达到完全控制。教师可针对学生感兴趣的课题，给学生布置一个作业。这个作业就是，让学生从燃料电池催化研究进展、光催化研究进展、煤催化研究进展、石油炼制催化研究进展、石油化工催化研究进展、生物柴油催化研究进展这几个专题中任挑一项他感兴趣的课题，作为他的作业。让学生采用已学过的查找文献资料的方法，查找相关资料并归纳总结，进而完成以上作业，然后就作业内容在课堂上讨论。这种教学形式有助于发挥学生的主观能动性，同时让他们了解催化领域前沿的知识技能和当代社会生活中所关注的重大问题，让他们真切感受到自己学过的知识和我们的日常生活是息息相关的，加深对所学科目的认知。

在讲述催化方面的各项知识(催化作用与催化剂、吸附作用、催化剂的制备、催化剂的分类、催化剂的表征和催化剂的活性评价)之后，有意识地引导学生了解进行催化研究的方法。比如可从催化方面的期刊上找1～2篇文献，让学生先读，然后讨论。通过这种方法可让学生把学过的催化知识系统起来。学生因而可知道，催化研究一般包括催化剂的制备、催化剂的表征、活性测试及结果讨论等方面。

总之，我们应注意研究选修课的特点，根据选修课自身的特点与规律实施教学，努力提高教学质量。

参考文献

[1]梁华定．高师化学专业开设化学与社会选修课的实践与思考[J]．洛阳师范学院学

报，2002，(2)：129－131.

[2]黄仲涛，耿建铭．工业催化[M]．第2版．北京：化学工业出版社，2006.

理论与实验相结合的化学基础实验教学内容的改革

赵云岑，欧阳津，范楼珍，刘正平，蒋福宾

（北京师范大学化学学院，北京师范大学化学实验教学中心，北京，100875）

摘要：高等教育改革之目的是为了培养综合素质高、专业基础扎实、具有创新思维的高层次人才。在高等教育各个层面的一系列改革中，教学内容的改革直接反映了教学观念、教学体系、教学模式等的改革思想，直接关系到人才培养的质量。本文初步总结了我们在化学实验教学改革中化学基础实验教学内容的改革。

关键词：化学基础实验教学；教学内容；教学改革

化学实验教学在化学专门人才的培养中具有举足轻重的作用，我们从1999年开始实行、并于2002年和2006年先后两次调整和修改，形成了“一体化、三层次、多模式”的实验教学新体系[1,2]，在化学一级学科的平台上独立设置三个层次实验：基础性实验（化学基础实验Ⅰ、Ⅱ、Ⅲ）、综合性实验（化学合成实验、化学测量与计算实验Ⅰ、Ⅱ）和研究、创新性实验（化学综合设计实验Ⅰ、Ⅱ）。

化学基础实验属于化学一级学科平台上的第一层次实验，包括化学基础实验Ⅰ、Ⅱ、Ⅲ，安排在第一、二、三学期学习。通过三个学期的基础实验，使学生从化学一级学科的高度，全面了解各类化学实验的共性和特点，掌握涉及无机、有机、分析、物化四个二级学科的基本理论、基本操作与基本技能；达到培养学生的科学思维方法和创新意识；使学生掌握正确的化学实验的基本操作方法和技能技巧；培养学生的独立工作和独立思考的能力；培养学生实事求是的科学态度，准确、细致、整洁等良好的科学习惯，从而逐步使学生初步掌握科学研究的方法；加深对基本原理和基础知识的理解和掌握等目的，为学生进一步的学习打下良好的基础。

化学基础实验的教学内容遵循“厚基础、宽口径、求创新”的实验教改原则，注重夯实基础和加强创新思维培养。化学基础实验具有独立的课程体系，不再依附于各门二级学科理论课程，但是在选择具体的实验内容时，我们重视在课程体系的框架下，尽可能结合学生所具备的有关无机、有机、分析、物化四个二级学科的基本理论知识，安排具体的实验内容[3,4]。

化学基础实验Ⅰ的学习对象是一年级新生，理论水平有限，因此教学目标是以化学实验基本操作和基本技能训练为主。但选择的实验内容尽可能以普通化学原理的有关理论为指导。如在无机、有机化合物的分离和提纯类实验中，目的是学习物质的溶解、过滤（包含普通过滤、热过滤和减压过滤）、蒸发、浓缩等操作；掌握固体物质、液体物质分离和提纯的方法，学习重结晶、升华和蒸馏的原理和操作，具体实验有转化法制备硝酸钾、粗食盐的精制、工业乙醇的纯化、苯甲酸的纯化、从茶叶中提取咖啡碱等。在转化法制备硝酸钾中，运用化学平衡移动原理和溶解度理论，让学生了解如何创造条件使复分解反应进行到底制备硝酸钾；在粗食盐的精制实验中，利用溶度积原理和溶解度理论，学习分离可溶性杂质离子 Ca^{2+}、Mg^{2+}、SO_4^{2-}、Ba^{2+} 的原理和方法；在工业乙醇的纯化、从茶叶中提取咖啡碱实验中，应用蒸气压和相变等理论，了解相关分离提纯的原理和方法。在测量类实验中，具体实验有标准溶液的配制与标定、醋酸电离度和电离常数的测定、熔点的测定和水的净化(离子交换法)等。在醋酸电离度和电离常数的测定实验中，应用弱电解质的电离平衡理论，了解测量电离度和电离常数的原理和方法；在熔点的测定中，以液体的凝固和固体的熔化理论为指导，学习熔点的测定原理和方法；标准溶液的配制与标定实验以酸碱平衡理论为指导。

化学基础实验Ⅱ是在学生学习了普通化学原理和基础无机化学的基础上开设的。通过本课程的学习，目的是使学生掌握元素和化合物的重要性质；学习无机化合物的一般制备方法和基本操作，学习表征化合物性质的基本和常用的方法和手段；初步掌握基本化学常数的意义、测定原理、测定方法和技术。培养学生的观察能力、分析问题和解决问题的能力以及初步的科学研究的能力。在基本化学常数的测量类实验中，具体安排了燃烧热的测定、液体饱和蒸气压的测定、电导法测定弱电解质的电离平衡常数、电池电动势的测定和恒温槽灵敏度曲线的绘制五个实验。这些实验以化学热力学的有关理论、溶液理论和相平衡理论、弱电解质的电离平衡理论、电化学基本理论等为指导，学习基本物理化学常数的测量原理和方法。在无机化合物的制备和表征类实验中，具体有一种钴配合物的制备及表征、两种草酸合铜酸钾的制备和表征、离子配合物的离子交换分离及$[CrCl_2(H_2O)_4]^+$、$[CrCl(H_2O)_5]^{2+}$、$[Cr(H_2O)_6]^{3+}$的鉴定、四碘化锡的制备和高锰酸钾的碱氧化法制备五个实验。在配合物的制备、分离与表征实验中，结合配位理论、配位平衡移动和氧化还原理论，学习无机配合物的一般制备方法和表征手段。在元素和化合物的重要性质学习中，安排了p区非金属元素(一)卤素、氧族元素，p区非金属元素(二)氮族、硅、硼，主族金属元素(ⅠA，ⅡA，Al，Sn，Pb，Sb，Bi)，ds区金属元素(Cu，Ag，Zn，Cd，Hg)，第一过渡元素——Ti，V，Cr，Mn，Fe，Co，Ni，阳离子的分析和混合未知液的分析等七个实验，以原子结构、分子结构、元素周期律、化学热力学和化学动力学基本原理为指导，通过设计小型实验系统掌握元素化合物的重要性质。

化学基础实验Ⅲ是在学习化学分析和基础有机化学的同时独立开设的实验课程，通过本课程的学习，使学生基本掌握化学分析的原理、方法和技术，并初步具有应用此类方法解决相应问题的能力；掌握有机化合物的一般合成方法及有机合成的基本操作，初步培养查阅文献、设计有机合成实验方案的能力，掌握反应产物的分离、分析和鉴定方法。第一部分具体内容包括硫酸铵中含氮量的测定、水的硬度及钙镁分量的测定、铅铋混合液中铅铋的连续滴定、铁矿石中可溶性铁含量的测定和间接碘量法测定铜铁混合液中的铜含量实验。学习在滴定分析中如何应用酸碱平衡、配位平衡、氧化还原平衡理论选择分析条件、选择指示剂、选择基准物质等以解决实际分析问题。第二部分包含十一个有机化合物的制备，通过各种理论和原理的应用，学习有机化合物的制备方法以及一系列有机制备的基本操作。如运用亲核取代反应(S_N1)原理学习制备溴代烷的方法；利用Perkin反应制备肉桂酸；了解酯化反应的原理，通过控制平衡移动的方法合成乙酸乙酯；

运用相转移催化的原理，利用相转移催化反应制备扁桃酸等。

化学基础实验的教学内容通过加强理论与实验的结合，在相关理论的指导下，学生对实验原理的理解和实验方法的选择更加深入透彻；同时，通过实验学生对理论学习的意义和在解决实际问题上的重要作用认识更加清晰，学习目标更加明确，学习的积极性和主动性得到发挥。通过化学基础实验的学习，使学生在开始接触化学时，就能站在化学一级学科的高度，全面了解各类化学实验的共性和特点，掌握化学的基本理论、基本操作与基本技能，为进一步的学习打下了良好的基础。

参考文献

[1]赵云岑，欧阳津，申秀民，等. “一体化、三层次、多渠道、多模式”的化学实验教学改革[J]. 实验室科学，2007，(6)：55－57.

[2]欧阳津，申秀民，赵云岑，等. 改革实验教学模式　培养创新性人才[J]. 中国大学教学，2008，(2)：79－80.

[3]教育部理科教学指导委员会. 理科化学专业和应用化学专业化学教学基本内容[J]. 大学化学，1999，14(2)：9－18.

[4]北京师范大学化学实验教学中心. 化学基础实验教学大纲. 2008.

用低碳理念推进大学有机化学实验绿色化的思路与途径

洪碧琼，杨发福

（福建师范大学化学与材料学院，福州，350007）

摘要：有机化学实验绿色化改革势在必行，本文从“低碳理念”的角度探索了实现有机化学实验绿色化的思路与途径。

关键词：有机化学实验；低碳理念；绿色化学

全球气候日益升温，应对气候变化国际行动逐步深入，低碳理念越来越受到关注。目前，我国已经把发展低碳经济作为转变发展方式的重要途径。绿色化学又称环境友好化学、环境无害化学、清洁化学，是用化学的技术和方法去减少或消除有害物质的生产与使用。绿色化学的目标和任务不是被动地治理环境污染，而是主动地防止化学污染，从控制污染源入手。随着高等教育的迅速发展，高校化学实验室的数量明显增加，规模不断扩大，功能逐步提升。实验室的教学、科研活动越来越频繁，接触有毒、有害以及有污染的物质越来越多，实验室的安全与环保工作变得更加重要。用低碳理念尝试化学实验绿色化改革是目前研究的热点和难点。有机化学实验是化学及相关专业的基础实验，如何与时俱进地在有机实验教学中实现低碳理念与绿色化，是相关教学中必须解决的问题。

1. 增强有机化学实验绿色化意识

在一个大学校园里，能发出刺鼻气味的是化学楼，化学楼气味最大的通常是有机实验室。大量的易燃易爆易挥发的有机溶剂和有毒的有机废弃物是有机化学实验室排放的主要污染物。目前很多师生对有机化学实验室污染问题的严重性和防治意义认识还不够深入。个别实验室缺乏科学细致的管理，尤其在药品的管理和学生实验管理上存在较为严重的问题。尽管在实验之前进行了实验室安全教育，但是还是有不少学生在实验中缺乏环保意识，乱倒废液，没有进行尾气吸收。实验前没有做好充分的预习准备，实验设计不合理或者过程操作失误重新实验，造成药品浪费。要改变这些不良现象，除了要加强科学化管理，更重要的是要培养学生低碳理念，积极开展有机化学实验绿色化研究，并将研究成果应用在实验过程中，从源头上防止化学污染。

2. 深化改革，开展微型有机化学实验

微型有机化学实验仪器使用高分子材料制成，具有小巧便携、不易破碎、抗腐蚀等优点，为发展绿色有机化学实验提供了方便与可能。开展微型有机化学实验具有节约实验成本、环境友好、三废少等特点，并能培养学生谨慎操作习惯、提高学生创新能力。微型有机化学实验不是简单对常量有机化学实验的按比例缩小，应该是在基本理论不变的情况下对有机化学实验的创新和发展。在微型化的仪器装置中进行的化学实验，其试剂用量一般只为常规实验用量的1/10～1/1 000。研究发现微型化学实验可以节约药品成本的90%[1]。微型实验节能减排，是实现有机化学实验绿色化的一个有效的手段。

3. 精选实验内容实现合成路线的绿色化

在实验题目以及实验内容的选择上，根据教学大纲要求，尽量选择低毒、低能耗、污染小、实验成本较低的实验。如可用“肉桂酸”实验代替“喹啉”实验，避开苯胺、硝基苯等有毒致癌试剂；用“溴乙烷”实验代替“溴苯”实验，避开苯、溴、吡啶等有毒、污染大的试剂。在实验路线设计上，尽量选择简单、直接的合成路线，尽可能缩短反应步骤以减少副产物的产生。除此之外还可以进行节能减排的串联实验，如正溴丁烷的制备中醇与氢卤酸作用得到相应的卤代烃，40%氢溴酸代替溴化氢，制得的正溴丁烷作为制备2-甲基-2-己醇的原料。合成具有潜在抗增殖活性的类维生素 A 酸的重要中间体 3，5-二烷基苯乙酮可由 1，3-二硝基烷烃和共轭烯二酮一锅法合成[2]。

4. 实现原料、溶剂和催化剂的绿色化

在有机化学实验中常常使用一些有害的原料，如甲醛、苯、氰化氢、丙烯氰、环氧乙烷和光气等，这些药品都会严重地污染环境，危害人类的健康和安全。在实验中尽可能地选择毒性低、无污染或者少污染的原料。如 Wilson 等在醇的酯化和醛、酮缩合反应中采用磺酸功能化的氧化硅作为同体酸催化剂代替浓硫酸。

在有机反应中，根据“相似相溶”原理，通常都是选择有机溶剂作为反应的介质。但是有机溶剂的毒性、易挥发、难回收处理使之造成了环境污染。近来不少研究报道了一

系列绿色溶剂，如离子液体、超临界流体、水溶剂等[2]。Vincenzo 等[3]在离子液体中用钯催化烯丙醇的芳基化 Heck 反应，可以高选择性地得到芳香族羰基化合物或芳香族共轭醇。Lozano 等[4]在超临界二氧化碳中 1-丁醇与丁基乙烯酯反应生成丁基丁酸酯的选择性大于 99%。Pirrung 等[5]研究发现水溶剂对一些多元反应具有极强的加速效应，而且产品易于分离。除此之外，无溶剂有机合成是发展绿色合成的一个重要途径。Chen 等[6]将亚胺和丙二酸酯在无溶剂条件下用 $ZnCl_2$ 催化反应合成了 β-氨基酸酯，在室温下反应 6 min，产率高达 90%。

催化剂的合理选择和应用是有机化学实验反应过程中至关重要的一点。目前不少文献报道了一类绿色催化剂，如固体酸催化剂、固体碱催化剂、金属催化剂和酶催化剂[2]。固体酸催化剂和固体碱催化剂通常具有无腐蚀性、选择性高、催化活性高、反应条件温和、产物易分离、可在高温甚至气相反应中使用等优点。除了选择绿色催化剂外，还可以对催化剂进行绿色化后处理。通常在加入 Na_2CO_3 或 K_2CO_3 作催化剂的反应结束后加入稀盐酸中和，同时放出 CO_2 气体，为了减少 CO_2 气体的排放，可以采取在反应停止后用过滤的方法把碳酸盐固体滤去，然后再进行反应的后处理，减少温室气体 CO_2 的排放。

5. 采用新型的合成或提取技术

近年来超声波技术和微波辐射技术迅速发展，已经被应用在有机物的合成和提取上。超声波作用于化学反应不仅可以提高反应速度、产率、反应的选择性和催化剂的分散性，还能节约能源并减少一些有害物质的生成和排放。如 Grignard 试剂和 α，β-不饱和二氧戊环的反应在超声化学条件下，产率达 100%，而常规搅拌反应产率仅为 5%[2]。传统制备乙酸异戊酯采用浓硫酸等液体强酸催化剂，在乙酸和异戊醇加热回流的条件下酯化制得。改用超声波技术就能较好地控制反应温度，缩短反应时间，减少浓硫酸对设备的腐蚀。微波促进技术也已成功地用于 Diels-Alder 反应、Micheal 加成反应及杂环化合物的合成等许多重要的有机反应。Hossein 等[7]采用微波辐射技术，以苯酚或萘的衍生物与有机酸为原料，邻酰化合成邻-芳烃基酮，反应时间短(2 min～3 min)，产率高(90%～95%)，选择性高且条件温和。微波现已广泛用于天然产物有效成分的提取和物质的合成方面，微波辐射下的反应速率比传统的加热方法快 1～1 000 倍，而且操作方便、产率高及产物易纯化。利用微波辅助方法提取枇杷叶有效成分的实验结果表明：微波法在提取时间、温度、液固比相同的条件下比蒸馏水浸提法的提取率可高出 10 倍左右。

6. 开展计算机辅助化学实验教学

采用计算机模拟化学仿真实验是绿色化学实验的一个重要组成部分。当遇到药品价格昂贵、危险性较大、伴随有毒、有害物质生成的实验或者实验室难以实现的一些高温、高压、低温、低压等过程，可以借助三维立体画面、多媒体技术模拟实验的真实情境。化学实验软件能对实验原理、仪器、药品、实验过程及实验现象等进行详尽的描述，让学生有身临其境的感觉，不仅可以轻松愉快地学会化学原理和实验方法，还可以达到节约药品减少环境污染的目的。

7. 结语

低碳理念是社会经济发展的必然趋势，有机化学实验的绿色化改革势在必行，但是目前大部分有机合成方法未实现绿色化发展，这就需要化学家从理念、原理、方法等方面进行改革和创新。原子经济性、手性合成、环境友好型的反应介质等绿色化学原理对有机化学化工实验的发展将有不可比拟的意义。绿色有机化学有待在理论和实践上进行更为深入的研究，需要广大教育工作者和研究者继续努力。

参考文献

[1]赵桦萍，李莉，赵丽杰，等. 无机及分析化学实验教学中进行绿色化学教育的尝试[J]. 化工时刊，2010，24(2)：76—77.

[2]周建国，李海明，陈培丽. 绿色有机合成研究进展[J]. 天津化工，2009，23(6)：1—3.

[3]Vincenzo C，Angelo N，Antonio M，et al. Palladium-catalyzed Heck arylations of allyl alcohols in ionic liquids：Remarkable base effect on tile selectivity[J]. Journal of Organic Chemistry，2007，72(7)：2596—2601.

[4]Lozano P，Villora G，et al. Membrane reactor with immobilized Candida antarctica lipase B for ester synthesis in superclitical carbon dioxide[J]. Journal of Supercritical Fhfids，2004，29(6)：121—128.

[5]Pirrung M C，Sarma K D. Muhicomponent reactions are accelerated in water[J]. Journal of the Amenean Chemical Society，2004，(126)：444—445.

[6]Chen X M，Li X S，Albert S. Highly efllcient synthesis of 8-amino esters via Mannich-type reaction under solvent-flee conditions using $ZnCl_2$ catalyst [J]. Chinese Chemical Letters，2009，(20)：407—410.

[7]Hossein N，Leila M. Convenient and regioselective direct orthoacylation of phenols and naphthols catalyzed by Lewis acids under flee solvent and microwave conditions[J]. Journal of Molecular Catalysis A：Chemical，2006，(25)：242—246.

分析化学双语示范课程教学条件与教学方法改革探讨*

曹忠，龚福春，谭淑珍，李丹，吴道新，张玲，陈平

（长沙理工大学化学与生物工程学院，长沙，410004）

摘要： 结合理工科高校的具体实践，介绍了分析化学双语教学示范课程的建设，提出了分析化学双语教学的课程目标，探讨了分析化学双语教学中教学条件和教学方法的

* 基金项目：湖南省教育科学“十一五”规划 2008 年度课题(编号：XJK08CGD042)；湖南省普通高等学校教学改革研究课题(编号：湘教通[2010]243 号)；长沙理工大学教学改革研究课题(编号：JG0722，JG1023)。

改革，提出了采用原版教材、使用扩充性资料、改进实验教学、丰富网络教学资源、实施灵活多样的教学方法和手段如多媒体、网络教学平台和"六结合"教学法等措施，坚持理论教学与实验教学并重，从而有效地培养学生具有适合国际化发展的双语思维能力和创新能力。

关键词：分析化学双语教学，示范课程建设，教学条件，教学方法，改革措施

分析化学是化学研究中最基础、最根本的领域之一，该课程在长沙理工大学理工科专业本科生的教学内容中占有非常重要的地位，是化学、应用化学、化工、环工、轻工、生物、食品、材料等专业的必修专业基础课，2010 年列为长沙理工大学校级双语示范建设课程。

分析化学双语示范课程是以英语作为学习分析化学基本理论的媒介，通过双语模式，并结合实践性教学，使学生建立起严格的"量"的概念和严谨的科学作风，培养学生运用分析化学基本理论知识解决实际问题的能力；结合中西方思维方式和文化背景的差异，培养学生学会英语的表达方式和使用习惯，即运用英语的思维模式，促进学生进一步掌握分析化学知识；进而培养能力，提高素质，拓宽视野，使学生在知识、能力和素质诸方面综合发展，同时熟练使用英文，及时把握分析化学学科前沿领域的发展动态，具有进一步获取新知识的能力与发展学科专业的创新思维，为培养国际化应用型人才做出努力。

1. 课程目标

分析化学双语教学过程分为三个层次，即理论教学、实验教学、综合训练，通过英文/中文双语讲授、学习后应达到以下目标：

(1)使学生了解当代分析化学的重要作用，了解分析化学在化学化工、能源交通、环境工程等行业领域的应用特点及国内外发展的最新动态，具有用英文阅读、思考和交流的国际化能力；

(2)掌握定量分析的基本原理和基本分析方法，认识定量分析的全过程并初步具备设计实验分析方案的能力；

(3)掌握分析测定中的误差来源、误差的表征及实验数据的统计处理的原理与方法；

(4)培养学生勤于思考，善于创新，具有扎实的理论基础知识和正确的英文理解能力，还要有较强的实验技能、较好的分析问题和解决问题能力，发展国际视野，真正做到适合当代社会国际化发展的双语交流需要。

2. 教学条件的使用与建设

2.1 教材的使用与建设

课堂教学中，原版教材为《Analytical Chemistry》(6th Edition)，由美国华盛顿大学(Washington Univ.)的 Gary D. Christian 教授编著，John Wiley & Sons 公司出版发行；中文参考教材为高等教育出版社出版的华东理工大学主编《分析化学》(第五版)，是面向 21 世纪课程教材、国家优秀教材；由于教学改革的需要，实验教学教材采用自编的《分析

化学实验》，经过多年的使用(已使用 5 届)和修改，正在联系出版。

2.2　采用促进学生主动学习的扩充性资料

所使用的扩充性资料有以下几种：

(1)英文参考书等电子、纸质文字性资料，包括其他原版教材、学习指南、疑难释义等；

(2)分析化学(双语)PPT 课件；

(3)分析化学理论和实验课程动画资料；

(4)典型结构的教学录像资料；

(5)提供丰富的中英文课外学习网址。

2.3　提高实验教材的教学效果和实验教学环境

(1)提高实验教材的教学效果

关于分析化学实验，编写了配套的实验教材，学生也可以通过网站预先了解实验的有关内容；实验教材的编写针对具体的实验项目给出了实验目的、注意事项等；引导学生培养自主学习、思考问题的能力。通过使用自编教材，增加了学生的学习积极性，使实验教学效果达到了预期的目标。主要体现在：

①利用教材给出了一条明确的能力培养的主线，同时在具体操作上严格要求，加强学生动手能力，培养了学生吃苦耐劳和理论联系实际的作风。

②引导学生学会科学研究中的数据分析和数据整理能力，培养严谨务实的科学态度。

③实验中用到许多先修课的内容，可帮助学生巩固已学知识，同时引导学生向后续课程及专业发展方向做进一步探索。

(2)丰富实验教学环境

分析化学实验室为我院“湖南省基础化学示范实验室”的主要部分，拥有先进的仪器设备，完全能够满足学生进行教学实验、开放性实验和课外科技创新活动的需要；并建立了电厂水质综合分析、电力用油分析、电厂燃料分析、电力腐蚀与防护电化学分析、电力化学电化学工作站等特色实验室。

2.4　发展网络教学环境

建立良好的网络硬件环境：拥有独立服务器，容量大、数据传输速度快；有专业技术人员来指导，资料上网进程加快。

课程组开发制作了分析化学课程的全套电子双语教案，完成了分析化学网络课程，并通过教学实践不断加以完善；构建了分析化学习题库(含双语题)，通过上网供学生选用。

不断更新网络教学资源，加强学校提供的网址(http://www.edu.csust.edu.cn/pub/wljx/jpkc/)管理。

3. 教学方法与手段实施

在双语课程“教”与“学”对立统一的辩证关系中，“学”是矛盾的主要方面。教学的目的和指导思想是充分调动学生学习的自主性和积极性。教学方法和手段的改革，就是为了采取学生乐于接受的逻辑和形式，按教学大纲要求，把内容传授给学生，学生把知识转化为能力。先进的教学手段、多样化的教学方法，会收到良好的教学效果。为此，我们采取了“六结合”教学法：即双语讲授与多媒体授课相结合，课堂讲授与课堂讨论相结合，课堂指导性练习与课外训练相结合，课后辅导答疑与习题课相结合，课堂学习与上网学习相结合，学好原版英文教材与吸收课外中英文参考书知识相结合。同时，坚持理论教学与实验教学并重，重视学生的双语思维能力和创新能力的培养。

3.1　采用灵活多样的教学方法，有效地激发学生的学习潜能

理论课双语教学，强调教学观念与学习观念的更新，将传统的课堂讲授与课堂讨论有机地结合起来，努力通过课堂讨论、课外阅读、课程论文、课堂习题和课堂提问，鼓励学生积极思考，敢于用英文表达，注意引导学生把握该学科的思维方式和研究方法。体现以学生为中心的教学原则，突出能力培养，特别是自学能力、逻辑思维能力、随机应变能力、探索发现问题和解决问题的能力以及创新能力的培养。

结合课堂双语教学内容，指导学生撰写课程论文和开放实验室论文，提高学生利用英文文献和运用知识撰写论文的能力。指导学生提前进入课题组，逐步培养和提高学生的科研素质。

在实验教学中，对某些仪器的构造和操作原理，利用计算机多媒体辅助教学，进行模拟实验教学，以加深学生的理解和感性认识。开发制作了分析化学课程的全套电子教案，并应用于教学实践。

3.2　多媒体教学与传统方法融合，提高教学质量

运用现代教育技术、多媒体课件中的中英文文字、图表、动画、声音能刺激学生感官系统，调动学生学习的积极性和主动性；还可增大教学容量，学会用英文思索，提高教学进度和质量。

3.3　利用网络教学平台，拓宽学生的视野

网络教学资源能弥补课堂教学的不足，使学生掌握课堂上没有充分理解和忽视的内容；可以对感兴趣的内容如一些英文网站资料进行详细的阅读、理解和探讨，并搜索最新发展动态的英文文献资料，从而进一步了解与本课程各知识点有关的实际应用情况，了解各部分内容发展及前沿领域研究的现状，以拓宽学生的视野，增强创新思维能力。

3.4　传统型与开放式相结合的教学模式

以课程组为主，建立校大学生课外创新实验基地。课程组教师积极组织开放实验室和指导学生开展课外科技活动的试验工作，指导学生完成相应课外活动的创新实验立项，撰写并发表相关的研究报告或论文。教师结合自己的科研工作，将与教学有关的成果作为设计新分析方法的体会与同学们交流，如分析化学平台与原子吸收实验室一直对学生开放，不但促进了学生从事独立科研的能力，还提高了学生的英文文献阅读与理解水平，加深了对专业知识的学习与掌握。

4. 结束语

分析化学课程双语教学的开展对高校化学化工相关专业教学提出了新的挑战，也促进了教师教学和学生学习的兴趣，有效地培养了学生的创新思维和国际视野能力。几年来，我们在双语教学中走出了第一步，取得了一些可喜的成绩，如获得湖南省教育科学

"十一五"规划 2008 年度课题(编号：XJK08CGD042)、湖南省普通高等学校教学改革研究项目(编号：湘教通[2010]243 号)和长沙理工大学教学改革研究项目(编号：JG0722，JG1023)的资助。这是一项长期的任务，它的功效不是一朝一夕就能实现的。当这些学生真正走向社会，走上科研工作的第一线时才会真正显示出来。最后，还要不断引进和吸收国外先进的知识和教学理念，从而把分析化学双语示范教学课程建设得更好。

催化基础导论精品课程建设的几点思考*

颜桂炀

(福建师范大学化学与材料学院，福州，350007)

摘要：催化基础导论是应用化学专业的一门专业方向课，本文从教学内容优化设计、师资队伍结构配置、理论与实践教学改革、教学质量保障、考核内容与方式等五个方面对该校级精品课程的建设进行了探索与思考，旨在为今后课程的进一步改革提供必要的借鉴。

关键词：催化基础导论；精品课程建设；教学改革；实践

应用化学专业是我院于 2002 年获批主办的本科专业，旨在培养富有创新能力，在德、智、体等方面全面发展，具有扎实的化学理论基础知识和较强的实验技能，能胜任科研机构、高等院校及企事业单位中从事科学研究及管理工作，具有广阔的就业空间的应用化学高级专门人才。应用化学是化学渗透到其他自然科学、技术及其他领域而形成的一类应用科学，它是介于理科化学专业与工科化学工艺、化学工程专业之间起桥梁作用的专业，是培养理工结合型的"用"化学的人才。我校的应用化学专业自 2003 年开始招生以来，随着学校的迅速发展和教学水平的整体上升，应用化学专业充分发挥人才优势及地方资源优势，在发展方向上，确定了应用化学的三个特色方向，即精细化工、应用催化和应用电化学。

催化基础导论课程自从应用化学专业开办以来，就作为该专业应用催化方向的一门专业课程。该课程是本科生在修读完物理化学、结构化学、有机化学、分析化学、无机化学等基础课后指定选修的专业课程之一，其主要任务是让学生通过该课程的学习，能熟悉和掌握催化科学的最基础知识、催化科学的发展概况以及当今的优先前沿领域和热门研究方向，理解其中的基本原理、基本概念、研究方法，为今后进一步学习深造和应用催化科学原理奠定有关的知识基础，同时也为应用化学专业学生在石油化工领域中进行毕业实践打下良好的理论基础。

催化基础导论课程在 2009 年申报为福建师范大学校级精品课程，如何在新形势下使这一课程的改革更加符合应用型人才的培养目标，就成为我们建设精品课程的关键。

* 福建师范大学质量工程项目之校级精品课程建设立项(2009 年)。

1. 优化设计教学内容

随着专业学时的调整，该课程总学时只有48学时，我们教学体系的设计目标是要保证适度、够用的催化基础理论，兼顾物理化学知识的系统性和实践性，突出催化新材料的应用技能，加强催化剂制备与应用实训等实践性教学环节。而教学内容的设计，必须与应用化学类专业紧密结合。因此，该课程必讲的内容可优化为：催化化学理论基础、催化化学研究方法、催化剂及其催化作用、催化剂研制四大模块。在课程内容上，强调催化科学与材料学的共性，注重催化材料的多样性和广泛性，在重点介绍传统、成熟催化剂知识的前提下，注意介绍与高新技术或产业有关的催化新材料、新工艺及新技术等先进知识，要把这些内容完整地、相互贯通地传授给学生。

2. 合理配置师资队伍

精品课程建设的实质是要求有一流的教师队伍，它不是某个教师的个体行为，不是某门课程行为[1]。与传统课堂教学教师单兵作战，自己制作课件供个人上课使用相比，精品课程建设更强调团队作战精神，发挥群体优势。教师作为教学过程的主要设计与实施者，是决定创新教育质量与教学效果的最重要因素。因此，首先应高度重视师资队伍的建设与培养。

2.1 注重“老中青”三结合，做好“传帮带”

建设一支年龄、职称和知识结构合理的课程教学队伍，充分发挥老教师的“传帮带”作用，积极培养青年教师的教学能力。新任教师承担本课程前，至少用两年时间为两名教授分别助教，参加全部教学过程，然后经试讲通过后才能单独授课。

2.2 重视教师科研能力的提高

目前我校催化基础导论课程组中，青年教师已全部具有博士学历，所有教师都具备较强的科研能力，关键是要鼓励课程组所有教师积极参与相关课题，不断提高自己的科研素质水平。这样，教师在课堂上自然就会把最新的科研成果直接融入教学内容中，从而形成以科研促进教学，更好地培养学生的创新能力和应用实践能力。另外，要鼓励教师积极参加国内外催化化学方面的学术会议，如中国化学会、福建省化学会、功能材料学会举办的会议等。实际上，我校部分老、中年教师已在这些学会兼任理事职务。

2.3 培养青年教师的实践能力

部分青年教师是直接在硕士及博士毕业后就参加教学工作，他们科研能力相对较强，但实践能力相对薄弱。因此，首先要求青年教师协助老教师们指导自己专业学生去认识实习与生产实习，与学生一起深入到厂矿企业中。另外，还可以每年组织青年教师到产、学、研基地参观学习，从多方面培养青年教师自身的应用实践能力。

3. 推行理论与实践教学改革

应用化学专业具有浓郁的应用理科性质，它不仅要求学生具有一般理科学生所应具有的扎实理论基础和熟练的实验操作技能，而且要求学生具有强烈的应用意识，能够从事应用性的研究，能够及时将研究成果转化为生产力，直接为生产建设服务。换言之，学生在课堂中获取的知识只有在实践中才能消化、理解和掌握，并在实践中获得创新[2]。只有将实践教学与理论教学紧密结合并贯穿于整个教学过程中才能实现创新这个目标，具体可进行以下几个方面的尝试。

3.1　采用多媒体加板书相结合的授课方式

课程主要研究的是催化材料的原理、组成、制备、结构、性能与应用之间的关系，有些环节具有微观抽象的特点，有些需要许多真实数据来说明，还有些则需要许多实例，而如果采用传统教学法，教师需要在黑板上画大量的示意图，不仅会占用较多的上课时间，同时图示效果又容易受教师画图水平的制约。多媒体技术可以将部分图形直接改成动画形式，并可以将大量测试数据与实体工程照片直接展示给学生，从而在有限的时间内给学生提供大量的可视立体信息。板书则可以强调重点，展示授课逻辑，体现思维过程。应该说，多媒体加板书的结合方式可以充分处理好课程中的“点、线、面”等知识点间的关系。

3.2　构建网络式教学模式

依托福建师范大学教务处的精品课程网站平台系统，完成了催化基础导论课程网站的建设，除教学资料、教学习题、实验指导等信息外，还实现了师生互动交流讨论，克服了新老校区师生之间沟通交流的障碍。同时，可指定专门任课教师负责网站的及时更新与完善，使网络教学模式越来越成熟，更好地为课程教学与学生自主学习服务。

3.3　把握实践机会进行现场教学

目前我校应用化学专业有自己特色的、设备比较齐全的教学实习基地，因此，可将部分教学内容直接组合后移到实习基地进行现场教学；也可根据专业知识点选择工厂、企业中的某个生产过程制作成光盘与幻灯片资料，将其与催化基础导论课程的有关知识点结合，在授课过程中现场播放讲解。在见习和实践过程中，老师要引导学生用理论知识解释、分析实际材料的性能或实验结果，将理论和实践二者有机地联系起来。同时，教师鼓励学生积极参与教师的科研，使学生在课题研究实践中不断受到启发、锻炼，激发其创新思维，培养其创新能力。

4. 健全教学质量保障

随着社会对应用型人才的极大需求及高校扩招的结果，如何使所有任课教师的教学效果都达到优秀是保证该课程教学质量的关键。对此，我们认为可采取一些改革措施：在授课期间，每周定期召开课程组教研活动，对授课进度、质量、实验安排、作业等教学过程中存在的问题及时通报与商讨，并即时提出相应的解决方案；课程组采取循环交叉听课的方式，互相听课，互相借鉴；成立课程督导组，对教学全过程进行监控与提高，尤其是给青年教师加压，促使其备好每一堂课[3,4]。

另外，还要建立有效的管理机制。应从机制和投入上采取切实措施，确保精品课程建设得以健康发展。学校要投入专门的经费用于精品课程建设及网页资源的更新和维护。对参与精品课程建设的教师，要有相应的激励机制进行奖励和表彰；完善学生评教、教师评教等检查评估机制[5]。

5. 完善考核内容与方式

课程要重视平时的复习和作业，作业形式分为学生自己的自我练习、教师每教学周统一布置作业，每学期组织数次课堂讨论交流。依照课程考试大纲。采取教考分离的闭卷考试方式，进行出卷、统计分析考试结果。考试设计基于教学内容，但强调对知识的灵活掌握、运用。考试采用选择题、填空题、计算题和简答题等多种题型。选择题与问答题重在考查理解、分析能力，填空题重在考查对基础知识与基本理论的掌握情况，计算题考查综合分析与计算能力等。本课程的总评成绩由期末考试和平时学习(包括半期考、作业、提问、讨论、考勤等)成绩两部分构成，采用百分制。期末考试成绩占总评成绩的 70%，平时成绩占总评成绩的 30%。

6. 结束语

精品课程是一项系统工程，是需要持续性长期建设并不断完善的过程。在建设过程中，应把提高学生素质、培养学生的工程意识和分析解决问题的能力作为首要标准[6]。在以后的工作中，教学队伍将以创建省级精品课程为契机，在教材建设、教学队伍建设、实验室建设、共享资源建设等方面继续完善，把催化基础导论这门课程建设成为培养学生创新能力的重要课程。

参考文献

[1]2009 年度国家精品课程评审指标(本科)[EB/OL](2009-04-22). http://www.jpkcnet.com/new/biaoge-biaozhunxiazai/

[2]李银芳. 高校精品课程建设中应注意的几个问题[J]. 中国高教研究，2007，(1)：91—93.

[3]赵婉莹. 提高高校精品课程建设质量的思考[J]. 教育发展研究，2007，(9)：81—83.

[4]陈东，吴功平. 机械类特色专业建设与人才培养模式的探讨[J]. 中国电力教育，2009，(129)：78—80.

[5]刘志平，黄丽明.《工程材料》课程实验教学体系内容的改革[J]. 中国轻工教育，2006，(2)：61—62.

[6]冀满祥. 精品课程建设是提升教学质量的一件重大举措[J]. 高等农业教育，2005，(4)：54—56.

第 3 章 高师化学实验与实践教学改革与创新

化学教学论实验课程改革的思考

申妮，周青

（陕西师范大学化学与材料科学学院，西安，710062）

摘要：根据化学教学论实验课程的重要意义和作用，结合新课程改革的要求，对高等师范院校化学教学论实验课程进行了一定的反思。

关键词：化学教学论实验；改革；实验教学

1. 问题的提出

高等师范院校化学教学论实验课程在培养师范生化学实验技能、实验能力及化学实验教学与实验教学研究能力方面有着重要的作用，其主要任务是培养师范生今后从事中学化学实验教学的能力和实验研究的能力，是化学教学论系列课程中的重要课程之一。该课程有别于其他基础化学实验课程，是一门学生显性的、实践的教学活动课程。基础教育课程改革对化学教师能力要求的提高引发了我们对化学教学论实验课程的一些思考。

1.1 教学内容

从各师范院校的化学教学论实验课程的教学内容看来，主要存在以下几个问题：(1)实验内容系统性不强，且实验教学的理论指导比较薄弱，无法引导学生认识中学实验在中学化学教学中的地位和作用。(2)实验内容陈旧，缺少与现代生活和生产实际的联系，时代性、新颖性不强，体现现代科技成果、新方法、绿色化学理念、探究性教学等都很少涉及，对于培养师范生科学探究能力有很大的局限性。(3)教学内容处于相对封闭的状态。根据调查发现，大多数的高等师范院校选用的教材是五六年前编写的，尽管教材在当时编写的时候已经注重选取当时关于中学实验方面最新的研究成果，但在近几年内关于中学化学实验研究的最新成果层出不穷，基础教育化学课程的改革也使得中学化学实验的内容不断发生变化，特别是在新课标下新教材的普遍使用，中学教材中的实验内容也出现了较大的变化，这对教师提出了新的要求。但是化学教学论实验课程的教学内容却并未发生明显变化，这样使得关于中学实验研究的最新成果不能在教学内容中得以体现。

1.2 教学评价

教学评价是对学生现有的以及潜在的价值做出判断的活动，它的基本目的是更好地促进学生综合素质的提高。通过调查，我们发现大多数的院校的化学教学论实验课程的评定都采用“平时成绩＋期末考核”这种方式，其中平时成绩主要根据实验报告书写的优劣量化评分和考勤，大多数的学生实验前不预习，实验报告千篇一律，有时为了得出应有的结论竟然改变实验数据，没有创新，没有特色，给评价带来了一定的难度，而且也不能通过评价激励学生的实验积极性。存在的主要问题有：(1)很少涉及对师范生设计教学实验的能力的评价。(2)几乎没有涉及实验教学能力的评价，评价方式只注重学生的实验操作技能，不注重学生实验教学能力。

2. 化学教学论实验课程改革思考

2.1 改革教学内容

基于基础教育化学课程改革和化学实验与实验教学研究的需要在编排教学实验内容的时候应从以下几个方面考虑：(1)在选择实验内容的时候不仅要紧密结合中学实际，而且还要有一定的系统性，有相应的理论指导。(2)所选实验应该兼具教学性和研究性，针对不同性质的实验，有的凸显其教学性，有的凸显其研究性，而有的则是二者的综合。这样的内容体系重视对学生基本实验技能规范操作的训练和养成，更突出对学生探究性、创新性能力的培养，较全面地体现了化学教学论实验研究课程的实验性、教学性和研究性功能。(3)实验教学内容要不断地更新，体现中学化学实验研究的最新成果、新的教学理念、科技前沿，也应该添加一些趣味化、生活化的实验，如STS化学系列实验、化学趣味实验以及家庭小实验等。

2.2 教学方法的改革

寻找新的教学方法，提高师范生的实验教学实践能力是很重要的，因此可以试图从以下两个方面考虑：(1)紧密结合中学实验内容进行教学，让师范生参与实验课程内容的计划、安排、制定和管理，以准教师的身份参与到化学教学论实验教学中来体会实验教学的意义，这样可以给予师范生充分的练教机会，从而提高他们的实验教学能力。(2)开放实验室，鼓励师范生根据实验内容，查找相关资料，自行设计合理的实验方案，经教师审核可行后让其实验。在此过程中，从所需的常规仪器和试剂药品的准备，装置的安装，教具的制作，实验现象、数据的分析以及结论的得出等都是由师范生自己独立完成的，这样做既可以让师范生完成教学实验所要求的内容，又有足够的时间来自主进行实验的探究和创新，提高师范生的实验设计能力、解决实际问题的能力、实验能力等，从而帮助其形成科学的思维方法、观察方法、实验方法等。

2.3 改变实验教学评价方式

评价是课程的重要组成部分。积极的教学评价对学生的学习具有促进作用，同时它既是教学情况的综合反映，也是教学质量控制的重要环节。因此，制定科学合理的教学评价体系对学生的发展具有积极的促进作用。化学实验教学评价是指在一定的化学实验教学评价观指导下，根据一定的化学实验目标、运用与之相适应的教学评价手段，通过评价者之间的“协商”，对化学实验教学效果做出价值判断并达成共识的一种过程。基于该门课程的特点、任务、目标、存在的弊端，以及基础教育化学课程评价新理念，我们认为，该门课程教学评价体系的改革应从以下两个方面综合考虑：(1)实验能力的评价。在进行评价的时候要关注过程，这样评价才能深入学生发展的内核，才能及时了解学生在发展中所做的努力、取得的进步和存在的问题，才能真正实现评价促进学生发展的功能。因此，评价可以从实验实践探究活动的设计、实施、实验、结果分析、交流等方面进行了评价，这样能够增强学生对科学探究的理解，发展他们的科学探究能力，提高科学素养。除此之外，在设计评价内容的时候要尽量体现真实性和情境性，这样不仅能评价学生知识与技能的掌握情况，还能对学生的实验探究和研究能力、情感态度价值观等方面进行评价，有利于全面、准确地评价学生的化学科学素养。(2)实验的教学能力、管理能力的评价。培养师范生的实验教学能力、管理能力是很重要的，但是现在大多数的评价方案没有涉及实验教学能力和管理能力，因此评价方案要尽可能的全面、细致，这样才能使评价更具客观性和科学性，从而使不同水平的学生明确自身长短所在，有利于进一步学习和改进。

参考文献

[1]熊言林，江家发，阎蒙刚. 高师“化学实验教学研究”课程改革的尝试[J]. 化学教育，2006，(1)：42－44.

[2]卢一卉. “化学实验教学研究”课程改革初探[J]. 西南大学学报(自然科学版)，2009，(2)：197－200.

[3]文庆城，许燕红. 高师“化学实验教学研究”课程的改革与实践[J]. 化学教育，2005，(7)：43－44.

[4]李远蓉，李凤艳，卢一卉. 构建高师“化学实验教学研究”内容体系的新思路[J]. 化学教育，2006，(1)：45－46.

[5]姚志强，高峰，房玉秀. 高师“化学教学论”实验课程体系的改革与实践[J]. 化学教育，2006，(4)：36－37.

[6]赵二劳，范建凤，白建华. 化学教学论实验研究课程的改革与实践[J]. 中国现代教育装备，2010，(3)：79－81.

[7]吴鑫德，李跃春，李鹤云. 紧密联系中学实际，探索高师“化学教学论”实验教学改革[J]. 化学教育，2003，(2)：22－24.

[8]乔丽. 新课程标准下中学化学教师实验教学能力的探究[D]. 兰州：西北师范大学，2004.

[9]徐惠. 高师化学教学论实验课教学中运用新课程理念的研究[D]. 南京：南京师范大学，2005.

[10]沈理明，尹福军. 近十年中学化学实验改革特点[J]. 化学教学，2000，(9)：4—5.

大一学生化学实验素质培养的探索与实践

张琪颖，吴良平

(华东师范大学化学系，上海，200062)

摘要：本文简述了对化学系大一年级学生进行化学实验素质教育的必要性，总结了在实验课堂上对如何培养学生的基本实验素质进行的一些有益的探索与实践。我们认为最重要的是在实验室里，教与学双方都应该重视实验教学过程，意识到学生的工作素养奠定了他们一生事业的基础。

关键词：大一学生；化学实验；素质教育

教育部理科化学教学指导委员会制定的《化学专业和应用化学专业化学教学基本内容》中指出：化学实验是化学教学中一门独立的课程，其目的不仅是传授化学知识，更重要的是培养学生的能力和优良的素质。何谓素质？素质就是学生能将学习中获得的知识、技能通过个人的思维升华形成稳定的品质和素养。高的素质，一方面可以更好地发挥现有知识和能力的作用，另一方面还可以促进知识和能力的进一步扩展和增强。知识、能力和素质是辩证统一的关系。实验素质教育主要是培养学生严谨的科学方法、实事求是的科学态度、勤俭节约的优良作风、相互协作和创新开拓精神、环境保护意识和整洁卫生的良好习惯等。新入学的大一学生，化学实验基本知识缺乏，实验技能较低，更谈不上实验的素养问题。化学基础实验(我校已更名为"化学原理实验")是化学系学生的第一门实验课程，有一定的启蒙性，也是培养学生的实验素质和良好习惯的机会。因此，我们认为大一学生的实验教学要重视基本操作的训练和实验工作能力的培养，更要注重对学生进行实验素质的教育。实践中我们做了以下几个方面的工作，取得了一些效果，现总结归纳如下：

1. 加强预习指导[1]

预习是做好实验的前提和保证，大一学生由于中学阶段很少做实验，预习抓不住重点，常常是像预习理论教科书一样，注重理解。实际上，实验内容的预习应侧重记忆。为保证预习效果，我们对学生预习提出了具体要求：明确实验目的，了解实验原理，熟悉实验内容、主要操作步骤、数据的处理方法并设计记录格式，完成指定思考题，写出清晰的预习报告。上课前抽查，不写预习报告或预习报告不合格的学生将推迟进实验室。在实验讲解之后，留出10分钟时间做1～2道与实验操作和重要原理密切相关的课堂作业，教师当堂批阅，及时发现和纠正学生预习中暴露出来的错误，要求学生逐步做到脱开书本完成实验。

2. 教育学生尊重科学，实事求是[1]

中学化学教育由于条件的限制，实验教学内容太少，学生也认为学好了化学的书本知识就等于学好了化学，造成了学生在实验室里不太重视实验现象的观察，不尊重实验事实等一系列问题。化学知识的出发点就是事实，实验事实和原始数据是最重要的第一手资料，因此对大一学生来说，要从第一次进实验室开始，就树立他们尊重实验事实的态度，科学史上不乏这方面典型、生动的事例[1]。教学上不仅要随时进行尊重科学、尊重事实的教育，还应有相应的警示和规定。例如，严禁无故修改实验数据和抄袭实验结果，一经发现将严肃处理。如果是数据读错或记录时笔误需要修改时，要由指导教师认定并在实验报告上签字。

3. 爱护仪器，勤俭节约[2]

大一学生基本上能做到爱护仪器，但对试剂的节约意识不强，没有量的概念，总避免不了“多多益善”的思想。为了科学管理，物尽其用，基础教学实验室建立了一套化学实验常用试剂的三级管理系统，60种常用试剂取用的点滴化。一级为60只10 mL储液小滴瓶(也称储液滴管)，标明盛放试剂的编号、名称和浓度，由学生自己保管和使用；二级为60只相应的100 mL储液滴瓶，供学生取用；三级为60只500 mL的常规试剂瓶；二三级试剂的标签与一级完全一致，统一摆放在实验室两侧的试剂台上，由实验准备室老师随时检查和配制，试剂得到节省和充分利用。部分制备实验和性质实验的试剂用量在微量范围，让学生深切体会到实验减量化结果同样成功，有时实验现象更加明显。从具体的环境和氛围中，从每一个实验的操作中培养学生勤俭节约的习惯和作风。

4. 培养创新意识和开拓精神

培养学生的创新意识和开拓精神是教育的最终目的，更是实验教学工作的灵魂。大一学生的第一堂化学实验课就是学习“灯的使用和玻璃管加工”[1]，这是一个传统的基础训练实验，在学生掌握了玻璃管(棒)的截断、烧熔、拉细、弯曲等基本操作以后，鼓励和引导学生用玻璃棒制作取用少量固体样品的微量药勺、研细固体的玻璃钉，用玻璃管拉制滴管、熔点测定的毛细管及硝酸盐热分解实验中用的一次性简易试管，还用玻璃管制作了简易煤气灯和集氨气生成、收集及溶解性实验于一体的一套微量装置，发挥了学生的想象力和创造力。在性质实验中要求学生充分利用自己保管和使用的60只储液滴管，结合理论课的学习内容自行设计一些小实验，以巩固基本知识和基础理论的学习。

5. 渗透绿色化学思想、增强环境保护意识[2]

按照绿色化学的要求，实验室中试剂、溶剂和产物的使用和数量应符合对健康和环境危害最低的原则。从这个意义上来说减量化的微型实验应是绿色化学的一部分，而且更重要的，是将实验内容重新设计成兼具减量、减废的“低污染、可回收、省药品”的绿色实验，这将是绿色化学在实验室里的发展方向。例如在滴定分析实验中，我们设计了微量滴定管(容积2.5 mL，读数至小数点后三位)，并与常规滴定管(容积50 mL，读数至小数点后两位)同时使用。实验结束后，我们把常规滴定管和微量滴定管从滴定管读数、有效数字和结果的相对误差等几个方面给学生做了比较，说明微量滴定的准确度符合测定要求，但滴定剂节省了很多，及时启发学生开动脑筋、开拓思路，还有哪些实验可通过改进或重新设计以节省药品用量、降低污染。在药品回收方面，实验室有明确的规定，所有的实验产物都要回收，而且已经形成了一个回收、再利用的循环。例如，在“氯化钠的提纯”中，产物氯化钠用做“碳酸钠的制备”实验的原料，回收的碳酸钠用于性质实验；“溶液的配制”实验中，产物醋酸溶液用于“醋酸电离度和电离常数的测定”，硫酸铜溶液用于“置换反应热效应的测定”，氢氧化钠和盐酸溶液用于“滴定分析实验”等。性质实验中的少量有毒、有害物质也统一回收，并要求学生了解实验室废液的一般处理方法，如废酸液、废洗液、含氰废液、含汞盐废液、含重金属离子废液等。

6. 培养整洁卫生的良好习惯和作风

实验对学生的培养是多方面的，要求学生实验台面保持清洁，实验仪器放置有序，不乱扔废弃污物就是培养学生从事科学实验的良好习惯和作风。从第一次实验开始，就给学生介绍基础化学实验室的布局，特别是废液缸、废玻璃筐和盛放其他固体废物的垃圾桶的位置，除平时实验中经常督促学生遵守卫生规则外，在每次实验评分中都有卫生分，久而久之，学生养成了整洁卫生、不随意丢弃废物的良好习惯。

以上是我们在培养学生实验素质方面所做的一些工作和体会。我们认为，重要的是在实验室里，教与学双方都要重视实验教学。实验室是一个特别的课堂，是实施全面的化学教育(包括素质教育)的最好场所。谨希望一直辛勤耕耘在实验教学这块园地上的同行们重视素质教育、实施素质教育，把我们的学生培养成为知识、能力、素质三者全面发展的优秀人才。

参考文献

[1]高剑南，戴立益. 现代化学实验基础[M]. 上海：华东师范大学出版社，1998.
[2]陆根土. 无机化学教程(三、实验)[M]. 海口：南海出版公司，1995.

多样化教学方式在现有无机化学实验课程中的应用

孔爱国，吴岚
(华东师范大学化学系，上海，200062)

摘要：本文探讨了在现有无机化学实验课程基础上，为提高学生主动性和学习兴趣，培养学生综合能力，获得良好教学效果的多样化教学方式。

无机化学实验课程是现行师范院校中的基础课程，往往对大一学生进行授课。这就决定了其在化学实验课程体系中扮演着中学和大学化学实验衔接者的重要作用。它不仅对大学新生形成良好的实验习惯，培养学生正确的实际动手操作基本技能和运用理论知识解决实际问题的能力起作用，而且也对促进大学生创造性思维的发展、树立科学思维方式等方面有独特作用。

在传统的无机化学实验课程教学方式中常常是机械填鸭式的授课方式。由于实验课时和场地以及化学品的特殊性，一般在实验课前，实验技术人员已经把所需的各种试剂配制好，而授课教师一般会将实验原理、内容、操作步骤及注意事项进行详细的讲解，这样学生往往缺乏主动性，学生的实验学习任务成为授课老师的填鸭教育，学生甚至不用预习，按部就班、照方抓药，按规定的实验方法和步骤，在规定的时间内即可完成实验任务。这样不利于调动学生的积极性和主动性，学生也会减少对化学实验的热情和投入，不利于学生创新能力的培养。

实际上，教师应该在实验教学中扮演指导者和引导者的角色。无机化学学科很多知识特别是元素化学知识部分在中学阶段即有较多涉及，而且大多内容难度不大，除其中一部分的化学原理部分学生一般可自学完成。针对无机化学实验的具体情况，以发挥学生主动性，实现学生良好实验习惯的培养和实验技能的提高，以及促进学生创新思维的发展为目的，我们完全可以在不打破现有无机化学实验课程体系的基础上，转变授课老师的灌输包办的授课方式，实现授课方式的多样化。

1.“演示式”实验教学方式

新入学的大学生虽然在中学时涉及一些化学仪器和设备的简单操作，但不同地区学生差异较大。大部分学生不能进行规范准确的操作，这时需要教师通过“演示式”教学方式，讲解正确的实验操作步骤，演示正确的实验操作，认真地指导学生练习，及时纠正学生不规范的操作。比如如何正确使用煤气灯、制作玻璃棒等实验，还有基础实验中涉及学生未掌握的仪器和设备，以及无机化学实验中的一些典型操作如加热，蒸发和浓缩，结晶和重结晶，试剂的取用，气体的发生、净化、干燥和收集，常用玻璃仪器的使用等，教师均需使用“演示式”实验教学方式，让学生掌握常见仪器的操作技能、用途及使用原理，懂得仪器操作规程和注意事项，养成严谨的科学态度，培养学生良好的实验习惯。

2.“问题式”实验教学方式

基础无机化学实验对于培养大学新生的独立工作能力和创新能力，巩固和验证所学的理论知识具有重要作用。但无机化学实验教学绝不能仅是理论课的验证实验。通过实验我们要不断培养学生提出问题、分析问题和解决问题的综合能力，逐步训练养成科学的思维习惯和创新的意识。教师依据无机化学实验教学目标，根据学生的基本情况，从学生的年龄、心理特征、知识基础、认知结构等实际出发，引导学生积极思维，使他们主动地获取知识、发展智能。如在气体常数测定的实验中，根据实验目的，在学生实验前，我们设计提出了以下问题：(1)实验中测得氢气的体积 V 与相同温度、相同压力下等摩尔干燥气体的体积是否相同？(2)检查实验装置是否漏气的原理是什么？(3)讨论下列情况对实验结果有何影响：①气管中的气泡未赶尽；②反应过程中实验装置漏气；③铝片表面有氧化膜；④反应过程中，如果从量气管中压入漏斗的水过多而使水从漏斗中溢出。(4)在读取量气管中水面的读数时，为什么要使漏斗中的水面与量气管中的水面相平？(5)如果利用易溶于水的气体来测定 R 值时，将需何种装置收集气体？(6)扩展实验：利用这套仪器还可以测哪些物理量？教师先不要解答，要求学生带着问题在实验中解决，这样学生就在实验过程中利用学到的气体常数知识和实验过程的变化能够自己寻求答案。学生带着问题去实验，在实验中解决问题，在掌握知识的同时学会分析和解决问题的方法，并熟练地运用到解决实际问题中去，很好地培养了学生的思维能力、动手能力、创新能力和综合运用知识解决实际问题的能力。通过“问题式”教学可以引导学生参与思考，唤起学生解决问题的欲望，激发学生的探究兴趣，培养学生勤于思考的习惯。

3.“开放式”实验教学方式

开展以实验教师为指导的、学生积极主动参与的开放的实验是一种良好的无机化学教学方式。实验教师可把实验涉及的主要原理、目的介绍之后，让学生根据问题要求自行设计实验，不但可以充分发挥学生的主体作用与聪明才智，尝试科学实验探索的方法，增强科学研究的创造意识。教师可在学生设计实验后，针对其内容指出可能的问题和不足，引导学生修改后执行。并在学生实验后让学生总结整个实验过程。如将元素及其化合物的性质与无机物的制备及性质测定相结合，组成系列实验，并将基本实验知识、基本操作原理、基本实验技术融合到系列实验中去进行训练。例如氯化钠的制备、提纯及检测。实验目的是：(1)掌握提纯 NaCl 的原理和方法。(2)学习溶解、沉淀、过滤、抽滤、蒸发浓缩、结晶和烘干等操作。(3)了解 Ca^{2+}、Mg^{2+}、SO_4^{2-} 等离子的定性鉴定等。实验的原理比较清楚，一些基本操作在中学阶段大都涉及，学生较为熟悉，没有危险性，操作时间比较合理，学生完全可以独立完成。这种实验教师就不必授课，可以直接开放，学生自主完成。在实验中教师可以逐个观察学生操作情况，结合学生记录的数据和实验报告分析，在下堂课上对上节实验中的问题和学生的一些不当操作进行有针对性的讲解和解决，这样既锻炼了学生的独立实验能力，又使学生印象深刻，充分发挥了其主动性。

4.“互动式”实验教学方式

单纯的教师讲解授课方式学生容易乏味，教师需加强与学生互动，让学生参与进来，这样学生的注意力才能集中。可以采用一问一答的方式，老师提问，学生回答，也可以由学生自己提出问题，老师来回答学生的问题。出于学校师范教育背景考虑，一些简单的实验或实验中一些简单的环节，可以由学生主讲，教师和其他学生给予补充的方式来进行。当然进行“互动式”实验教学，需要营造良好师生互动关系的前提和条件，教师要加强个人品性修养，注意课堂情感调节，在实验教学中教师必须注意给学生营造宽松、民主、自由的气氛，另外，还需要注意教学时间，不然实验课就成为理论课。

5.“趣味式”实验教学方式

化学知识与人们生活息息相关，运用生活中出现的问题和现象，可以拉近化学与学生的距离，学生置身于实际生活中学习化学更容易接受化学，激发学习化学的兴趣。如在做元素化学实验中，讲到铊元素时，虽然没有设计针对铊的实验，我们可以讲一下为什么，可以从电影暗杀情节的神秘杀手和实际生活中的中毒实例介绍这种物质。另外，我们也可以设计一些适合大学本科生的一些趣味实验，如 Al_2O_3 的实验中可以设计制备 Al_2O_3 的毛刷实验。即将一根铝条用砂纸将薄膜破坏掉，然后沾上 $Hg(NO_3)_2$ 溶液，用滤纸擦干后的铝条表面迅速长出许多疏松的白毛，铝条变成“毛刷”。

6. 实验教学中本学科先进方向的介绍

虽然现行无机化学实验课程体系内容基本以验证基础理论为主，实验内容反映不出当前化学学科的最新成就和发展趋势。但教师可在授课过程中，注重结合无机化学的发展，给学生介绍“纳米化学”、“超分子概念”、“发光材料”、“膜分离”、“碳纳米管及富勒烯”、“新能源”等知识，也可介绍“绿色化学”、“低碳化学”等概念，使学生尽早接触到学科前沿，使学生看到一片新天地，激发学生追求知识的热情，培养学生的创新精神。

总之，在实际的教学过程中，教师可以根据个人情况，分析不同实验内容，以调动学生积极性和提高学生情趣为核心，以培养学生创新思维和良好实验习惯以及基本操作技能为目的，转变传统的枯燥实验教学中学生“照方抓药”的实验方式，采取不同的授课方式，灵活运用各种技巧，不要拘泥于一种方式的运用，从而在现有无机化学实验课程基础上实现教学效果的提高。

参考文献

[1]李勇，曹可名，严敏. 无机化学实验教学改革探索与实践[J]. 化学试剂，2009，31(12)：1049－1050.

[2]梁慧锋. 元素化学中“问题式”教学方法的探讨[J]. 邢台学院学报，2009，24(4)：127－128.

[3]杜义芳. “问题解决”教学模式在中学化学教学中的应用初探[J]. 化学教学，2001，(8)：15－17.

[4]金凤，朱美安，孙林. 无机化学实验教学中培养学生综合素质的探讨[J]. 阜阳师范学院学报，2009，26(1)：72－74.

[5]肖永生，黄丽贞，陈琼，等. 启发式实验教学在实验教学中的开展[J]. 2007，(20)：130－131.

分析化学实验的探索及思考

漆红兰，杨红

（陕西师范大学化学与材料科学学院，西安，710062）

摘要：介绍了陕西师范大学在免费师范生分析化学实验教学中的新教学模式和教学特色。通过实施参与式教学的教学模式，充分挖掘了学生的潜能，提高了课堂教学的效果，锻炼了学生的讲课能力和动手能力，有利于促进免费师范生的全面发展，提高学生综合素质，使分析化学实验教学质量再上新台阶。

2007 年 5 月，国务院决定在教育部直属师范大学实行师范生免费教育。免费师范生教育的目的是要培养大批优秀的中小学教师，鼓励更多的优秀青年终身做教育工作者。陕西师范大学于 2007 年 9 月开始招收第一批的免费师范生，经过 3 年教学实践和尝试，取得了一些新的教学成果。分析化学是高等师范院校化学各专业的必修基础课，是一门实践性很强的学科。在分析化学中，实验教学和理论教学具有同等重要的地位，是相辅相成的关系。分析化学实验教学不仅要培养学生的实验兴趣，调动学生学习积极性，深刻理解所学的内容，牢固掌握基本操作，还要注重培养学生严谨的科学态度、创新意识和创新能力等综合素质。近年来我们在采用一体化多层次的实验教学模式的基础上，不断进行教学尝试，提出并实施“以教师为主导，以学生为中心，平等参与”的参与式教学理念[1,2]。让学生有足够的主导地位，培养免费师范生的基本讲课及操作技能，取得了一些初步的成果。本文总结并介绍陕西师范大学分析化学实验新的教学模式。

1. 把握好预习关

要求学生在上课之前，做好预习工作。学生通读实验材料，自学相关知识点，有针对性地做好实验预习报告。例如实验“硫酸铵中含氮量的测定”中，教材上指出，“用递减法于分析天平上称取一定质量(准确称至0.000 1 g，一般按消耗滴定剂18～22 mL计算出称量范围)$KHC_8H_4O_4$于锥形瓶中”[3]。我们要求学生预习时计算出所要称量的质量，并且思考与分析化学课本上讲授的“20～30 mL”有什么关系。在预习“水硬度的测定”时，针对其中标定EDTA溶液的浓度的步骤，让学生思考“为什么需要利用容量瓶配制$CaCO_3$标准溶液，然后再用移液管移取到锥形瓶中进行滴定”与“硫酸铵中含氮量的测定”实验中标定NaOH的步骤为何不同。让学生带着这样的问题去预习实验，将实验与理论知识相结合，学会操作的同时，也掌握了设计实验的技能。学生对实验有了较为深刻的认识并且加强了对理论知识的理解与掌握，学生的学习积极性明显提高，尤其是预习报告和实验报告的质量有了较大改观。

2. 做好课堂讲解

传统的实验课教学是老师全讲，大约40 min，包括实验目的、原理、步骤等一一说明，学生不参与课堂的讲解。实验课一般在下午，常常发现学生有打瞌睡的现象，发挥不出学生的积极性。我们在教学中发现，让学生来讲实验，然后大家一起讨论实验课可能遇到的问题，在提高学生积极性和兴趣方面，起到了非常大的作用。我们在教学中让学生讲授实验，让学生认真准备，紧张起来，其他同学认真听讲，等到这位同学讲完后，对其中的重点、难点问题进行提问和进一步讲解，让其余学生以抢答或讨论方式解决，并将其作为平时成绩的一项。给学生提供了进行思考和表达的机会，他们能够积极主动地参与到课堂讨论中并广泛交流各自的学习经验和方法。在很大程度上提升了学生的兴趣，学生评价很高。同时学生之间相互启迪加上教师的引导，就能寻求好的解决问题的方法，甚至于创造性地解决问题。例如我们在进行“铅、铋合金中铅、铋含量的连续测定”时，学生提出这样的问题：“能否取相同的2份试样，其中一份在pH＝1时，只测定铋的含量；另外一份在pH＝5时，测定铅和铋或者铅的含量?”随后学生马上联想到分析化学教材中混合碱中Na_2CO_3和$NaHCO_3$含量的测定时的实验思路[4]。在这样的问题引导下，学生对酸碱滴定和配位滴定的分别测定原理有了更深入的理解。

3. 把握实验操作关

实验教学很大程度上是在锻炼和培养学生的动手能力。实验讲解结束后，让学生进行操作，老师逐一查看和纠正学生的操作。做到随时发现问题，随时解决。滴定分析中滴定管、移液管、天平等的操作在前几次实验中进行了详细的讲解。针对学生在实验后期出现的问题，根据犯错误的概率，在后期实验讲解中穿插进行回顾讲解，让学生都能将实验中涉及的实验操作全部准确地掌握，锻炼了学生的动手能力。

4. 数据处理

学生在学分析化学之前，已学过无机化学课程，虽然做过大量实验，但都不涉及定量，因此，对“量”的概念没有足够认识和掌握。往往有“有效数字越多越精确，随意选择器皿”的错误概念，需要在讲课和实验中及时纠正。

在记录实验数据和计算结果中，保留几位数字不是任意确定的，而是应根据测量仪器和分析方法的准确度确定的。有效数字不同，表示的准确度就大不一样。学生在数据处理、计算结果时常出现不知道该保留几位有效数字，随意取舍有效数字。如记录数据时，用万分之一分析天平称得样品重1.500 0 g，会记录为1.5 g。后者的表示结果使称量的准确度降低为$\frac{1}{1\ 000}$倍。例如，对于移液管和容量瓶通常体积记为25.00 mL，对于量筒通常体积记为25 mL。反之亦然，选用分析器皿方面，应根据具体情况选择不同的仪器，量取20.00 mL或20 mL溶液时，前者应使用移液管，后者可使用量筒。再如，采用滴定分析法测定组分含量＞10％的试样时，为了使测定结果达到上述要求的准确度，则应使用万分之一的分析天平进行称量，配制的标准溶液浓度应具有四位有效数字，滴定体积应大于20 mL并记到±0.0x mL。

定量分析的目的就是准确获得试样中物质的含量[5]。分析化学实验中，滴定分析实验均要根据实验要求和数据，计算出分析结果。为了衡量分析结果的精密度，一般对单次测定的一组数据，要求计算出算术平均值后，再把单次测量结果的绝对偏差、平均偏差、相对平均偏差和置信区间表示出来。

实验中发现学生在误差的有效数字表示及置信区间结果表示方面问题较多，在此方面要多次强调，反复举例，才能让学生真正了解并掌握实验结果。

5. 严格实验报告的书写

实验报告的书写过程是学生把从每一个实验中得到的感性认识总结提高到理性认识的重要学习环节，也是学生综合能力的反映。我们要求学生将实验原理、实验现象、实验数据和讨论等按统一的格式写在专门实验报告纸上，力求简明扼要、清楚准确，不能简单地抄写讲义，学生必须有自己的思想。我们还引导学生分析讨论实验结果，锻炼和培养表达能力和综合分析能力。例如“硫酸铵中含氮量测定的实验”中，学生对思考题“能否用甲醛法测定其他铵盐如NH_4Cl、NH_4NO_3和NH_4HCO_3中氮的含量”这一问题，普遍反映比较迷惑。到底多弱的酸可以用甲醛法进行测定？我们在结合书上理论知识解释的同时，提供条件让学生亲自动手检验，到底哪些可以用甲醛法进行检测，哪些不可以？与滴定终点和滴定突跃及误差有何关系？当学生亲自操作看到NH_4Cl、NH_4NO_3、$(NH_4)_2C_2O_4$等滴定突跃窄，变色迅速，且对纯品的测定结果与理论值一致。而NH_4HCO_3和$(NH_4)_2CO_3$变色缓慢，没有明显的滴定突跃，无法判断终点。学生均深刻地明确了滴定终点、滴定突跃及误差的关系，学生发挥主动性的同时，将知识和实验结合起来，提升了实验的积极性和兴趣。

在分析化学实验教学中运用参与式教学法，以学生为中心，体现了教师的主导作用和学生的主体作用，充分挖掘了学生的潜能，提高了课堂教学的效果，锻炼了学生的讲课能力和动手能力，有利于促进免费师范生全面发展，提高学生综合素质。我们将在分析化学实验教学中进一步运用参与式教学法，争取取得更好的教学效果。

参考文献

[1]周剑雄，苏辉，石志广．讨论式教学方法在大学课堂中的运用研究[J]．高等教育研究学报，2008，31(4)：55－57．

[2]宋崇富，田志美，蒋雪月，等．参与式教学在分析化学实验教学中的应用探索——以 $KMnO_4$ 法测定水样中化学耗氧量为例[J]．阜阳师范学院学报(自然科学版)，2010，(27)：59－61．

[3]张成孝．化学测量实验[M]．北京：科学出版社，2001：14．

[4]汪浩．在"分析化学实验"教学中树立正确的"量"的概念[J]．扬州职业大学学报，2008，12(3)：57－59．

[5]华中师范大学，东北师范大学，陕西师范大学，北京师范大学．分析化学：上册[M]．第 3 版．北京：高等教育出版社，2002．

[6]武汉大学．分析化学：上册[M]．第 5 版．北京：高等教育出版社，2008．

分析化学综合实验研究——运用氧化还原滴定方法实现药物或水果中抗坏血酸含量的测定

刘伟，李保新

（陕西师范大学化学与材料科学学院，西安，710062）

摘要：依据抗坏血酸还原一定量过量的铁(Ⅲ)产生铁(Ⅱ)，生成的铁(Ⅱ)以二苯胺磺酸钠为指示剂，能够用重铬酸钾标准溶液进行滴定，开发了分析化学的综合实验——水果或药物中抗坏血酸的氧化还原滴定方法。应用于分析化学的实验课教学中，拓展了已有的分析化学滴定实验。

关键词：抗坏血酸；氧化还原滴定；综合实验

分析化学实验是化学、材料化学等专业学生必修的一门专业基础课，与理论课具有同等重要的作用，对培养学生的基本操作技能和动手能力、分析解决问题能力起着非常重要的作用。近年来分析化学学科发展迅速，分析化学这门学科也已经在材料化学和生命化学领域越来越彰显其突出的贡献[1]。在科技日益发展的今天，培养具有创新性能力的学生已经成为各个高等院校的明确培养目标之一，这就需要教育工作者来共同思考和实践如何培养具有创新性能力的学生。在这样的大背景要求下，就已经对分析化学的实验提出了一些更高的要求，让学生在掌握必要的基本实验技能的基础上具有综合和创新实验的能力[2]。

传统的分析化学实验主要是利用书本提供的一些经典实验，让学生进行一些验证性实验，其实验教学和实验内容都比较程序化，且依附于理论课教学，其实验内容单一，与日常生活的切入点比较少，让学生感觉实验内容比较单调和枯燥，而其实验过程也可以算得上是照本宣科，留给学生独立思考的空间很小，不利于培养学生分析与解决问题的能力。因此需要设计一些综合型的分析化学实验贯穿于实验教学中[3]，同时也可以将其他学科的实验与分析化学实验加以综合，从而可以培养学生的综合解决问题的能力，并能够积极锻炼学生的思维，为培养具有新世纪创新性能力的大学生而努力。

陕西师范大学分析化学实验是化学教育、材料化学等专业的专业基础课程，具有培养学生扎实的实验基本功和创新能力的重要作用。鉴于此，我们教研室在过去的近十年时间里已经尝试开设了化学分析和仪器分析的综合实验，实验内容不断更新，开发了一些科技实效性新、实验步骤多、知识点多的综合实验。在这里，本着贴近实际生活的目的，旨在开展分析化学综合实验的设计[4]，完成氧化还原滴定测定水果和药物中抗坏血酸含量的综合实验设计[5]。

1. 该实验项目研究的主要内容

本实验以分析化学实验中四大滴定实验中的氧化还原滴定为基础，在此基础上将无机化学理论和实验、有机化学的基础理论和实验贯穿于分析化学实验中，以重铬酸钾法测定铁(Ⅱ)为基础[6]，将水果和药物中具有还原性的物质抗坏血酸先与一定量过量的铁(Ⅲ)反应，生成的铁(Ⅱ)用重铬酸钾来进行滴定，以二苯胺磺酸钠作为指示剂，从而实现水果和药物中抗坏血酸含量的测定。

这个实验涉及的知识面比较广，涉及多个课程的内容。本实验涉及有机化合物的氧化还原反应，其反应方向和反应产物都与实验可行性关系密切；涉及分离科学的内容，在样品的处理上，需要采用分离科学的一些样品处理手段，从而利于重铬酸钾法氧化还原滴定的实施；涉及无机化学的内容，在干扰离子的处理上，存在配位和掩蔽反应的实施。还涉及药物化学的一些基本理论，因此该实验内容具有综合性。实验方法和实验操作过程也均具有综合性。本实验采用一定的样品前处理手段，需要运用分离科学方法实现样品的前处理过程，然后采用氧化还原滴定的方法实现水果和药物中抗坏血酸含量的测定，涉及现代分离技术方法、定量分析实验方法等，而且在实验操作过程中除了涉及分析化学的一些基本操作技术以外还涉及样品的制备和处理以及实验数据的统计处理等多方面。

2. 本实验项目的主要特点和实验要求

在分析化学的滴定实验中，氧化还原滴定占有重要的地位，而传统的氧化还原滴定实验中主要方法包括高锰酸钾法和重铬酸钾法以及碘量法三大类。重铬酸钾测定铁的实验是一个很重要的基础实验，但以往学生实验的主要内容是铁矿石中全铁含量的测定，而其实以重铬酸钾法测定铁的实验为主可以拓展很多应用实验，本实验就是利用这一点开设了一个贴近生活的学生实验，实现水果和药物中抗坏血酸含量的测定。

实验要求：本实验属于学生自主的综合实验研究，因此对学生的要求比较高，要求学生在实验前要积极做好文献的查阅工作，对于实验内容和注意事项以及实验条件做到心中有数，然后自行设计相关的实验方案，包括实验步骤和样品处理过程，具体到实验中称量的质量和滴定剂消耗的体积都要进行一定的计算和可行性推断。然后与实验课教师进行讨论，最终确定实验方案和实验步骤。

3. 本实验的实验目的

(1)掌握氧化还原滴定测定铁实验的原理和方法，了解抗坏血酸测定的实际意义，掌握利用该氧化还原反应测定抗坏血酸的原理和方法。

(2)掌握酸式滴定管的使用和指示剂的使用。

(3)学习氧化还原滴定测定抗坏血酸的样品前处理方法，实现水果样品中抗坏血酸测定的样品前处理过程。

(4)了解配位掩蔽法消除干扰离子影响的原理和方法。

4. 实验步骤和操作要点

(1)取抗坏血酸片剂 20 片，准确称重，求出平均片重后研细，准确称取适量片粉(相当于 100 mg 抗坏血酸)，溶解过滤后置于 250 mL 锥形瓶中。或者称取一定量的去皮水果，进行打浆和榨汁，过滤定容后制成样品溶液。取一定量的样品溶液加入到 250 mL 锥形瓶中。

(2)往锥形瓶中加入一定量的 Fe^{3+} 溶液，溶液颜色变为浅黄色后，加入 50 mL 水和数滴 Na_2WO_4 溶液，滴加 $TiCl_3$ 溶液至试液呈浅蓝色后过量 2 滴，用 $K_2Cr_2O_7$ 标准溶液滴定至蓝色恰好褪尽为止。

(3)加入 15 mL H_2SO_4-H_3PO_4 混合酸和 5 滴二苯胺磺酸钠指示剂，立即用 $K_2Cr_2O_7$ 标准溶液滴定试液至终点，记录所消耗滴定剂的体积，平行测定 3 份。

(4)通过反应的定量关系，计算药物或水果中抗坏血酸的含量，注意在进行水果中抗坏血酸含量测定的时候加入掩蔽剂掩蔽一些可以与 Fe^{3+} 反应的金属离子。

每位同学需要按照要求独立书写实验预习报告，在实验报告中对实验可行性进行文献验证，同时记录出实验中的所有原始数据及实验现象，独立完成本实验的数据处理过程。

5. 结束语

水果和药物中的抗坏血酸测定的氧化还原滴定实验，知识点很丰富，基本操作扎实。已经初步将该实验应用于分析化学学生实验中，收到了一定的教学效果。同时学生也比较认可这么一种教学实验模式，使他们的主动性、自觉性得以发挥。将这样一个贴近实践的实验通过学生的自主设计和动手实验完成，使学生能够加深对分析化学、分离科学等多种知识点的学习，体会到科学研究的基本过程，强化实验的基本技能和实验观察能力，同时最重要的是锻炼学生的科学思维能力和创新能力，对于今后科学研究事业的进一步开展奠定良好的发展基础。

参考文献

[1]邹小勇，马志玲，黄滨，等. 分析化学实验教学改革探讨[J]. 大学化学，2006，21(4)：30－32.

[2]李丽，马荔，王有和．在化学综合实验中提高学生创新能力[J]．石油教育，2003，(5)：44－46.

[3]王英华，徐家宁，张寒琦，等．推荐一类贴近生活的基础分析化学综合实验——食品中钙、镁、铁含量测定[J]．大学化学，2006，21(5)：45－46，50.

[4]孟哲．分光光度法测定水果中 V_C 含量的研究[J]．邢台师范高专学报，2001，16(4)：68－69.

[5]马卫兴，沙鸥，贾海红，等．水果、药物或蔬菜中抗坏血酸的分光光度测定综合实验[J]．实验技术与管理，2008，25(1)：41－43.

[6]张成孝．化学测量实验[M]．北京：科学出版社，2001：25.

福建师范大学有机实验改革初探*

戴玉梅，黄金凤，杨发福

（福建师范大学化学与材料学院，福州，350007）

摘要：针对目前有机化学实验教学过程中存在的问题，对有机化学实验教学做了一些改革尝试，以提高当代大学生的综合素质以及发现问题、分析问题、解决问题的应用能力，以适应社会发展的需求。

关键词：有机化学实验教学；教改；教学方法

化学是一门以实验为基础的学科，有机化学尤其如此。有机化学实验与有机化学课堂讲授的理论部分一样，都是有机化学这门学科不可分割的组成部分，二者既不能偏废，也不能相互取代。有机化学实验教学的目的就是训练学生有机化学基本实验技能，培养学生基本的实际动手能力，使学生具有严肃、认真的科学态度和实事求是的良好习惯。当然，通过实验获得必要的感性认识对巩固所学的有机化学知识是有利的，但我们更强调通过实验来提高学生的学习兴趣和创新能力。实验课的任务不仅是验证、巩固和加深理论性教学所学到的基本理论知识，更重要的是培养学生动手能力。综合分析问题和解决问题的能力，从而使学生在科学研究方法上得到初步的训练。目前我校开设有机化学实验的学生每年达到近 1 000 人，如何改革实验教学，培养创新能力人才，显得尤为重要。针对实验教学中的问题和我们学校的具体情况，对有机化学实验改革模式做了一些探讨。

1. 优化实验内容，建立有机实验课程新体系

近十年来，在继承原有的实验基础上，我们对不适应新时期的课程内容和体系，均做了大胆改革、创新与建设。根据有机实验课的要求，在课程内容上保留了那些基本技能训练、经典的合成实验，同时将一些新内容和教师的科研成果适当引入本课程中，并加大了综合实验、设计实验、新技术实验和研究型实验的分量，使课程内容与整个实践

* 福建省有机化学精品课程和 2010 年福建师大教学教改项目资助。

教学体系有机衔接，与学生课外科技活动自然结合。这些实验内容的优化，在一定程度上提高了学生的学习积极性，避免了学生一直在做验证性的实验。如在新兴技术在有机实验中的应用探索中，利用微波辐射对促进化学反应有着突出的优越性和明显的效果，利用微波可以被许多化合物迅速吸收产生热量来促进和控制化学行为，可大大加速化学反应的速率，提高反应产率，减少副反应的发生。经过摸索，近两年来，2-甲苯并咪唑等的合成用微波反应技术来完成，取得满意效果，实验产率提高了近20%，实验时间只需几分钟。

2. 重视良好的实验素养与习惯的培养

现在在学生中普遍存在对有机化学实验重要性的认识不充分、积极性不高的现象。所以在第一节实验理论课中就加强学生对有机化学实验的认识，引起重视，只有这样才可能养成良好的实验习惯和正确的实验态度。而在平时的训练中，良好的实验素养与习惯的培养主要围绕预习—实验记录—实验报告这三大方面来进行。在实验之前做好充分的预习是做好有机实验的前提。首先必须明确有机实验的目的要求，仔细阅读实验内容、领会实验原理、了解有关实验步骤和注意事项，此外还需要查阅有关化合物的物理常数，熟悉所用试剂的性质和仪器的使用方法，按要求在实验记录本上写出包括：实验目的，实验原理，反应方程式(包括主要副反应)，主要试剂和主、副产物的物理常数，实验装置图等在内的预习报告。做好以上这些需要花一定的时间来完成，现在的学生课时多，经常反映时间不够，所以学生的预习报告流于形式，照抄教材。大多数学生认为，预习并不是很重要，反正老师上课时也会讲到这些内容，只要实验前听一听，实验会操作就可以了。预习报告预习没做好，实验过程照搬硬套，被动地验证、机械地重复，只重视实验的结果，不重视实验的细节和过程，随随便便记录实验现象。鉴于以上现象我们着重指导预习的重要性，并指导学生如何进行预习，要求学生不能照抄教材，要以简要形式写出主要实验步骤，教材中的文字叙述可用符号、箭头等简化形式表示。而实验记录更是科学研究的第一手材料，是实验中的一个重要环节，任何实验都应养成一边进行实验，一边做记录的良好习惯。本着认真细致、事实求是的态度如实、准确地记录整个实验的情况，特别是当观察到的现象与预期的结果相反，或与教材、文献资料所描述的不一致时，更应如实记录下来，鼓励学生探究其原因。对写实验报告，要分析实验现象，归纳整理实验结果，是把实验中直接得到的感性认识上升到理性思维阶段的必要一步。实验操作完成后，必须根据自己的实验记录进行归纳总结。用简明扼要的文字，条理清晰地写出实验报告，应对反应现象给予讨论，对操作中的经验教训和实验中存在的问题提出改进性建议。

3. 开展多样化教学方式，提高学生的主动性

为了改进过去那种总是教师先讲，学生不能自己正确分析，主动思考，显得较为被动，笔者曾在2004级和2007级学生中做过实验。在第一学期实验结束后，学生已基本掌握基本操作的基础上，在第二学期中，要求每次实验前，先让一位学生讲，然后笔者再进行补充，学生能够积极主动地动脑筋先思考为什么，相互间讨论，再听老师讲解。加

深了学生的记忆和理解，不但明显提高了实验的效果，操作非常规范，而且使学生对实验产生了持久的兴趣，有利于激发学生学习的激情，提高了学生的综合素质和发现问题、分析问题、解决问题的能力。

4. 加强多媒体在有机实验教学中的应用

随着 Internet 的普及，实现网络教学与远程资源共享已成为有机实验教学改革发展的主要趋势之一。教学中采用多媒体和网络手段进行教学，改革教学模式和方法。利用多媒体技术，制作了内容丰富、图文并茂的教学课件，改变了“黑板加粉笔”的传统教学模式，变老师单一教学为师生互动教学，取得了一些成效，归结起来为“教师为主导，学生为主体，训练为主线，能力为目的”。总之，加强计算机在有机化学实验中的应用，是目前必须继续努力的方向。

5. 完善考核制度

众所周知，考核特别是评定成绩的考核是督促学习的一种有力手段。在有机实验中我们同样加强了成绩考核。期末考试包括平时成绩、笔试和操作考试，平时实验成绩又分预习、操作和实验报告三项。实验成绩综合考核法，促进了学生实验能力的全面发展，也比较客观、公正地评定了学生实验成绩。

总之，加强高等院校有机化学实验教学的改革，更新观念，树立学生在实验中的主体地位，充分调动学生的积极性和创造性，提高学生的综合素质，构建以素质教育为重点的实验教学体系，不断改进实验教学方法。只有这样，才能切实提高化学实验教学质量，为国家的经济建设培养合格的高等技术应用型人才。当然，随着科学的飞速发展和培养跨世纪人才的需要，有机化学实验还需要不断改革，不断创新，这就需要我们更加不懈地努力，为实验教学改革进入 21 世纪及推动技术进步作出贡献。

参考文献

[1]张学军，王锁萍. 全面改革实验教学，培养学生创新能力[J]. 实验室研究与探索，2005，(1)：4－6.

[2]刘永良. 规范实验教学加强实验技能训练[J]. 实验室研究与探索，2002，(5)：30－32.

化学实践教学体系构建与大学生创新能力培养研究

岳琦

(华东师范大学化学系，上海，200062)

摘要：时代的发展赋予大学生新的机遇和挑战，在新形势下大学生如何定位，如何积累知识，如何培养大学生的创新能力已成为目前学校教学过程中需大力研究和探讨的问题。文章认为最能发挥创新潜能的教学环节就是实验教学。通过各种方式的实验教学改革措施，培养学生的实践能力、创新意识和创新能力，激发学生的创新热情和兴趣，在培养学生的动手能力和创新意识上收到了良好的效果。

21世纪是人类依靠知识创新和可持续发展的世纪，是知识经济的时代，社会需要更多具有创新、创业精神和创新能力的高素质人才。知识经济时代教育的核心是培养人的创造性思维、创新能力和实践能力。如何培养大学生的创新能力已成为目前学校教学过程中需大力研究和探讨的问题。对于学生来说，最能发挥创新潜能的教学环节就是实验教学。实验教学是高等教育的重要组成部分，重在培养学生实验操作技能以及发现、分析和解决问题的能力。目前的实验教学仅局限于辅助理论课的教学形式，对学生的综合性、创造性和研究性等方面训练不够。多角度和全方位的实验教学则侧重于培养学生实践能力、创新意识和创新能力，激发学生的创新热情和兴趣，给学有余力的学生一个自主发展和实践锻炼的空间。我校为进一步推进大学生创新能力培养，注重学生个性发展，营造创新氛围，采取多种措施，创造条件，向学生最大限度地提供实验条件，在培养学生的动手能力和创新意识上收到了良好的效果。实验教学的改革与创新主要体现在以下三个方面。

1. 实验课程的改革，构建能培养学生创新思维的设计型实验

为了培养学生的动手能力，综合运用所学知识的能力，发现、分析和解决问题的能力以及创新意识，必须打破过去实验项目依附于单门课程且主要是验证性实验的方法，而应该以培养学生认识事物所需要的观察能力、分析能力、动手实践能力和初步科研能力为教学目标，打破课程之间的界限，以实验方法为主线，重新组合实验教学内容，加入一些与世界前沿科技相关的实验内容。为此学校针对大三学生的培养方案中设立了一系列的选修实验课程，开设设计性、综合性的实验。例如，“中级无机实验”课程，鼓励学生在教师的指导下自己开展各种新型无机材料的专题实验，培养他们的独立性和动手能力，培养他们分析问题、解决问题的创新能力，从而提高实验效果。例如，在该课程中开设了纳米材料系列、微介孔材料系列、无机-有机杂化复合材料、配位聚合物材料系列等实验，让学生自主设计、制备材料，并对材料性能做出综合评价。在纳米材料章节中，学生首次接触了世界前沿的仿生智能纳米界面材料[1]，并亲自合成了一些磁性的纳米氧化物。在微介孔材料章节中，学生自己合成了纯硅介孔材料 MCM-41[2]，并分别合成了 Cu-MCM-41 和 CuO-MCM-41 分子筛材料，比较了三个分子筛材料的 XRD 和通过 N_2吸附比较三个分子筛材料的孔径的变化，最后进行了三个分子筛材料对苯酚羟基化反应的催化性能的研究[3]。学生通过实验不但了解了介孔分子筛的基本知识及合成机理，而且掌握了介孔分子筛的一般合成过程及其结构特征和介孔分子筛的功能性质。课程中比较多地采用了综合型、设计型的题目，涉及的内容比较多，牵涉的知识面较广，因此学生可以比较全面地了解当今世界无机材料方面的前沿科研内容，为今后准备考研的学生培养了科研兴趣，同时他们还可以用到实验室的各种仪器设备，为今后的科研工作打下了基础。

2. 积极开展各种面向本科生的科学创新实验项目

国家和上海市每年都设立大学生科技创新项目，希望本科生积极参与到各种科学研究中，培养具有创新能力的学生。我们学校为他们充分地提供了一个创新平台，每年我们学校也设立校级的"大厦杯"大学生创新基金。这个基金是面向大二和大三年级的学生，希望他们在课余时间参加到系里面各个老师的科研小组中，学生可以跟着组里的研究生做教师已有的项目，也可以在教师指导下自己设计实验，自己准备仪器来完成实验，从而培养他们的创造性思维和动手能力。在实验的过程中学生需要不断向组里的师兄师姐请教和共同学习，这对提高学生的合作意识，培养学生的协作精神是非常重要的。目前，大部分的大二和大三学生已经进入到各个专业的实验室中，通过在组里进行系统的科研工作的锻炼，开启他们的创新思维，提高实践能力。对他们今后走上工作岗位，成功开展工作打下了坚实的基础。

3. 毕业论文

毕业实习和毕业设计环节是学生实践教学的一个重要环节，是对学生运用基础知识和专业知识解决实际问题的综合训练，是对学生理论联系实际能力的检验。这也是最后一个综合训练的实践教学环节，是培养学生创新能力的主要环节。在毕业设计中提倡真题真做，不能为了毕业而做论文。学生的论文主要采取以下方式：(1)让学生参与指导教师的科研项目，采用实际科研项目开展毕业设计和毕业论文工作，让学生综合运用所学理论知识和实践能力进行新材料设计、新材料研制工作，有助于提高学生的动手能力、分析问题和解决问题的能力，培养学生的创新能力和创造能力。毕业设计题目和科研方向相结合，可以使学生提早找到从事科学研究的感觉，可以培养他们的科研素质和能力。比如国家自然基金项目"功能配位聚合物的自主装和功能化"既是老师的科研课题[4]，同时分解后又可作为学生的毕业设计课题。学生在参与这些课题的时候，积极性非常高，他们都能够积极去查阅国内外有关的资料，同时在前人的工作基础上去提出自己的实验方案，在这个过程中学生不仅开阔了视野，了解了本方向的发展前沿，同时锻炼了他们分析问题和解决问题的能力。(2)让师范学生到高中进行毕业实习，进行自选课题，完成毕业设计，培养学生的创造能力和综合能力。这种课题可使学生将理论的教学教法的理解和实际结合到一起，使学生的应用能力得到提高，学生在毕业后能很快适应自己的工作。

另外，学生通过参与课题研究和课外科技活动并写出论文，也是培养他们初步科研能力的一个创新实践。这些活动都要求学生将所学的某一门或几门专业知识综合、灵活运用，因此对于学生的综合设计能力和创新能力培养至关重要。几年来，化学专业的学生在教师指导下，积极参与课外科技活动和科学研究，在核心或非核心期刊上发表了多篇科研论文。总之，实践教学是理工科学生培养创新能力和实践能力的最重要的环节，我们应该不断改革和探索实践教学模式(将设计性和综合性实验以及最后的毕业设计或论文相结合)，完善实践教学体系，探索出一系列有利于培养学生创新能力和创造能力的新的实践教学方法，并将相应的措施体现于教学实践过程。

参考文献

[1]江雷，冯琳. 仿生智能纳米界面材料[M]. 北京：化学工业出版社，2007.

[2]马守涛，田然，孙发民，等. MCM-41/HY介-微孔复合分子筛的合成与表征[J]. 应用科技，2010，37(1)：50－52.

[3]周华锋，杨永进，张劲松. 杂原子MCM-41分子筛的合成和催化性能[J]. 材料研究学报，2009，(2)：199－204.

[4]Yan Li，Yue Qi，Qin-Xiang Jia，Gilles Lemercier，et al. Lanthanide mental-organic frameworks based on octahedral secondary building units：rare net topology and luminescence [J]. Crystal growth & design，2009，9(7)：2984－2987.

开放综合性、设计性有机化学实验教学的改革与探索

杨亚婷，黄怡

（咸阳师范学院化学与化工学院，咸阳，712000）

摘要： 本文提出向学生开放综合性、设计性有机化学实验教学的模式，综合运用所学的理论知识与实验技能，选择适当的实验方法，制定实验步骤，使学生在实验过程中处于完全主动的地位，充分发挥他们的想象力与创造力。这样的改革可有效地培养创造性人才，提高学生的科研能力。

关键词： 有机化学实验；开放；综合性；设计性；教学

有机化学实验课程是高等学校本科化学、化工、生物等专业学生的一门重要基础实验课，通常在大学二年级开设。这一阶段学生正处于实验技能的提高阶段，做好这一阶段的教学，对培养学生的实验能力与创新能力有着极其重要的意义[1]。如何探索一种既能激发学生的创新兴趣和创造灵感，又能有效提高其实验理论与操作技能，充分发挥学生个性的实验教学模式，是有机化学实验教学建设与发展的需要，是培养有创新能力高素质人才的需要，也是新时期有机化学实验教学面临的新目标和新任务。

1. 综合性实验教学内容的开设

随着社会、企业对学校学生素质的全面要求，学生进行实验时不能仅局限于满足专业知识这一层面，应把实验的改革与培养学生进取创新精神结合起来，引导学生综合运用所学知识来完成实验，要学生自己真正去体验“做”的过程，而不是“照葫芦画瓢”地获取实验成果。通过实验，逐步培养学生独立性、创新性、综合性等素质，体验操作过程、享受实验成果等。

传统的实验模式停留在使学生巩固并加深对课程中某些理论和概念的理解，掌握实验基本方法，掌握实验技术和常用仪器的构造原理及使用方法，培养学生的动手能力和观察能力及处理实验结果的能力，实际上是一种理论知识的验证过程，对学生的主观能

动性调动不够。从学生综合能力的培养角度来看，按此模式进行实验，似乎成效不大。这种实验教学没有把学生自主的、能动的实验能力与创新意识、创新能力的发展作为主要的教学目的，从而导致最直接的后果是学生缺乏创造性运用知识的能力。

几年来，我们在开放有机化学实验教学中进行了改革与探索，在综合性实验教学内容的安排时主要考虑以下三个方面：

1.1　合成步骤多

使学生在掌握基本操作和典型制备之后，向着合成复杂有机化合物方向跨进了一步。前一个反应步骤的产物直接作为下一步的原料，使相对独立的合成反应之间有了连续性，在引起学生广泛兴趣的同时，也有利于学生树立科学的实验态度和踏实的实验作风。

1.2　反应类型多

反应类型多有利于学生对所学的理论知识反复提炼、融会贯通，进而活学活用，真正掌握各有机合成反应的精髓。

1.3　基本操作多

实验完成过程中会涉及萃取、蒸馏、分馏、重结晶、减压抽滤、熔点测定等多种基本操作，促使学生熟练掌握相应的操作要点，对提高学生动手能力有积极的作用。

综合性实验项目选择上应难易适度，选择典型、可行的实验项目。同时，应该是在实验室现有条件下包含知识点多、操作方便、安全可靠的实验。例如，以苯为原料合成对氨基苯磺酰胺、以甲苯为原料合成对氨基苯甲酸乙酯等实验项目。

2. 设计性实验教学内容的开设

设计性实验是培养学生创新能力和科研能力的重要方面，是新时期有机化学实验教学改革面临的新目标和新任务。设计性实验是指在一定的要求和条件下自行设计实验方案和步骤，并按照自定方案完成操作的实验类型。前提是学生必须有一定的有机化学理论知识和实验技能。经过系统的理论学习和实验课的训练后，学生已具有判断合成路线优劣的知识，并熟悉基本操作及合成实验过程，具有一定的独立实验能力。

在教学改革中，学生可以根据自己的实际情况自主选择实验，根据实验的目的和实验要求，并结合实验室所能够提供的实验仪器设备、药品、试剂等实验条件，由学生运用已掌握的基本知识、基本原理和实验技能，提出实验的具体方案、拟订实验步骤、选定仪器设备及试剂材料、独立完成操作、记录实验数据、分析实验结果等。学生对知识的理解从感性升华到理性，激发学生的学习兴趣和创新意识，提高自主学习的能力，有利于学生个性的发展和创新能力的培养[2]。

为搞好开放设计性实验教学，要组织一支具有较高水平的实验教师队伍，熟练解决实验过程中出现的各种技术问题，选择的开放性实验项目要比较适合，在内容和技术上都要有一定的综合性和研究性，有利于培养学生的创新意识和实践动手能力。实验内容难易要适度，选择典型性、具有多种设计方案和实施可行性的实验项目，才可有效地训练学生的思维。同时，有机设计性实验应该是在实验室现有条件下包含知识点多、合成路线多、操作方便、安全可靠的实验。如：乙酸戊酯制备条件的研究、取代烷基苯甲酸氧化反应的研究、有机混合物的分离与鉴别、未知物的鉴定(固体有机化合物)、未知物的鉴定(液体有机化合物)、从果皮中提取果胶、从槐花米中提取芦丁、从麻黄草中提取麻黄碱、从黄连中提取黄连素、从毛发中提取胱氨酸、番茄红素和胡萝卜素的提取分离等设计性实验项目。

在教师的指导下进行设计实验，为学生开展课外学术活动提供了良好的环境，学生在开放实验室里能充分发挥想象力和创造力，同时也使学生较早进入到科学研究的工作中，萌生创新意识。同时还可以为毕业班的同学实行实验室的开放，克服了毕业论文时间短、参与深度与广度不够等缺点，为他们步入社会打下良好的基础。

实践证明全方位开放有机化学设计性实验这种做法受到了学生的普遍欢迎，激发了学生对科学研究产生了浓厚的兴趣，收到了良好的效果。

2.1 变被动学习为主动学习

完成设计性实验项目，学生必须主动地学习、思考、分析才能决定实验方案，彻底改变了以前照抄照搬的验证性实验模式，大大提高了学生的自学能力，激发了学生的学习兴趣。学生普遍认为设计实验更具有挑战性，完成后更具有成就感，提高了自己的知识与技能，培养了学生的创新意识与创新能力。

2.2 提高了独立分析问题、解决问题的能力

在实施设计性实验时，要求学生必须进行反复认真的独立思考、大胆探索，按照自己的实施方案进行，解决过程中出现的各种问题。这不仅培养了学生的独立科研能力，而且提高了学生的分析问题、解决问题和独立思考的能力。

2.3 增强查阅文献、科技论文的写作能力

查阅文献和科技论文写作是科研工作的重要部分。通过设计性实验，学生受到了从查阅文献开始到最终提交论文全过程的训练，为学生在毕业论文阶段的工作打下了较好的基础。同时设计性实验的开放还可以满足学生的求知欲，充分发挥他们的才华与个性，增加学习兴趣，拓宽学生的视野。教师还可以结合自己的研究项目，让学生参与教师课题的研究过程，使学生所学的实验知识与技能得到实际上的应用，也可以在学生中创造科研氛围，形成“教研相助”的教学模式，既锻炼了学生，又解决了实际问题，让教学为科研服务，以科研促进教学效果的提高[3]。

3. 实验教学条件的开放

3.1 实验室时间开放

开放性实验教学，首先在时间上实行开放，让学生有足够的时间“理解、消化、完成”实验。实验室对学生全面开放，学生事先预约实验时间，再来进行实验操作。预约时老师要根据学生的设计性实验的方案和预习报告，验证实验可行性的基础上，要具有充足的实验时间，在实验中发现新问题，然后再进行反复试验，尽量独立解决。如有难以解决的问题，则因势利导，教师给予必要的提示或启发，培养学生独立思考判断、独立学习和独立研究解决问题的能力。保证在这一过程中能够有充足的时间予以完成。

3.2 完善实验室开放制度

向学生开放实验项目是高等教育培养创新人才、实现素质教育目标的客观要求。实验室对学生的开放，既可以培养学生的创新精神和实验能力，又可以提高实验室及仪器设备的使用率，最大限度地发挥实验教学资源的效益。学生进行独立性、研究性实验时，往往是利用课余时间到实验室进行研究，因此要保证学生根据自己的情况选择时间去进行自己设计的实验。同时，也需要制定一些实验开放的管理政策，以便对学生进行管理。

3.3　加强实验室管理人员的配备

实验室对学生开放，学生有可能经常在实验室做实验，如果仅依靠实验技术人员来照管学生，从时间上或实验指导上都不能得到有效保证。因此，开放实验室应根据实验内容和参与实验的学生人数做好实验准备工作，并配备一定数量的指导老师和实验技术人员参与开放性实验室的管理，做好指导学生实验材料供应及实验室安全管理等工作。在实验研究过程中，指导教师应注意加强对学生实验素质和技能、创造性的科学思维方法和严谨的治学态度的培养。同时，需要学校增加实验经费、改善实验条件，为开放性设计实验创造有利条件。

参考文献

[1]李英俊，孙淑琴，于世钧．有机化学实验教学改革与创新人才培养[J]．实验室研究与探索，2003，22(1)：25－30.

[2]肖秀峰，刘榕芳．关于有机化学实验教学的改革[J]．实验教学与仪器，1999，(12)：11－12.

[3]石枫，屠树江，王香善．在有机化学及实验教学中培养学生的科研能力[J]．大学化学，2009，24(5)：38－41.

师范院校分层实验教学体系及其实施

赵英敏

（陕西师范大学化学与材料科学学院，西安，710062）

摘要：本文对化学实验教学体系进行了分层，并且提出了其实施的条件。

关键词：分层实验教学；化学实验；师范生

所谓的分层实验教学有两层含义，一是各科实验内部的分层次，这是指学生进行实验时按照由浅入深的顺序分层次学习。另一层分层次实验教学的含义是指把整个实验教学分成不同的层次。实验的分层教学体系有利于从实验教学的宏观上把握各个教学环节的衔接，充分地利用教学资源，防止资源浪费和重复教学，有利于发挥教学的连贯性和一致性。本文着重探讨师范院校分层化学实验教学体系和实施。

1. 化学学科分层实验教学体系

1.1　基础性巩固实验

基础性巩固实验旨在巩固基础、熟练操作、培养实验基本技能。基础性巩固实验以巩固和验证课程的基本理论知识、掌握实验基本技能为原则，由演示性和验证性实验内容构成。此类实验与理论课结合紧密，通过实验，学生能够对实验教学中实验设备的控制有一定的了解，结合理论知识，了解实验设备的特性情况，掌握实验操作的基本步骤，培养学生一定的实验技能。化学基础性实验主要包括实验的操作，最为基本的实验知识。在基础实验教学中比如实验装置的改进，是培养学生创新能力的有效策略。这一点对于师范生来说是很关键的。因为将来师范生要走到讲台上，所以实验操作必须严格。

1.2　综合创新性实验

综合创新性实验是与传统的实验不同的实验模式，其教学组织具有自己的特点，其一是实验室应该是全方位开放的。包括实验室工作时间的开放(除了安排专业教学实验外，实验室可以有计划地接受实验者的申请)；实验内容的开放(学生自己提出的实验课题，经评审可以进入实验室进行研究)；实验室服务对象的开放，全院学生(包括研究生)及教师均可利用实验室的资源。参加综合创新性实验的学生在进入实验室之前必须经过充分准备，提出实验方案报告，经指导教师审阅通过后方可进行实验。综合创新性试验以课程设计和创新实验为主，根据不同的专业，通过课程设计或创新实践课程，对学生进行更加深入的培养和训练。采用老师命题，学生自由组合的小组选课模式，相互配合完成设计题目。使学生能够较系统地掌握从方案论证、流程设计、数据处理到最后的实验报告撰写等全过程的各个环节。综合化学实验是基础化学实验、中级化学实验的后续课程，是训练学生综合运用化学知识和实验技能解决化学实际问题的能力，培养学生创新意识和创新实践能力的综合性实验课程。

1.3　研究创新性实验

研究性实验教学基于强调教师通过对实验教学的研究，对实验课程内容、实验教学方法、实验课堂活动以及实验管理等进行研究性的科学设计，从而引导学生的研究性实验学习，将教师的研究性实验教学与学生的研究性实验学习有机结合，激发学生对实验的学习和探究动机，培养学生的实验兴趣，从而增强学生对研究性实验学习的自觉性和积极性，达到培养学生独立思考和研究的能力，提高学生的综合素质和在社会中的竞争力。探究性和开放性是研究性实验教学的精髓。由于研究性实验教学具有很强的目的性，即培养学生独立研究能力和创新能力，因此具有高度的研究性质。在研究性实验教学过程中，其中心主题是“问题”的引申及“激发”，要把学生的思维引入“问题”之中，并不断扩展他们的问题意识，让学生不由自主地走上问题的思考之路。其具体的模式为：实验没有翔实的实验步骤和实验条件，只给出实验的要求和实验的设计提纲，学生需先查阅文献、设计实验，并在具体实验前开展科研小组讨论会活动，经提问和交流，让学生形成比较完整的实验思路，进一步完善实验设计；在活动讨论交流后，对学生自己设计的或自带课题的实验，只要所设计的实验方案合理、实验条件许可，即允许进入综合化学开放实验室开展实验。在实验中，采用允许学生实验失败，可多次实验，直至成功的教学机制。使教学实验更符合科研实际，达到了让学生积极开动脑筋，充分发挥主动性的目的。尤其对设计性、探索性实验，学生在实验预习时会主动查阅文献资料，实验时仔细观察实验现象，磨炼了学生的耐心和意志。

2. 化学学科分层实验教学体系的实施

具有较高素质的实验教学力量和优良先进的仪器及合理的评价体系是分层实验教学体系实施的前提。

2.1　加强师资队伍建设及仪器设备投入，提高实验教学的水平

20世纪80年代中期，美国发表的一篇题为《国家培养21世纪的教师准备》的专题报告中指出，面向21世纪的美国人必须认识到两点最本质的真理：第一，美国的成功取决于更高的教育质量；第二，取得成功的关键是建立一支与此任务相适应的专业队伍，即一支经过良好训练的师资队伍。由此可见，高素质创新人才的培养离不开具有创新能力的教师队伍。教师创新素质的高低和创新意识的强弱直接决定着创新教育能否顺利实施，决定着有创新潜力的学生能否脱颖而出。教师能够以其渊博的创新研究知识、杰出的创新能力、丰富的创新实践经验、丰硕的创新研究成果等所形成的在创新研究方面的个人魅力来吸引与引导学生进行创新研究活动。具有较强创新意识的教师，在讲课过程中能讲出新内容，出题时能有新思路，解题时能用新方法，议论时能发表新见解、新观点，科研中能有新创举、新发现，在学生中就会树立具有创新精神的师表形象，就会通过潜移默化有效地感染学生，激发学生的创新意识，促进创造能力的形成和发展。

总之，高等院校应大力加强教师和实验技术人员的业务能力和教学热情，引进先进的仪器分析设备，让更多的学生进入实验室，了解当今先进的分析技术。在加大实验室建设的同时，鼓励一些高职称、高学历的教师充实到实验教学队伍中，建立一支具有较高素质的实验教学力量梯队。

2.2　建立合理有效的实验效果评价体系

考核是学生完成实验后不可缺少的环节。一般采用出勤率、实验结果、实验报告等方面对学生的实验质量进行评价。诚然，这几个方面是比较重要的评价指标，但由于某些实验需要多个学生的协作共同完成，为更好地评价实验教学效果和促进创新能力的培养，应兼顾学生个人和教师评价。学生的个人评价主要是学生在大学期间应该达到的基本实验素养，在教学过程中教师也就是按这样的要求去指导与培养学生的。学生反思前一阶段自己的行为表现，进行阶段性总结，给自己定位。学生在打分的过程中可以发现自己在哪些方面存在不足，这种不足不是由他人来指出，而是由自己去发觉。这样有利于提高学生的学习主动性和自主创新能力。教师的评价主要是评价学生的观察能力、实验操作能力(包括操作的规范性与速度)、表达能力(包括口头表达能力和书面表达能力)、创新能力以及实验后处理能力等。教师出题时一方面要考虑题目的基础性，另一方面要保证所出题目具有较大的创新空间。例如实验的具体操作方案有多种，实验顺序有多样的区别等。这样能保证测评具有较好的区分度。

总之，分层实验教学体系无疑是一种好的教学模式。国内许多大学正在尝试化学实验的分级教学改革，分级教学模式是对分层次实验的创新和发展，有更大的教学优势。

参考文献

[1]仝晓燕. 探索研究性实验教学提高学生的创新能力[J]. 高校实验室工作研究，2007，(6)：20—22.

[2]黄晓波. 大学生创新能力培养策略探索[J]. 上海工程技术大学教育研究，2008，(3)：14—17.

[3]刘宜树. 新型大学化学实验评价模式的构建与实践[J]. 皖西学院学报，2010，(4)：57—59.

物理化学实验课程的改革与实践

白云山，杜森，李蕾，陈亚芍，陶伟桐
（陕西师范大学化学与材料科学学院，西安，710062）

摘要：针对物理化学实验设备简陋、误差大和有些实验方法不够严谨的问题，介绍了改进的凝固点、金属相图和表面张力测定实验装置，提高了实验精度和准确度，同时使现代实验技术在实验教学中得到体现，取得了较好的教学效果。

关键词：物理化学；凝固点；金属相图；表面张力

物理化学从诞生起一直是化学学科的理论基础与支柱。其严密性的科学体系、前瞻性的新思想和新概念、创新性的研究方法与手段、多学科的会聚和发散能力，使其成为化学学科的重要节点，是化学领域最能体现现代科学技术成果的分支，决定了物理化学在培养复合型创新型人才中发挥着轴心科学的作用。

物理化学实验是物理化学理论体系在实践中的具体表现，是物理化学教学的重要一环，其目的一方面是对物理化学的理论进行验证，另一方面是培养学生缜密的思维、逻辑判断和动手能力。同时物理化学实验在整个大学基础化学实验体系中起着承上启下的作用，能够巩固学生无机化学、分析化学、有机化学实验的基本技能，也能够使学生掌握现代的实验和研究方法，培养学生的探索精神和创新能力[1,2]。

但近几十年来物理化学实验教学内容基本没有变化，实验方法和技术手段与现代科学技术的差距越拉越大。虽然从20世纪80年代中期开始，国内一些高校开始从事物理化学实验教学仪器的成套研制工作，实现了某些参量测试的电子化，所研制的设备从20世纪90年代开始在各高校普及。由于这些仪器往往是简单拼装了过去实验时所用的零散单元，缺乏理论和方法上的创新，甚至存在实验结果误差大，与理论脱节的问题，使学生的实验兴趣、学习的主动性受到一定程度的影响。

基于此，陕西师范大学物理化学教学团队（国家级）在学校相关部门和院系的支持配合下，开始着手系统地解决物理化学实验中存在的问题。制定了从实验设备到虚拟实验软件到配套教材的三位一体解决方案，以期最终达到以下三个目的：一是提高物理化学实验室的装备水平，改变物理化学实验仪器主要用于教学演示，而与科研脱节的局面。二是通过实现测量电子化、输出数字化、控制智能化提高实验的精度，使实验结果更加真实可靠。三是通过实现自动化、集成化控制以及数据处理计算机化，使现代技术的最新成果在实验过程中有所体现，以提升学生的学习兴趣和视野。

沿着这个思路，我们首先开展了新型物理化学实验仪器的研制工作，已完成了凝固点测定仪、金属相图测定仪和表面张力测定仪的研制工作，并在相应的教学实验中取得了满意的结果，目前正在进行蒸气压测定仪、燃烧热测定仪和固体表面测定仪的研制。

1. 新型凝固点测定仪的研制

凝固点测定仪主要用于凝固点下降测物质的摩尔质量，该实验的特点是测温精度要求高，影响因素多，实验误差大。误差大的原因主要有三个：一是使用步冷曲线测量凝固点时，达到的固液两相平衡是不可逆平衡，与公式 $\Delta T_f = K_f m_B$ [3,4] 推导过程中所依据的可逆平衡存在差距。二是降温过程中结晶容易首先在液面处的管壁上逐渐生成，导致溶液的组成发生较大的变化以及观察困难。三是使用慢速的上下搅拌方式，体系内部不均匀，测温点温度波动较大。

围绕解决以上三个问题，我们设计了新型的凝固点测定仪，其原理如图 1 所示。

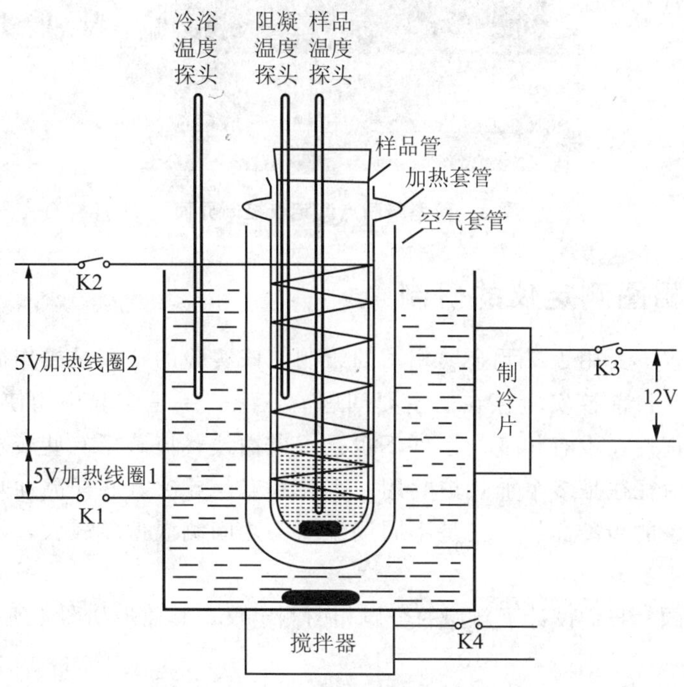

图 1　新型凝固点装置原理图

图中阻凝温度探头和加热线圈 2 配合使用可以很好地防止样品在管壁上结晶。加热线圈 1 的作用有两个：一是当样品达到固液两相平衡时给体系提供适当的热量，抵消样品的散热，使体系接近可逆平衡；二是当需要重复测量时给体系提供较大的热量，使体系温度回升。制冷片和冷浴温度探头的联合使用使冷浴温度波动控制在±0.05 ℃以内。搅拌器采用步进电机制成，使搅拌条件完全重复，散热更加均匀。以上控制的综合效果使样品的测温精度达到±0.001 ℃，对相对分子质量的测量误差可以达到 0.2%以内，学生可以在 2.5 h 内顺利完成实验。

图 2 和图 3 分别为新型凝固点测定仪外观和控制界面图。

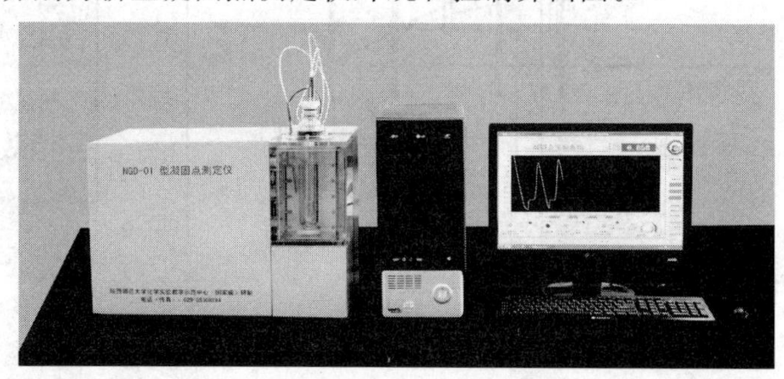

图 2　新型凝固点测定仪照片

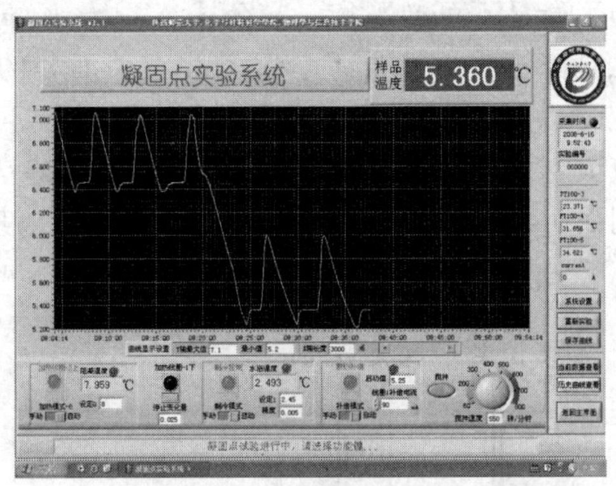

图 3　新型凝固点测定仪控制界面

2. 新型金属相图测定仪的研制

凝固点测定仪主要用于二元金属相图的绘制，该实验的特点是操作简单，但样品数量多，数据量大。目前该实验存在的主要问题有三个：一是实验中均使用低熔点金属，样品的步冷曲线即使在没有相变的条件下也是一条曲线，掩蔽了有些较弱的相变点。二是现有仪器加热时往往是多个加热炉共用一个控制点，导致有些样品加热过头或加热不足，难以得到完整的步冷曲线。三是不同测温探头之间测温偏差较大，给相图绘制带来误差。

针对以上问题，我们设计了新型的金属相图测定仪，其原理如图 4 所示。

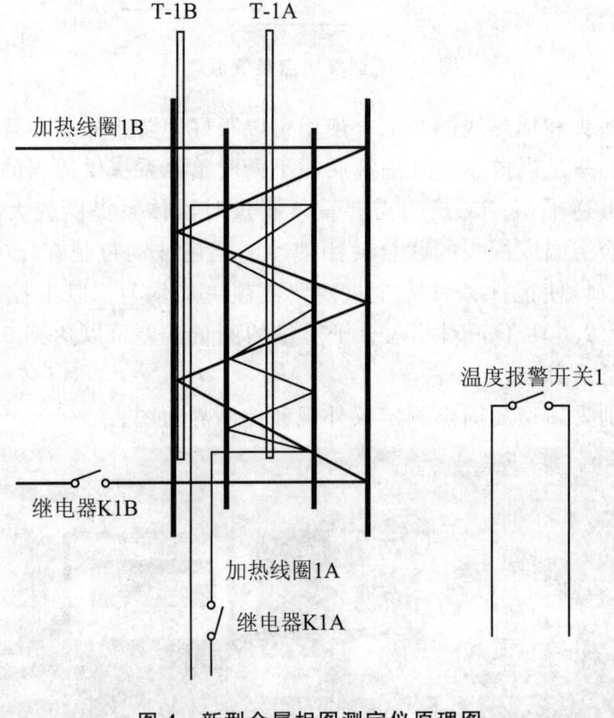

图 4　新型金属相图测定仪原理图

加热炉使用了两层炉套设计，其中加热线圈 1A 和温度传感器 T-1A 配合使用，用于对样品温度进行控制，加热线圈 1B 和温度传感器 T-1B 配合使用，用于对加热炉外层炉套温度进行控制，保证了样品降温过程中样品和环境之间始终保持设定的温差。另外降温风扇的风速也可以在降温过程中逐渐加大，使降温过程更加平稳。图 5 和图 6 分别为新型金属相图测定仪外观和控制界面图。

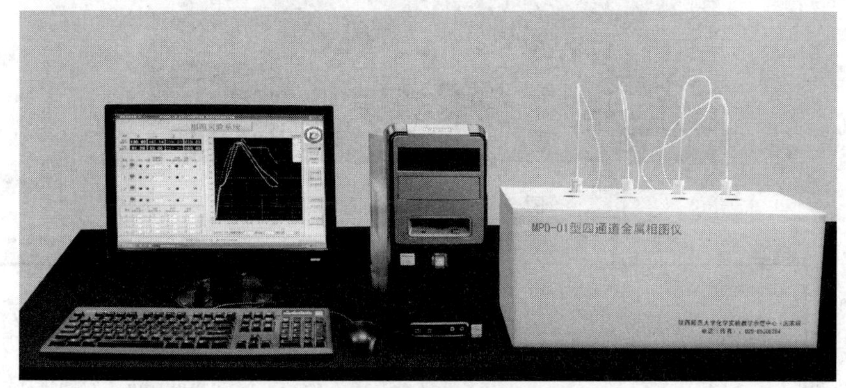

图 5　新型金属相图测定仪照片

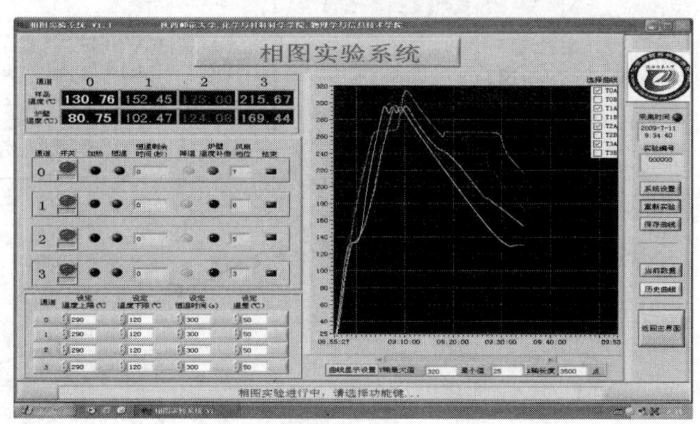

图 6　新型金属相图测定仪控制界面

3. 新型表面张力仪的研制

测定液体表面张力的方法有毛细管上升法、最大泡压法、滴重法、吊环法等。其中最大泡压法以其简便、准确的特点而成为高校物理化学实验中的首选方法，现有装置存在的缺点是滴瓶活塞调节不灵敏，出泡速度难以控制，装置原始，难以实现自动化。所以高端表面张力仪基本以吊环法为基础进行设计，但该方法数据精度低的问题很难解决。

图 7 是我们设计的新型表面张力仪照片，该仪器使用的方法是最大泡压法。图 8 是使用该装置测定的 20 ℃时正丁醇溶液表面张力与浓度的关系曲线。

改进后的表面张力仪集恒温系统、微压系统于一体，克服了压力表零点对表面张力测定的影响，该装置对表面张力的测定误差只有万分之五。使用以上数据计算正丁醇的截面积 $S_{正丁醇}=2.75\times10^{-19}\ m^2$，与文献值相符。

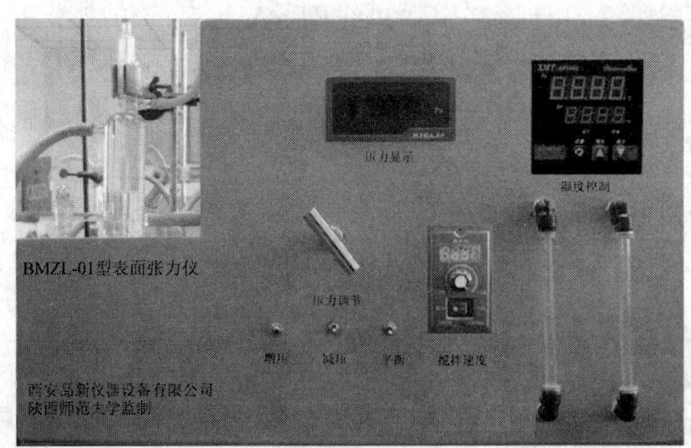

图 7 新型表面张力仪

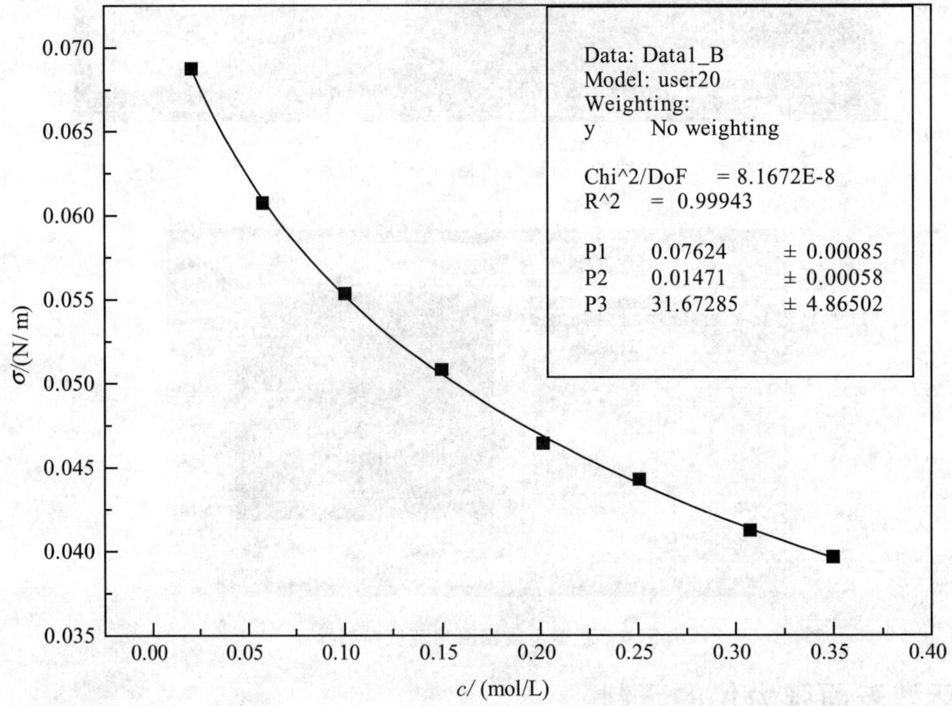

图 8 20 ℃时正丁醇溶液表面张力与浓度关系

参考文献

[1]秦淑琪，车子龙. 高校物理化学实验技能培养的创新研究[J]. 化学教育，2008，(3)：38－39.

[2]邓立志，侯安新，席美云. 关于物理化学实验教学改革的几点思考[J]. 大学化学，2006，(4)：25－27.

[3]傅献彩，沈文霞，姚天扬. 物理化学[M]. 北京：高等教育出版社，2006.

[4]北京大学化学系物理化学教研室实验课教学组. 物理化学实验[M]. 北京：北京大学出版社，2003.

综合性实验教学设计与大学生创新意识培养研究

张武，肖艳玲，郝二宏，魏先文
（安徽师范大学化学与材料科学学院，芜湖，241000）

摘要：化学实验是培养学生动手能力、实验技能及创新意识的重要课程。为了适应新时期人才培养目标，我们围绕增加实验学时、更新实验内容和开展实验课题研究对综合化学实验教学进行了改革，培养和提高学生的创新意识。

关键词：综合实验；实验教学；创新意识

本科教育重在打基础，培养素质，培养学生科学的思维方法，重在培养其创新精神。学习化学离不开化学实验，化学实验是化学教学不可分割的重要组成部分，它在提高学生的专业能力、科学素养，培养学生的创新意识和实践能力方面具有独特的作用。

安徽师范大学化学实验教学中心2007年被批准为“国家级化学实验教学示范中心建设单位”，按照化学实验自身的系统性与科学性，我院独立设置了基础化学实验、综合化学实验和专业化学实验三个层次的实验课程，统筹安排实验内容，注意课程内容、学科之间的联系，循序渐进，使实验课程合理、有效。综合化学实验是在学生完成了无机化学、分析化学、有机化学、仪器分析、物理化学等相关学科及基础化学实验的基础上，为全面培养学生科学思维和创新意识而开设的实验课程。内容涵盖了无机化学、有机化学、分析化学和物理化学等多个二级学科的知识点，使学生从化学一级学科的高度上学习化学、领略化学、理解化学各专业学科之间最本质的联系和内在的规律。培养学生综合应用知识和基本实验技能的能力，提高学生发现问题、分析问题、解决问题和独立工作的能力。培养学生创新意识和独立研究能力，激发学生的科学研究兴趣，为后续创新型实验和毕业论文环节以及继续深造学习打下良好的基础，真正发挥理论与实践之间的重要桥梁作用。综合化学实验有221学时，在所有实验课程中学时最多，发挥好综合化学实验的育人作用对于创新型人才的培养尤为重要。

传统的教学模式在培养学生基本的实验方法和操作技能方面有着积极的作用。但是，也存在值得探讨的问题，主要表现在忽视对实验过程与方法的探究，忽视对学生科学思维和创新意识的培养。不利于提高学生对实验的兴趣，学生在实验活动中缺乏主动性和创造性。因此，在综合性实验教学设计及培养学生创新意识研究中，我们主要进行了以下实践：

1. 更新实验内容

为了突出化学学科自身各分支学科之间知识的交叉、渗透和融合，突出实验的综合性，突出学生综合分析问题和解决问题能力、应用能力和创新能力的培养，利用国家级实验教学示范中心的PACEMDQ毛细管电泳仪、M6原子吸收分光光度计、Perkin Elmer Optima 5300DV-ICP等离子发射光谱仪、DTG-60A热重分析仪、300 MHz核磁共振仪、

X射线粉末衍射仪、扫描电镜等大型仪器，分别为本科生开设了相应的实验项目，如：毛细管电泳间接紫外检测酱油中氨基酸；环境水质综合分析(分别利用原子吸收、原子发射及电化学方法对各类水质进行分析)；阿司匹林的合成及红外光谱表征；肉桂酸的合成及紫外吸收光谱表征；乙酰乙酸乙酯的合成及核磁共振法测定互变异构体的相对含量；三草酸合铁(Ⅲ)酸钾的合成、组成及磁化率测定；使学生了解掌握最新的表征方法和基本的科学研究方法。及时将老师的最新科研成果引入实验教学，更新实验内容。如二茂铁衍生物的合成、分离、表征和电化学性质研究；金属酞菁的合成、表征及性质测定等。增加了多步骤合成和前沿性、应用型实验项目，如：铜胺配合物的制备及在酚催化偶联反应中的应用；3-乙氧羰基-5-氧代-3-苯基己酸乙酯的合成；三(乙二胺)合钴(Ⅲ)盐的制备、对映体的拆分及旋光度的测定；聚丙烯酰胺的溶液聚合及摩尔质量测定；局部麻醉剂利多卡因的合成等。

2. 改变教学模式

为了适应基础教育改革的要求，树立正确的现代化学教育观和学习观，突出课程的实践性特色，体现学生在学习中的主体地位，培养自主学习的能力，综合性实验教学中要求学生在实验开始之前借助实验教材、网络资源等进行预习，了解实验目的，弄清反应原理，熟悉基本操作。在综合性实验中，从查资料，选择和制定实验研究方案，到实验的实施，方案的修改和完善，以及最后实验研究报告的完成，一系列过程都要求学生独立自主地完成。例如，金属酞菁配合物的合成主要有四种途径：(1)中心金属的置换；(2)以邻苯二甲腈为原料；(3)以邻苯二甲酸酐、尿素为原料；(4)以2-氰基苯甲酸胺为原料。同学们通过查资料，设计不同的实验方案，然后比较不同的合成路线的优缺点。改变了过去实验只需要“照方抓药”完成任务的实验作风，而是要求学生和老师一起准备实验药品、器材，预做实验，参与和体验化学实验的全过程。

3. 开展实验研究设计，培养学生创新意识

以实验为基础是化学教学的基本特征，作为化学教育专业不仅需要具备良好的实验技能，还需要在教学中充分运用化学实验，启迪思维，培养兴趣，引导科学探究。如苯甲酸乙酯的合成中，浓硫酸作为催化剂，其用量的选择对于反应有什么影响，采用分小组的方法，分别用不同量的催化剂进行实验然后对结果进行分析，得出结论。利多卡因的合成中，pH的影响、苯胺中苯环上取代基的电子效应和空间效应的影响均采用实验研究设计的方法，极大地提高了学生对化学实验的兴趣，培养了学生科学的思维方法和科研素养以及创新意识。教师以自己的研究课题为实验内容，吸引感兴趣的同学参加创新课题和教研课题。学生从老师那了解研究动态和前沿领域，检索文献，提出研究方案，讨论，实施，总结。

4. 青年教师培养与提高学生创新能力

以往教师对待实验课不够重视，投入精力少，而实验教师的素质直接关系到实验课教学的效果。我们十分重视青年教师的培养，通过实验教学研究项目的申报、实验内容

的更新，在教学方法、教学技巧与能力、教学态度等方面，全面帮助青年教师，真正把好实验教学关。实验课课时的大幅度增加及其与理论课同等重要的地位，促进了青年教师对实验教学的积极性。他们充分利用实验教学开展教学研究，利用新颖的实验研究课题吸引学生开展实验设计，实验教学中与学生有很好的沟通与互动。培养青年教师的同时也培养了学生的创新能力。

化学教学中学生实验观察习惯的培养策略

熊言林，周伟

（安徽师范大学化学与材料科学学院，芜湖，241000）

摘要： 观察习惯是观察能力赖以形成的基础，化学实验教学又是培养学生观察习惯的重要途径和最好方式。培养学生实验观察习惯的主要策略有：(1)观察前要做好充分的准备；(2)观察前需要确定观察顺序；(3)观察时要运用多种感官；(4)观察时运用已学知识解释原因；(5)观察时要学会提出疑问。

关键词： 化学实验；实验观察习惯；培养策略

心理学研究表明，观察是发展智力的基础，因为人们大量的感性认识都是通过观察而得到的。可见，敏锐的观察力是人们在学习中所应具有的基本能力。在化学教学中如何培养学生的观察能力是教师应当着力关注的问题，而观察习惯是观察能力赖以形成的基础，化学实验教学又是培养学生观察习惯的重要途径和最好方式。为此，本文在阐述了以化学实验作为载体培养学生观察习惯的必要性的基础上，着重介绍了在化学实验教学中培养学生观察习惯的一些原则和策略。

1. 目前化学教学中学生实验观察习惯培养中存在的问题

近几年来，随着新课程改革在中学教学中的不断深入，中学化学实验教学虽然进行了相关改革，然而，化学实验教学中"走过场"的情况还很严重，化学实验教学目标并未完全落实，中学生的化学实验观察能力、操作能力以及实验设计能力都不能令人满意，实验中应有的良好习惯和严谨的科学态度也并没有很好地形成。现就中学化学实验教学中培养学生观察能力方面存在的主要问题进行了归纳，主要有以下三方面的问题。

1.1　教师纸上谈兵

由于现实中有些学校的化学实验教学措施缺乏或者为了图省事，很多教师选择了纸笔实验或者黑板实验来代替实验操作[1]。俗话说，"说不等于做"。如果只是一味地让学生在黑板或纸上进行所谓的"实验观察"，将实验现象"完美"地呈现在学生眼前，这必将不利于学生观察习惯的形成与培养。

1.2　学生走马观花

实验是获得化学知识的基础，做实验是在进行严谨的科学探究，这就要求我们必须要有端正的实验态度。在教学实践中，由于教师在指导实验时分身无暇，部分学生因此在做实验时心不在焉、粗枝大叶，不仔细观察实验现象，只注意明显的实验现象，而忽视那些细微却又很重要的现象，如温度、气味、物体的形状等。长此以往，学生的实验观察能力只能是停滞不前，仅仅停留在最基本的水平。

1.3 学校应付对待

虽然大多数学校已经实施新课程，但是在实施过程中由于存在化学实验仪器与药品的成本过高、实验指导人员不足、实验教学效果见效慢等实际问题，很多学校对化学实验教学并不是很重视。甚至一些学校由于升学压力，重纸笔测验而轻实验操作，对学生实验采取应付对待的态度，而遇到上级领导检查时，临时做几个化学实验。严重忽视了学生的动手能力，将应试教育理念强加在学生身上，阻碍了学生观察能力的发展。

从学校、老师与学生三个方面可以看出，在培养化学实验观察能力的过程中存在各种各样的问题。要解决这种问题，需要教育主管部门、学校、教师与学生共同认识到观察能力培养的重要性。

2. 培养学生化学实验观察习惯的策略

养成一种习惯，在心理学上是需要一定周期的。据心理学人士统计，养成一种习惯大致需要两周的时间。化学实验不可能天天做，但是可以通过循序渐进的培养，实验习惯还是可以很快形成的。一旦养成良好习惯，绝对是对自己有益的。

2.1 何谓化学实验观察习惯

根据现代汉语词典解释，观察是指仔细察看事物或现象；习惯是指在长时期里逐渐养成的、一时不易改变的行为、倾向或社会风尚[3]。由此可见，化学实验观察习惯是指在化学实验活动中逐渐适应而形成的一种自动化的察看行为模式。习惯一旦形成，就很难改变。所以说一个良好的化学实验观察习惯对学生今后发展来说是很重要的。

2.2 培养化学实验观察习惯的原则

中学生在做实验时，其观察具有以下三个心理特征[4]：(1)漫无目的性。中学生大多处于青春期，他们的意志控制力还很薄弱，在观察过程中思想就很容易打岔，做实验时就像无头苍蝇一样，漫无目的地观察。(2)主观性。中学生的情绪很容易波动，只对自己感兴趣的实验观察得相当仔细，尤其是一些趣味实验，主观色彩过于浓重。(3)概括性。很多学生观察事物的现象往往满足于或停留于外部表象大致的观察，容易遗漏或忽视重点的观察内容[5]。

针对上述心理特点，在化学实验课中教师指导学生观察和提高观察能力时应遵循以下原则。

(1)目的性原则

要让学生知道自己为什么要观察实验现象，确定自己做实验的目的是什么。对于简单的实验现象，如物质的颜色、状态、形状，物体的软、硬、冷、热等可以让学生自己去观察。这类的观察都很简单，但是观察目的必须简单明确。对于较复杂的实验现象可先由老师提出具体的观察目的，编写成观察提纲发给学生预习，再逐步过渡到学生自己拟定观察提纲，以克服观察的盲目性，养成定向观察的习惯。这种由简单向复杂的过渡需要老师细心的准备与启发。

(2)重点性原则

心理学家指出，人的注意力是有限的。所以在获取信息时，要能敏锐地捕捉到与解决问题有内在联系的那些信息，特别是那些稍纵即逝、在强刺激掩盖下较弱的但又是很重要的信息，并且能根据解决问题的需要，进行多角度观察。例如，在做焰色反应实验时，强调观察的是颜色；做氢气爆鸣的实验时，让学生注意听取声音变化等。这都属于选择性观察的初步水平，老师可以适当提醒，学生基本上就能掌握。但是对于一些实验，需要学生自主确定观察的重点。例如，中和滴定实验学生往往注意手上的动作而忽视锥形瓶中指示剂颜色的变化，等学生反应过来时，标准液已经滴过量了。这就要求学生先拟定好观察提纲，确定观察的重点。对有些探索创新性实验，学生可事先根据实验步骤确定如何观察，这是重点观察的较高层次，因为它跟学生基础知识与思维能力有关。

(3)全面性原则

在获取信息的同时，必须掌握信息的完整与细节。中学生做事情大多有丢三落四的习惯，在观察实验现象时经常会忽略一些细节，但是就是这些细节往往是实验成功的关键。例如，对于氢气制取装置——启普发生器，学生在实验时，只会注重怎么样操作才能使仪器中的锌粒如何与盐酸反应，却忽视了启普发生器中的构造原理。学生做实验只是观察氢气制取之后的性质实验，却忽视了氢气是从哪里来的，为什么用启普发生器制取氢气。所以说，观察必须全面，否则会造成知识的缺陷，这需要老师细心地指导学生观察。

2.3　培养学生实验观察习惯的策略

在化学实验课中，不同的教师在实验教学中，观察能力的培养效果各不相同。有的实验学生即使看了或做了，但大多是短时记忆，印象很快就会消失，学生的观察能力也得不到提高，更不要说培养良好的观察习惯了。因为学生虽对化学实验都颇感兴趣，但往往只是好奇心驱使所致，由于观察实验时目的性不明确，所以不善于集中注意力于那些关键的实验现象。根据上述总结的观察所应遵循的原则，可以采取以下主要策略来培养学生的实验观察习惯[6]。

(1)观察前要做好充分的准备

教师应当在实验前组织学生提前进行预习，在实验后对观察到的实验现象进行分析与总结。这种承前启后的组织教学是为了培养学生良好的观察习惯，使他们能明确观察的目的与观察的重点。中学化学实验绝大多数是验证性实验，就是验证和学习前人所积累的知识和经验，对这类实验的观察存在着一定的教条性与限制性。教师也应该创新一些探究性实验，启发学生的深层次地思考与观察。

(2)观察前需要确定观察顺序

人的认识总是由感性认识升华到理性认识，在自然科学中的实验观察应遵循一定的顺序，可由表及里、由浅入深地观察；有反应装置的实验，可从外部到内部，从左到右，从上到下或从下到上地观察。观察物质应先观察物理性质然后观察化学性质；观察化学变化的顺序是反应物—反应条件—反应现象—生成物。在做实验时，应当有条不紊，根据不同的实验现象应有相应的观察顺序，这样才符合科学的严谨性。

(3)观察时要运用多种感官

人的各种感官所感应到的信息是不同的，所以运用多种感官从不同角度观察实验现象，可以得到完整的实验结论。例如，在酸碱中和实验中，不仅要观察锥形瓶中的溶液是否变红，还应用手去触摸锥形瓶瓶壁是否有温度变化；在铝热反应中，不仅要观察镁条燃烧时的光、色，还应观察反应生成的铁单质呈什么状态。我们知道中和反应与铝热反应都是放热的，由于放热造成一些现象需要我们运用多种感官去感受其中的奥妙。

(4)观察时运用已学知识解释原因

在实验中出现的各种现象都隐含着各种反应原理，所以在观察实验的同时，将所学的知识与实验现象结合在一起。学生在实验后也许会感叹，原来是这么回事。大多学生在观察实验现象时，感觉是挺好看或挺好玩，问他为什么有这种实验现象时，他总是不太清楚。所以在观察实验时，要保持一个具有逻辑性的头脑，运用已学知识与实验现象串联起来，这样会让学生观察印象更加深刻。

(5)观察时要学会提出疑问

教师应根据观察对象的特点，引导学生开动脑筋，边观察边思考，注意搜寻每个细节，对观察到的现象首先鼓励学生自己提出疑问，然后让学生尝试着解答问题，最后教师再进行补充。例如，钠和水的反应不能仅给出化学反应方程式，解释其原理，应当对实验中的各种现象启发学生提问，最后给出结论，这有利于学生探究性学习。

除此之外，观察期间应当做好观察步骤，确定观察目标与对象，最重要的是确定观察的重点，并及时对观察的结果进行思考和总结，相信这样做可以帮助学生形成良好的实验观察习惯。

3. 结语

新课程理念非常重视学生的思维与技能的结合，所以培养学生的动手能力是当今教育理念的重中之重。面对化学实验教学中存在的各种各样的问题，培养学生良好的化学实验观察习惯有助于化学实验技能的掌握，有助于化学知识的学习和化学实验能力的培养，从而达到基础教育化学新课程的培养目标。

参考文献

[1]王艳春，孙翊翔. 初中化学课提高学生观察能力方法初探[J]. 辽宁教育学院学报，2000，(3)：65－75.

[2]陈道杰. 加强化学实验教学、培养学生的观察能力[J]. 宿州教育学院学报，2006，9(4)：106.

[3]中国社会科学院语言研究所词典编辑室. 现代汉语词典(修订本)[M]. 北京：商务印书馆，1996：463，1348.

[4]周丽容. 初中化学实验教学中对学生观察能力的培养[J]. 理化生教研，2008，(8)：84.

[5]王忠林. 化学实验教学探索[M]. 北京：人民教育出版社，2005：134－137.

[6]周丽玲. 化学演示实验中培养学生观察能力的实践研究[J]. 杭州教育学院学报，1999，(4)：83－86.

组织好实验室开放项目，提高化学专业学生的实验技能

盛国定，章鹏飞

（杭州师范大学材料与化学化工学院，杭州，310036）

摘要： 实验室开放项目是大学生实验课程的延伸。本文介绍了实验室开放项目的内容选择、组织过程和取得的初步成效：在提高学生的科学探究精神和实验技能等方面发挥了积极的作用。

1. 实验室开放项目

为培养学生创新精神与实践能力，充分发挥实验室(中心、基地)的功能，促进实验教学的改革，每年学校都会设立一些实验室开放项目。实验室开放项目利用学期中的课外时间及短学期进行实施，实施时间一般为一年。申报实验室开放的内容必须是实验课以外的，是实验课内必做实验项目的延续和提高。实验室开放项目实行二级管理。学院下达项目数与经费额度范围，学院组织立项审核。学院及时公布立项项目及招收学生的要求，组织、动员学生参与实验室开放活动。我们利用这个机会组织教师积极申报和学生积极参与，并做好实验室开放项目的各项组织工作：实验室开放项目确定后由项目负责人根据项目要求和招生情况，制定具体的项目任务书，包括实验的具体内容、实施方案、经费的使用等。实验室认真做好招生录取及各项管理工作，填写《材化学院参与实验室开放项目学生名册》并在每次实验开放时填写日志，学生要完成实验报告或实验项目的总结。实验室开放为学生综合能力的训练提供了平台，也是学生获取Ⅱ类学分的一种途径。一个实验室开放项目为 17 学时，计为 1 个学分。每个项目有 15～20 位学生参加，有的项目几个年级都有学生参加，人数达到 40 人，要分 2～3 批展开。

2. 实验室开放项目的内容

材化学院教师和实验技术人员根据自己的教学与科研成果在各自实验室设立实验室开放项目。实验室开放项目由以下四方面内容组成：

(1)教学教育研究项目成果的应用。如“微型化学实验的设计”是利用微型化学实验研究的优势而开展的。我们主持的“微型化学实验的理论和教学实践”项目曾获得国家级优秀教学成果二等奖，我们开发的成套微型化学实验仪器已在几百所院校推广，运用微型化学实验可大大节省实验药品，树立环保意识和绿色化学理念，学生根据微型化学实验的方法将大学无机化学、有机化学中的一些性质、制备实验微型化，代替了教材中的常规实验。如 PbI_2 的溶度积常数测定，用自制的离子交换柱，仅需数十滴试剂就可完成；在微型有机制备仪中进行有机合成，药品用量在几十至几百毫克。“茶叶中咖啡因的提取和分析”、“食盐中碘的确定”等与高中化学新课程紧密结合。

(2)结合中学实验基地的建设对中学化学实验进行优化。如“基于传感技术的高中化

学与初中科学实验”，传感实验系统是由传感器、数据采集器、配套软件和计算机组成的。将传感技术作为一种辅助化学实验教学的工具，利用传感器把外部感应信号转化为物理信号传输给数据采集器，数据采集器对信号进行初步处理然后传送给计算机，自动或手动由电脑运行实验软件包，完成对实验过程和结果的快速、实时、准确地显示、监控、记录、图像绘制，以便分析、统计等后期处理。我们将高中化学和初中科学中的一些实验改编为数码实验，将先进的传感技术引进高中化学实验与初中科学实验能极大地拓展实验内容，大大降低实验难度，使传统定性、半定量的实验定量化。提高学生对化学实验的兴趣，实现对化学实验的优化。学生利用传感实验系统完成的高中化学实验有：“温室效应的研究”、“用温度传感器测定化学反应中的热量变化”、“中和滴定法测定氢氧化钠溶液物质的量浓度”、“不同电解质水溶液的导电能力的测定”、“温度对弱电解质的电离平衡的影响”；初中科学实验有：“用 pH 传感器测定溶液的酸度”、“用温度传感器测定物质溶解过程中能量的变化”、“声音的波形的测定”、“单摆的振动的研究”、“玻马定律的验证”、“水果电池的制作及电压的测定”等。我们在杭州市青春中学建立实验基地，和他们共同编写出版了《初中科学自主探究学习研究》的校本教材。初中科学传感实验也列在其中。

(3)“研究课外探索性化学实验”由教师和学生一起走出校门，进行杭州的大运河、护城河、西湖的水质调查，寻找流入湖河的污水源。

(4)“稀土掺杂氟化物纳米晶生物标记材料的制备和发光性能”、“不同金属基体超疏水膜的制备及其红外光谱分析”、“聚苯并咪唑质子导电膜的合成与离子导电性能研究”、“综合化学实验设计及应用实践——魔芋中葡甘露聚糖的含量测定”等实验室开放项目是教师带领学生开展的科研活动，在此基础上争取申报大学生的挑战杯项目。

3. 实验室开放项目的实施和成效

实验室开放项目我们已实施几届，在教师的指导下学生利用自修课、双休日和寒暑假完成开放实验项目，取得了很好的成效。

(1)激发学习化学的兴趣。由于这些项目均由师生双向选择确定，学生有兴趣并积极主动去完成。如为了完成杭州水质测定的项目，学生和指导老师一起利用暑假，冒着烈日到各测量点取水样进行分析，恰逢记者采访，有关事迹在《钱江晚报》做了专题报道。

(2)提高化学实验的基本技能。开放实验每次人数 10 余人，学生有时间对仪器仔细研究、认真独立操作。特别是红外、紫外、热分析仪等大型精密仪器由于在研究性项目中需对样品多次测试，学生就使用得更熟练了，也提高了实验室和仪器的利用率。

(3)增强实验探究的能力。在完成实验室开放项目的过程中，有时没有现成方案，要求学生根据实验内容自己设计，记录实验现象，处理实验数据，得出实验结果。而在以往的课堂实验，都有预定的方案和结果。

(4)树立环境保护和绿色化学的意识。

(5)培养团队合作精神。实验室开放项目大多是一些研究性课题，需要分工合作完成，有的制备样品，有的进行分析测试，有的进行数据处理。如在“基于传感技术的高中化学与初中科学实验”中，化学反应和读数据一般都要两人密切配合，实验中的一个内容是要求学生 3 人一组，利用现有的十几个传感器中的一个或几个组合设计一个比较复杂的化学实验，并将实验过程、结果在组间交流。

参考文献

[1]王祖浩．普通高中课程标准实验教科书·化学[M]．南京：江苏教育出版社，2007.

[2]徐晓威，盛国定．初中科学自主探究学习研究[M]．杭州：中国美术学院出版社，2008.

化学教师教育专业实践课程创新的探索与实践

胡志刚，林深，郑柳萍，黄紫洋，许利闽，陈燕

（福建师范大学化学与材料学院，福州，350007）

摘要：在新形势下伴随着高师内部竞争的加剧，中学化学新课程改革对化学教师专业素质提出了新要求。福建师范大学化学教师教育专业实践课程创新的探索中，通过找出化学教师教育专业实践课程存在的问题，坚持教师教育特色，构建了理念先进、特色鲜明的化学教学论系列课程体系；加强实践教学，培养创新能力等探索，取得了改革成果。

关键词：化学教师教育；实践课程；创新

化学教师教育专业实践课程是高等师范院校化学教育专业最具教师教育特色的重要组成部分。在新形势下伴随着高等师范院校内部竞争的加剧，中学化学新课程改革对化学教师专业素质提出了新要求，加之师范院校之间的竞争使师范生就业难度加大，对化学教师教育专业实践课程提出了更高的要求。

面对挑战，我们对化学教师教育专业实践课程进行改革，以提升学生的就业能力。坚持教师教育特色，对传统高师化学教育的模式和课程理论、教材进行了改革。以化学教学论课程建设作为改革的突破口，进行教学理论的创新，建设了化学教学论省级精品课程；参与了福建师范大学重点教学改革与创新项目——“福建师范大学教师教育专业微格教学课程建设”课题研究，出版了微格教学系列教材之一——《化学微格教学》，制定了《化学微格教学课程标准》，开设了微格教学课程；编写了化学教学论系列教材，出版了《化学多媒体课件研发》教材；配合学校调整和完善了教师教育课程体系和教学计划，支持学生参加大学生课外科技创新活动等工作，使学生通过教学课题研究进一步提高对理论知识的理解和应用。在本科教学评估中受到好评，成为化材学院教学评估工作中的一个特色。现将我们的探索与实践简述如下。

1. 找出化学教师教育专业实践课程存在的问题，坚持教师教育特色

受我国高等师范院校办综合性、研究型大学的影响，一定程度上出现了弱化教师教

育的办学的倾向，表现在：

(1)教育学、普通心理学、化学教材教法的“老三样”教师教育课程仅占全部课程的7%左右，在课程设计时段上，此类课程开设时间较晚，一般在学生大三时才开设。

(2)实践教学的课程和训练就更少，教育实习、见习时间短。学生实习一般只上3～4节课，见习只有一周，学生一般只听1～2节课。学生的师范技能缺乏明显优势，而师资来源的多元化使用人单位可选择余地大，师范院校学生面临的就业竞争日益激烈。

(3)缺少师范技能训练的场所和资源。如师范技能训练的教室、时间，微格教学教材、课程标准、光盘等。

(4)世纪之交，基础教育先于师范院校发动课程改革，按老传统培养的师范生不大适应中学新课程对新教师专业素质的新要求。

上述问题不利于形成师范生完整的教师专业化的知识结构，对以实践智慧为导向的教师教育而言是致命的问题。这使过去师范毕业生“皇帝女儿不愁嫁”的就业形势已然逆转，毕业生就业率已成为高等师范院校普遍关注的焦点问题。我们认为首先要把坚持教师教育办学特色，推进教师教育专业实践教学创新，提升师范生就业能力作为师范教育的主导思想。

师范大学以突出教师教育特色为办学的核心理念，失去了教师教育的特色就失去了师范大学的优势。化学教育专业在我校是办学历史最早的一个专业，有着丰富的办学经验、实力很强的教师队伍，办学中摆正综合性和师范性的关系，在坚持教师教育办学特色的同时发展其他专业，培养了以国家化学课程改革标准组核心成员王云生老师为代表的一大批优秀中学教师和姚建年院士为代表的科学家。

2. 构建了理念先进、特色鲜明的化学教学论系列课程体系

化学教师教育课程新体系的设置以新时期中学化学教师必备的教育专业素养为核心，配合学校出台的《关于调整教师教育课程体系(讨论稿)》，对原有化学教育类课程进行了整合，以强化教师教育课程的内涵和外延，提升从事化学教师教育课程教学和研究的教师的责任感和荣誉感，使化学教师教育课程体系走出“老三门”的模式。

调整后的化学教师教育课程新体系分为必修模块和选修模块。其中必修课增加了化学教学设计(含化学微格教学36课时，2学分)、化学课程标准解读、化学教材教法和课例分析三门课程，选修课增加了教师专业发展、化学教育测量与评价、多媒体课件制作、化学综合实践活动、化学发展史、三笔一画等多门课程，发展与教育心理学替代了过去开设的普通心理学。教师教育专业任选课(要求选修4～6学分)：包括教育基本理论系列、化学教材与教学研究系列、教育实验和科研系列。所占学分比例由原来的7%增加到21.8%。

3. 以化学教学论课程建设作为改革的突破口

为适应时代发展对师范生素质的要求，在多方调研和充分论证的基础上，化材学院参加了我校对教师教育课程结构和内容的充实、调整。

随着课程计划的改变，化学教师教育专业实践教学的改革中教材改革成为当务之急。

“老三样”课程中的化学教学论传统课程是化学教师教育专业的主干课。这门课程逐渐显露出教材老化、理论旧且多照搬西方、教学技能训练的内容少、不适用等弊端。学生感到艰涩、枯燥，是学生最不喜欢的课程之一。为改变这种窘境，我们在教材建设上进行了大刀阔斧的改革，发动教师根据我们的教学情况自编教材，更新课程内容，体现基础性、前沿性、实践性和创新性。

(1)主编《化学教学论》教材。2005年5月化材学院组织召开了《福建高等院校化学教学论教材建设协作会》，决定合作编写《化学教学论》教材，2005年4月申请到了校教材建设基金重点编写资助，已列入2008年科学出版社出版计划。该教材的特点是：把微格教学内容加了进去，加强了师范技能训练；把过去单独的一本实验教材的20个实验并到一本书里，“合二为一”；我们自主创新的教学理论“最佳教学时机理论”和我国儒家优秀的具有生命力的教学思想以及陶行知等人优秀的教学思想也纳入教材，改变了西方教学理论一统天下的局面。

(2)组织编写《化学微格教学》教材。在使用学校较为先进的微格教学设施进行教学中，我们感觉到由于存在缺少微格教学所需要的教材和教学示范光盘、无课程标准可依的问题，使困扰师范技能训练的老大难问题仍然得不到彻底的解决。为此我们参加了由学校教务处牵头的全校13个学院16个教师教育专业联合申报的校重点教学改革与创新项目——《福建师范大学教师教育专业微格教学课程建设》的课题研究，由厦门大学出版社2007年10月出版了胡志刚教授主编的《化学微格教学》教材。

鼓励教师探索多样化的微格教学指导模式和方法。在进行微格教学期间，教室全天开放，为学生能获得更多的练习机会提供了方便。

(3)由黄紫洋副教授主编的《化学多媒体课件研发》，由化学工业出版社2009年10月出版。郑柳萍副教授主编的《化学教学设计》，陈燕老师主编的《化学教育测量与评价》的讲义均已在教学中使用，可望在近期出版。

(4)大胆进行教材内容的创新、教学理论的创新。在教学理论的研究上立足本土，走自主创新道路，本着“厚今而不薄古，基中可以融洋”的原则和“基于中国问题，继承弘扬民族优秀教学思想，借鉴西方成功经验，形成中国特色”的原则，坚持走自主创新的道路，研究立足于中华民族，挖掘、继承、弘扬和发展我国优秀的具有生命力的教育教学思想，探索具有中国特色的教育教学理论。如教材中采用了胡志刚“教学最佳时机理论”，陶行知“教学做合一”和我国儒家教学思想，基础教育新课程的目标理念、课程功能、内容标准、探究式教与学的研究、校本课程与教学研究、中外化学教育比较等反映国内外新的研究成果的内容，还增加了教具和教学课件专题设计等。

4. 加强实践教学，培养创新能力

4.1　改变教学方式，促进学生自主、合作、探究学习

增加了案例教学、专题讨论、合作学习、专题设计、课题研究报告等方式。实验教学特别针对中学的一些重点和疑难实验进行专题讨论、研制、实践。课后，学生在教师指导下，开展微格教学进行教学技能训练，还通过化学教学论省精品课程的网络辅助教学平台和教师建立的博客进行教学、学习交流。此外，我们坚持每年聘请华东师范大学

王祖浩等化学教育研究知名专家为学生开设专题讲座。多样化的教学方式大大激发了学生的学习兴趣和热情，有效地发展了学生的自主学习和创新实践能力。

4.2 网络教学建设为推进化学教师教育专业实践教学创新助力

(1)化学教学论教研室教师近年来陆续开始利用网络资源进行教学。2008 年 6 月化学教学论成为省精品课程，2010 年化学教学论实验为校精品课程。自 2006 年开始的 5 门课程的教案和课件已经上传到学校“网络辅助教学平台”，学生借助本平台进行预习和课后复习，开展模拟试验，真正实现了网上师生及时互动交流，对学生进行辅导答疑、批改作业等。陈燕老师的化学教育测量与评价课程于 2008 年 3 月获福建师范大学“首批数字化课程平台建设”二等奖。

(2)博客发挥作用。胡志刚教授建立了个人博客，到目前为止点击数达 18 万次之多，在中国化学课程网上引起了全国化学教师们的关注和参与，产生了很大的反响。通过学校“网络辅助教学平台”建立的博客，与校内外的师生进行广泛的交流。

4.3 精心建设实践基地，学生的教学实践能力明显提高

为了提高学生的实践能力，我们选择省内教育教学改革成果较突出的 20 所中学作为长期的教育实践基地，十分重视与基地的教研协作和教师培养工作。目前，聘请了 12 位我省高级中学的骨干教师学科带头人为教育实习的指导教师和兼职副教授。学生在良好的教研氛围中，教学实践能力明显提升。我院从对近 4 年的学生的调查和访谈中了解到，70％的学生最喜欢化学教学论系列课程，课程能够理论联系实际，实践机会多，有效地锻炼了他们的教学实践能力。实行全程训练，改变过去化学教学论课程开设时间较晚，一般在学生大三时才开设的陈规。学生一入学就开始进行师范技能训练。

我们近 4 年指导的毕业生甘丽、林秀明等 6 位教师分别在全国中学化学青年教师教学大赛和创新大赛中获得一等奖，8 位教师在省级教学大赛中获得一等奖，30 多位教师在地、市级开展教学观摩课。从 2004 年至 2008 年，共有 30 多位毕业生被评为省、地(市)级优秀青年教师和骨干教师。

5. 改革成果

5.1 课程建设成果

“福建师范大学教师教育专业微格教学课程建设”课题按计划如期完成，2007 年 9 月研制出了《化学教师教育专业微格教学课程标准》(试行)，使微格教学得以规范化，真正解决了师范技能训练的老大难问题。2007 年由厦门大学出版社出版了门类较为齐全的九个专业的《教师教育专业微格教学技能训练系列教材》，化学教学论教研室教师合作编写出版了《化学微格教学》一书。书中增加了近几年出现的新的研究成果。如“说课技能”、“评课技能”、“多媒体教学技能”、“教学设计技能”以及新的评价手段等内容。调整和增加的课程列入“2007 年福建师范大学本科人才培养方案”，已付诸实施。

对学生的师范技能采取全程训练。见习时间由 1 周增加到 4 周(每学期 1 周)，教育实习时间由过去的 6 周增加到 8 周以上。教务处定期组织师范技能大赛活动。去年化材学院两名参赛学生取得了一个二等奖和一个三等奖的好成绩。

5.2 培养学生教学研究能力的项目和课外科技创新活动成果显著

近三年指导学生开展化学课外科技活动立项 45 项，指导本科学生在专业期刊发表文章35篇，其中SCI收录的文章20篇。许利闽副教授指导的“多用气体制取及性质实验器”(孙琼花、吴珊珊、陈文，本科生)在2009年6月获第七届福建优秀自制教具一等奖。2009年8月20日在第七届(华师京城杯)全国优秀自制教具评选活动中获二等奖。郑柳萍指导的本科生黄华的“‘酚易被氧化’的教学设计”获中国教育学会化学教学专业委员会举办的首届高等师范院校化学专业师范生教学素质大赛一等奖。

5.3　建立了稳固的教育实习、见习基地

(1)化材学院与福建省教育实习基地学校签署协议，目前已建立了8个教育实习、见习基地。实习见习基地学校接受师大评估，留优汰劣，实行了动态管理。

(2)学院定期邀请实习学校领导、学科负责人、指导教师代表召开实践教学研讨会，及时发现问题，解决问题；听取中学对于改进院系教学的意见，共同探讨基地建设事宜。

(3)组织我校学科教学论教师与中小学开展对口的教育科研协作，既带动了中小学的教育科研，又加强了我校与基础教育改革的联系，提高了教师教育课程的针对性、前瞻性和有效性。

5.4　开展基础教育研究与教师培训工作

近5年化学教学论教研室组织了教育部在武夷山举办的“全国高师高等学科教学论(化学)教师国家级培训”。2006年5月组织召开了“福建省高中化学新课程教材与教法研讨会”。2007年6月在厦门英才中学开展了由我院组织的“2007第二届福建高中化学教学与教法研讨会”。2010年胡志刚教授主持的《高中化学课程教授系列专题讲座》校级教学改革项目，为福建省化学教学名师和化学学科带头人的培训发挥了作用。

5.5　化学教学论教学教师队伍素质得到了很大的提高，取得了丰硕成果

化学教学论教研室从四年前没有一个副教授和博士发展为现在有一位教授，三位副教授和一位博士。胡志刚教授成为化学教育硕士学科带头人、校“学科教学论教学团队”带头人，与教务处副处长主持2006年度福建师范大学重点教学改革与创新项目立项。青年教师迅速成长，陈燕老师获2006年校青年教师技能大赛一等奖。

胡志刚教授研究的“教学最佳时机理论”于2006年获第三届全国教育科学研究成果奖三等奖。现又对一个新的领域“化学教学熵的理论与应用”开展了研究工作，已初见效果。在2006年福建师范大学生课外科技活动中所指导的2003级化学教育专业学生张贤金的论文《化学教学熵的理论与应用研究》获2006年福建师范大学学生百篇优秀论文奖。这些开创性研究成果多次在全国和国际会议上介绍，以及在全国化学教育类刊物进行介绍，产生了很大的影响。

化学教育专业教师教育教师获校级教学成果奖2项，承担国家级课题2项、省级研究课题7项、校级课题19项；建设省级精品课程3门，校级精品课程3门；在教材建设上出版了专著、主编教材、教参19部；各类教学研究课题经费约50余万元；在化学教育类刊物发表文章50多篇。

综合化学实验与学生素质及创新能力培养的探索*

李锦州，李刚，金英学，刘凤华
（哈尔滨师范大学化学与化工学院，哈尔滨，150025）

摘要： 综合化学实验是高等师范院校化学专业实验教学的重要部分，本文围绕综合化学实验的课程教学形式与方法、课程教学内容特点、课程的教学实施、指导教师的作用等方面，对课程教学过程进行了一些改革和探索，有利于培养和提高学生的综合素质、创新意识与实践能力。

关键词： 综合化学实验；学生素质；创新能力培养

创新是一个民族的灵魂，实验教学的首要任务是培养理科学生的实验技能和创新能力。综合化学实验是为高年级学生开设的综合性、设计性、探索性实验，是为深化教育改革、全面培养学生科学思维和创新意识而开设的实验课程。该课程是学生完成各基础化学实验后向毕业论文过渡的一个重要的教学环节。在深化教学改革中，化学化工学院逐渐把化学二级学科综合实验整合成化学一级学科综合实验，并将多年教学、科学研究所取得的成果编辑成综合化学实验。旨在通过该层次的实验训练，使学生从实验中领悟科学探索和研究的方法，使其创新意识和创新能力得到更好的启迪和培养。本文介绍我校近年来在综合化学实验方面的一些探索与实践。

1. 课程教学形式与方法

立足于实验教学的系统性、基础性、综合性和创新性，将传统的课程进行重组与优化，实施“一体化、二层次、多形式”的新型化学实验教学体系。将全院所有实验课进行统一管理、统筹安排，实验内容要体现“加强基础，强调综合，发展个性”的原则，使各实验课程内容形成有机的统一整体。按两个层次开展实验教学，即基础实验与综合设计实验(含研究型、开放型及本科生科研立项课题)。采取计划内学时实验与计划外开放实验相结合，必做实验与选做实验相结合，命题实验与自选实验相结合的开放式、自学式、讲授式等多种形式组织实验教学，培养学生创新能力，激发学生学习兴趣。学生每做一个综合化学实验，感觉到既是一个实验，又像完成了一个课题，通过查文献，整理文献，设计方案，做实验，表征实验，分析实验，讨论结果，写实验报告(以论文形式写出)。这一系列的实验环节的培养与培训，使学生实践了科学研究的环节，培养了综合能力。

课程采用“二结合”、“三层面”、“四段式”的实验教学模式，即传统典型实验与现代发展实验相结合，基础化学实验与现实科研实验相结合；基本实验原理层面，元素化学实验层面，制备、综合实验层面；基本操作实验，单元全程实验，多步合成实验、文献

* 资金项目：黑龙江省新世纪高等教育教学改革工程项目：综合化学实验教学改革与学生创新能力培养的探索(S09-32)。

设计实验。打破传统的实验教学方法，建立预习—检查—提问—讨论—操作—总结的实验方法；打破教师将仪器设备组装好，学生照葫芦画瓢的实验方法；打破教师讲得过细，面面俱到的教学方法，建立教师提出思想，提出要求，学生动脑、动手的实验方法。加强现代教育技术在实验教学中的应用，积极引进优秀多媒体实验教学软件(如基本实验操作规范、仿真实验软件等)，实行网上预习、辅导，提高教学效果。

2. 课程教学内容特点

(1)按照新世纪经济建设和社会发展对高素质创新性人才培养的需要，化学实验教学形成基本操作实验—带有一定综合性、创新性和设计性的二级学科内的“小综合”实验—与科研相衔接的跨二级学科的“大综合”实验，而后通过创新实验—毕业论文完成实验教学与科研的对接的体系。综合化学实验的内容基于开设 15 年的中级无机化学实验、有机合成实验、中级物理化学实验等选修实验课整合成 30 个实验。使学生进一步了解现代化学和化工过程的基本实验方法和基本研究方法，掌握现代化学的基本实验技术和操作技能，熟悉现代分析仪器的基本操作、使用方法和应用范围。通过实验训练提高学生分析问题和解决问题的能力，培养学生的创新意识、创新精神和创新能力，为学生今后从事化学以及相关领域的科学研究和技术开发工作打下扎实的基础。

(2)注重对传统实验项目的改进，在实验过程中准备多种仪器、多种方法，增加实验的设计性和不确定性，改革传统的照方抓药式的教学模式。强化实验的设计性，融入科研的理念，引导和鼓励学生进行创新思维和实验合作。运用多种仪器，让学生自主设计实验，通过实验方案讨论、实验结果分析、撰写实验心得等，拓展学生的视野、增强学生的能力。

(3)将最新科研成果转化为实验项目，不断更新实验内容。逐年增添一些新的实验项目，淘汰一些旧的内容。综合设计实验的实验内容部分是近几年化学学院教师科研成果转化来的，如三元钨钼镍氧簇化合物的合成与表征、钙钛型复合氧化物的制备与催化性质、卟啉配合物合成与发光性质等。

(4)实现创新型实验开放：有两种形式，一是基于综合实验室的开放，一是基于科研实验室的开放。创新型开放主要面向大三、大四两个年级学有余力、实验理论扎实、实验技能较强的学生。学生通过自愿组合组成课题组的方式进行。让学生品味科研工作的真谛和乐趣，力求做到“注重过程、淡化结果、鼓励创新、保护热情、宽容失败”。实施开放式实验教学，设置开放式、研究性实验 10～15 个，这类综合和创新研究性实验每年都有更新和调整，学生也可自带实验课题，选做其中的 1 个实验。这类实验持续的时间较长，实验内容较多并具有一定的复杂性和综合度。因此以小组为单位进行，每组 4 人，每个实验均有 1 名教师负责指导。学生从指导教师处了解到实验课题后，即着手查资料，研读文献和专业书籍。在此基础上，学生先提出实验方案，经与教师讨论后，即可开始实验研究。一般要求学生在一个学年内完成一个这类实验。实验室每天都对学生开放，学生可以利用课余时间到实验室做研究性实验。

3. 课程的教学实施

(1)任课教师首先向学生介绍课程的要求、安排和进度、平时考核内容、期末考试方式、实验室规章制度、大型仪器使用规程等。讲授实验数据处理方法、回归分析、重要实验技术等内容，布置实验习题。安排4～6学时的实验技术讲座。

(2)学生根据专业兴趣选取同系列10个综合实验内容(每个实验6学时左右，共60学时)。1～2人1组(合成实验)，对于大型仪器结构、性质表征实验3～4人1组，每位学生都独立操作并完成实验测试和数据记录。

(3)实验过程包括课前预习、实验前讨论、实验操作、实验报告、结果讨论、思考题和小论文等环节。学生在实验前必须进行预习，通过访问课程网站进行“网上实验预习”，了解实验目的和原理，明确实验步骤和方法，使用的仪器和操作条件。指导教师对学生的预习情况进行检查与提问，考核合格后学生开始做实验。

(4)指导教师在实验中，应及时纠正学生的错误操作，商讨出现的问题，检查学生的实验记录。要求学生勤于动手、观察，细心操作，勤于提问，分析和钻研问题，科学地记录原始数据，经教师检查并签名后的实验及其原始数据记录才有效。

(5)实验结束，学生应认真分析实验现象，整理实验结果，分析产生误差的原因，对实验提出建议。老师检查实验结果认可后，学生清理实验仪器、打扫卫生，合格后离开实验室。

(6)利用大型精密分析仪器进行的实验，学生需绘出仪器工作原理图，记录测试条件，打印出测量数据，并对其进行处理与解释。

4. 指导教师的作用

(1)每学期开学初，任课教师上交实验教案和教学日历。课前认真备课，做预实验，检查仪器设备情况，清点学生人数，做好实验教学记录。在实验室，教师详细介绍实验仪器的工作原理、仪器组成和各部件功能(对照仪器实物介绍)、仪器操作方法和注意事项；实验前和实验过程中，教师均要向学生提问，引导学生深入思考与实验现象有关的一些问题，着力培养学生观察实验、综合考虑问题的能力，使学生学会分析和研究问题的方法。

(2)实验过程中，教师须正确指导学生进行实验测试，及时纠正学生的错误操作；严格要求学生认真细致地进行操作，如实记录实验数据；做好实验结束后实验仪器的整理和实验台面的整洁，培养学生拥有良好的实验习惯。

(3)教师须认真仔细地批改学生提交的实验报告，纠正报告中存在的数据处理、有效数字表达、图表等错误或不规范之处，培养学生掌握科学的报告撰写方法，提高学生的总结、分析和归纳能力；教师根据本课程的实验考核规定给学生的每个实验予以合理评分。实验结束后，组织教师集体命题、评卷，总结学生在实验和学习中存在的问题，为不断改进实验教学、提高教学质量积累经验。

(4)对于开放式、研究性实验，不仅在实验过程的具体问题上，而且更重要的是从提出问题、科研方法、科学思维、科学论文撰写等方面，教师给学生以细致的具体指导，使学生受到系统的科研训练。每学年末，要求相关教师提出下一年度的开放式、研究性实验课题供学生选做。

5. 教学质量监控

为确保实验教学的顺利运行，学院教学院长、化学实验中心主任，每学期都要经常对教学情况进行检查。到实验室听课，抽查教师批阅实验报告的情况，以保证实验教学规范、科学、有序地进行，促进实验教学质量的提高。同时，建立了网络的“化学课堂教学评价系统”，设计了针对课程的评价体系和指标。由学生、同行教师、学院和实验中心领导，分别对每位教师进行评价、打分，其评价结果及时反馈给教师，以督促其不断改进教学，也可作为教师考核和晋级的重要依据。

6. 结束语

综合化学实验的开设和不断完善，较大提高了学生的科学素质、实验动手能力和创新意识。2008 年以来，我院学生承担省、校级大学生创新科研基金项目 30 余项，发表学术论文 30 多篇，考研率一直居于学校前列。学生进行毕业论文和研究生论文的实验技能得到校内外指导教师的肯定。我们将继续把这方面的工作做实、做出成效，为化学实验教学创新和人才培养作出积极贡献。

参考文献

[1]黄弛，席美云，程功臻，等. 大学化学实验教学体系改革[J]. 大学化学，2006，(6)：20－24.

[2]申秀民. 化学综合实验[M]. 北京：北京师范大学出版社，2007.

[3]刘沫，陈海宁，陈晓猛. 创新人才培养的思考与实践[J]. 化工高等教育，2003，(3)：20－23.

[4]张剑，张开诚. 大学化学实验课教学改革的几点尝试[J]. 教育探索，2007，188(2)：50－51.

以学生创新能力培养为导向的化学实践课程体系构建的思考

王广健，张振新，张茂林，郭亚杰，汪燕鸣
（淮北师范大学化学与材料科学学院，淮北，235000）

摘要：本文从认识学生创新能力培养的重要性出发，利用顶层设计的理念，提出了以学生创新能力培养为导向的化学实践课程体系构建的问题和建设重点以及具体方法。

关键词：创新能力；顶层设计；实践课程；构建

创新能力是指个人提出新理论、新概念或发明新技术、新产品的能力。创新能力的表现形式就是发明和发现，是人类创造性的外化[1]。创新是一个民族进步的灵魂，是国家兴旺发达的不竭动力，一个没有创新能力的民族，难以屹立于世界先进民族之林。而科技进步、社会发展的决定性因素是人才。因此，培养具有创新精神和创新能力的人才具有十分重要的意义。高等学校是培养创新人才的基地和摇篮，肩负着重要的历史使命，必须全方位更新观念，把培养大学生创新能力作为教育改革的核心。

可以这样说，自主创新能力是国家竞争力的核心。而人才资源又是提高自主创新能力的核心。高等学校是国家创新体系的重要组成部分，对提高国家的自主创新能力，建设创新型国家，肩负着提供人才培养和知识贡献的重大责任。大学生自主创新能力培养在我国还处在摸索阶段，尽管有了各种形式和途径，但是从根本上还没有突破传统模式。大学生自主创新能力还远远不能满足建设创新型国家的需要。如何培养大学生自主创新能力是高等学校面临的一个重大课题。

贯彻、落实《教育部财政部关于实施高等学校本科教学质量与教学改革工程的意见》(教高[2007]1 号)、《教育部关于进一步深化本科教学改革全面提高教学质量的若干意见》(教高[2007]2 号)文件精神，各高校以主动适应社会经济发展要求为导向，与学校人才培养模式改革相配合，在课堂教学、实践教学中培养学生学习能力、实践能力、创新精神的教学研究与改革实践、加强整合、强化创新等方面进行了大量的卓有成效的工作。

“知识来源于实践，能力来自于实践，素质更需要在实践中养成，各种实践教学环节对于培养学生的实践能力和创新能力尤其重要。”但是，当前的实践教学环节非常薄弱，严重制约了教学质量的进一步提高。

“顶层设计”的字面含义是自高端开始的总体构想。原是指为完成某一大型工程项目，要实现理论一致、功能协调、结构统一、资源共享、部件标准化。顶层设计是铺展在战略和实践之间的“蓝图”，是具有总体明确性和具体可操作性的科学思维的理论结晶，而不是“摸着石头过河”的实践探索性产物。它是对战略目标及其在时间、空间的展现形态和实现方式的设计，在这个意义上，它属于战略规划问题[2]。

就基础化学实验教学而言，化学实验是化学科研的尖兵和化学科学发现的眼睛，是实施素质教育的一个重要途径，是化学教学的重要环节；从学生的认知结构、实验的功能等方面，分析传统教学模式的特点，提倡大学应开展探究性实验教学。从探究性指导思想、探究方式、形式和内容、教学模式等方面进行广泛的阐述，认为化学教学应充分发挥化学实验的教育教学功能，教师应建构新型的探究性实验教学模式，培养学生的创新精神和实践能力，让学生主动探索，这些对广大化学教育工作者有一定的启发。

目前，在化学实验教学方面的改革和实践多是某一方面的修修补补，缺乏利用系统论的观点在化学一级学科层面上进行的一体化的顶层设计的战略研究，造成许多研究成果具有一定的局限性，普适性的问题依然存在，限制了基础化学实验教学成果的应用，进而影响了学生化学创新能力的培养。

本文提出的以学生创新能力培养为导向的实践课程一体化顶层设计的构建研究与实践研究将以化学一级学科的整体和全局的视角，跳出局部化学二级学科环境的束缚和影响，从整体高度上，去分析、决定基础化学实验的体系和内容的具体决策，较好地避免“化学信息孤岛”的出现。另外，将基础化学实验顶层设计的重点是建立在化学实验新的全局理念下的实验内容。分析基础化学实验项目的可行性，与创新能力培养的利益关系。利用信息工程的方法，从宏观上对实验教学效果进行收集、梳理和描述，在微观和介观上对实验效果进行分析，进而实现实验教学改革的核心目标——学生创新能力的培养。因此，以学生创新能力培养为导向的化学实践课程体系构建应进行以下几个方面的研究与思考：

(1)进行一体化顶层设计理念的研究：在实验项目的设计上用系统论的观点，在一级化学学科发展的层次上体现宏观和微观实验项目的结合，注重介观实验课程调控。表现在：①强化专业主干课程体系，为夯实学生专业基础，将知识传授与研究方法、研究能力的培养结合起来，实施研究性实验教学，以问题为导向，以大作业、专题研究、课程设计、阅读报告、研究性实验等为载体，引导学生进行探索式学习，逐步培养学生自主学习和发现问题、解决问题的能力。②构建本科生科研实验训练体系。强化对学生实践能力、科研能力和创新能力培养，进行了一体化设计，构建了做学融合的科研实验训练体系。初步设想实践教学体系纵向分为科研训练课程、科研活动、学科竞赛三个系列实验体系，横向分为基础层、专业基础层和提高层三个层次实验，实现了理论与实践的结合、课内与课外的结合、结果与过程的结合，确保科研实验训练和创新实践贯穿人才培养全过程。③突出跨文化交流能力培养。通过大学英语课程、双语实验课程、学术讲座、文献选读、专业实验英语选修课程以及竞赛等课外活动，确保学生专业英语学习4年不间断，切实提高了学生应用英语学习和掌握学科专业知识的能力。

(2)新的教育理念下实验教学模式的研究：在新的教育理念下，选取基础化学实验(以无机化学部分实验为主)深入进行实验课堂教学模式的改革："理工结合、强化实践"的教学模式实践和研究，并开展由此而牵动的一系列实验课程教学内容的重组及教学方法、能力测试方法的创新，以及管理制度、教学方式、评价标准等系列工作；探索实验课堂教学改革，推行知识传输式与探究式相结合的实验教学模式，使众多学生形成创造性思维模式；通过一定规模实施大学生创新计划，通过导师带领大学生开展课外创新活动以及部分优秀大学生选修研究生课程等形式，加强了本科生、研究生之间的沟通交流，促进科研成果转化为本科教学资源，锻炼和提高了大学生的创新能力和创新思维。

(3)与企业共建共享实验室(课程平台)的研究与实践：与企业合作形成一个试点实验室/课程平台，构建与行业标准相衔接的(实践)专业实验教学内容与课程体系，并以此为基础由企业提供实验、课程素材(问题、案例)，学生参与完成的实验教学、课程教学模式，在课内教学与课外导师指导相结合、校内课程与企业需求相结合、教学与科研的结合、理论与实践的结合、传授与创新的结合等方面取得了一定的突破。

(4)第二课堂开发与建设的研究与实践：以某门课程为对象，试行第一课堂与第二课堂的一体化改革，加强第二课堂的开发与建设；开发多种教学资源，建立专兼结合、理论实践互补的教师队伍；进行一年或以上的实践，成效明显。

(5)实践环节(毕业设计环节)的改革与实践：选取材料化学和应用化学专业实验进行改革或整体设计实验教学、生产实习、毕业设计及学生社会实践活动等实践性环节的实验教学改革，建立以学科、就业、创业为导向，不同层次地引导实践教学改革；形成相应运行机制和制度，着力培养学生创新精神和实践能力，总结出普遍性经验，对人才培养产生明显的实践效果。

参考文献

[1]薛连海. 通过加强创新思维和创新能力开展创业教育. http://journal.shouxi.

net/html/qikan/dxxb/jlyyxyxb/20086293/jxyj/20080831015332777_398435.html.

[2]戴旭. 大国崛起需要顶层设计. http://www.wyzxsx.com/Article/Class4/200710/25781.html.

将高新科技成果引入物化实验教学，启迪学生的创新思维

冯春梁，玉占君，孙越，孙琪，张文伟

（辽宁师范大学化学化工学院，大连，116029）

摘要：从提高自主创新能力，建设创新型国家的高度，以及开设有关燃料电池实验的教学体会，阐述了将高新科技成果引入实验教学的重要性。燃料电池是当今的高科技成果，在诸多领域得到了应用。“燃料电池的组装与性能”是一个现代物理化学实验，它将经典实验内容与现代科技成果有机结合在一起，是一个真正意义上的综合设计性实验。开设这类实验对培养创新型人才具有重要意义。

提高自主创新能力，建设创新型国家是国家发展战略的核心，是提高综合国力的关键，是落实科学发展观的重大举措，是我国面向未来发展的重大战略选择。创新型人力资源是建设创新型国家的关键要素之一。培养创新型人才是高等院校义不容辞的责任，也是高等院校教学改革的重要方向。改革教学内容，不断将高新科技成果引入课堂教学，对创新型人才的培养具有至关重要的作用，是一项值得深入研究的重要课题。

1. 将高新科技成果引入课堂教学的意义

当今世界，科学技术的进步与创新是经济社会发展的决定性力量。西方发达国家都把提升科技创新能力作为提升国际竞争力、保障国家安全和未来发展的核心要素和战略基点。各国都纷纷提出科技创新的新理念、新政策、新规划。2006年2月，美国发布《美国竞争力计划》，大幅增加对研发、教育与创新的投入，促进知识增长，提供开发新技术所需的工具，以保障美国在各科技领域继续保持世界领先地位，保障美国的强大与安全。欧盟启动《第七框架计划(2007－2013)》，投入规模比第六框架计划几乎翻番，优先发展健康、生物、信息、纳米、能源、环境和气候、交通、社会经济科学、空间和安全等技术，应对全球竞争。日本自2006年4月起，组织实施《第三期科学技术五年计划》，突出“创造人类的智慧”、“创造国力的源泉”、“保护健康和安全”等理念，重点投资基础研究、生命科学、信息通信、环境、纳米和材料、能源、制造技术、社会基础技术、尖端技术等9个领域。经济社会持续发展、综合国力竞争集中表现为科技创新能力的竞争。

我国改革开放30多年来，国家的面貌发生了历史性变化。我国成功实现了从高度集中的计划经济体制到充满活力的社会主义市场经济体制、从封闭半封闭到全方位开放的伟大历史转折。我国经济从一度濒于崩溃的边缘发展到总量跃至世界第二。但是，我国的发展还是低水平的、粗放的、不均衡的，是以巨大的资源消耗和生态环境损害为代价

的。我国经济的高速增长主要依赖于资源的高投入和高消耗。经济增长方式粗放，产业技术水平低，可持续发展面临的资源和环境压力日趋严峻。我们大规模引进国外先进技术，有力地推动了产品技术更新换代和产业结构优化升级。然而，消化吸收和创新的能力比较薄弱，造成不断重复引进和对国外技术的持续依赖。目前，我国对外技术依存度高达 50%以上。在激烈的国际竞争中，缺乏核心技术、自主知识产权和创新能力，这样继续发展下去，不仅会使我国经济安全和国家安全受到严重威胁，还会影响国家竞争力的提升，使我国在国际产业分工中处于不利地位。因此，中央提出了提高自主创新能力，建设创新型国家，优先发展教育，建设人力资源强国的战略目标。提高自主创新能力、建设创新型国家是我国发展战略的核心，是提高综合国力的关键，是顺应时代特征、事关中国经济建设和社会发展全局的战略选择。

提高自主创新能力、建设创新型国家是一项长期的战略任务，达到这一战略目标的关键是创新型人才，不仅是提高现有科技人才的自主创新能力问题，更重要的是如何培养出具有创新意识、创新思维、创新能力的一代新人。培养创新型人才是高等院校义不容辞的神圣职责。

我国大学本科化学教学开始于 1903 年，经过 100 多年的曲折发展，总体而言多数是学习和借鉴西方国家经验。新中国成立以后，大学本科化学教学体系基本上是照搬了苏联的体系，为我国的计划经济时代培养了大批专家和化学家。但是，旧体系已远远不能适应社会主义市场经济的需要。因此，随着我国改革开放基本国策的顺利实施，我国的高等教育改革也经历了体制改革，机制改革、扩大办学规模、深化教学改革，提高教学质量 3 个阶段。针对高校的大规模扩招所产生的一系列问题，于 2007 年 1 月，教育部及时实施了高等学校本科教学质量与教学改革工程，以不断提高教育教学质量为目标，提出了围绕教学团队、特色专业、课程建设、实验教学示范中心建设等 6 项重点建设项目，以培养学生的实践能力和创新精神，实现知识、能力、素质的有机统一。

不断提高教育教学质量是我国高等教育和高等院校的立身之本、生命之源。不同时期的教育有着不同的质量标准，新时期的质量标准要求高校培养出来的学生不仅要有扎实的基础知识，还要有创新能力、交流能力、团队精神。“质量工程”实施以来，我国高校在教师队伍建设、实验室建设、教材建设、专业建设等方面都收到了一定成效。但是，在目前这样一个科技飞速发展的时代，如何将学生从浩瀚的知识海洋中带入科技前沿的问题我们考虑得还不够多。尤其是目前的化学实验教学内容大多比较陈旧、教学方式比较呆板，教学效益比较低下，经典实验与现代科技成果脱节，如新能源技术、纳米技术等在实验教学中基本没有体现。当代大学生不了解和掌握一定的前沿科学知识和科学技术就很难成为创新型人才。

2. 开设燃料电池实验，启迪学生的创新思维

21 世纪，人类社会将从化石能源体系走向可持续能源体系的新时代。可再生能源和安全、可靠、清洁的核能将逐步代替化石能源，成为人类社会可持续发展的基石。目前人类使用的能源主要是化石燃料(石油、煤炭、天然气等)，属于非再生能源，储量有限。据统计，能源消耗每隔 12 年就要翻一番。能源短缺已成为全球性问题。有资料预计，21

世纪中叶，作为主要能源的石油将枯竭；21世纪末，煤炭资源将枯竭。燃烧化石燃料时，直接向大气排放大量的废气，在全球形成严重污染，所产生的温室效应、酸雨、光化学烟雾等已严重威胁着人类的生存环境。因此，开发新能源、寻找新材料以求解决上述问题变得日益重要，其中燃料电池被认为是21世纪的能源之星。

近年来，我国已投入巨资用于燃料电池的开发研究，已经取得了一些可喜的成果，显示出广阔的应用前景。燃料电池是一个既熟悉又陌生的概念，从大学教授到中小学生还很少有人触摸到这个既简单又神秘的新生事物。将这项高新技术引入高校化学实验教学，开设“燃料电池的制备与性能”实验，通过进行氢/氧质子交换膜燃料电池关键组件膜电极的制备、单电池组装、燃料电池发电系统搭建等实验环节，使学生全面了解燃料电池的基本原理和制作过程及使用方法，不仅可以增强学生的节约能源意识和环保意识，还可以激发青年学生的研究热情和创新意识。尤其是师范院校的毕业生对燃料电池有了感性认识后，走向社会就有能力向全社会的中小学生进行科普教育，引导广大青少年崇尚科学，热爱科学，树立献身科学事业的远大理想。因此，我们将中山大学先进能源研究室沈培康教授设计开发的小型燃料电池引入物化实验教学，开设一个“燃料电池的组装与性能”实验。

3. 燃料电池的工作原理

燃料电池是一种通过电化学反应直接将化学能转变为低压直流电的装置，即通过燃料和氧化剂发生电化学反应产生直流电和水。燃料电池装置从本质上说是电解水的一个逆装置。在电解水的过程中，外加电源将水电解，产生氢和氧；而在燃料电池中，则是氢和氧通过电化学反应生成水，并释放出电能。燃料电池单体主要由四部分组成，即阳极、阴极、电解质(质子交换膜)和外电路。图1为组成燃料电池的基本单元的示意图。阳极为氢电极，阴极为氧电极，阳极和阴极上都含有一定量的催化剂，两极之间是电解质。

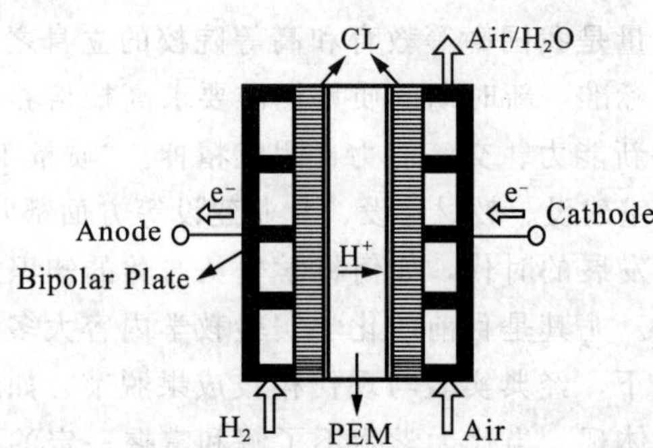

(图中 Anode 为阳极，Cathode 为阴极，Bipolar Plate 为双极板，CL 为催化剂层，PEM 为质子交换膜)

图1 燃料电池工作原理图

氢气由管道或导气板到达阳极，在阳极催化剂的作用下，氢气发生氧化，释放出电子。氢离子穿过电解质到达阴极，而在电池的另一端，氧气(或空气)通过管道或导气板到达阴极，同时，电子通过外电路也到达阴极。在阴极侧，氧气与氢离子和电子在阴极催化剂的作用下反应生成水。与此同时，电子在外电路形成电流，可以向负载输出电能。

普通化学电池只是一个有限的电能输出和储存装置，而燃料电池只要保证燃料和氧化剂的供应，可连续不断地产生电能，是一个发电装置。另外，同为发电装置的燃料电池和内燃机也有根本的不同，这主要是它们产生电能的原理不同。内燃机发电分两步完成，第一步是燃料燃烧，产生热能，第二步是热能驱动机械发电得到电能。而燃料电池中的燃料通过电化学反应直接产生电能。燃料电池由于反应过程中不涉及燃烧，其能量转换效率不受“卡诺循环”的限制，其能量转换效率是普通内燃机的 2～3 倍。

4. 实验目的与要求

(1)了解燃料电池的工作原理及各种配件的作用。

(2)查阅相关文献，研究催化剂的制备技术及表征方法。

(3)研究质子交换膜的预处理及碳纸的预处理技术。

(4)掌握膜电极制作技术。

(5)掌握燃料电池安装方法。

(6)选择负载(灯泡或小型风扇)。

(7)研究燃料电池放电曲线的测试方法。

燃料电池是当今的高科技成果，在诸多领域得到了应用。在上海世博园，燃料电池汽车独领风骚。燃料电池汽车以安静、舒适的特性备受乘客青睐，成为绿色车族的冉冉新星。在专为世博会奔跑的新能源汽车中，燃料电池汽车共有 196 辆，包括了专用于贵宾接待的 90 辆燃料电池轿车，跑在世博园区世博大道上的 6 辆燃料电池公交车和跑在世博园区博成路和高架步道两条观光线上的 100 辆燃料电池观光车。燃料电池汽车以零排放、高效率、低噪声这三大优势被公认为是未来汽车产业可持续发展的方向，解决能源问题和气候变化问题最理想的方案。

“燃料电池的组装与性能”是一个现代物理化学实验，它将经典实验内容与现代科技成果有机结合在一起，是一个真正意义上的综合设计性实验。开设这类实验对培养创新型人才具有重要意义。

第 4 章 高师化学专业学科环境建设改革与创新

自主开发“四个教育信息技术平台”，强化高师生化学教师教育能力培养的实践研究

钱扬义，罗秀玲，肖常磊，黄晓燕，刁玉华
（华南师范大学化学与环境学院，广州，510006）

摘要：从 2002 年起，自主开发教育信息技术平台对华南师范大学化学教育专业本科生化学教师教育能力培养进行了创新研究和探索实践。以“学生为主体，强调自主学习、自主评价、培养化学实验探究能力、化学创新实验设计能力和实践能力”为理念，自主开发了 4 个教育信息技术平台：数字化手持技术实验平台、数码化微格教学技术平台、游戏化化学网络教学平台和网络化课程资源平台，并创建了平台相应的信息化教学模式。经过 7 年多的实践，有效培养高师生在信息化条件下的教师教育能力，取得了显著的成果。

关键词：教育信息技术平台；化学教师教育能力；教学模式；微格教学；教育游戏

1. 研究背景

化学教学信息化对高师生的能力有了新的要求，具体表现为应用网络进行教学的能力、应用一般工具和专业工具软件进行教学的能力和应用信息技术产品进行科学探究教学的能力。

普通高中大幅度扩招引发高师院校扩招，如何保证在现有的教学资源水平下的高师教学质量和效果？教育信息技术以其设备多样化，技术多媒体化、网络化的特点为问题的解决提供了新的视角。本研究利用信息技术与课程有效整合，开发新的平台，探索新的教学模式来培养高师生新的教师教育能力。

经过 7 年多的探索，我们自主开发了“数字化手持技术实验平台”、“数码化微格教学平台”、“游戏化化学网络教学平台”、“网络化课程资源平台”四个信息技术平台，结合理论、实验和实践活动 3 门本科课程，通过网上自主学习、实践基地的科学探究活动、网上微格教学技能案例学习以及化学教育网络游戏学习，不但解决了人数多与课时少的矛盾，还有效提高了化学高师生信息技术环境下的教师教育能力。

2. 指导思想

华南师范大学化学教育专业自 1998 年开始进入了快速发展阶段，本着“以学生为主体，强调自主学习、自主评价、培养化学实验探究能力、化学创新实验设计能力和实践

能力”的指导思想，利用沿海发达地区的优势，不断提升高师教学的信息化教育能力与环境条件，自主创建化学教师教育能力培养的四个教育信息技术新平台，为师生提供丰富的教学资源。在教师教育的理论课程、实验课程及实践活动课程中，培养高师生的信息化化学实验教学能力、基本教学能力、游戏化教学能力和信息技术应用能力。同时，形成教育信息技术平台下化学教师教育新能力培养的课程资源、目标体系、教学模式、评价方案等。

3. 配合课程模块自主开发四个教育信息技术平台

华南师范大学化学教育专业以下面几门本科课程(理论课程“化学教学论”、实验课程“化学实验教学研究”和实践活动课程“化学教学技能微格教学”)作为课程模块。系统地讲授中学化学教学的基本内容，初步培养化学教育专业学生教师教育能力。化学教学与资源研究所经过多年探索，得到多个省、部级的项目支持，通过自主开发和建设 4 个教育信息平台，尝试突破原有课程教学的局限，突出信息技术环境下的对高师生教师教育能力的培养。

3.1　数字化手持技术实验平台

该平台创建于 1998 年，经历了实验室设计、实验室建设、实验仪器购置、实验课程设置、实验课程资源开发、实践基地建设等阶段。历经 12 年的研究，该平台如今已发展成一个信息化、系统化、基地化，并建立了基于手持技术的远程化学实验室的实验教学平台，主要包括手持技术实验室、仪器设备(数据采集器、传感器、计算机)[1]、开发的课程资源[2~3]、课题支持和探究实践基地。建立了 3 个创新探究教学室[4]，由中央级出版社出版的两部手持技术教材在全国高校广泛使用并获国家级奖项。在全国范围内，建立了 20 多个探究实践基地并正式挂牌。六届本科生使用过该平台参与实践，如本科生利用手持技术进行茶叶成分测定[5~6]等化学与生活相联系的探究实验。该平台提供的先进仪器、课程资源为指导本科生的创新实验设计提供了坚实的基础，并由此取得了多项论文、专利成果。

(1)数字化手持技术实验平台构成

针对“化学实验教学研究”课程建设，首建“数字化手持技术实验平台”，旨在提高学生利用信息技术设计和进行化学探究实验的能力[7]。

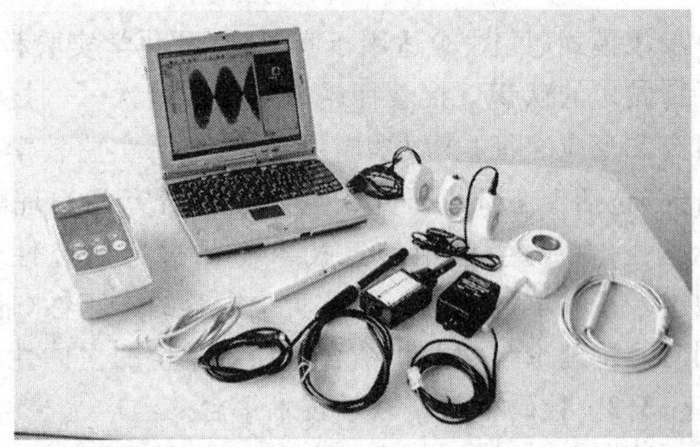

图 1　数字化手持技术实验室及手持技术仪器

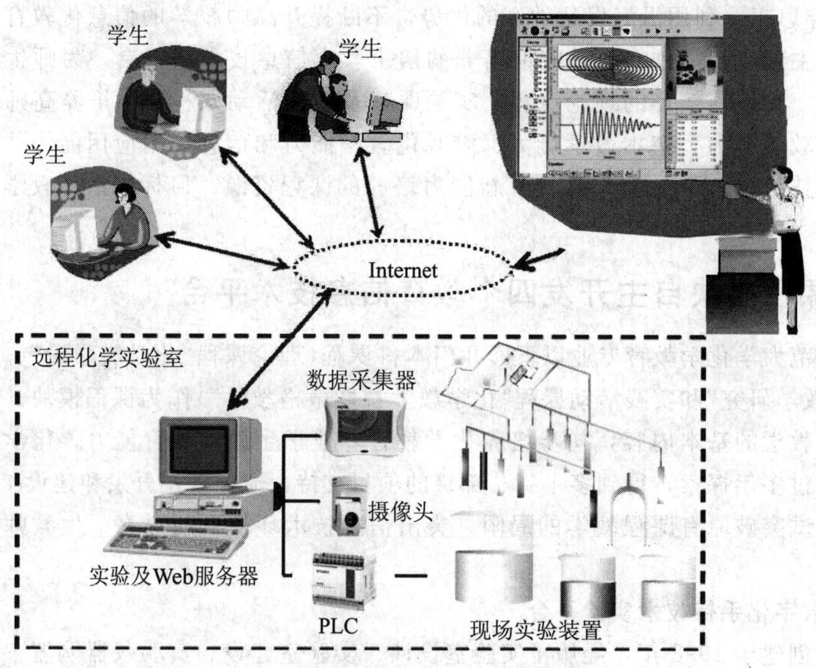

图 2　基于手持技术的远程实验室

(2)数字化手持技术实验教学模式

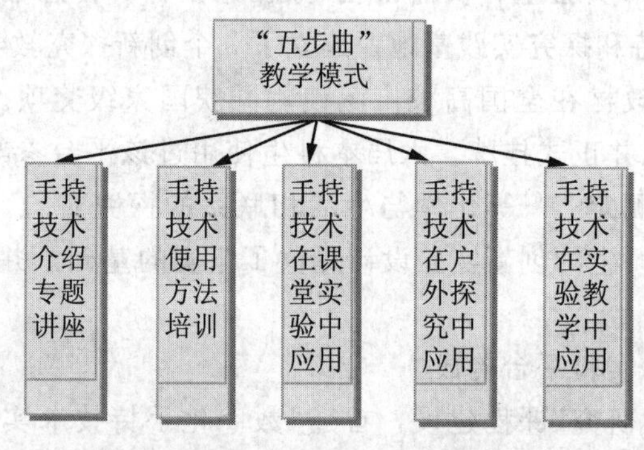

图 3　数字化手持技术实验教学模式

该模式(见图 3)适用于实验课程“化学实验教学研究”中的手持技术实验教学，始于对手持技术的认识，接着往越来越高的层次——技术解读、实验研究(包括定量研究、因素研究和反应表征)、教学应用(包括演示实验教学、改进实验教学和探究实验教学)、实践研究(包括生态环境研究、生命活动研究和心理机制研究)来逐步开展教学活动。中心目标是强化高师生应用信息技术产品进行研究性、实践性的实验教学能力和实验创新能力[9]。在教学过程中，注重实验内容的丰富性(兼顾演示性、探究性、创新性与综合性)，同时注重理论与实践相结合，强调学生的主体性与团队合作。

3.2　数码化微格教学技术平台

该平台[8]针对“化学教学技能微格教学”课程而建设，旨在提高学生教学实践能力。它由数码化微格教学室及相应硬件设备和配套网站“化学教学技能网站”组成，具有多系统、方便快捷和自组评价的特点。该平台不断得到完善，积极引进配套新的教学仪器，如“互动课堂反馈系统”和“电子白板”逐步投入使用。在丰富的硬件建设的基础上，高师生容易发现自己教学技能的优点与不足，重点、有针对性地进行巩固训练。

(1)数码化微格教学技术平台构成

针对“化学教学技能微格教学”课程，建立“数码化微格教学技术平台”，旨在提高高师生信息化课堂下的教学实践能力。数码化微格教学硬件系统的构成如下：

表 1　数码化微格教学硬件系统的构成

<table>
<tr><th colspan="2">硬件系统主要构成</th><th>内容</th><th>功能特点</th></tr>
<tr><td rowspan="2">微格教学室</td><td>多媒体教学系统</td><td>计算机，实物投影仪，背投电视，网络连接设备，开通的 Internet 网络</td><td>(1)能进行数字格式音、视频多媒体课件制作与播放
(2)支持录像带播放和实物投影
(3)能利用和传输网络教学资源</td></tr>
<tr><td>微格教学录像系统</td><td>摄像机 3 台，转向云台，无线话筒</td><td>(1)摄录试讲者、学生的行为表现
(2)教学演示镜头特写
(3)声音的录制</td></tr>
<tr><td>总控室</td><td>录像监控与编辑系统</td><td>计算机，刻录机，交互式中控系统，多路视频采集卡，视频切换器，背投电视(2 台)，音箱，耳机，话筒，网络连接设备</td><td>(1)录像监控与焦距调节
(2)录像切换与合成
(3)录像数字格式存储与刻录</td></tr>
</table>

特色：①该平台配备先进的电教设备，可对高师生的微格教学情况进行全方位录像；②微格教学室的设计结合化学学科特点，可供高师生进行演示实验；③该平台建立了配套的“化学教学技能网站”，为高师生提供了丰富的课程资源及交流平台。

图 4　数码化微格教学室

图 5　总控室设备

(2)数码化微格教学模式

化学微格教学课程在进行教学时，设计成“两段式、七步走”的教学模式：观看示范录像—分析示范录像—讲解教学技能—自主编写微格教案—微格实践录像—微格反馈评价—教案修改复录(前三步为集体上课，后四步为分散练习)。

该模式(见图 6)适用于实践活动课程“化学教学技能微格教学”，强调学生的自主性和实践性，中心目标是提高化学高师生的教学技能，包括教学设计、课堂教学、评课与说

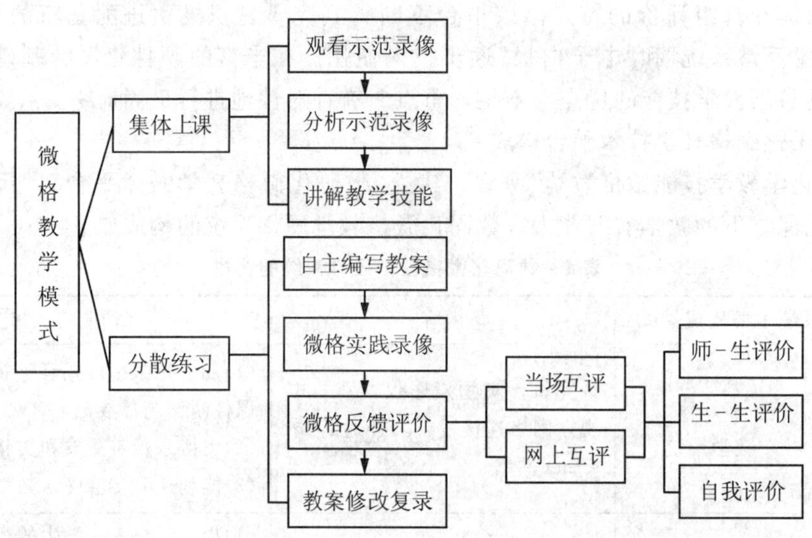

图 6　化学微格教学模式图解

课等技能。第一阶段“集体上课”的教学内容为化学微格教学理论和教学案例分析；第二阶段“分散练习”的教学内容为化学微格教学实践。让学生在“观察—分析—学习—模仿—改进”的过程中不断提高教学技能。而且教学过程注重反馈，为此我们建立了“化学教学技能网”(http://jpkc.scnu.edu.cn/hxwg/default.asp)与互动反馈教学体系，旨在通过多元化、及时性的反馈让学生发现优缺点，反思自己的教学并不断完善。

3.3　游戏化化学网络教学平台

国内首创并具有“自主知识产权”的游戏化化学网络教学平台目前处于领先水平。该

图 7　忘不了化学在线游戏网站(网站网址：http://211.144.156.17/)

平台以自主开发的“化学游戏扑克牌学习软件”为主体，允许生生或师生之间通过Internet，围绕“物质的化学性质”展开竞赛，并提供实时的信息交流服务。该平台切合世界游戏教学的潮流，以动漫游戏的形式进行化学重、难点及化学概念[7]的教学，具有游戏与教学性兼并的特点。自 2003 年开发的纸质的化学扑克牌以来，经过 4 年的发展，形成了计算机单机版和网络版的“忘不了”化学扑克游戏网络教学平台。该平台已由多届本科生引入中学教学实践，进行游戏教学以及课外竞赛活动的教学实践，取得实效并获得各省市中学的一致好评。

(1)游戏化化学网络教学平台构成

表 2　游戏化化学网络教学平台构成

平台组成		具体内容
硬件设备	系统	自主开发的“化学游戏扑克牌学习软件”(2.0 版)
	技术设备	使用 Windows2000 servers 架构 4 台服务器平台 使用 asp. net 架构 Web 服务 使用网络在线测试系统，评价游戏成效
开发的课程资源		配套建立“化学扑克游戏网”(http：//211.144.156.17/) 该网站已包含初三、高一和高二 3 个年级 化学符号知识的三套扑克牌作为内容基础
获得的课题支持		2007 年广东省科技攻关项目(项目编号：2007B031200007)
建立的实践基地		全国 11 个省及港、澳地区共计 50 所中学和教育机构

(2)游戏化化学网络教学模式

网络教育游戏学习模式简单理解就是通过玩网络教育游戏，在游戏中学习学科知识。

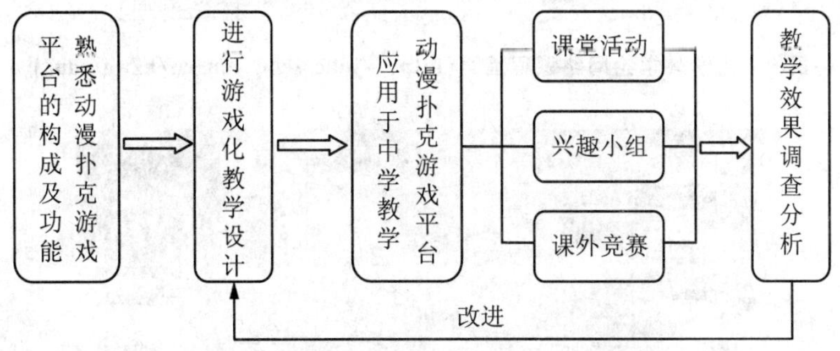

图 8　游戏化化学网络教学模式示意图

该模式(见图 8)适用于专业基础课程“化学教学论”中的教学方法学习，中心目标是掌握游戏化网络教学方法的相关理论和实践技能(主要是动漫扑克游戏教学的设计能力、组织能力和反思能力)。在教学过程中，高师生首先必须熟悉动漫扑克游戏平台的构成及功能，这是运用该教学方法降低学生学习化学符号世界难度的前提条件。而动漫扑克游戏平台的教学应用则是核心，通过三种形式的教学活动：课堂活动、兴趣小组和课外竞赛，以及对教学活动的效果调查和设计改进，高师生已能基本掌握游戏化教学方法。

3.4 网络化课程资源平台

网络化课程资源平台是一个资源丰富、功能多种的新型网络资源平台，包括“化学教学论网络课程”、“化学网上课堂”、“在线测试”三个网络资源网站。网络课程内容、活动过程的组织以学生为中心，具有资源开放性、评价标准多元性的特点，每个学生都能够根据自己的实际情况来选取学习模式和课程资源，并且通过利用该平台提高学习效果。平台同时提供同伴评价如 BBS 等工具，便于学生进行网上交流互相评价。网络课程资源平台是通过三个网站培养高师生利用网络进行教学的能力，从而成为适应现代教育信息化的师范生。

(1)网络化课程教学平台构成

三个专题网站，如图 9、图 10 和图 11 所示。

图 9　化学教学论网络课程首页(http://jpkc.scnu.edu.cn/hxwg/edu/)

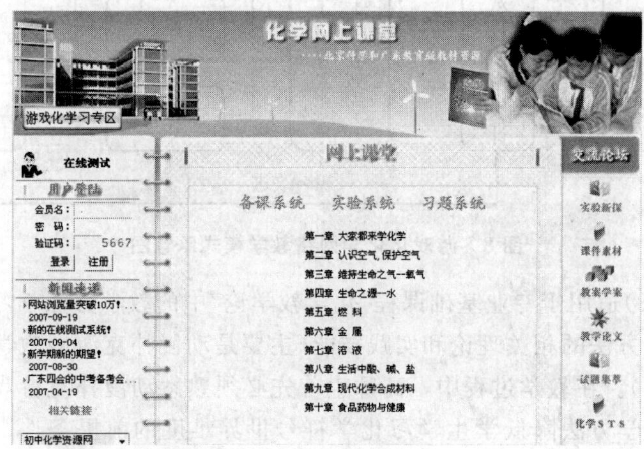

图 10　化学网上课堂首页(http://202.116.45.198/hxjxl/chem/index.asp)

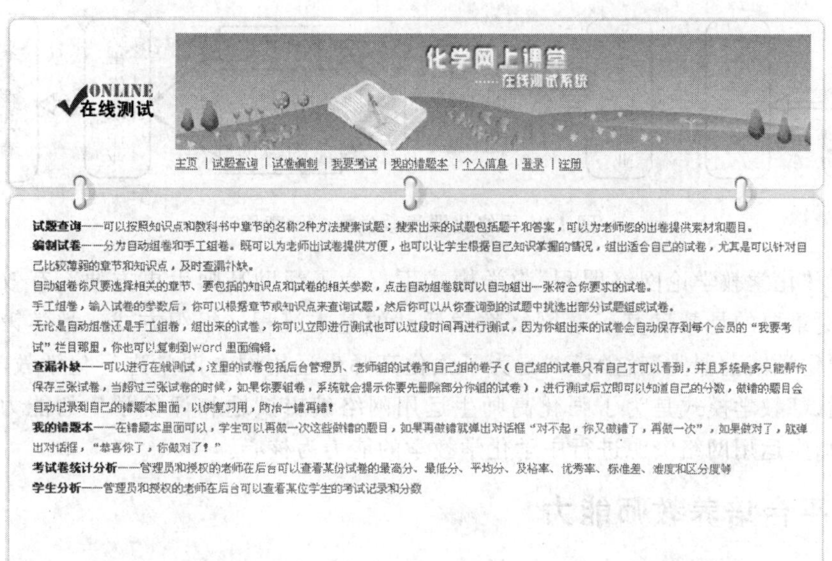

图 11　在线测试首页(http://202.116.45.198/hxjxl/cz/index.asp)

表 3　三个专题网站的教学平台构成

网站	化学教学论网络课程	化学网上课堂	在线测试
涉及课程	化学教学论	教育实习	教育实习
内容	具有关于课程、课程与教材、教学资源、教师成长、互动空间、留言等模块	具有备课系统、实验系统、习题系统、交流论坛、资源上传下载、新闻快递 6 大模块。含有丰富的实物图片、演示实验、Flash、视频录像、课外小知识等	具有试题查询、编制试卷、在线考试、我的错题本、试卷统计分析、学生分析和后台管理等模块
开始时间	2004 年 10 月开始	2003 年 6 月开始建设 2004 年 10 月投入使用 经历 4 次大改版	2006 年 10 月开始建设 2007 年 9 月投入使用
学期	大三上学期	大三下学期到大四下学期	大三下学期到大四下学期
年级	从 04 级到 05 级 共 320 位师范生	从 03 级到 05 级 共 400 位师范生	从 04 级到 05 级 共 320 位师范生
浏览量	约 42 万人次	超过 23 万人次	约 3 万人次
目标	提高高师生评价与反思的能力；化学软件使用的能力；网络课程开发的能力	提高高师生运用网上课堂进行教学的能力、搜索信息的能力	提高高师生的网络评价学生的能力、在线测试运用的能力、网络编辑试卷的能力

(2)网络化课程教学模式

该模式(见图 12)适用于理论课程“化学教学论”，中心目标是强化高师生的网络资源

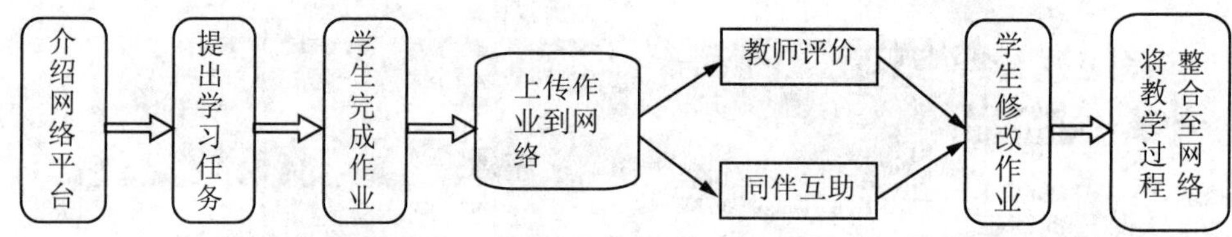

图 12　网络化课程教学模式示意图

应用能力。“化学教学论网络课程”教学模式不仅为了帮助高师生更方便、有效地学习课程内容，更重要的是帮助其了解网络教学活动的基本流程、组织方式、教学策略、评价方式等。“化学网上课堂”教学模式是为了强化高师生运用网上课堂进行化学教学的能力，而“在线测试”教学模式是为了强化高师生运用网络编辑试题和评价学生的能力，两者均以强化高师生运用网络资源进行中学化学教学的能力为核心。

4. 四大平台培养教师能力

这一系列网站为师范生各个方面的技能的培养提供了充足的、优质的教学资源，并且教学方法与手段都与时俱进，处于化学教学研究的前沿，这更能为师范教育的创新与培养提供一个很好的研究平台。而十大网站统一起来，相互联系，交叉利用，更利于系统的师范教育培养。

4.1　教学基本能力

高师生以数码化微格教学为平台，以教学技能网为依托，教学设计能力、教学表达能力、教学评价与反思的能力、多媒体应用能力等基本能力在整体水平上有显著提高。03～06 级高师生自主设计优秀教学案例、Flash 教学动画、教学课件等，并在学校的模拟课堂比赛、课件制作大赛等比赛中多次取得优异的成绩。

4.2　数字化探究式的实验创新能力、实验教学能力

本专业创新实验设计和研究实力雄厚，实验与实践教学成果突出，由本科生独立设计的与生活、社会相关的跨学科优秀实验案例被选入两本手持技术的教材专著，如“研究不同浓度酸碱中和反应中的 pH 变化”、“探究‘金鱼存活的条件’”等；2006 年本专业学生指导中学师生开展研究性的课题“空调公共汽车内空气质量与人体健康的调查研究”获得“第 20 届广东省青少年科技创新大赛科技创新成果一等奖”、“英特尔英才奖”及“优耐美创新奖”。数字化的先进仪器、优秀的课程资源为本科生的创新实验设计提供了坚实的基础，以学生为第一作者在《应用化学》等期刊发表实验研究论文 4 篇，参与取得了实用新型专利成果 8 项。

4.3　运用网络资源进行教学的能力

高师生运用网上课堂教学的能力、网络课程开发的能力、在线测试和评价的能力、软件使用的能力、在线搜索信息的能力等，给教师教育能力赋予了新的意义。自 2002 年至今，每年本专业的优秀高师毕业生在广东省各重点中学(广东省华南师范大学附属中学、广东省实验中学、广州执信中学等)的一线教学领域中发挥着善于利用网络资源进行教学的优势，获得各校的一致好评。

参考文献

[1]钱扬义，杜永锋，李佳，等. 掌上实验室(Lab in hand)的特点及其功能[J]. 电化教育研究，2003，(10)：59—62.

[2]钱扬义. 手持技术在理科实验中的应用研究[M]. 北京：高等教育出版社，2003.

[3]钱扬义. 手持技术在研究性学习中的应用及其心理学基础[M]. 北京：科学出版社，2006.

[4]钱扬义，邓峰. 数字化化学探究实验室的建设与学生探究能力的培养[J]. 中国电化教育，2006，(11)：49—52.

[5]林晓文，许旋，马钟彬，等. 模式识别优化枞茶加工关键性因素[J]. 应用化学，2006，(4)：459—461.

[6]罗一帆，郭振飞，朱振宇，等. 近红外光谱测定茶叶中茶多酚和茶多糖的人工神经网络模型研究[J]. 光谱学与光谱分析，2005，(8)：1230—1233.

[7]钱扬义. 手持技术在化学学习中的应用与建模研究[M]. 北京：科学出版社，2009.

[8]肖常磊，钱扬义. 现代化学数字化微格教学系统的构建[J]. 化学教育，2007，(1)：26—28.

[9]乔爱玲，王楠. 教师教育技术培训模式新探[J]. 中国电化教育，2005，(10)：20—24.

物理化学虚拟实验室建设

安洁，陶伟桐，李蕾，白云山

(陕西师范大学化学与材料科学学院，西安，710062)

摘要：针对我校物理化学实验仪器的开发进程和物理化学实验教学的现状，以 LabVIEW 软件为平台开发了物理化学实验虚拟软件。解决了物理化学实验设备一体化后，给学生了解实验原理和操作目的带来的困难，提高了学生预习、复习的效率，减少了实验损耗，增加了学生实验的积极性，取得了良好的教学效果。

关键词：物理化学实验；LabVIEW；虚拟仪器

1. 引言

物理化学实验是一门理论和实践性很强的基础实验课程，其内容侧重于定量地解释化学过程的规律，其目的是培养学生发现问题和解决问题的综合能力。实验过程中涉及实验条件控制、信号采集和数据处理等众多相关专业的知识，是化学中最能体现现代科学技术成果的学科。

在物理化学实验过程中，往往会使用一些价格相对较贵的设备，提供给学生使用的数量受到了限制，减少了学生的动手机会，同时数个学生合作完成实验的教学模式也限制了学生对每个实验环节的掌握，所以通过一次实验很难使学生熟练掌握一个实验的原理和设备的操作方法[1-3]。

另外陕西师范大学物理化学教学团队近年来一直致力于新型物理化学实验仪器的研发，运用先进的自控技术，提升物理化学实验仪器的装备水平，但在实现实验装置一体化、测量电子化、数据采集自动化和数据处理计算机化的同时，对学生的素质提出了更高的要求，也给实验预习带来了一些不便，因为学生对实验仪器的内部结构不能一目了然。鉴于这些情况，我们开发了基于 LabVIEW 的虚拟实验软件，通过真实地模拟实验的整个操作过程使学生掌握实验测量过程的每个环节。

2. 基于 LabVIEW 的虚拟实验室建设

2.1 LabVIEW 简介

LabVIEW(Laboratory Virtual Instrument Engineering Workbench)是美国国家仪器公司(National Instrument，NI)推出的一种图形化编程语言，又称 G 语言，其编写的程序称为虚拟仪器 VI(Virtual Instrument)。它结合了图形化编程方式的高性能与灵活性，以及专为测试测量与自动化控制应用设计的高端性能与配置功能，能为数据采集、仪器控制、测量分析与数据显示等各种应用提供必要的开发工具[4-5]。

LabVIEW 作为虚拟仪器开发平台，提供了便利的设备访问能力和强大的实时控制能力，使得仅仅使用 LabVIEW 就可以构建一个完整实验室，利用其自带的组件所开发的虚拟实验仪器不仅功能强大，而且外观与真实仪器仪表高度相同，非常适合作为训练学生掌握仪器仪表的辅助工具，因而成为虚拟实验室中设备访问的首选开发平台[4]。

2.2 虚拟实验软件设计思路

物理化学实验遇到的最大问题是实验过程中涉及的设备较多，特别是实验设备一体化、自动化后学生对仪器工作原理和控制方法难于理解，仅靠书本预习很难使学生熟练地完成整个实验过程，虚拟实验软件应能弥补这方面的不足，当然也能起到实验后复习的目的。下面以凝固点测定仪虚拟软件为例介绍我们的软件设计思路。

图 1、图 2 分别为 NGD-01 型自动凝固点测定仪虚拟软件的程序框图和前面板。

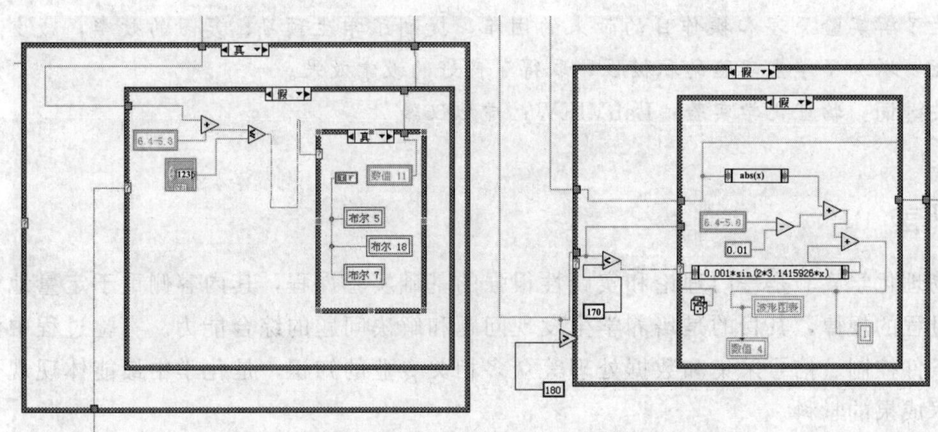

图 1 NGD-01 型自动凝固点测定仪虚拟软件的程序框图

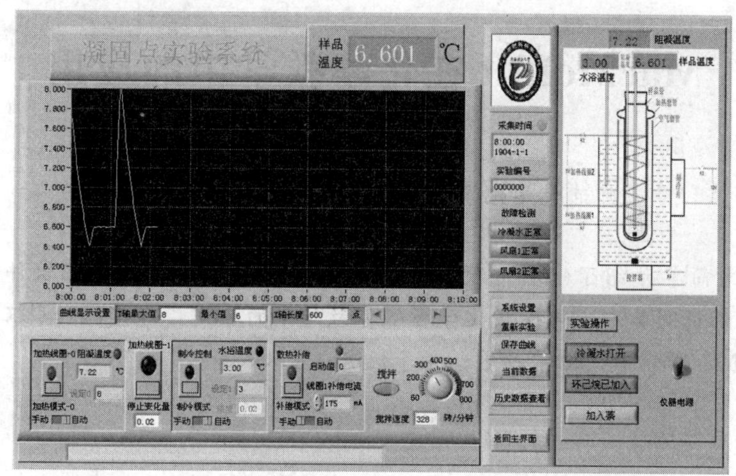

图 2　NGD-01 型自动凝固点测定仪虚拟软件的前面板

在 NGD-01 型自动凝固点测定仪虚拟软件的程序框图中，包含了各种操作所对应的模拟函数和逻辑关系，在前面板中一方面包括了计算机程序控制界面，另一方面包括了实验仪器的主要结构图。通过色变设置，在控制界面上的操作，在结构图上均能有所体现，并能得到相应的测量结果，使学生深刻体会到每个操作的目的。通过反复练习就可以使学生熟练掌握该仪器的操作原理和方法。

一般情况下，凝固点降低法测定物质摩尔质量实验的耗时大约是 3 h，而此虚拟实验耗时大约只有 10 min，从而提高了学生预习和复习的效率。

3. 结语

虚拟实验软件与学生的实验教材和实验仪器相互配套使用，为学生提供了一个新的学习环境，作为一个虚拟平台，它可以在脱离实验仪器的情况下真实而简洁地模拟出实验的整个过程，与传统实验教学相比，更利于学生的预习和复习，为实际操作奠定基础。虚拟实验平台的使用不受地域、时间限制，可做到短时间内重复操作，在节约时间的同时，也可大大降低实际仪器和试剂的损耗，并增加了学生学习的兴趣。

参考文献

[1]向天成，赵艳茹．虚拟物理化学实验室的构建[J]．中国校外教育，2009，(12)：440－442.

[2]过家好，陈俊明．物理化学实验教学的探索与改革[J]．广州化工，2009，37(5)：232－234.

[3]王永喜．虚拟实验室在远程实验教学中应用探讨[J]．中国教育技术装备，2010，4(12)：89－90.

[4]杨宏，李国辉，常淑娟．基于 LabVIEW 的虚拟实验室建设[J]．现代电子技术，2010，(7)：154－158.

[5]郭景，崔文娟．基于 LabVIEW 虚拟实验室的建设与探索[J]．阴山学刊，2007，21(4)：50－52.

MacMolPlt 在化学教学中的应用

尹世伟，郭庆伟
（陕西师范大学化学与材料科学学院，西安，710062）

摘要：本文简单介绍了一种方便、实用、免费的量子化学可视化软件——MacMolPlt，并结合实例说明其在高等院校化学多媒体教学中的应用，以期抛砖引玉。

关键词：MacMolPlt；化学教学；分子轨道；应用

1. 引言

化学是一门研究物质的组成、结构、性质以及变化规律的学科，是人类认识和改造物质世界的主要方法和手段之一，历史悠久而又富有活力，在自然科学中有着举足轻重的作用。然而，由于化学物质组成和结构的复杂性，化学工作者特别是讲授化学知识的教师却经常为准确画出化学物质的分子结构式及化学图形、能给学生提供化学分子的可视化的分子空间构型而煞费苦心。计算机的飞速发展，带来了化学软件的不断出现、更新，出现了多种能够用于大学教学的化学软件，其中不乏许多优秀的软件，给教学工作带来了极大便利。化学作为一门自然科学，应注重学生对知识的理解程度的培养，而不仅仅是让学生记住相关结论、知识点。国内现行的通用教材几乎都忽视了对学生理解能力的培养，而在教学中如果能有意地注重对学生理解能力的培养，会起到事半功倍的效果，学生也不易产生厌学情绪。本文结合大学化学的教学实例，简要介绍 MacMolPlt[1]这一优秀的化学软件在化学教学中的应用。

MacMolPlt 主要由伊利诺伊大学国家超级计算应用中心 Brett Bode 研究员和他的合作者历时数年开发而成，是一款免费的可视化软件，可以为 GAMESS 和 GAUSSIAN 等计算化学软件包准备输入文件，提供了基于 Mac OS，Linux 和 Windows 三种操作系统平台的软件形式，可从网站 http://www.scl.ameslab.gov/MacMolPlt/免费下载，安装后即可使用。最初版本为 1.1，截至目前共出现了 70 多个版本，可见 Brett Bode 对 MacMolPlt 的研究所做的不懈努力，目前最新版本为 MacMolPlt 7.4，下面以该版本为例简要介绍 MacMolPlt 在化学教学中的应用。

2. MacMolPlt 7.4 的操作界面

在 Windows XP 操作系统下，MacMolPlt 7.4 的操作界面与 Windows 操作窗口基本相近，共有 7 个菜单，如图 1 所示。

其中，File 菜单主要用于文件输入、导出等操作；Edit 菜单主要用来编辑操作；View 菜单提供了各种化学结构的显示形式；Builder 菜单则是用于构建化学的三维分子结构；Molecule 菜单是对所画分子进行各种坐标变化和对称性的猜测；Subwindow 菜单是为 GAMESS[2]程序准备计算输入文件，查看计算结果和各种电子波函数的显示等功能；

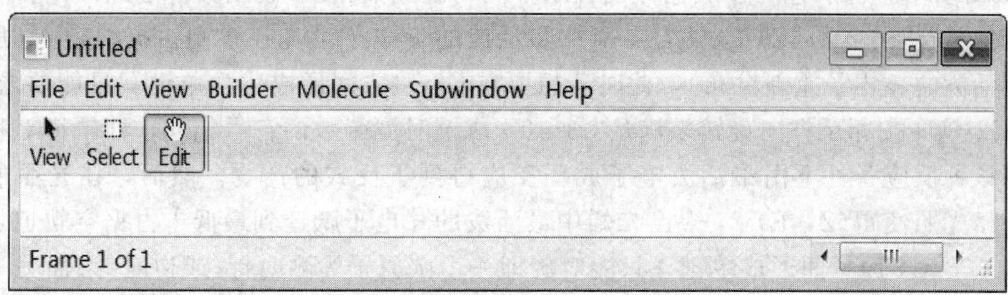

图 1　MacMolPlt－7.4 的操作界面

Help 菜单则是在线帮助菜单。另外，在默认状态下有三个工具，分别是 View，Select 和 Edit，如果不想显示工具，在 Builder 菜单中去掉 Show Toolbar 前面的勾即可。

3. MacMolPlt 7.4 在有机化学教学中的应用

在有机化学中，有一类反应叫电环化反应，即在线性共轭体系的两端，由两个 π 电子生成一个新的 σ 键或其逆反应的反应[3]。顺-3,4-二甲基环丁烯加热时开环生成(Z，E)-2，4-己二烯，产物纯度高达 99.995%，该反应就是电环化反应。显然(E，E)-异构体更稳定，为什么不生成(E，E)-异构体呢？该类反应的结果不能用立体效应或极性效应来解释，而由 R. B. Woodward 和 R. Hoffmann 提出的协同反应中轨道对称性守恒原则，即在反应中起关键作用的是轨道对称性，则可以解释这类反应的结果。现行有机化学教材对电环化反应进行了简单介绍，给出以下结论[3]：π 电子数为 $4m$(m 为正整数)的共轭体系，热反应为顺旋，光反应为对旋；π 电子数为 $4m+2$(m 为正整数)的共轭体系，热反应为对旋，光反应为顺旋。似乎是要说明学生需要记住该结论，而不注重对结论的理解。本文以 2，4-己二烯的成环反应为例说明 MacMolPlt 在有机化学教学中的应用，帮助学生深入理解。

用 MacMolPlt 中的 Builder 菜单构建出 2，4-己二烯的结构，再使用 Subwindow 菜单中的 input build 菜单准备 GAMESS 量子化学的计算输入文件，然后用 GAMESS 计算出 2，4-己二烯的电子结构，接着在 MacMolPlt 中打开计算的结果文件，使用 Subwindow 菜单中的 Surfaces 菜单以可视化的方式给学生直观的前线轨道波函数图像，进而通过轨道对称性守恒的原则理解加热和光照两种反应条件会生成不同的产物。(Z，E)-2，4-己二烯分子的三维前线分子轨道如图 2 所示[左侧为最高占据轨道 HOMO，右侧为最低未占据

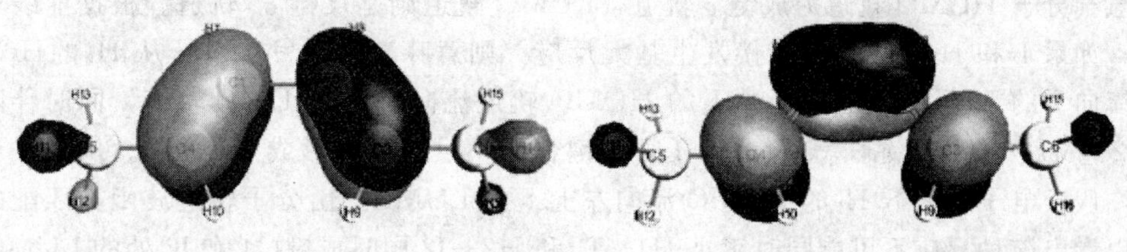

图 2　(Z，E)-2，4-己二烯 π 电子的前线分子轨道波函数图

空轨道 LUMO，深灰色与浅灰色分别表示不同的波函数相位(波函数符号)]。

通常情况下，(Z，E)-2，4-己二烯中最活泼的 π 电子填充在最高占据轨道上(加热不足以使活泼的 π 电子重新分布)，此时若想要在 C3－C4 间形成化学单键，只能要求 C1－C4 和 C2－C3 按相反方向旋转来满足 C3－C4 成键时波函数的符号相同，即轨道对称性允许。在该种反应条件下由最活泼电子成环反应得到了反式的产物。然而，在光照的情况下，由于光照使得(Z，E)-2，4-己二烯中最活泼的 π 电子跃迁到最低未占据空轨道，此时若要在 C3－C4 原子间形成单键，只能对旋即一个碳原子为顺时针(或逆时针)而另一个碳原子为逆时针(或顺时针)旋转，也即轨道对称性允许，最终形成顺式成环产物。这样，通过 MacMolPlt 向学生提供可视化的 π 电子轨道，对于(Z，E)-2，4-己二烯在加热和光照条件下生成不同的产物，很容易就记住了。对于 6 个 π 电子的共轭体系，会得出同样的结论，在此不做细述。

4. MacMolPlt 7.4 在物理化学机理教学中的作用

物理化学作为化学学科的一门分支学科，学生在学习过程中应重在理解，在理解的前提下才能学好这门课程，而不仅仅是记住公式、会做习题而已。然而，在物理化学的教学中，我们发现学生对知识的理解还是不到位，而且教材对学生的引导不够，这不利于学生的发展。例如某版本物理化学教材在讲基元反应和非基元反应时，指出氢气和碘单质的反应不是基元反应，并没有说明不是基元反应的原因。教材指出，经验证明，基元反应的速率方程比较简单，即基元反应的速率与反应物浓度的乘积成正比，其中各浓度的指数就是反应式中各反应物质的计量系数[4]。教材又在另一处指出，该反应的总速率为

$$r=-\frac{\mathrm{d}[\mathrm{H_2}]}{\mathrm{d}t}=k[\mathrm{H_2}][\mathrm{I_2}]$$

这似乎又说明该反应就是基元反应。

现结合氢气和碘单质的分子轨道进行说明。同样，首先用 MacMolPlt 画出氢气和碘单质的分子结构，作为输入文件输入到 GAMESS 中计算出 H_2 和 I_2 的电子结构，在 MacMolPlt 中打开，展示给学生二者的前线轨道，然后进行讲解。根据前线轨道理论[5]，当两个反应物的分子相互靠近时，电子总是从一个分子的最高占据轨道转移到另一个分子的最低未占据轨道以完成反应。氢气分子和碘单质的最高占据轨道和最低未占据轨道分别如图 3 所示。图中，深灰色和浅灰色网格分别表示不同的波函数相位。

从图 3 很容易看出，I_2 的 HOMO 轨道是反键 π^* 轨道，而 LUMO 轨道则是反键 σ^* 轨道；氢气分子 HOMO 轨道为成键 σ 轨道，LUMO 轨道则是反键 σ^* 轨道。根据前线轨道理论，如果 I_2 和 H_2 反应可以直接发生基元反应，则意味着可以发生电子从 H_2 的 HOMO 轨道流向 I_2 的 LUMO 轨道或者从 I_2 的 HOMO 轨道流向 H_2 的 LUMO 轨道，同时伴随着 I1—I2 与 H1—H2 的键长增长，H—I 间的键长减小过程，以形成 HI 分子。从图 3 可以看出，假设电子从左下 H_2 的 HOMO 流向左上 I_2 的 LUMO，由分子轨道波函数匹配的原则可以看出该种反应不可能同时满足 H1—I1 和 H2—I2 同时成键(I1 和 I2 处的 LUMO 波函数符号相反，而 H1 和 H2 处波函数符号相同)，因此该方式不可能发生四原子直接反应。当假设电子从图 3 右下的 I_2 的 HOMO 流向右上 H_2 的 LUMO 时，由轨道的对称性匹

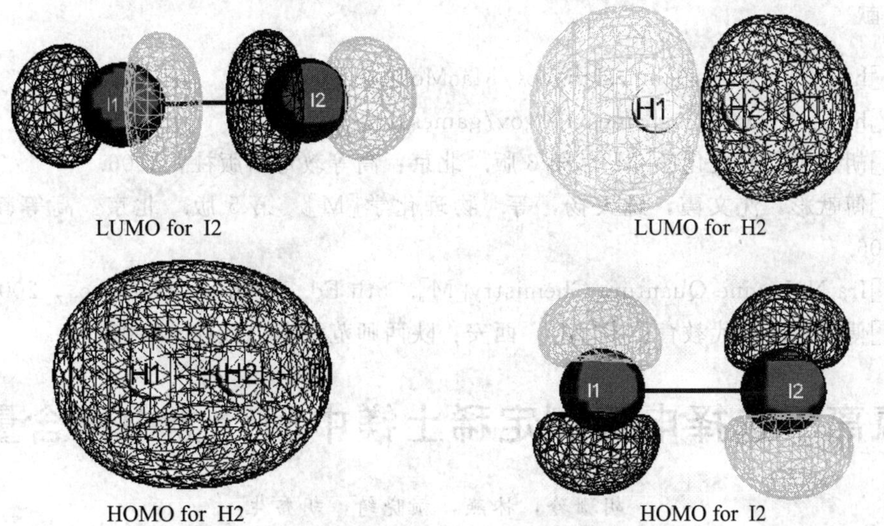

（深灰色网格表示波函数符号为正，浅灰色波函数符号为负）

图 3　碘单质和氢分子的前线轨道

配原则可以看出该种情形可以同时满足 I1—H1 和 I2—H2 形成 H—I 键，表面上似乎可以直接发生基元反应，如果仔细观察，这种电子流向可以满足减小 H—I 原子间距离，但是该种电子流向由于 I_2反键 π^* 轨道电子流失必然会导致 I1—I2 原子间距离的减小(即不能满足增强 H—I 键的同时减弱 I—I 键)，所以该种电子流向仍不能满足发生四原子的直接反应。因此，从前线轨道图示可以看出 I_2和 H_2不可能直接发生基元反应。综上，通过简单地借助 MacMolPlt 软件，学生便可以轻松掌握该反应不是基元反应，教师在教学中何乐而不为呢?

5. 结语

当今，人类社会正在步入信息时代，作为社会进步和发展的基石，教育也发生了翻天覆地的变化，高校的教育方式正经历着前所未有的改革。目前，在教育界出现了一个新名词——“现代教育技术”[6]，它体现了科学技术的进步和社会的发展，为教育的信息化提供技术支持和智力支持，有助于促进教育的改革和发展，同时，对教育教学提出了更高的要求。教育的改革对教师提出了更高的要求，教师要能够娴熟地使用各种教学媒体和信息化的教学工具，而不仅仅是停留在以往只讲授教材或简单地以多媒体课件为媒介从事教学工作，教师在教学过程中要能时刻把握科学前沿，将最新的知识教授给学生，而要做到这一点，当然离不开教学软件的适当应用。

MacMolPlt 在化学教学中的应用远不止这些。例如，在学习有机化学时，需要向学生讲解分子的构象，这时就可以借助 MacMolPlt 画出分子构象；MacMolPlt 结合免费的计算软件 GAMESS 可以画出分子的每一个轨道，在结构化学、量子化学的教学中都可以用到。教师在教学中如果运用得当，对于教学是大有裨益的。当然，作为一款优秀的化学软件，MacMolPlt 的功能还有很多，不仅可以用于化学教学，还可以用于科学研究。

参考文献

[1]http://www.scl.ameslab.gov/MacMolPlt/.

[2]http://www.msg.ameslab.gov/gamess/.

[3]胡宏纹. 有机化学[M]. 第3版. 北京：高等教育出版社，2006.

[4]傅献彩，沈文霞，姚天扬，等. 物理化学[M]. 第5版. 北京：高等教育出版社，2006.

[5]Ira N. Levine Quantum Chemistry[M]. 5th Ed. Prentice Hall Inc., 2000.

[6]傅钢善. 现代教育技术[M]. 西安：陕西师范大学出版社，2007.

氟离子选择电极测定稀土镁中间合金中氟含量*

胡珊玲，林燕，赖晓绮，胡乔生

（赣南师范学院化学与生命科学学院，赣州，341000）

摘要：通过试验确定了用氟离子选择电极测定稀土镁中间合金中氟含量的方法。中间合金中基体稀土和镁对氟的测定有干扰，采用氢氧化钠将基体沉淀分离后，过量的氢氧化钠又造成二次干扰，故确定采取标准加入法进行测定，结果准确度高、稳定性好。试验最终确定的条件为：以30%氢氧化钠20 mL沉淀基体，控制溶液pH为5～6，以TISAB缓冲溶液调节溶液离子强度，由标准曲线确定一定温度下的斜率S，再以单点标加法测定并计算合金样品中氟的含量。将此实验代替仪器分析实验常用的水中氟含量的测定，更有利于培养学生的专业素质与创新能力，提高学生理论联系实际和服务地方经济的意识。

关键词：稀土镁合金；氟；氟离子选择电极；实验改革

1. 前言

电分析化学是仪器分析课程的一个重要组成部分，其中离子选择电极单元的理论学习与实验操作通常以灵敏度高、选择性好的氟电极为例，通过测定水中氟的含量来加强对离子选择电极的理解与应用。地面水中氟离子的含量很低，为0.01～0.3 mg/L（$5\times10^{-7}\sim1.5\times10^{-5}\,mol\cdot L^{-1}$），而氟电极对氟离子的响应范围在$1\times10^{-6}\sim1\times10^{-1}\,mol\cdot L^{-1}$时才能获得良好的线性，因此以标准曲线法测定时准确度不高，需采用标准加入法提高测定准确度[1-2]。

赣南师范学院所属江西省镁合金材料工程技术研究中心研制开发的电解稀土-镁中间合金为具有自主知识产权的科研产品，该合金因在氟化物熔盐体系中电解制得，因此产品中含有影响镁合金耐蚀性能的氟杂质，使氟含量的测定成为产品检测的项目之一。结

* 赣南师范学院化学第四批国家特色专业项目资助；江西省教育厅教学改革项目资助。

合新形势下化学专业人才培养模式和课程体系结构改革的理论与实践需要，为培养学生的专业素质与创新能力，提高学生理论联系实际和服务地方经济的意识，本研究拟通过研究将氟离子选择电极实验从对水的测定改革为稀土-镁中间合金中氟含量的测定。

由于单一稀土金属熔点与镁存在很大的差异，在熔炼合金过程中易使成分不均匀，且使熔炼成本增加，所以采用直接加入稀土金属来制得镁合金的办法存在很大局限性[3]。采用氟化物体系熔盐电解法研制出了 Gd-Mg 等中间合金，这种制备方法相对成本更低，质量满足市场需求。

稀土金属材料中氟的测定目前较常用且适用的方法主要是氟离子选择电极法[4]，如稀土金属及氧化物中氟含量的测定国家标准[5]即是采用这一方法，而稀土镁中间合金为本院工程中心研制开发的新产品，目前并没有相应的针对此类产品的分析检测方法，因此本论文拟借鉴稀土金属及氧化物中氟含量的测定国家标准，以电解钆-镁中间合金为例，研究出适用于稀土-镁中间合金产品中氟含量的分析方法，并将此方法应用于仪器分析实验中。

2. 仪器与试剂

2.1　仪器

PHS-3C 型酸度计；232 型饱和甘汞电极；PB-10 型酸度计；PF1 型氟离子选择性电极；85-2 型恒温磁力搅拌器。

2.2　试剂

氢氧化钠溶液(5%，30%)；Gd 溶液(40 mg/mL)：99.9%氧化钆配制，盐酸质量分数 5%；Mg 溶液(20 mg/mL)：99.9%金属镁配制，盐酸质量分数 5%；溴甲酚绿-二甲基黄指示剂：取 4 份 0.2%溴甲酚绿酒精溶液和一份 0.2%二甲基黄酒精溶液混匀；TISAB 溶液：称取 102 g 硝酸钾、83 g 醋酸钠、32 g 二水合柠檬酸钠及 18 mL 醋酸配成 100 mL 溶液；氟离子标准储备液：称取 0.419 9 g 分析纯氟化钠(120 ℃干燥至恒重)于50 mL塑料烧杯中，加水溶解后移入 100 mL 容量瓶中，保存于塑料瓶中，此溶液氟含量为0.100 0 mol/L，再分别将此标准溶液稀释为 0.010 0 mol/L，0.005 0 mol/L，0.002 5 mol/L，0.000 5 mol/L 等系列氟标准溶液。

3. 试验部分

3.1　分析步骤

称取合金样品约 0.5 g 于 100 mL 烧杯中，缓慢加入盐酸(1＋)使样品溶解，再加入 20 mL 30%氢氧化钠溶液，将溶液及沉淀移入 50 mL 容量瓶中，以水稀释至刻度，摇匀。用中速滤纸干滤后分取 10 mL 于 50 mL 容量瓶中，加 1 滴溴甲酚绿-二甲基黄指示剂，用(1∶3)硝酸和 5%氢氧化钠溶液调至溶液刚变为黄色，加入 10 mL TISAB 缓冲溶液，以水稀释至刻度，混匀。

将溶液倒入 100 mL 烧杯中，加入搅拌子，将烧杯置于磁力搅拌器上，插入氟离子选择性电极和饱和甘汞电极，测定电位值。另取 0.5 mL 0.000 5 mol/L 氟标准溶液，加入 10 mL TISAB 缓冲溶液，与样品溶液同时，以单点标加法分三次加 0.3 mL 0.000 5 mol/L 氟标准溶液，分别读取电位值。根据标准溶液求得工作曲线斜率，再以样品溶液标加后的电位值计算样品中的氟含量。

3.2 结果计算

计算公式：$c_x = \dfrac{\Delta c}{10^{\Delta E/S} - 1}$

式中，c_x——待测液中氟离子浓度，mol/L；Δc——加入的标准氟离子浓度，mol/L；ΔE——加标后与待测液的电位差，V；S——标准曲线斜率，即$-2.303RT/nF$。

4. 结果与讨论

4.1 基体对测定结果的影响

离子选择电极是根据能斯特方程测定溶液中离子的活度，因此，电极电位与活度的校正曲线和电位与浓度的校正曲线是有差异的，这种差异性在高浓度范围内尤其明显。在实际工作中，采用加入等量的高浓度惰性电解质，使标准溶液和试液的总离子强度相等，如在F^-的测定中采用加入总离子强度调节缓冲液(TISAB)，这样还可使电极在低浓度时响应时间缩短[6-7]。

电解稀土镁中间合金中稀土约占80%，镁约占20%，而稀土在溶液中主要以三价形式存在，镁则为二价离子，因此溶液中大量存在的稀土和镁基体可能对溶液离子强度造成影响，进而影响到选择电极电位。为考察基体的影响情况，以钆镁中间合金为例，在等浓度的氟离子溶液中，比较含有与称样量匹配的基体溶液与不含基体溶液间的电位差值。

分别移取1.00 mL 0.010 0 mol/L 氟离子标准溶液于两个50 mL容量瓶中，加1滴指示剂，用(1∶3)硝酸和5%氢氧化钠溶液调至溶液刚变为黄色，即控制溶液酸度在pH=5～6的最佳范围[8]，加10 mL TISAB缓冲溶液，比较无基体与加入稀土和镁基体后电位值，结果见表1。

表1 无基体与加入稀土和镁基体后电位值

c_{F^-} /(mol/L)	2.0×10^{-4}	2.0×10^{-4}
加入基体	0	400 mg Gd+100 mg Mg
电位/mV	−192	−305

由表1可见，基体元素稀土和镁对氟电极干扰很大，而稀土镁中间合金电解时成分有一定波动，采用在标准溶液中匹配基体的办法不可行，因此测定前必须将基体除去，参照国家标准[5]可采用氢氧化钠将基体沉淀分离。

4.2 基体分离试验

为考察用于沉淀稀土和镁的氢氧化钠溶液用量，在2.0×10^{-4} mol/L 氟离子溶液中，加入与样品基体相匹配的400 mg Gd和100 mg Mg，再分别加入不同量的30%氢氧化钠溶液，分取10.00 mL上层清液于50 mL容量瓶中，加1滴指示剂，用(1∶3)硝酸和5%氢氧化钠溶液调至溶液刚变为黄色，加10 mL TISAB缓冲溶液，分别测定电位值，结果见表2。

表 2 氟离子选择电极对不同 pH 的响应电位值

30%氢氧化钠溶液/mL	5	10	20	30
电位/mV	−233	−224	−217	−220

由表 2 可知，用 30%氢氧化钠溶液将基体分离可以明显减少基体对测定结果的干扰，而且选用氢氧化钠溶液量为 20 mL 时，效果最佳。同时试验还比较了将沉淀过滤或直接分取其上层清液两种形式，发现对电位值影响不大，但由于使沉淀沉积需要较长时间，同时分取上层清液时容易夹带部分沉淀，因此实验确定对沉淀进行干过滤。

比较表 1 和表 2 中数据可见，将稀土和镁基体分离后，电位值仍与无基体时不同，即分离基体时引入的离子对氟产生二次干扰，因此要准确测定合金中的氟含量，只能在分离大部分基体后，采用标准加入法来消除干扰。

4.3 采用标准加入法测定可行性试验

为验证标准加入法测定合金中氟含量的可行性，在两个 50 mL 容量瓶中分别加入 2.0×10^{-4} mol/L 和 1.0×10^{-4} mol/L 两种不同浓度的氟标准溶液及 400 mg Gd 和 100 mg Mg 基体，再以 20 mL 30%氢氧化钠溶液将基体分离，干滤后取 10 mL 滤液，加 1 滴指示剂，调溶液 pH 后，加入缓冲溶液，测定电位值。另外以不同的梯度分三次加入氟标准溶液，测定电位值，计算第一次加入氟标准液的回收率，结果见表 3。

表 3 标准加入法可行性试验

$c_{F^-}\times10^{-4}$/(mol/L)	条件一				条件二			
	2.0	3.0	4.0	5.0	1.0	2.0	3.0	4.0
lg c	−3.70	−3.52	−3.40	−3.30	−4.00	−3.70	−3.52	−3.40
E/mV	−223	−211	−203	−196	−243	−222	−208	−199
回收 $c_{F^-}\times10^{-4}$/(mol/L)	/	1.97	2.04	1.98	/	0.958	0.992	0.997
回收率/%	/	98.5	102.0	99.0	/	95.8	99.2	99.7

表 3 结果表明采用标准加入法可准确测定样品中氟离子的含量，且消除了基体的干扰。

表 4 钆镁合金样品测定结果

平行样	1	2	3	备注
称样量/g	0.531 4	0.504 1	0.509 7	
E/mV	−271	−272	−272	
E_1/mV	−249	−249	−249	F^- 加入量 3.0×10^{-5} mol/L
c_{F1}/(mol/L)	2.13×10^{-5}	1.96×10^{-5}	1.96×10^{-5}	
E_2/mV	−237	−236	−236	F^- 加入量 6.0×10^{-5} mol/L
c_{F2}/(mol/L)	2.07×10^{-5}	1.86×10^{-5}	1.85×10^{-5}	
E_3/mV	−228	−228	−228	F^- 加入量 9.0×10^{-5} mol/L
c_{F3}/(mol/L)	1.96×10^{-5}	1.86×10^{-5}	1.86×10^{-5}	
平均 c_F/(mol/L)	2.05×10^{-5}	1.89×10^{-5}	1.89×10^{-5}	$c_F=(c_{F1}+c_{F2}+c_{F3})/3$
ω_F/%	0.018 3	0.017 8	0.017 6	

5. 样品测定

按 3.1 分析步骤对钆镁合金样品中氟的含量进行了测定，由标准曲线得 $S=0.057\ 57$，以 3.2 计算公式处理实验数据，结果见表 4。

参考文献

[1]霍广进，刘桂英．环境水中微量氟的测定[J]．河北师范大学学报(自然科学版)，2005，29(4)：390－393.

[2]武汉大学．分析化学[M]．第 5 版．北京：高等教育出版社，2006.

[3]陈振华，严红革，陈吉华，等．镁合金[M]．北京：化学工业出版社，2004.

[4]张艳茹，杨春晟，贾进铎．离子选择性电极测定磁性材料中微量氟[J]．材料工程，2002，(12)：14－15.

[5]稀土金属及氧化物中非稀土杂质化学分析方法第 16 部分：氟量的测定 离子选择性电极法[S]. GB/T 12690.16－200×.

[6]杨力．提高氟测定准确度的技术探讨[J]．煤质技术，2008，(2)：20－21.

[7]张爱萍．测定土壤中氟化物的最佳缓冲液的选择[J]．云南化工，2008，35(6)：66－69.

[8]王俊荣．离子选择电极法测定氟化物过程中的质量控制[J]．中国测试技术，2005，31(3)：113－114.

高锰酸钾法测定化学需氧量计算公式的推导

杜建修

(陕西师范大学化学与材料科学学院，西安，710062)

摘要：化学需氧量的测定是水质监测的重要项目之一。本文给出了利用 $KMnO_4$ 法测定化学需氧量计算公式的两种推导过程，以便于学生对该公式的理解。

化学需氧量(Chemical Oxygen Demand，COD)是指在一定条件下，氧化 1 L 水中还原性物质所消耗的强氧化剂的量，以氧化这些物质所消耗的 O_2 的量来表示(单位 mg/L)。COD 的大小直接反映了水体被还原性物质污染的程度。根据所采用氧化剂的不同，COD 的测定可分为 $KMnO_4$ 法和 $K_2Cr_2O_7$ 法。其中 $KMnO_4$ 法以操作简便、耗时短等优点常常被选作本科生实验教材的内容。其具体实验步骤为：量取 100.0 mL 水样于 250 mL 锥形瓶中，加入(1＋3)H_2SO_4 溶液 5 mL，从酸式滴定管准确加入 10.00 mL $KMnO_4$ 溶液，将锥形瓶置于沸水浴中加热 30.0 min(红色不应褪去)。取出锥形瓶，从碱式滴定管中准确加入 10.00 mL $Na_2C_2O_4$ 标准溶液至无色，趁热用 $KMnO_4$ 溶液滴定至溶液显微红色，且保持 30 s 不褪色，记录消耗 $KMnO_4$ 溶液的体积 V_1。取上述步骤滴定完毕水样，补加(1＋3)

H_2SO_4溶液 2 mL，从碱式滴定管中准确加入 10.00 mL $Na_2C_2O_4$标准溶液，再趁热(75 ℃～85 ℃)用$KMnO_4$溶液滴定至溶液呈微红色，记录消耗$KMnO_4$溶液的体积V_2。按照下式计算化学需氧量：

$$COD(O_2，mg/L)=\frac{[(10.00+V_1)(10.00/V_2)-10.00]}{V_{H_2O}(mL)}\times c(Na_2C_2O_4)\times 16.00\times 1\,000$$

国标 GB-11892-89[1]及一些实验教材[2-3]给出上述计算公式，但尚未见对上述公式进行推导的有关报道。本文给出上述计算公式的两种推导过程，以便于学生的理解。

公式推导之一：

设$KMnO_4$溶液的浓度为$c(KMnO_4)$，$Na_2C_2O_4$溶液的浓度为$c(Na_2C_2O_4)$，100 mL水样中还原性物质的量为n mol。则由反应方程式$4MnO_4^- +5C+12H^+ = 4Mn^{2+} + 5CO_2\uparrow +6H_2O$可知：

$$n=\frac{5}{4}\times c(KMnO_4)\times V_{Reacted}(KMnO_4)=\frac{5}{4}\times[c(KMnO_4)\times 10.00-c(KMnO_4)\times V_{Residual}(KMnO_4)]$$

式中的10.00为最初加入的$KMnO_4$溶液的体积，$V_{Reacted}(KMnO_4)$为与水中还原性物质反应所消耗的$KMnO_4$溶液的体积，$V_{Residual}(KMnO_4)$为剩余的$KMnO_4$溶液的体积。

由于有$c(KMnO_4)\times V_{Residual}(KMnO_4)+c(KMnO_4)\times V_1=\frac{2}{5}\times c(Na_2C_2O_4)\times 10.00$

式中的10.00为第一次加入的$Na_2C_2O_4$溶液的体积，即滴定剩余的$KMnO_4$溶液所加入的$Na_2C_2O_4$溶液的体积。则

$$n=\frac{5}{4}\times\left[c(KMnO_4)\times 10.00-\frac{2}{5}\times c(Na_2C_2O_4)\times 10.00+c(KMnO_4)\times V_1\right]$$

又由于$5\times c(KMnO_4)\times V_2=2\times c(Na_2C_2O_4)\times 10.00$

式中的10.00为第二次加入的$Na_2C_2O_4$溶液的体积，即标定$KMnO_4$溶液时加入的$Na_2C_2O_4$溶液的体积。则

$$c(KMnO_4)=\frac{2}{5}\frac{c(Na_2C_2O_4)\times 10.00}{V_2}$$

代入上式得

$$\begin{aligned}n&=\frac{5}{4}\left[10.00\times c(KMnO_4)+V_1\times c(KMnO_4)-\frac{2}{5}\times 10.00\times c(Na_2C_2O_4)\right]\\&=\frac{5}{4}\left[10.00\times\frac{2}{5}\frac{c(Na_2C_2O_4)\times 10.00}{V_2}+V_1\times\frac{2}{5}\frac{c(Na_2C_2O_4)\times 10.00}{V_2}-\right.\\&\quad\left.\frac{2}{5}\times 10.00\times c(Na_2C_2O_4)\right]\\&=\frac{c(Na_2C_2O_4)}{2}\left(10.00\times\frac{10.00}{V_2}+V_1\times\frac{10.00}{V_2}-10.00\right)\\&=\frac{c(Na_2C_2O_4)}{2}\left[(10.00+V_1)\times\frac{10.00}{V_2}-10.00\right]\end{aligned}$$

转化为O_2的质量：

$$m(O_2)=n\times M(O_2)=\frac{1}{2}\left[\frac{(10.00+V_1)\times 10.00}{V_2}-10.00\right]\times c(Na_2C_2O_4)\times 32.00$$

$$=[(10.00+V_1)\times\frac{10.00}{V_2}-10.00]\times c(Na_2C_2O_4)\times 16.00$$

则 $COD(O_2, mg/L)=\frac{[(10.00+V_1)(10.00/V_2)-10.00]}{V_{H_2O}(mL)}\times c(Na_2C_2O_4)\times 16.00\times 1\,000$

公式推导之二：

设 $KMnO_4$ 溶液的浓度为 $c(KMnO_4)$，$Na_2C_2O_4$ 溶液的浓度为 $c(Na_2C_2O_4)$，100mL 水样中还原性物质物质的量为 n mol。由于 $4MnO_4^- +5C+12H^+ = 4Mn^{2+} +5CO_2\uparrow +6H_2O$，则有

$$n=\frac{5}{4}V_{Reacted}(KMnO_4)\times c(KMnO_4)$$

式中，$V_{Reacted}(KMnO_4)$ 为水样中还原性物质所消耗的 $KMnO_4$ 溶液的体积，等于加入的 $KMnO_4$ 溶液总体积减去反应之后剩余的 $KMnO_4$ 溶液的体积 $V_{Residual}(KMnO_4)$，即

$$n=\frac{4}{5}c(KMnO_4)\times V_{Reacted}(KMnO_4)=\frac{4}{5}c(KMnO_4)\times[10.00-V_{Residual}(KMnO_4)]$$

剩余的 $KMnO_4$ 再与加入的 $Na_2C_2O_4$ 反应，由反应关系式 $5C_2O_4^{2-}\sim 2MnO_4^-$ 得

$$5c(KMnO_4)\times(V_{Residual}+V_1)=2\times 10.00\times c(Na_2C_2O_4)$$

式中的 10.00 为第一次加入的 $Na_2C_2O_4$ 溶液的体积，即滴定剩余的 $KMnO_4$ 溶液所加入的 $Na_2C_2O_4$ 溶液的体积。

$$V_{Residual}=\frac{2}{5}\times\left[\frac{10.00\times c(Na_2C_2O_4)}{c(KMnO_4)}-V_1\right]$$

$$5V_2\times c(KMnO_4)=2\times 10.00\times c(Na_2C_2O_4)$$

式中的 10.00 为第二次加入的 $Na_2C_2O_4$ 溶液的体积，即标定 $KMnO_4$ 溶液时加入的 $Na_2C_2O_4$ 溶液的体积。即

$$c(KMnO_4)=\frac{2}{5}\frac{10.00\times c(Na_2C_2O_4)}{V_2}$$

代入上式得

$$n=\frac{5}{4}\left[10.00\times c(KMnO_4)+V_1\times c(KMnO_4)-\frac{2}{5}\times 10.00\times c(Na_2C_2O_4)\right]$$

$$=\frac{5}{4}\left[10.00\times\frac{2}{5}\frac{c(Na_2C_2O_4)\times 10.00}{V_2}+V_1\times\frac{2}{5}\frac{c(Na_2C_2O_4)\times 10.00}{V_2}-\frac{2}{5}\times 10.00\times c(Na_2C_2O_4)\right]$$

$$=\frac{c(Na_2C_2O_4)}{2}\left(10.00\times\frac{10.00}{V_2}+V_1\times\frac{10.00}{V_2}-10.00\right)$$

$$=\frac{c(Na_2C_2O_4)}{2}\left[(10.00+V_1)\times\frac{10.00}{V_2}-10.00\right]$$

转化为 O_2 的质量：

$$m(O_2)=n\times M(O_2)=\frac{1}{2}\left[\frac{(10.00+V_1)\times 10.00}{V_2}-10.00\right]\times c(Na_2C_2O_4)\times 32.00$$

$$=\left[(10.00+V_1)\times\frac{10.00}{V_2}-10.00\right]\times c(Na_2C_2O_4)\times 16.00$$

则 $COD(O_2, mg/L)=\frac{[(10.00+V_1)(10.00/V_2)-10.00]}{V_{H_2O}(mL)}\times c(Na_2C_2O_4)\times 16.00\times 1\,000$

参考文献

[1]中华人民共和国国家标准．水质高锰酸盐指数的测定[S]．GB11892—89.

[2]张成孝．化学测量实验[M]．北京：科学出版社，2001.

[3]叶芬霞．无机及分析化学实验[M]．北京：高等教育出版社，2004.

基础化学教学中绿色与可持续化学思想的培育

单永奎，陈波，王清江
（华东师范大学化学系，上海，200062）

摘要：绿色和可持续化学理念是可持续发展思想在人类社会进步中的体现。这种先进的理念已在化学科学学术界和化学技术工业界得到了普遍认可，可是在广大民众和化学教育中的普及尚处于起步阶段。本文依据绿色和可持续化学的基本原理和基础化学的内容，提出了在基础化学教学中，利用现行教科书和教学过程，在不增加教学课时的情况下，如何普及绿色和可持续化学思想的一种方式，使绿色与可持续化学思想融合并生根于基础化学，尽早、尽快地将绿色与可持续化学思想植入我们未来的化学家及化学工程师的基础知识结构之中，让化学在人类社会可持续发展过程中发挥出应有的作用。

化学是一门自然科学的基础学科，从物质或分子层面上来看，化学具有“无中生有或创生”的神奇功能。正是依据这种功能，化学家和化学工程师们运用自己的智慧，创建了诸多以化学为基础的先进科学科技，为人类创造了巨大财富，使人类的生活绚丽多彩，使人类的寿命显著增长，人类生活质量也得到了前所未有的提高。然而，在相当长的时期里，在人们只知道一味地向自然界索取的发展过程中，一直被我们引为骄傲的技术，它在为我们提供大量的物质财富的同时，也助长了自然资源日趋衰竭，生态环境严重污染，进而引发了全球的臭氧层损耗、气候恶化、淡水资源短缺、森林锐减、生物多样性减少、水土流失沙漠化等，严重影响人类身体健康和安全，将会导致人类社会和经济发展的不可持续性。

现行科学技术的这种两重性，迫使人类寻找一条希望之路，使人类真正实现人与自然和人与人的双重和谐目标。通过对造成全球性资源和环境问题的现有经济发展模式进行深刻痛苦反思后，提出了可持续发展的模式，即“既满足当代人的需求，又不危及后代人满足其需要的发展”。可持续发展理论十分注重和强调人类社会和经济的发展与资源及环境的协调关系。这一发展模式一经提出便在全球范围内得到普遍认同，走可持续发展之路已成为各国的共识。其实，化学家较早地意识到在严峻的环境问题中，尤其是造成污染的各种因素中，化工生产排放的废物及废弃化学品对环境造成的影响最大，并积极参与环境污染问题的研究与治理，先后提出了“绿色化学”和“可持续化学”的理念[1]，使人们认识到必须用可持续发展的思想来指导化学科技的创建和发展，使其成为正确处理人与自然之间关系的有力工具。

绿色和可持续化学理念的诞生是当代化学发展的一个重要转折点，是可持续发展思想在人类社会进步中的体现。这种先进的理念已在化学科学学术界和化学技术工业界普遍认可，可是在广大民众和化学教育中的普及尚处于起步阶段。特别是在教科书中和常规的教学过程中相关的内容甚少，使普及的深度和广度均受限制。近年来，许多有识之士对此已做了大量卓有成效的努力，取得了令人可喜的成绩，但他们大多是单独设立课程或开展独立活动。本文旨在提出利用现行教科书和教学过程。在不增加教学课时的情况下，如何普及绿色和可持续化学理念的一种尝试，使绿色与可持续化学思想融合并生根于基础化学之中。在此仅扼要描述以下几点粗浅见识。

1. 传统化学、绿色与可持续化学的理念与内涵

绿色与可持续化学要求化学家或化学工程师在研究化学转化的同时，研究这种转化对生态环境、人类健康和安全的影响。事实上，绿色化学与传统化学并无本质的区别，二者都信奉创造性和创新性，而这种创造性和创新性则是传统化学的核心。绿色化学的最终目的是通过减少内在的危害而使社会和经济的发展具有可持续性。可持续化学的概念正是基于这种理念提出来的，他是在绿色化学的核心内容基础之上，进一步强调可持续性[2]。它似乎又超出了绿色化学的范畴，以解决社会和经济发展所面临的重大挑战为已任，指出了未来化学发展的方向，它要求化学技术和化工生产过程更具生态效应，使资源的使用最佳化，使对环境的影响最小化，最终消除负面影响。绿色化学和可持续化学两者的主要不同有两点：其一是在于可持续化学的经济内涵。如果某些绿色的化工产品和工艺技术不能工业化而产生经济效益，那么如何谈它的可持续性？其二是对产品生命周期最终阶段去向处理上的差别。绿色化学的原则是：产品设计要考虑在其功能终结时，能被处理成无害的物质，不在环境中永久存在。而依据可持续化学的原则，产品的生产设计要使其能回收、循环利用，要具有可循环回收性，在绿色化学中对此没有明确的规定。由此可见，绿色与可持续化学不是一门全新或独立的科学，它是在传统化学基础上发展起来的更高层次的化学，它是一种战略思想或一种理念。所以我们在教学过程中完全可以将“绿色程度”和“可持续性”看成是两种特殊的化学属性融入传统化学之中，构建一个新的化学体系。这也就是说完全可以将绿色与可持续化学的理念与内涵纳入到传统化学中来。化学作为一个基础学科其本身就应该是绿色的，具有可持续性。

2. 丰富理论课讲授内容，渗透绿色与可持续化学思想

综上所述，如将“绿色程度”和“可持续性”看成是两种特殊的化学属性，那么我们在教学的过程中没有必要改变教材的知识体系和结构，只要选好可以渗透绿色与可持续化学思想切入点，稍加引导，就可以使学生受到绿色与可持续化学思想的教育，增加学生的绿色与可持续化学思想意识，用时不多，可收到事半功倍的效果。现列举两例，以示说明。

(1)在讲授元素和化合物的性质内容时，既要介绍元素和化合物的组成、结构、性质及其变化规律，还要介绍其对生态环境的影响。如在讲授有关过渡金属元素汞(Hg)和镉(Cd)以及卤代烃的科学知识时，要将因汞流入环境造成的日本水俣病事件；因镉流入环

境造成的日本富山骨痛病事件；多氯联苯污染引起的日本米糠油事件介绍给学生，让学生不仅牢固地掌握传统基础化学知识，又要清楚地认识到这些物质对生态环境能够造成的危害。

(2)在讲授化学反应知识时，除介绍化学反应方向、化学反应条件、化学反应机理等有关传统化学知识外，还要将化学反应的原子经济性、反应过程的环境因子、原料利用率、辅助材料可循环回收性等概念传授给学生，使学生在学习传统化学反应知识的过程中掌握化学反应的“绿色程度”和“可持续性”的属性。如在讲授醇氧化内容时，按照传统化学描述方式，我们要介绍常用的醇氧化剂：$K_2Cr_2O_7$-H_2SO_4；CrO_3-HAc；L. H. Sarrett 试剂(CrO_3吡啶)和 $KMnO_4$等，并以此来完成醇氧化反应：

$$CH_3CH_2CH_2CH_2OH \xrightarrow{KMnO_4} CH_3CH_2CH_2CHO \xrightarrow{KMnO_4} CH_3CH_2CH_2COOH$$

或

$$CH_3CH{=}C(CH_3)CH_2CH_2OH \xrightarrow{CrO_3 \cdot (C_5H_5N)_2} CH_3CH{=}C(CH_3)CH_2CHO$$

同时也有通过活性铜(或银、镍等)催化剂的表面时，醇脱氢生成醛或酮的氧化反应：

$$CH_3CH_2CH_2CH_2OH \xrightarrow[250℃\sim350℃]{Cu} CH_3CH_2CH_2CHO$$

在向学生传授这些相关的基础化学的同时，要引导学生讨论在这些反应中氧化剂的去向、反应的原子经济性、反应过程的环境因子、参与反应的原料利用率、没有参与反应的辅助材料(如溶剂)以及催化剂的可循环回收性。还可以进一步引导学生分析讨论，在达到同一目的时哪种途径更符合绿色与可持续化学的要求。这样可以潜移默化地向学生灌输绿色与可持续化学的思想。

3. 利用实验教学内容，增强绿色与可持续化学意识

化学是一门以实验为基础的学科，化学实验课程在培养化学人才中具有极其重要的作用，实验教学是让学生感知、体验、认识和理解化学的极其有效的方法。实验教学过程也是使学生巩固和拓展化学知识的过程。同时这也是向学生传授绿色与可持续化学理念的最佳方式。可以让学生在观看化学反应现象，闻到化学物质的气味，完全处于化学气氛之中时，去感知和接受绿色与可持续化学的思想。现以乙酰乙酸乙酯的合成实验为例予以说明。

这个实验是依据在强碱条件下含有 α-H 的酯进行缩合可得到 β-羰基酸酯的原理设计出来的，它以无水乙酸乙酯和金属钠为原料，以过量的乙酸乙酯为溶剂，进行 Claisen 酯缩合制备乙酰乙酸乙酯。其过程可简述如下：

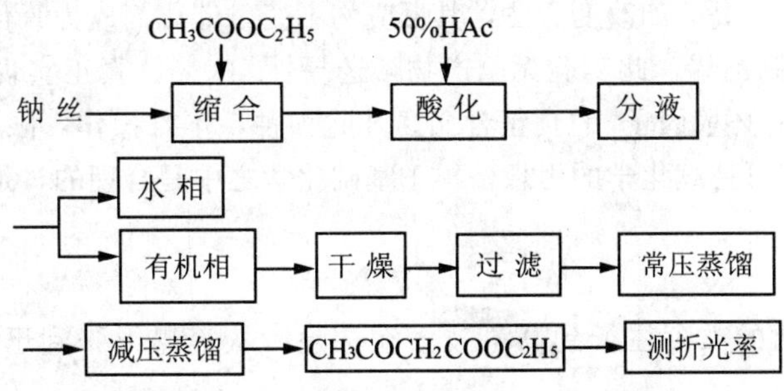

在这个实验过程中要求严格无水、使用了金属钠、为中和产物本实验中加入50%醋酸、为分离产物要加入等体积的饱和氯化钠溶液。因而我们可以针对这些事实向学生传授绿色与可持续化学的思想。在开始做实验前在对学生讲授相关的传统化学知识时就向学生介绍相关的绿色与可持续化学的原则、要求和评价方法[3]，要求学生在实验过程中予以注意。在实验报告中除传统实验报告内容外，要针对本实验化学反应过程严格无水的苛刻条件、使用了金属钠、50%醋酸、等体积的饱和氯化钠溶液以及作为溶剂的乙酸乙酯等事项进行原子经济性、环境因子、原料利用率、辅助材料可循环回收性的评价和讨论，并依据自己在实验中的体会和已掌握的化学知识，提出对本实验内容进行如何改进和设计能够使它更加符合绿色与可持续化学理念的建议。这样不仅向学生传授了绿色与可持续化学的思想，增强学生运用化学知识的能力，也会使实验课的内容变得更加丰富多彩，更加生动活泼。

4. 绿色与可持续化学的思想要在基础化学教材内容中根深蒂固

以上所述均是针对现在高校教材而言的，因为就目前而言，多数高校所使用的教材中，涉及绿色与可持续化学内容的还很少，有些甚至没有。开展了这方面教育的都是“另起炉灶”，开设单独课程，而教材的内容在一定的时期内是相对固定的，真正准确、完整的教材教学内容是需要随着学科的发展而补充、完善的，要有一个过程和时间，因而提出一些补救措施。实事上众所周知，教材是教育的基础，要真正地在化学的课堂教学中系统、全面地传授绿色与可持续化学的思想，编著出包含绿色与可持续化学的思想的基础化学教科书是十分必要的。

绿色与可持续化学是当前社会和经济发展的需求与传统化学结合的产物，是社会和经济的可持续发展对化学科学的促进和改善，是要求利用化学的基本原理来消除它在为人类创造财富时产生的负面影响。由此可见，绿色与可持续化学不应与基础化学分离，在大学的基础教学过程中没有必要将其独立设为一门课程，只要将绿色与可持续化学的基本概念、研究手段、原理及评估原则作为化学的基本属性分散于基础化学知识里，使绿色与可持续化学的思想扎根于基础化学之中，这样就能使大学生在基础化学学习时就掌握了绿色与可持续化学的基本思想。从教材编写的角度来看，这是非常容易做到的。例如，环氧乙烷是一种重要的有机合成试剂，其制备方法有传统的氯醇法和现代的催化氧化法。在书中描述时，稍加渗透即可让读者明白一个重要的绿色化学概念——原子利用率，从而进一步理解“原子经济性”概念。传统的氯醇法其原子利用率＝预期产物的摩尔质量/反应物质的摩尔质量之和＝44/179＝25%；而现代的催化氧化法其原子利用率为100%，为典型的绿色化学工艺；再如，教科书上制乙烯的实验是用乙醇做反应物，浓硫酸做催化剂，这个反应会产生许多副产物，选择性不高。如改变方法，其反应物不变，催化剂改为氧化铝，使乙醇蒸气在350 ℃～400 ℃脱水制乙烯，此实验无副产物，选择性100%，真正实现绿色化。对此略做说明就能使学生掌握“环境因子”的真正含义。凡此种种，不难操作，限于篇幅，毋庸累述。总而言之，将绿色与可持续化学的思想植根于基础化学之中是合理的，是切实可行的。

5. 结束语

从人类日常生活的衣食住行到高科技太空探险，从笔墨纸张到迅速发展的智能机器人等，无一不和化学有着密切的关系。现今社会各界普遍关注的热点问题，如能源、环境、材料、食品、药品等的最终解决，其产生、发展都离不开化学。没有化学，现代社会文明和进步是无法想象的。然而近年来，在大众心目中，具有巨大成就和光辉贡献形象的化学却湮没在诸多的负面效应中，如环境污染、温室效应、爆炸事件、毒品等。甚至在公共媒体中也偶尔出现讨厌和恐惧化学的迹象。为了应对这种挑战，为了让公众全面而客观地了解和认识化学在人类文明和社会进步中所扮演的真实角色以及如何利用化学科学技术来解决环境、资源等人类面临而又急需解决的难题，就应尽早尽快地普及绿色与可持续化学知识，使绿色与可持续化学的理念贯穿于我们未来的化学家和化学工程师所掌握的化学知识，并成为他们从事化学工作的指导思想，从源头上消除化学的负面效应。对此我们化学教育工作者应是义不容辞，责无旁贷。

参考文献

[1]Anastas P T，Warner J C. Green Chemistry：theory and practices. Oxford，New York，Tokyo：Oxford University Press，1998；SusChem draft implementation action plan，August，2006. http://www. suschem. org.

[2]梁文平. 可持续化学：理念与内涵——欧洲化学界提出的可持续化学概念综述[J]. 中国科学基金，2006，(6)：323.

[3]单永奎. 绿色化学的评估准则[M]. 北京：中国石化出版社，2006.

计算机网络技术在现代高校教学管理中的应用现状分析

闫生忠[1]，贾钦相[2]，陈亚芍[1]

(1. 陕西师范大学化学与材料科学学院，西安，710062；

2. 西安交通大学理学院，西安，710049)

计算机及其互联网技术成为经济全球化、教育全球化的助推剂，网络化管理、网络教育以及由此引发的现代教育技术革命已成为当代高等教育的必然趋势，而高校是传播知识、培养人才的重要基地，因此，提高现代大学的教育、管理水平是建设世界一流水平大学的关键环节。

1. 网络教育发展现状及其分析

计算机网络技术在教育领域的普及和应用极大地促进了教育的发展。目前，网络化教育正在全球范围内迅速发展。调查报告显示，在美国，2006 年有 90.6％的公立高校、96％的大型高校、80.6％的研究型大学开设网络课程；而到了 2007 年年底，美国至少注册一门在线课程的学习者达 390 多万，比前一年增长了 12.9％[1]。技术的进步正在悄然地改变着传统课堂，网络教育在美国高等教育中得到了快速的发展，逐渐成为美国高等教育的主要教学形式之一。而在亚洲，经济发达的日本在教育现代化方面也毫不逊色。

早在 2002 年，日本的公共学校已经实现了全面网络化教育[2]。

我国的网络教育在 20 世纪 90 年代中期起步，近几年已经进入一个快速成长期。在我国，已有 4 000 多所学校集成校园网，有的地区还建设了教育城域网，并具有 300 多个一定规模的网校。

目前，我国的网络教育已初具规模，按教育部的统计，通过远程网络接受高等教育的人数达到了 280 万。如果我国能抓住发展机遇，对网络高等教育合理规划、规范管理、严抓质量，必将对我国国民素质提升和社会进步大有裨益。

2. 网络化管理发展现状及其分析

基于网络的数字化管理系统例如数字图书馆、虚拟校园、校务信息反馈平台等大大提高了学校管理的效率和透明度，逐渐在学校管理中发挥着重要作用[3]。网络化管理以其方便、高效、实时性受到广泛的欢迎。网络调查、网上心理咨询、数字化校园管理系统、大型仪器管理平台等使学校管理更加科学化、透明化、人性化；使资源利用更加高效化[4]。下面用陕西师范大学的几个网络化管理方面的典型事例分析计算机网络管理的使用现状以及存在的问题。

陕西师范大学化学与材料科学学院实验中心网络化管理平台是以我校分析仪器测试中心为依托建立的大型仪器网络化管理平台，图 1 是大型仪器管理平台首页。该系统的建立，结束了实验室获得需求信息难、维修难、测样难、耗材品种少和采购人员寻求最优物品难的传统管理模式，为广大教师、学生物品领用、仪器保修、实验测样等提供了一个网络共享平台，使仪器使用率、耗材采购、领取、仪器维修等各方面的工作效率极大提高，给管理者和使用者都带来了很大的方便。通过该系统，可以实时查阅仪器的使用状态、预约情况、管理员、测样人使用情况评价等信息。其实现机制如图 2 所示。

图 1　大型仪器管理平台首页

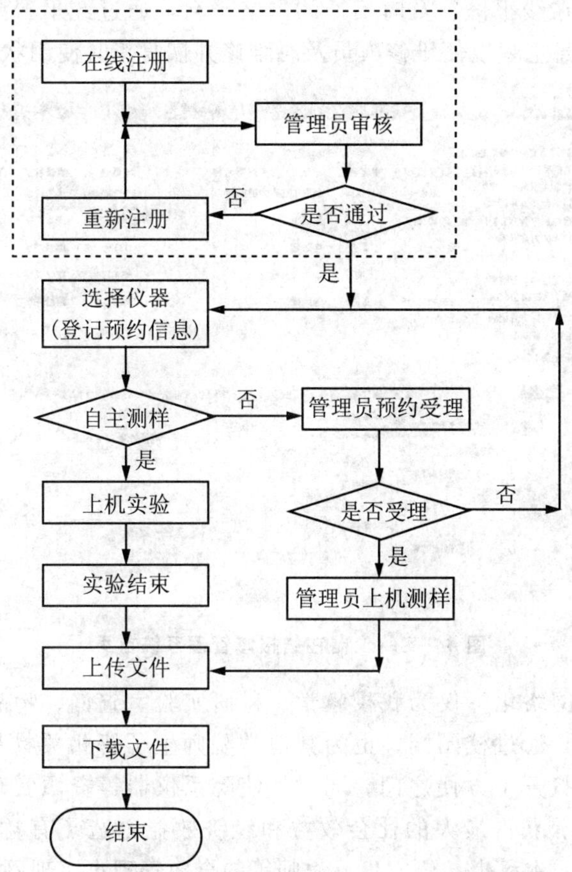

图 2　大型仪器管理系统实现流程图

图 3 是物品供应管理系统首页。物品供应管理平台是学院日常的实验室耗材、药品领用、采购管理平台，通过此平台师生可以很快查询到自己所需的耗材、药品以及自己的订购信息状态。图 4 是实验仪器在线报修管理系统首页。实验仪器维修管理作为网络化平

用户名：　密码：　登录　›用户注册　　中心网站 | 返回首页

陕西师范大学 SHAANXI NORMAL UNIVERSITY 化学实验教学中心　物品采购供应管理平台

物品名称检索：药品库　模糊　Search

等待领用信息　领用人数：27　等待领用的人数：27　等待领用的物品件数：438　MORE

排行	物品名称	规格型号	物品类型	领用量	单价	提交时间	需求人	领用单位/导师
1	勺子	不锈钢 16CM	材料库	2	2.40	04-26 16:05	韩亚军	魏俊发
2	称量纸	11*11	材料库	1	10.00	04-26 16:04	韩亚军	魏俊发
3	手套	一次乳胶	材料库	60	1.00	04-26 16:03	韩亚军	魏俊发
4	三乙胺	AR 1*500	药品库	1	14.00	04-26 16:02	韩亚军	魏俊发
5	长颈漏斗	75mm	材料库	2	2.20	04-26 15:55	张蕾	房喻
6	梨型分液漏斗	500 ML19	材料库	2	24.00	04-26 15:55	张蕾	房喻
7	四氢呋喃	AR 1*500ml	药品库	2	26.80	04-26 15:54	张蕾	房喻
8	橡胶手套	大号 中号	材料库	5	3.50	04-26 15:45	李孟元	董文生
9	无水乙醇	AR 1*500	药品库	8	6.50	04-26 15:43	赵丽芳	陈亚芍
10	烧杯	100 ML	材料库	2	1.80	04-26 15:28	杨凯丽	张成孝

公告通知　MORE
- 宋少飞要求采购的试纸货已到
- 刘伟要求采购的十六烷基三甲基溴化铵货已到
- 贺云要求采购的乌氏粘度计货已到
- 汤发友要求采购的1，4-二氧六环货已到
- 王孝妹要求采购的异丙醇货已到
- 王孝妹要求采购的碘乙烷货已到
- 孙华明要求采购的氨氟酸货已到
- 李静要求采购的对甲氧基苯甲酸货已到
- 李静要求采购的碳酸银货已到
- 孙华明要求采购的十二烷基磺酸钠货已到

已领用信息　本年度：24994件　金额123335.06　本月：5566件　金额31340.00　本日：0件　金额0.00　MORE

排行	物品名称	规格型号	物品类型	领用量	单价	领用时间	领用人	领用单位/导师
1	无水乙醇	AR 1*500	药品库	4	6.50	04-21 16:32	康永宁	胡满成
2	卫生纸	无	材料库	10	1.00	04-21 16:30	刘梅	李保新
3	卫生纸	无	材料库	10	1.00	04-21 16:30	刘梅	李保新
4	打印纸	A4	材料库	1	15.00	04-21 16:30	高强	陈亚芍
5	试纸	1 - 14	材料库	4	0.90	04-21 16:30	刘梅	李保新
6	滴管	200 MM	材料库	2	0.70	04-21 16:21	党威武	曾京辉

要求采购回复　MORE
- 严向阳要求采购的氯化铜--正在采购
- 严向阳要求采购的乙酰丙酮--正在采购
- 严向阳要求采购的水合肼85% --正在采购
- 严向阳要求采购的苏丹III --正在采购
- 毛宇鸿要求采购的硅胶GF254--有
- 田穗康要求采购的旋钮-- 正在采购
- 刘伟要求采购的剪刀-- 正在采购

图 3　物品供应管理系统首页

台的一部分，是师生在线报修、及时反馈的网络平台，通过此平台师生可以将自己实验室需要维修的仪器信息上报以便维修人员及时维修并恢复正常使用状态。

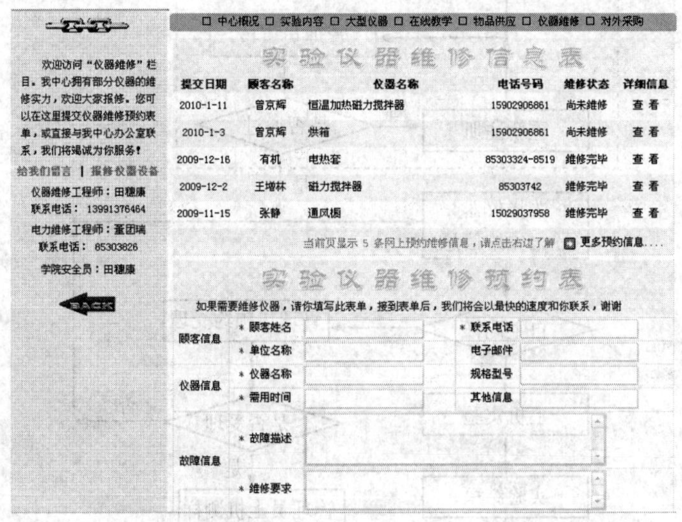

图 4　实验仪器在线报修管理系统首页

实验中心管理的网络化不仅为我校教学、科研实验室查询、物品领用和大型仪器的预约提供了便利条件，通过校园网，也为其他学院师生了解相关物品价格、规格和领用化学药品、玻璃仪器打开了方便之门。同时，使院系仪器等资源实现透明化管理，为提高大型仪器使用效率、获得最大的社会效益和经济效益创造了有益的条件。不仅如此，目前学校的科研成果、本科生、研究生、教师等的全面管理也实现网络化。

3. 存在的问题及其分析

尽管网络化的潮流下各大高校都在网络教育资源建设方面取得了一定的成绩，但网络化教育仍然有很多问题亟待解决。

3.1　网络课程的管理

很多课程被评为省级甚至国家级精品课程之后就疏于管理，内容不能及时更新，资源缺乏新颖性，师生在线答疑也不能及时进行。为此，有必要对网络课程配备专门的管理人员并对网络课程进行定期的评估，使其能够优胜劣汰，走良性化发展道路。网络课程的发展建设要长期坚持，发展自己的特色，将课程资源的发掘做深入、做细致。

3.2　教师的计算机网络及其辅助技术的提升

教师教学的对象是学生，教师的综合素质决定了学生培养的质量。作为一名教师不但要有扎实的专业功底，面对数字化和全球化的现代教育要求，一名优秀的教师还要很好地掌握计算机网络及辅助教学技术，能够很好地利用现代技术开展教学。为此学校有必要建立一套长期为教师进行网络化教育技术培训的可行性方案。确保教师能够培养学生运用信息工具、获取信息、处理信息、生成信息、创造信息、信息免疫的能力。

3.3　校园计算机网络设备的提升及计算机网络安全的防范

随着多媒体技术的广泛应用，网络教学资源不断丰富和网络的普及，越来越大的访问量使得目前的计算机网络硬件无法满足需求，必须进行更新升级；同时，计算机病毒以及黑客入侵困扰着广大互联网使用者。为此，学校需要不断提升教师和学生的信息技术水平；加强互联网使用安全意识；加强互联网监管力度，防止不良信息来污染网络教育平台。

3.4　加强教育质量把关

网络教育使大众化教育成为可能。但是我国目前网络教育存在网络教育资源重复，质量低下等问题，严重制约着网络教育的良性发展。如何从数以千计的教育网站中脱颖而出，是摆在网络教育产业人士面前的棘手问题。为此，发挥自己的长处，弥补自己的短处，创造性地走出属于自己的道路，是业界人士的必然选择。严把教学质量关，走创新发展的道路。

随着计算机网络技术的不断更新发展，网络教育将不断普及，手机网络等无线网络、移动计算机网络技术将使我们在更加广泛的空间里学习到自己感兴趣的知识。作为网络教育领域的人员需要不断提高自身的综合素质以适应日新月异的发展。

4. 发展趋势探讨

4.1　网络化的普及和教育质量必将进一步提高

从摩尔定律(Moore's Law)我们可以知道，随着工业技术的提升，必然会加速其应用与大众化。显然网络化也必然会在不久的将来更加普及。而且，技术的进步将使其在教育行业中的应用更加如鱼得水，与此同时教育资源的受益面会更大，教育的质量也必将得到提高。

4.2　教育资源将进一步集中化，高校管理将更加科学化、规范化

目前，很多高校都建有网络学院，并且大量投入人力物力建设开发自主知识产权的课程资源。而在一些高校已经将网络教育集团化，网络教育资源纳入统一的网络化体系中，由学员自行选课和评价，让最优质的资源留存下来，这样也避免了资源的重复建设和浪费，使资源的质量和数量都得到保障。同时，先进的管理系统也应用到学生、教师以及学校的管理中，使学校的运行更加科学和规范。

4.3　传统的教育模式和学习方式将在变革中发展

网络教育的发展必将对传统的教育模式和学习方式产生巨大冲击，传统教育必须加快自身的变革，以适应现代化和大众化的学习需求；为此，现代高校一方面要加强教师队伍素质的提升和建设，树立终身学习的理念，吸引最优秀的人从事教育；另一方面，定期更新教学设备、教材，以最先进的知识和理念去引导学生；最后，培养学生实践能力和知识面并重的观念，注重学生学习能力的培养以及学生健全人格的培养。

4.4　大众化教育将走向普及化

网络教育为全社会实现教育公平和社会整体教育水平的提升提供了良好的平台，它必将促进专业知识的更新与职业的提升，接受网络教育的学习者的主要目的就是提升专业知识水平，为职业晋升创造条件。正如美国著名高等教育学家克拉克·克尔所说，“高等教育从民族国家的趋异走向几乎比较普遍的重新趋同，在那里，大学通过服务于学习世界而更好地为它们的国家服务”。

5. 总结

网络教育作为教育新的增长点已经在我国教育领域成为一支不可小觑的力量，并且它的规模在以惊人的速度扩大。作为政府，需要对该领域加大投入、科学管理，使其百花齐放、百家争鸣、繁荣发展；作为教育工作者，需要加强学习，不断提升自身的技术能力素养，精益求精，以求在激烈的竞争中脱颖而出。

参考文献

[1]程斌．美国网络高等教育发展概况[J]．航海教育研究，2006，(4)：35－36.

[2]林文静．浅析日本网络教育发展的成功经验及存在的问题[J]．中国教师高等教育，2009，(S1)：70.

[3]林丽丽．论网络技术对学校教育管理的影响及对策[J]．读与写杂志，2009，12(6)：85－86.

[4]杨文玉，胡满成．化学实验中心网络化管理的探索与实践[J]．高校实验室工作研究，2005，83(1)：65－67.

理科化学专业课程中高分子类课程教学改革

常飞，梁晟斌，宋春梅

（华东师范大学化学系，上海，200062）

摘要：当今社会高分子工业蓬勃发展，社会对高分子类化工人才的需求也越来越大，理科类化学专业本科生也应该具备一定的高分子知识。本文介绍了华东师范大学应用化学本科专业(理科)课程教学中高分子类课程的现状、近年来的一些改革措施以及未来的发展规划。

关键词：理科化学；高分子科学；课程教学；改革

从"高分子"的概念提出到被逐步接受，高分子学科经历了一个逐步完善的过程，现在已经发展成为包含高分子化学、高分子物理、高分子成型加工三个主要分支，和无机、有机、分析、物化、金属材料、非金属材料等传统学科并列的，在化学和材料学领域有重要地位的二级学科。与其他化学传统基础学科不同，高分子学科既是一门基础学科，又是一门应用性极强的学科。高分子材料学科离不开高分子化学和高分子物理等化学基础学科的研究支持。"结构决定性能"，高分子材料的使用性能从最根本来说还是取决于构成材料的主体聚合物以及构成聚合物的重复单元的性质，所以有机化学及其衍生的高分子化学对物质结构的基础性研究工作是高分子材料学科的基础；同时，高分子材料学科关于材料实际应用的研究也促进了高分子化学和高分子物理学科的发展，使得相关的研究人员可以根据实际来改善材料主体聚合物的结构、合成方法等，为大规模的工业化应用提供了必要的技术支持。所以说，在高分子学科中，基础学科分支和应用学科分支起到了相辅相成的作用。

虽然在化学和材料学科中属于相对年轻的二级学科，整个高分子学科的发展史不过百年，但是其在人类日常生活中已经起到了举足轻重的作用。可以这样说，我们的日常生活被高分子材料所包围，我们的生活没有一刻能离开高分子材料，从洗漱用具、餐具、汽车、电子产品到卧具，无一不渗透着高分子材料科学的研究成果。塑料工业、橡胶工业以及纤维工业已经在国民经济中占了非常大的比重，相关的生产研发企业遍布全国各地，高分子专业的毕业生也是供不应求，有着非常良好的就业前景。

1. 现状

华东师范大学化学系有着悠久的历史，科研实力比较雄厚，化学系本科专业为应用化学和师范化学，其课程设置以理科化学为主，涵盖无机化学、有机化学、分析化学、生物化学、高分子化学、物理化学、药物化学等化学类几乎所有课程以及相关的实验。在这种情况下，应用化学专业设置还是倾向于理论化学学科，在课时有限的情况下，高分子物理课程曾作为专业选修课在应用化学专业本科生中开设，并没有开设工科性质的高分子成型加工等课程。但是，当今社会高分子工业蓬勃发展，社会对高分子专业人才的需求也越来越大。2008 年，应用化学就业毕业生中有约 45％去向为中学，50％去向为企业，5％去向为政府机关；2010 年，该专业的毕业生中 95％的去向为企业，5％去向为政府机关。所以，如果在理科类的应用化学本科专业的教学中适当融入与工程联系紧密的高分子类课程，将会大大增加学生在就业市场上的竞争力。

2. 近几年高分子教学改革的探索

近几年，随着社会对化学类人才要求的全面提高以及就业形势的严峻，化学系高分子专业的教师对本科理科类化学专业的高分子课程设置进行了大胆的改革，主要体现在以下几个方面：

2.1　高分子化学及实验

高分子化学是研究高分子化合物(简称高分子)合成和反应的一门科学[1]，是整个高分子科学研究的基础。高分子化学课是应用化学专业的必修课程。

近几年，我们对高分子化学实验的内容进行了适当的改革。例如，在基础聚合方式实验中，本体聚合方式以工业中有机玻璃生产流程为例，使得学生体验到了甲基丙烯酸甲酯的聚合、模型的制作、灌浆以及固化这些有机玻璃工业生产中的全过程。再如，加入了“酚醛树脂的制备”实验，从酚醛预聚物的制备、添加剂的加入到制品成型，使得学生了解了酚醛耐热杯垫的工业生产过程。“尼龙 610 的界面聚合和拉丝”让学生体会了纤维的快速成型过程。

2.2　高分子物理课程

高分子物理研究的主要方向包括高分子形态、高分子机械性能、高分子溶液、高分子结晶等热力学和统计力学方向的学科，以及高分子扩散等动力学方面的学科[2]。该课程是高分子材料成型加工学科的又一重要基础课程，聚合物的物理性能对其在成型加工中表现的各种性能有重要的影响，需要综合聚合物的结构和其物理性质来决定聚合物的加工方式以及工业化应用。

高分子物理课程在一段时间之中曾作为我校应用化学(理科)专业和师范化学专业的选修课，但是在高分子化学课作为必修课的前提下，未选修高分子物理的学生在高分子化学课程上所学到的知识没有得到进一步的应用，就造成了学生在高分子学科课程衔接上一定的问题。为了解决这样的问题，从近几年开始，高分子物理开始成为应用化学专业(非师范)的必修课程，从而进一步完善学生的知识体系。

在教学过程中，有别于工科学生，我校的高分子物理教学更加注重结合高等数学的相关知识，使得学生加深对高分子物理基础理论的理解，突出理科学生的特点。例如对高分子的近程和远程结构、高分子稀溶液理论等，从公式的推导出发，使学生对理论的来源有了一个比较深刻的认识。同时，结合教师的实践经验，适当融入相关理论在工业过程中的应用，理论联系实际，使得枯燥的知识变得生动，促进了学生对课程所学知识的掌握。

2.3 高分子物理实验

高分子物理是一门实验性很强的基础理论学科，是联系高分子化学和高分子成型加工学科的纽带，其教学必须紧密结合高分子物理实验。设计合理的实验，可以使学生理解理论课上所学到的知识。近几年在学校和化学系的大力支持下，高分子组用于本科生实验教学的仪器得到了很大的扩充，购置了很多优良的仪器设备，使得高分子物理实验的教学条件有了很大的改善，学生对高分子物理课程的学习兴趣也有了很大的提高。类型包括操作型、验证型、综合型、设计型、科研型实验。例如，先进的热台偏光显微镜观察聚乙二醇的结晶过程，使得学生可以更直观地观察高分子晶体的形成及发展变化过程；把解偏振法测试聚丙烯的结晶速度得到的样品，再到偏光显微镜观察形貌、测试晶体大小，得到结晶速度与结晶大小的规律。涵盖动态力学性质的扭辨分析、聚合物的形变-温度曲线的测定、差示扫描量热法(DSC)、热重分析法(TG)等热分析方法的实验加深了学生对玻璃化转变温度、聚合物的热稳定性等高分子材料学科的重要知识的了解。黏度法、凝胶渗透色谱法(GPC)、光散射法等实验使得学生对聚合物相对分子质量及其分布的概念以及测量方法等有了深入的了解。另外，塑料制品的成型加工实验中开展用粉煤灰代替部分添加剂制备电缆料，测定拉伸强度和断裂伸长率[3]；高聚物的挤出成型、聚合物加工流变性能测试等特色实验为日后高分子材料成型加工的学习打下了坚实的基础。

3. 高分子教学未来的改革计划

3.1 高分子成型加工课程

该课程是高分子化学以及高分子物理课程的进一步延伸，主要内容是高分子材料中常用的添加剂、流变学、配方设计、不同的加工成型方法[4,5]等。只有在学习高分子基础课程的基础上进一步学习材料成型加工课程，才可以将所学到的知识应用到生产实际中去，适应现代社会对化学化工专业人才的要求。高分子材料成型加工目前作为我校高分子化学与物理专业硕士研究生的必修课程已经有多年的教学实践经验，拓展了学生的知识视野，对学生未来的就业提供了一定的帮助。近期计划在应用化学专业本科生中开设高分子成型加工课程。

3.2　高分子成型加工实验

高分子材料成型加工是一门实践学科，只有在实验过程中经历直观的认识和实践操作，才能学好这样一门课程。在近几年，化学系已经购置了一批实验室用成型加工相关仪器，包括开炼机、密炼机、挤出机、硫化机等成型仪器以及哈克流变仪、机械强度等相关测试仪器等，并且已经在高分子化学实验、高分子物理实验中开设了一些与成型加工有关的实验。在下一届的学生中，将把目前分散在高分子化学和高分子物理实验中的一些成型加工以及测试实验集中，并根据现有仪器扩充和高分子工业结合紧密的实验，发展成独立的高分子成型加工实验课程。

3.3　化工机械类相关课程

工业中成型加工机械使用的范围非常广泛，不仅在高分子工业，在药物合成工业、精细化工等方面都有着广泛的应用，所以学生还应该具备相应的化工机械知识，这部分知识可以结合高分子成型加工课程加以讲授。

4. 结语

现代社会是一个工业化程度非常高的社会，理科化学的课程设置中应该适当融入一定量的工程类的课程，有利于应用化学专业的学科建设，同时也完善了学生的知识体系，为学生的就业打下良好的基础。

参考文献

[1]潘祖仁．高分子化学[M]．第 3 版．北京：化学工业出版社，2003.

[2]何曼君，陈维孝，董西侠．高分子物理[M]．上海：复旦大学出版社，1998.

[3]何平笙，杨海洋，等．高分子物理实验[M]．合肥：中国科学技术大学出版社，2002.

[4] Richard C. Progelhof，James L. Thorne. Polymer Engineering Principles [M]. Cincinnati：Hanser/Gardner Publications Inc.，1993.

[5] Robert J. Martino. Modern Plastics Encyclopedia [J]. Mid. October Issue，1992～1993.

提高学生综合能力的实践与思考
——指导学生毕业论文有感

朱万仁，李家贵

（玉林师范学院化学与生物系，玉林，537000）

摘要：通过阐述指导学生毕业论文的过程，充分地认识到毕业论文工作的重要性，对于提高教学质量，提高学生的综合能力都是非常重要的。认识到毕业论文过程对于提高学生查找文献的能力、实验方案的设计能力、对有机物的分离提纯能力、判断推理能力、应用知识能力、实验操作能力很有意义，以及需要教师自身的素质要求等。

关键词：实践环节；毕业论文；综合能力

培养学生的综合能力大多从实践教学环节中进行[1-3]，有的从创新项目中培养学生的综合能力[4]。毕业论文是综合性最强的教学环节，毕业论文是高等师范院校人才培养中一项重要的实践性教育教学环节，是培养学生创新精神和实践能力的重要手段[5-6]。毕业论文的质量，是检验高校人才培养质量的重要指标。各个高校扩招以来，如何改革毕业论文的教学模式，强化毕业论文的教学管理，不断提高毕业论文的教学质量，是当前高校面临的一个十分重要的课题。为此，已有很多专家学者做了许多有益的探索与实践，但因学校性质不同、办学水平差异较大，针对性和可操作性不强。因此，我们立足师范院校，探讨在毕业论文的指导上谈一谈自己在这方面工作的经历和体会，共同交流和学习。

1. 毕业论文的完成过程是培养学生综合能力的有效途径

1.1 通过查阅文献，培养提高学生查找文献的能力

查阅文献是毕业论文非常重要的起步工作，通过查阅文献确定选题和开题，使学生明确为什么要去做，做什么和如何去做好等问题。查阅文献的过程中间使学生能很快了解到学科的发展前沿，可以使学生知道可以做什么和避免做无用功。在这个过程中学生会学到许多课本学不到的知识。

实验方案确定以后，实验工作不可能是一帆风顺的，这时还得查阅文献，解决实验过程中的反应条件的选择、溶剂的选择等系列问题。此外中间体或产品的提纯和检测都需要查找文献核对结果并作出准确的判断和推理，使自己的结论准确可靠。

1.2 通过反复试验提高学生实验方案的设计能力

实验方案的设计不可能和已有的文献完全一致，有创新必定与前人的做法会有区别，有时会有极大的差别。对有出入的时候，学生不可能把所有的方法试一遍，时间和精力均不允许。因此，查文献找类似的反应作参考，是解决实验过程中的不可缺少的手段，可以避免少走弯路赢取时间。在一系列的实验方案实施过程中通过反复多次的实验方案设计，还可以提高学生对反应条件的选择的能力，通过系列训练还可提高学生对反应条件的优化能力。

1.3 通过多次实施不同种中间体、产物的提纯提高学生对有机物的分离提纯能力

有机化合物的分离和提纯，从某种意义上讲比合成还更重要，有机合成所需要的是要拿到纯净的有机物。因此，提纯反应中间体或产品是非常重要的手段。有机合成过程所得到的中间体或产物不可能是纯净的。这是因为有机反应比起无机反应更难更复杂，副反应多，因而副产品也就多。新的有机物的提纯不可能有现成的提纯方案。所以，必须通过查找相似的文献，以便确定提纯的方案，缩短摸索时间，提高工作效率。

1.4 通过对中间体及其产物的多种分析手段提高学生对分析检测产品的结构判断能力

对于合成所得到的有机物，通过一系列分离提纯后进入检测阶段。但是，如果分离提纯工作没有做到位，纯度未达到要求，进行检测的一系列波谱图都会得到不准确的甚

至是错误信息。当产品纯度达到要求，所得到的谱图是很准确的。通过查阅文献，推测中间体或产物的结构就有把握。在这个过程中可使学生得到许多方面能力的训练，从而提高学生对中间体或产物结构的推理判断能力。

2. 毕业论文的完整过程是对学生所学理论知识的一次大检验

毕业论文工作是一项综合性很强的学习环节，对于本科生的综合能力训练是极其重要和必要的。在整个毕业论文的完成过程中，所涉及的知识面覆盖所学专业的全部内容，有时还会涉及非学专业的知识。如果毕业生所学的理论知识比较扎实，在完成毕业论文的整个过程中，可能碰到的困难就少一些。尽管进展快慢与所学的知识不成正比的关系，但它们之间的关系是很紧密的。所以说，做一轮毕业论文就是对学生所学知识的一次大检验，有些达不到要求的，学生还得在完成毕业论文的过程中进行补课。这样，对于培养合格的高级人才，会起到一个重要的同时也起辅助的作用。

3. 毕业论文的完整过程是学生进一步巩固所学理论知识的重要环节

毕业论文工作无疑是综合性强的学习环节，如上所述，学生用到的知识会覆盖所学的所有理论知识。俗话说，“反复是学习之母”。那么，毕业论文对于毕业生来说是在校学习理论知识的最后一个反复，它对于巩固理论知识至关重要。因为涉及理论知识的应用，在应用上再来一次反复，对于加深和巩固所学的理论知识比起其他反复过程都更重要，印象将会更深刻。有些学生说，对于中间体或产物的波谱图，似乎一窍不通，考完试就还给老师了。现在毕业论文需要用到了，才真正感觉到“书到用时方恨少”的哲理，毕业论文不得不迫使自己重新学习有机波谱分析的相关知识。

4. 毕业论文的完整过程是学生应用知识能力的综合训练

毕业论文工作是对教育教学活动效果的全面检验，也是对学生综合能力高低的全面检验。在以往的教学活动中，我们检验教育教学活动效果基本上是依靠考试环节。而在通常的考试过程中，专业理论基础知识的考核是考试的重点，即使能力考核在考试题目中占有一定的比例，但是这种考核一般限于本门课程之中，学生应用知识的能力显现的效果不足。撰写毕业论文过程是专业知识学习的深入过程，是对学生基本知识、基本理论和基本技能掌握与提高程度的一次总测试；是培养大学生的科学研究能力，训练学生独立进行科学研究，使他们初步掌握科学研究的基本程序和方法的必要环节。因此，毕业论文的实验方案设计和撰写论文的质量从某种意义上说，标志着专业人才的培养质量，标志着教育教学活动的质量，标志着学生综合能力的高低。所以，通过毕业论文的全过程训练，可以使学生进行一次全面的综合能力训练，使学生在训练的过程中真正达到提高应用知识的能力。

5. 毕业论文的完整过程是训练学生独立工作能力和实验操作能力的良好途径

毕业论文工作尽管是在教师指导下进行的，但是在整个过程中，大多数时间是学生独立完成的。从查文献，论文选题，实验方案设计，中间体或产品的分析检测，论证推理，结论的得出，指导教师不可能跟在学生的后面去监督；同时每一个毕业生都有自己的任务，不可能交由其他同学来代替完成。当然，偶尔求助于同学是完全可能的。但是，主体是学生自己本人，没有完成有关实验内容，就无法得到结果。所以，整个毕业论文的过程中，学生基本是独立工作，因而独立工作能力无疑得到较好的训练。由于整个系列的实验过程是别人无法代替的，因而独立的实验操作能力得到反复的训练，在训练的过程中实验操作能力得到很好的提高。

6. 毕业论文的完整过程是培养训练学生口头表达能力、交际能力的良好实践

毕业论文过程除了专业性质很强的能力训练之外，还在培养训练学生口头表达能力上和交际能力上得到良好的锻炼。在整个撰写论文的过程中，讨论自己的选题，设计实验方案等，需要阐述自己的理由，需要系列文献资料做支撑，需要逻辑知识表述自己的观点，乃至毕业论文的答辩均需要在有限的时间里，准确描述自己的论文工作的选题意义，工作成果，工作成果的检测、准确判断和推理，工作的创新性及其意义，等等，无一能缺少学生的训练。学生通过自己的强制训练，通常均使学生自己的口头表达能力、交际能力得到提高。

7. 毕业论文的完整过程也是对教师综合素质的检验

传统教学意义上的活动有两个显著的特征：一是被动活动，即学生在被告诉、被教导、被演示的情况下被迫参与活动，学生作为活动主体没有得到充分落实，学生活动的自主性、能动性和创造精神得不到充分发挥；二是片面活动，即只重视学生接受间接经验学习的内在观念活动，忽视学生以获取直接经验和感性体验为目的的各种综合性实践活动。而毕业论文工作是一种主动活动，全面活动。在这样的活动中，学生的积极性、主动性和创造性得到了充分的发挥和展现，这就要求教师在知识结构、能力水平、业务素质等方面做好充分的准备，要做到知识结构完整、能力水平优秀、业务素质全面，否则难以应对学生在毕业论文撰写工作中出现的各种问题，难以解决学生在毕业论文撰写中遇到的各种困惑，难以提高学生毕业论文撰写的质量。因此，毕业论文工作是对教师综合素质的全面检验。通过毕业论文的指导工作，可以发现教师自身知识结构的不足，发现能力水平、业务素质需要提高之处，发现自己在教学科研中值得重点思考和关注的问题。

综上所述，本科生的毕业论文工作非常重要，在本科生的培养方案中，毕业论文过程的训练是综合性的理论和实践结合的最为重要的教学环节之一。既是对学生综合素质的全面训练，同时也是对教师提出的更高的素质要求。当教师能很好地达到高素质的要求，严格毕业论文的各个环节过程，对于提高教学质量是具有现实意义的。

参考文献

[1]付志强，胡爱珠，邬宁昆. 加强基础化学实验教学培养学生综合能力[J]. 宁波工

程学院学报，2009，20(2)：106－108.

[2]阳昌蓉．浅谈计算机上机综合能力的培养[J]．2005，(9)：109.

[3]余奎，陆新，王一名，等．以创新项目为载体培养大学生综合能力[J]．中国电力教育，2008，(1)：108－109.

[4]崔松菲．改进实验教学方法，提高学生的综合能力[A]．北京高教学会实验室工作研究会 2007 年学术研讨会论文集[C]．2007：349－351.

[5]刘淑霞，刘占良，王家忠，等．加强各教学环节培养学生综合能力[J]．2001，3(1)：38，42.

[6]邓道贵，朱学道，高学华．提高本科毕业论文质量的对策[J]．淮北煤炭师范学院学报(哲学社会科学版)，2007，28(3)：159－162.

通识课程化学与环境教学中化学专业知识的教与学

杨帆，丁昱明，王清江

（华东师范大学化学系，上海，200062）

摘要：本文以化学与环境为具体案例，探讨了通识课程教育中专业知识的介入程度、教学方式方法的更新以及以学生来源为基础的、具有针对性的教学内容的调整对教学效果的提高作用。文中涉及的教学实践对今后同类通识课程的教学具有参考价值。

随着社会的进步、科学技术的不断发展，知识之间、学科之间交叉渗透日益加深，对非本专业知识的了解和学习，不仅弥补了中学时过早文理分科带来的知识结构的缺陷，更重要的是通过通识课程的教学，能弥补由于专业知识的结构特色所带来的知识结构的缺失。

在承担化学与环境这门面向全校非化学专业通识课程的教学过程中，我们遇到了许多与本科专业教学不同的新问题、新情况。这也促使我们对通识课程教学与专业课程教学的方法进行比较，改进教学思路、改善教学方法，进而达到良好的教学效果。我们深刻地体会到通识课程的教学目标不仅仅是让学生学习多少专业知识，更重要的是让学生掌握学习方法。当化学知识在教学过程中为学生所理解，那么就达到了这门课程要培养环境意识、提高对我们生活环境的关注程度的目的，同时也能激发学生学习化学专业知识的动力。

在化学与环境的教学过程中，我们有如下体会：

(1)环境化学专业知识教学内容的改革

与环境化学相关的学习是一个需要结合化学基础理论知识来探讨与解决与化学相关的环境问题的过程。化学专业知识本身丰富完整，这些知识渗透在与环境相关的大气、水、土壤、能源、生物等所有方面。对环境问题的理解以及环境问题的最终解决都需要系统的化学专业知识。

然而通识课程的教学对象是不具备完整化学专业知识的学生，并且通识课程的目的主要是要培养学生的环境意识。因此，根据教学对象的变化，在课程涉及的环境化学专业知识等教学内容的选取上尤其要注意详略得当。在保证学科内容的完整性的同时，要注重反映学科的新内容，拓宽知识面，注意化学理论与实际的联系。对学生必须掌握的化学专业知识要按照知识的本质和规律进行教学，强调重点，对抽象的内容辅以图表、视频等方式进行解释。

以“水环境化学”章节为例，对化学系同学而言，天然水的酸碱化学平衡、沉淀溶解的原理、配位平衡以及发生在水体中的氧化还原反应的利用等是必须掌握的内容。而在通识课程中，侧重点则转移到水体中主要污染物的影响、后果及其治理过程。在教学过程中总结性地引入基础知识，之后重点介绍应用性知识部分，使得学生在上课环节能跟得上学科知识进程的每一个环节。

(2)环境及其事件实际案例的使用与实践

环境问题的产生是基于生产与生活实践的。因此，这门课程教学的一大优势就是有许多鲜活的实例。大气环境化学中的温室效应、水环境化学中的太湖蓝藻、酸雨以及一些著名的全球性污染案例等都可以作为教学良好的切入点。从案例出发，找出案例中的环境效应，分析产生后果的原因，介绍导致环境问题的化学因素，进而在可能的范围内总结可以减弱或消除不良环境影响的方法和措施。因为是从实际案例出发，使学生有直观和等同身受的感觉，更容易主动去理解和接受表象问题之后的化学原理。

环境问题具有较强的时效性，根据生活实际和现实状况及时增减和调整授课内容，会更加吸引学生的注意力和学习兴趣。如 2008 年的“三鹿奶粉”事件之后，我们在课程中及时增加了食品添加剂的相关内容。由于具有时效性，学生的学习动力强，课堂上能紧跟教师的介绍，主动提问，深入探讨背后的化学概念和原理，学生对环境的生物化学内容的理解更加直观并且变得简单起来。而现在正在发生的墨西哥湾漏油事件，在网上有大量的视频可以用作辅助的教学资源，这些内容可以帮助学生理解环境问题对海洋生物和海洋生态环境的影响。

目前世博会正在如火如荼地进行。世博会的一大亮点是新能源的利用和低碳生活的倡导，而这些正是能源章节的重点。结合大家都看过的世博会，选取大家熟知的案例，增加学生互动时内容的熟悉度，会使学生的参与度大大提高。

(3)学生来源的甄别与利用

学生是学习的主体，教学的终极目标是让学生通过各种方式与途径掌握知识脉络和知识内容，同时能利用所学知识综合分析实际问题。因此对学生的知识背景和需求的前期了解是达到这一目标的重要步骤。

本校通识选修课程的学生一定是非本专业的，来自文理各系，所学专业五花八门，因此与本专业学生的知识背景差异很大。高中那一点化学知识也已经遗忘得差不多了。针对这种情况，在开课之初我们首先对学生的来源进行甄别，调查学生对本课程的要求以及期待，根据学生的背景调整教学角度。这个前期工作的重要性在于，可以根据学生个体的特点，对教学内容和形式在保证结构性知识传输的前提下进行有目的和有针对性的调整，以获得最佳教学效果。

以某一届通识课程为例，通过统计，了解学生学科分布的情况以及在此知识结构下学生对本课程的可能期望。图 1 列出了学生来源的分布情况。可以看出文科学生的比例较高，几乎覆盖校内所有学科。在此基础上，我们要求学生结合自己的学科情况，写一篇与环境问题相关的小论文。有些学生一开始找不出自己专业与化学与环境的关联性。我们把这个环节留在学期的后半部分，而在前半个学期的教学过程中，有意识地根据选课学生的学科特点，在引用的例子中加入各个学科元素，使得学生逐渐进入学习状态，逐渐把握各个学科之间相关联的部分。图 2 列出了学生论文题目的大类别。结合这个结论，我们调整教学方面的内容，把学生在论文中所关注的问题体现在相关章节的授课内容当中。这样一方面可以达到授业解惑的目的，另一方面也是一种教学的互动。学生在上课过程中感觉到自己不仅仅是被教授的一方，也是参与到教学中的主动方。

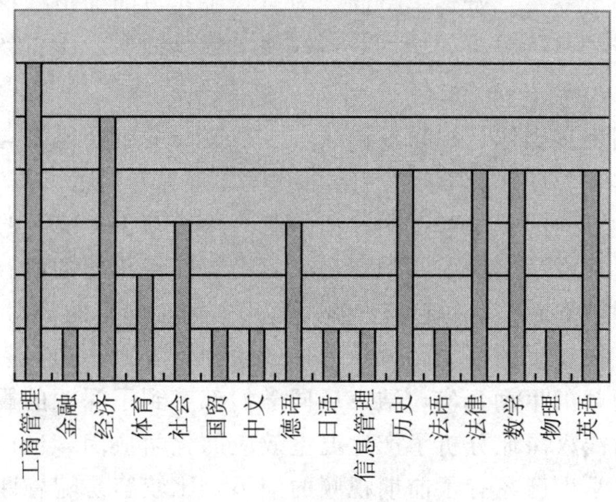

图 1　学生来源分布情况

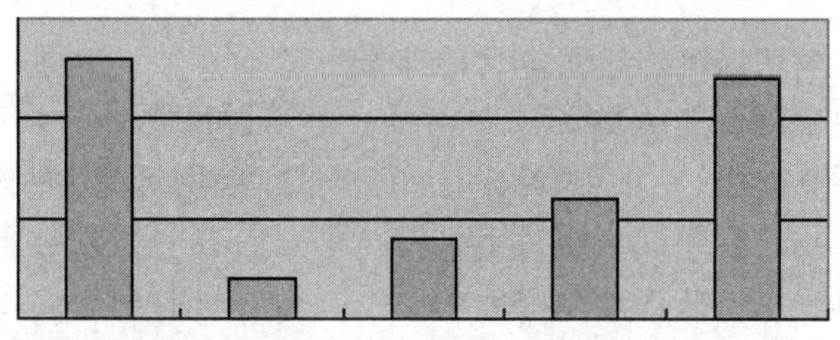

图 2　学生论文类别

以崇明岛的开发与环境保护为例，提出这一问题的是来自崇明的一位学生。她关注公民参与在环境保护中的重要地位，这与该同学的社会学背景有关。这个问题一经提出，立即吸引了大部分同学的注意力，因为经常会看到报纸上报道有很多游客到崇明岛旅游出现了一些问题。这是崇明的生态环境在开放的经济环境下如何得以保护的问题，是一个关于生态环境可持续发展的课题。用这个具体而又贴近自己生活的实例带动生态环境专题的多角度讨论，为后面的教学内容的展开起到了一个良好的铺垫作用。我们由此从化学的角度探讨了可持续发展的重要性。这样的做法取得了良好的教学效果，对老师而言也是教学相长的过程。

(4)教学方式多样性

通过教学过程达到的知识传递目的唯有在师生双向作用下才能达到理想的效果。因此采用不同的教学方法发挥学生的主观能动性成为通识课程教学的一个挑战。在教学实践过程中，我们不断探索，利用不同的形式促使学生主动参与。

本课程的成绩是综合了考试、读书报告的结果。考试本身主要是考核学生对基本知识的掌握程度，但不足以全面反映学生对知识的分析和运用情况。因此我们要求学生以自身专业知识为背景支持，撰写一篇对化学和我们的环境关系问题的分析的论文。这样一方面能综合体现学生的学习效果，另一方面发挥学生的特长分析问题，激发他们的兴趣。论文上交后进行了交流。对每一位同学而言，所获得的知识性信息大大增加，视野和思路得以拓宽。学生自己提出问题、分析问题、解决问题，成为教学活动的主角，成就感启发了兴趣。

在教学方式上利用多媒体、视频等形式，多渠道、多途径地教与学。帮助学生能从化学原理的本质理解环境现象，学会用基本的化学原理思考问题。

我们试图在多种方式的教学尝试中，把抽象的化学知识、凌乱的信息片段通过形象生动的方式系统地呈现在学生面前。例如在介绍大气环境化学的内容时，首先我们利用视频《难以忽视的真相》作为教学的起点，利用短片中翔实丰富的数据，形象生动的分析，给学生呈现了全球气候变暖的后果，分析了造成这种后果的人为因素，预测了未来可能的发展趋势。由于视频的生动真实，结束后同学们都感到了深深的震撼。而我们的教学才由此开始。我们由浅入深地分析了产生温室效应的化学成因，当把具体的化学反应方程式展现在黑板上，学生已经有了前期视频的铺垫，比较容易随着课堂进度深入学习下去。在这个层次的教学中，达到了把知识型信息有效地转化为学生自身结构型知识的效果和目的。

课堂讨论是一个对知识解构进而掌握的非常有效的环节。然而几个因素对这个环节的实施造成障碍。一个是课堂人数的限制，另一个是讨论题目的熟悉程度和深入程度。我们在后者的教学环节中积累了一些经验。再以前述"崇明开发"为例，论文的形式是学生自主参与的方式之一。然而这个题目不仅仅是单一内容的呈现，而是综合了多方面的内容，具有开放性的特点。在这个阶段的教学过程中，我们首先把题目中涉及的化学原理和环境因素进行分析分类。在教学过程中，我们根据前面学生论文涉及的方向，给出问题，引导学生进行思考和课堂讨论。因为问题是他们提出的，熟悉度较高，易于形成良好的课堂效果。这样进一步提高了学生学习相关化学知识的兴趣，激发了他们对环境中化学问题的思考。

通识课程的教学不仅仅是一门介绍知识的课程，适当的、灵活的、切合学生知识背景实际的教学内容和方式，有助于帮助更多的学生了解化学知识、增强科学素养，并以他们的亲身感受和所关注的内容来激励他们的求知欲，从更专业的层次上提高他们对我们生存环境的关注程度，最终培养他们的环境意识。而要达到这些目标，就需要我们在教学活动中不断调整，不断进步。

参考文献

[1] David E. Newton. Chemistry of the Environment [M]. Facts On File Inc., 2007.

[2]Sonja Krause, Herbert M. Clark, James P. Ferris, et al. Chemistry of the Environment[M]. Elsevier, 2002.

[3] Stanley E. Manahan, Boca Raton. Environmental Chemistry [M]. CRC Press LLC, 2000.

应用化学专业实践教学体系的探索与研究

邢广恩

(衡水学院应用化学系，衡水，053000)

摘要： 实践教学是应用化学专业教学系统的重要组成部分，是培养学生实践能力和创新意识，提高学生综合素质的重要途径。本文结合衡水学院实际，通过对现阶段高校实践教学的现状加以分析，指出了应用化学专业在开展高校实践教学过程中存在的问题及解决问题的指导原则和思路。

关键词： 应用化学；实践教学；创新

1. 高校应用化学专业实践教学的背景

教育部2005年1号文件《关于进一步加强高等学校本科教学工作的若干意见》明确提出大力加强实践教学，切实提高大学生的实践能力。应用化学专业是研究化学及化工生产中有关物质的化学性质、化学反应机理、化学反应工艺等的一门学科。其培养的是既掌握化学理论基础知识又具有一定化工操作技能的应用型高级人才，知识结构应体现理工结合、基础知识深厚、专业技能突出，知识教育突出体现未来可能从事的职业技能训练。

事实上，我国各高校近年对实践教学的重视程度越来越高，也确实采取了一系列的措施，如加强实验室和校外实践基地建设、加强毕业设计(论文)的质量管理等，但与国外相比仍有较大的差距。尤其是处于应试教育笼罩下的大学生习惯于追求书本知识、理论知识的学习，忽视了实践环节，从而导致许多毕业生适应性差，动手能力不强，缺乏创新精神，跟不上社会的步伐。随着社会主义市场经济的深入发展，有实践经验的求职者往往得到用人单位的青睐，不少应届生由于在校的实践环节训练不足，缺乏实践经验和能力，在就业过程中，常常处于不利的地位。

目前我院应用化学专业主要的实践性环节一般有专业基础课和专业课所涉及实验课程、生产见习、生产实习、毕业设计等实践环节。虽然2008年对人才培养方案进行修订，在实践及创新能力培养模式方面进行了改革与探索，但课程体系设置仍保留了旧的教学框架，实质性变化不大，其突出表现为：

(1)从现有的课程体系和教学内容看，各实践教学环节主要以验证性为主，缺乏综合性、设计性、创新性实验，内容联系较为松散，尚未形成完整结合的有机体系；

(2)虽对人才培养的目标进行了修订和调整，但在具体实施中尚缺少提高实践和创新能力的具体措施和制度保障；

(3)缺乏既掌握一定理论水平又具有丰富工厂实践，有创新能力的双师型师资队伍；

(4)实习基地建设相对滞后，不能满足学生规模增长的需要；

(5)毕业设计题目及内容与实际结合不够，与应用型人才培养目标有较大差距。

从前面的讨论可以看出，实践教学仍然是高校人才培养中的薄弱环节，缺乏完善的实践教学体系，存在对学生实践能力的培养没有明确的规定以及教学保障机制欠缺等诸多方面的问题，实践教学实际与高校人才培养目标还存在着较大的差距。因此只有科学地设置应用化学专业实践教学体系，才能真正培养出适应我国社会主义现代化建设和社会发展需求的专业技术人才。

2. 应用化学专业实践教学改革的指导原则

我院的应用化学专业是一个相对年轻的专业，2005 年开始招收第一批本科生，至今有两届毕业生和在校四个年级学生。根据市场对人才的需求，在应用化学专业人才培养方案的总框架下，收集、吸收兄弟院校有益的经验基础上，结合我校实际，构建新的实验教学、生产实习和毕业论文设计等实践教学环节体系。借助校内的教学场所、设备使学生实验操作技能由浅入深、由低到高、循序渐进、扎扎实实，通过校外专业见习、实习，增强岗位意识、增加工作经验，大大缩短学生掌握的技能与社会岗位需求之间的差距，实现了学校与用人单位、理论知识与实际需要的“零距离”。我们在分析了近几年来应用化学专业实践教学方面存在的问题基础上，确定了如下改革的基本原则：

(1)突出应用化学实践教学在整个教学过程中的重要地位，并通过探索新的实践教学模式，切实发挥实践在教学中的重要作用；(2)应用化学实践教学模式改革，必须突出学生创新能力和应用实践能力的培养，通过建立集教与学、校内与校外、课内与课外为一体的教学基地及运行模式，实现学生知识、能力、素质的协调发展；(3)应用化学实践教学模式改革，应将实验内容、方法和手段的改革建立在现代教育技术发展的平台之上，努力将现代教育技术、仿真技术运用于实践教学过程之中；(4)应用化学实践教学应努力探索学校与企业合作培养的教育模式。

3. 应用化学专业实践教学改革的思路

3.1 强化基础实验教学，开发拓展实验内容

基础实验教学在应用化学的专业实践教学中占有非常重要的地位，它不但可以训练学生化学实验操作的基本技能，更重要的是培养学生科学的思维方式和严谨的学习态度。在基础实验教学中，加强化学实验操作的规范化训练，强调操作的正确性和规范性，培养学生严肃认真的科学态度和实事求是的学习态度。

在基础实验内容上，验证性实验和经典实验及孤立的单元性操作实验多，而综合性

实验和有利于发展学生创造性思维的探究性实验少，反映学科前沿的研究性实验少。为了更好地体现教学过程传授知识与培养能力的统一，充分发挥教师的主导作用和学生的学习主动性，在多数学生具备一定实验基本功的基础上，我们从第二学年的实验课程中均开设 2～5 个具有一定综合性的拓展实验。在开发拓展实验时既要考虑到学生掌握的基本实验技能，又要体现一定的综合性和应用性，同时实验的难度应由浅到深，一般可在 4 h内完成。如有机实验开设乙酰水杨酸(阿司匹林)的制备、甲基橙的制备等从仪器配置到产品的制备、药品精制、分离提纯和测定，整个实验过程皆要求学生独立完成。分析实验引入水泥熟料中 SiO_2、Fe_2O_3、Al_2O_3、CaO 和 MgO 含量的测定、工业废水中铁含量的测定等。测定微量铁有 4 种方法可供选择：第一种是用氧化还原滴定法把 Fe^{2+} 氧化成 Fe^{3+}，加 KSCN 指示剂显色后用光度法测定；第二种是把 Fe^{3+} 还原成 Fe^{2+} 加入显色剂来测吸光度；第三种是电位滴定法；第四种是磺基水杨酸紫外分光光度法。在确定方案前，首先要求学生了解工业废水的来源、水中铁含量的范围、水的酸碱性、共存的杂质离子，然后对各种测试方法进行分析、比较，并且考虑测试方法的限制条件，最后经过试做得出测定微量铁的最佳方法。实践证明，开发拓展性实验，一方面培养了学生分析问题和解决问题的能力，有利于学生加深对理论课程的理解，同时提高了学生查阅文献资料的能力，扩大了知识面；另一方面综合设计性实验更能调动学生学习的积极性与主动性，培养了学生获取知识、探索知识、独立思考、灵活运用的能力。

3.2　利用多媒体实验室，采用计算机仿真技术丰富实验内容

实验教学的传统模式是“预习—操作—报告”，这种模式停留在验证理论教学中的一些结论、结果和现象上，对于学生应用、创新能力的培养帮助不大。2008 年我们新建了多媒体实验室。在化工原理实验教学环节中引入计算机仿真技术，采用了“预习—仿真—操作—报告”的新模式，取得了良好的教学效果。在模拟的工业过程环境中，学生通过对各个开关、阀门、调节器的操作，通过对工艺参数进行全面的控制和调节，将会体验到实际工业过程的多变性、复杂性、危险性，从而形成深刻的印象。学生在生动的人机界面操作中掌握了化工原理及实验的知识，为实习环节打下良好的基础。

3.3　建立稳定的校外工厂实践基地，探索校企联合定单式培养

化工企业危险性较大，企业对学生生产实习普遍存在着“三怕”：怕影响生产、怕出安全事故、怕技术泄密，所以普遍不愿接受学生的实习，即便是接受也是被动接受，学生实践和亲自动手操作的机会很少，以致实习效果很不理想。要改变这种现状，出路在改革，其核心问题在于探索出一条学校与企业合作办学的新模式。从学生就业调研反馈情况看，工厂希望大学毕业生马上就能进入工作角色，实际上一般大学毕业生需要近 1 年时间的培训锻炼才能适应用人单位的工作，独立操作。如果提前与就业单位签订协议，第四学年根据就业单位的需要，开设所需知识的模块培训，然后有针对性地参加就业单位的生产实习，就可以缩短适应期，更快地走上工作岗位。我们创建了冀衡化工集团、衡水京华化工厂、河北精信化工集团等 10 余个教学实践基地。冀衡化工集团每年招收新员工 300 人左右(2009 年招收 260 人，其中应用化学就业 20 人，2010 年招收 300 人，应用化学就业 22 人)，以此来提升他们的员工素质，并且渴望与我们共同创建教学-就业平台。现在冀衡化工集团、河北精信化工集团已与我院达成初步合作办学意向。

3.4 加强“双师型”师资队伍建设

我们学院的办学定位是建设应用型大学、设置应用性专业、培养应用型人才，要实现这个目标必须有一支高水平的“双师型”的教师队伍。目前的情况是，教师来源上高校毕业生多，有实际工作经历的少；专业结构上基础性学科师资力量较强，应用性学科师资力量较弱。教学上理论教学师资力量较强，实践教学师资力量较弱。为此，必须通过引进、培养、兼职等途径，建设一支高素质的“双师型”师资队伍，以满足应用型人才培养的需要。我们一方面积极从企业单位和社会上聘任既有实践经验又有教师素质的技术骨干做兼职教师，扩大双师素质教师队伍；另一方面加强对在职教师的培养和培训力度，有计划地安排青年教师到教学实习基地企业生产一线实际锻炼一段时间，以提高他们的实践教学技能，使他们逐渐成为双师素质的教师。

3.5 实施大学生课外科技创新活动，强化学生的实践与创新能力

通过学院创设的“大学生课外科技创新活动”，有计划地组织学生参加教师的科研课题，或组织学生自选研究项目开展研究，提高学生的研究创新能力。张中强博士指导“N-亚硝基-N-甲基苯胺为配体的新型配合物的合成”、耿红梅博士指导的“皂角刺中有效成分的提取分离”获得了衡水学院一等奖，准备参加更高级别的比赛。学生通过这样的实践方式，不仅能明确认识到学习的目的是什么，学到的知识有什么样的用处，以及这些知识将来能够如何应用等问题，而且这样的实践方式还可以让学生接触到较为系统的科研方式和方法，更能使学生知道所学知识的重要性，激发学习热情，使其有的放矢地学习。通过大学生课外创新活动强化了对学生的创新能力、实践能力和自我发展能力的培养和提高。

参考文献

[1]林榕光，陈素萍，陈玉成．对应用化学专业人才培养的几点思考与探索[J]．福建师范大学福清分校学报，2008，(4)：87－91.

[2]李群，赵昔慧，李志国，等．青岛大学本科应用化学专业特色方向与专业实验的确立研究[J]．实验技术与管理，2009，(2)：58－60.

[3]贾冬梅，郭会蕊，张岩．化工专业实验教学改革探讨[J]．广东化工，2009，36(12)：182－183.

[4]钟华．新建地方本科院校应用化学专业实践性教学改革的研究[J]．江西化工，2007，(2)：82－84.

[5]郝艳玲，王九思，李静萍．对开放式应用化学专业实验室建设的探索与实践[J]．甘肃联合大学学报(自然科学版)，2006，20(5)：111－113.

[6]李玉玲．应用型人才工程实践及创新能力培养的研究与探索[J]．中国西部科技，2008，7(28)：90－92.

有机化学实验教学环保意识的渗透*

黄金凤，戴玉梅

（福建师范大学化学与材料学院，福州，350007）

摘要： 本文在有机化学实验教学过程中从精心安排实验内容、教师指导实验过程中以及实验结束后对学生进行环保意识的渗透做了一些探讨。

随着工农业生产的发展，化学污染物对环境、人类健康、社会发展的危害越来越受到全社会的普遍关注，保护人类的生存环境已成为人们的共同呼声，环境污染是当今的一个全球问题，环境保护也是各国所关注的热点，环境意识已成为当代人类文化素质的重要组成部分，并成为衡量一个国家、一个民族乃至一个人文明程度的重要标准之一[1-2]。提高环保意识，保护生存环境，热爱地球家园是当今时代的主题。对环境保护的关注是公民的责任，保护环境是每一个公民应尽的义务和生存的需要，对学生进行环保教育是教师的职责，师范类学生是未来的中小学教师，对师范生进行环保教育具有深远的意义。

有机化学实验不可避免地要接触大量的有机化合物——有机原料和有机溶剂。所用的药品多数是有毒的，对环境及人体会造成危害。因此，有意识地把环保教育融入有机化学实验教学中，对学生环保意识的养成显得尤为重要。本文就有机化学实验教学中对学生环保意识的渗透做一些探讨。

1. 精心安排实验，从实验内容上渗透环保意识

有机化学实验主要由三大部分组成：基本操作和实验技术、有机化合物制备、有机化合物性质。根据教学大纲规定，精心安排实验内容，能够用微型实验的尽量采用微型实验。这样既节省药品，又把污染降到最低。尽量采用无毒或低毒的原料和有机溶剂代替有毒的、易燃易爆的原料和有机溶剂。例如，薄层色谱实验中用到有毒的展开剂时，可以尝试用无毒的混合溶剂，只要能达到教学效果就行，这就要求老师对实验进行改进。对于有危险的、易燃易爆的实验，可以制作成课件，利用多媒体进行播放。注意回收实验过程中学生用的溶剂和合成的产品，把前一轮的合成产物作为后一轮学生的基本操作和实验技术的原料，这样可以减少药品的消耗，也减少了对环境的污染。例如，可以用前一轮学生回收的乙醇溶剂进行蒸馏操作练习，得到的馏分又可以作为后面实验用的溶剂。把前一轮学生合成的己二酸或苯甲酸回收，作为下一轮学生进行重结晶提纯练习，提纯后的产品作为熔点测定的原料。这样学生可以自己检验所合成的产品或提纯后产品的纯度，不但每一步实验产品没有浪费，而且对学生提出了更高的要求，学生必须认真对待实验的每一个环节。这样，学生的基本操作技能、动手动脑能力得到了训练，还提

---

* 福建省有机化学精品课程和 2010 年福建师大教学教改项目资助。

高了学习兴趣。

2. 指导实验过程中加强对学生环保意识的渗透

教师在指导实验时，不仅仅介绍实验原理和仪器的使用，还要适当介绍所用原料的性能及对环境影响，以及绿色化学的可能性等。在实验过程中对学生严格要求，严格按照仪器的使用规则操作，严格控制药品用量，改掉学生做实验时取药品多多益善的心理。取用液体药品时使用针筒(注射器)，不用量筒，防止外溢，对每一个针筒贴上标签，长期使用。取用药品要随时加盖，规范实验操作。要让学生明白，药品取用不当，不但会影响实验效果，还会造成自身的伤害，甚至对环境造成危害。

有机化合物制备实验反应时间比较长，而且多数需要用水来冷凝，对用到直形冷凝管、球形冷凝管等用水冷凝的实验，学生经常让水哗哗流。要教育学生节约用水，甚至可以把几个冷凝管串联起来，只要能够达到冷却效果就行，不要浪费宝贵的水资源。因为水资源危机所带来的生态系统恶化，生物多样性遭破坏等一系列问题已经严重威胁到我们的生活。有机化学实验过程中一般都有废弃物产生，如不及时处理，随意排放，不仅对环境造成污染，而且会淡化学生的环保意识，养成不良的习惯。如制备1-溴丁烷和正丁醚中要用浓硫酸来洗涤，洗涤用过的浓硫酸仍具有强腐蚀性和强氧化性，不能倒入水槽或下水道，必须回收。不能用的废酸、废碱应分别收集起来，进行中和处理[3]。对实验中产生的有毒、有害气体，根据成分安装气体吸收装置，减少对空气的污染，尽量做到“零排放”和“零污染”。

3. 实验结束后，也要进行环保意识的渗透

实验结束后，要求学生清洗仪器时也要注意加强环保意识，先进行有针对性地洗涤仪器，最后用水洗涤时要按“少量多次”的原则进行。定期要求学生对实验室所收集的溶剂、有毒物质进行无害化处理，如通过一些氧化-还原反应、酸碱中和反应等进行处理。

在日常生活中，化学已经渗透到各个方面，社会的发展已经离不开化学。因此，必须增强学生的环保意识，要求学生从简单做起，从自己做起，从身边做起。如日用品尽量选择环保的，电池用完时不要随意丢弃，应注意回收。洗衣服时要节约用水，也要遵守“少量多次”的原则。不使用污染环境的物品，一次性水杯及筷子、快餐盒、塑料袋尽量少用，尽量不使用塑料制品盛装热的食品，必须用时应选用可降解的、无毒的，教会学生识别有毒和无毒塑料制品。在食堂就餐时，要节约粮食，尽量少制造垃圾、废弃物，努力把环境污染降到最低程度。平时做到节约用纸、用水、用电等。这样既提高学生的环境保护意识，综合素质也得到了提高。

总之，提高学生环保意识是素质教育的一部分，对防止环境恶化具有深远的意义。寓环境保护教育于实验教学之中是每一位教师义不容辞的责任。教师在教学过程中要善于挖掘教材中的环保教育的素材，重视探讨实验教学中绿色化学的可能性，有计划有目的地对学生进行环保意识的渗透，让学生明白环境污染对人类造成的危害及环境保护的重要意义。

参考文献

[1]汪扮，涂剑平，何京．寓环保教育于天然药物化学实验教学实验之中[J]．药学教育，2009，25(2)：46－47．

[2]黄登高．化学教学与环境意识[J]．石油教育，2002，(6)：78－80．

[3]张葵花．加强有机化学实验中环保意识的探讨[J]．泉州师范学院学报(自然科学版)，2001，19(4)：99－102．

关于高校化学药品仓库管理的探讨

郭红玉，杨发福

（福建师范大学化学与材料学院，福州，350108）

摘要：高校危险化学品的管理对校园环境安全十分重要。本文分析了高校危险化学品仓库的管理特点，对药品仓库的选址、药品分类保管、三废处理、药品管理制度等方面予以阐述，总结出一套安全高效的高校化学药品管理模式。

关键词：高校；危险化学品；仓库管理；环境安全

随着我国近代化学工业的不断发展，全国高校使用化学药品也日益增多。高校作为人才培养和科技创新的重要基地，实验及研发使用的化学药品呈现年年增多的趋势。高校化学药品也存在着种类繁多、性能复杂、一物多危、相互增危、增毒、有毒无毒、有危无危、绝对难分等情况，因而造成管理与存放的极大困难。化学又是以实验为基础的学科，是培养学生动手能力、获取真知的有效途径。在做化学实验时各类药品的使用频率较大，性质不同，且又种类繁多，若管理和使用不当，容易引起变质、失效，还会在使用的过程中产生不良后果。为加强对化学药品试剂等危险品的集中供应和管理，保障教学工作的顺利、安全进行，需设立专门的化学药品仓库，供应学生化学实验所需的各种化学试剂、药品等危险品。通过多年的经验积累和对其他兄弟院校各种成熟的管理经验的借鉴，总结出一套安全高效的管理模式。

1. 选择合适的化学药品仓库场所

教学用化学药品大多是有毒、易燃、易爆的物质，对储存场所的要求很高，一般应满足以下条件：学校的药品仓库应到当地公安局及消防局备案，做到两局共管，有备无患；储存危险化学品仓库的建筑物不得有地下室或其他地下建筑，其耐火等级、层数、占地面积、安全疏散和防火间距，必须符合国家规定；必须提供通风排气装置，以防有毒气体、可燃气体的生成和积累；提供防静电的防爆灯及防静电线路，以免因静电而使易燃易爆的有机液体药品因挥发产生火灾；根据药品仓库条件可适当安装有毒有害物质自动监测及防火灾预警系统；配备泡沫灭火器、干粉灭火器等相应的消防器材；另外还需提供喷水降温措施以免夏天气温太高发生火灾；化学仓库应有防盗门和防盗窗等坚固的防盗措施；药品仓库的设置应远离学院的生活区和教学区，以免影响正常生活及教学。

2. 化学药品按其特性分类存放

化学药品的存放要分门别类，做到分类清楚，标志明显，排列有序，零整分开，安全整洁，科学管理。

2.1　一般化学试剂的存放

化学药品要按无机物、有机物、生物培养剂分类存放，无机物按酸、碱、盐分类存放。盐类中按金属活跃性顺序分类存放(盐类较多时，可以按照酸根分为卤化物、硫酸盐、硝酸盐、碳酸盐)，指示剂等按顺序独立存放。有机物按烷、醇、烯、醛、酮等分类存放，其中生化类试剂按要求储存于低温干燥处。

2.2　不稳定试剂的存放

某些化学药品在储存过程中常因保管不当而变质，所以必须根据药品的不同性质，分别采取相应的措施予以保存。常见的保存方法有以下几种。

(1)易挥发性物质(如盐酸、硝酸、氨)、易吸湿药品(氢氧化钠、无水醋酸钠、无水氯化钙、氧化钙)、易风化药品(明矾)、易氧化药品(硫酸亚铁)和易碳酸化药品(氢氧化钠)都要密封并盖紧，用石蜡封口密封盛装，并经常检查封口的严密性。

(2)白磷在空气中能自燃，且有毒，应保存在盛水的塑料瓶中，金属钠则应保存在煤油中，且都应与酸、醇、氧化剂隔离存放。

(3)有些经光照或受热易变质的药品，如浓硝酸、硝酸银、氯化汞、双氧水、氯仿和甲醛等，都必须用棕色瓶盛装，并存放在阴凉处。

(4)氢氧化钠、氢氧化钾、碳酸钠、碳酸钾等碱性溶液必须盛装在带有橡胶塞的玻璃瓶中，而浓硝酸和浓硫酸等要盛装在带玻璃塞的试剂瓶中。

2.3　有毒有害危险药品的储存

易燃液体、易燃固体应与氧化剂、酸类、易爆炸试剂隔离存放。

(1)易燃液体。这类药品主要是有机试剂，极易挥发成气体，如遇明火就会燃烧。如汽油、苯、甲苯、甲醇、乙醇、乙醚等，应单独存放在阴凉通风处，特别要注意远离火种。

(2)易燃固体。无机物如红磷、镁粉、铝粉等，有机物如硝化棉、樟脑等着火点都很低，容易着火，应隔开存放。

(3)遇水易燃烧的物品。金属钾、钠、电石、锌粉等与水接触就会产生易燃气体，金属钾、钠应储存在煤油里。盛电石和锌粉的瓶子必须封闭严密，防止受潮。为防止玻璃瓶因气温变化或其他原因碎裂，放有这类试剂的瓶子的三分之二应埋入黄沙内保存。

(4)易爆品。有些物质如苦味酸、二硝基萘、过氧化物、氯酸、过氯酸化合物、氮的卤化物、亚硝基化合物、叠氮或重氮化合物、乙炔化合物、红磷、硫黄等必须防止受热、强震、撞击、摩擦、坠落等。三硝基甲苯、硝化纤维、苦味酸等都是极易爆炸的物品，不可与其他类试剂一起存放。

(5)强氧化剂。具有强氧化能力的含氧酸盐或过氧化物如氯酸钾、亚硝酸钠、过氧化钠等，这些药品本身不会燃烧，但在受热、撞击、受强光照射，或与还原剂接触，或与酸、碱、水发生作用，就能分解出氧气并产生热量，使可燃物着火燃烧或与可燃物构成爆炸混合物。因此保存时必须放在阴凉通风处并和还原性物质或可燃性物质分开存放。

(6)强腐蚀性药品。浓酸、浓碱、甲醛、苯酚等强腐蚀性药品，应存放在有塞的细口瓶中，有挥发性的应用带有磨砂玻璃塞的细口瓶。浓酸、浓碱不要放在高位架上，以防碰翻造成烧伤事故。量大的应放在靠墙的地面上。

(7)剧毒药品。三氧化二砷和其他砷化物、升汞和其他汞盐、氰化物、氟化物等都是剧毒药品，应锁在危险品的保险柜内，由双人双锁专人管理。其他如铅盐、锑盐、氯仿、四氯化碳等也都有毒，要注意妥善保存。

2.4　某些相互接触能引起燃烧爆炸的物质

(1)能燃烧爆炸的物质

①高氯酸：是一种很强的氧化剂，其浓溶液(85%以上)或蒸气与有机物、还原性物质反应能引起爆炸。浓度为72%的高氯酸较稳定。但经高氯酸稀溶液浸过的有机物，干燥后若受到热、摩擦或撞击时，也能引起燃烧；

②高锰酸钾(晶体的或是块状物)：高锰酸钾和浓硫酸接触，由于易生成极不稳定的 Mn_2O_7，在 70 ℃时能引起爆炸；

③氯酸钾(钠)：($KClO_3$)与包装之间的摩擦也可能引起爆炸；

④硝酸铅：当混有金属粉末时，受到摩擦震动即会发生爆炸；

⑤硝酸银：当接触有机物、易燃物，放置干燥后能引起爆炸；

⑥过氧化氢：接触包装用的衬垫物时，放置干燥后能引起自燃；

⑦三氧化铬：经撞击能引起燃烧。

(2)能燃烧爆炸的混合物

以下物质不得混放，必须隔离储存。

①高氯酸和乙醇；

②金属钾、钠和水；

③铝粉和过硫酸铵；

④氯化盐和硫化锑；

⑤三氧化铬、高锰酸钾和硫酸、硫黄、甘油、乙醇；

⑥硝酸铵与锌粉；

⑦硫酸盐与脂类；

⑧亚硝酸盐与氰化钾；

⑨过氧化钠和镁、锌、铝粉、水、硫酸；

⑩镁、铝和铝酸盐、硝酸盐；

⑪硝酸盐和氯化亚锡；

⑫重金属和草酸盐；

⑬液态空气或氧气和有机物。

3. 健全管理制度，加强化学仓库的安全管理

3.1　严格把关药品的入库验收及出库登记制度

各院系各实验室应严格按照每学期初实验课程的需要，采购相应数量的化学药品。

药品入库时应严格对药品的品名、级别、规格、包装及产地进行核对，并及时登记检查包装是否符合药品的保管要求。验收入库后，须按照《实验药品进出库账目管理制度》建立账目，严格出入账登记，杜绝有物无账，有账无物，确保账物相符，然后将药品按要求归类妥善存放。领取后要仔细核对并及时做好登记消账记录。要建立健全严格的使用登记制度，各类剧毒危险品及贵重金属药品的领取要说明使用用途和用量，需领导签字同意，并有两人以上仓库管理人员在场方可领出。此外，还应限制有毒药品每次领取的数量，严禁私自将剧毒药品及贵重金属药品带出仓库。

3.2 经常清查，合理调用，避免浪费

仓库管理人员应每学年有计划地清查每学期药品的申购及领出的账务统计，掌握库存药品的消耗和库存数量盘底，并做好计算机进出库数据信息管理。对于仓库库存药品一般应本着先入先出的原则发放，有利于试剂的长期保存，避免因过期而造成浪费。另外，仓库管理人员要注意管理好那些有限存放寿命的药品，如有效期已过，不能使用，就应从库中清除报废。

3.3 加强定期检查，及时消除存在的安全隐患

药品除了按照要求分类存放外，还应该严格执行化学药品在库检查制度，对库存试剂必须进行定期检查，检查包装是否完好，试剂有无过期(有无变质)，标签有无脱落(或模糊不清)，危险品有无混放现象，发现有变质或有异常现象要进行原因分析，提出改进储存条件和保护措施。另外还要注意定期检查各类消防器材是否完好，药品仓库有没有漏水漏电等安全隐患等现象。发现问题应协调相关部门及时处理，消除安全隐患。

3.4 专人专管，落实责任制

化学仓库须有专人保管，因为管理员从事的是专业性很强的技术工作，且又是一项相对比较危险的工作。因此，对管理人员应事先在安全生产管理局进行危险化学品安全培训，经考核合格后上岗。并每年定期进行复训，提高安全意识及防范措施，最大限度地减少事故的发生。

4. 规范“三废”的处理

在学生实验教学中产生的大量废液，不同程度地具有易燃性、腐蚀性、反应性和毒害性，有的甚至还可以致癌，如果不加任何处理而直接将它们排放到环境中，就会严重污染环境，损害人体健康。对于仓库中包装破损、过期的药品试剂、无标签的废弃药品，不能随意丢弃，学校应及时组织分类收集、定点存放、专人管理、统一处理。采用适当方法尽可能回收有用的物质。对不能回收利用的废弃物，通过物理、化学、生物等方法进行最终处置，将化学危险品废弃对人体或环境有害的物质分解为无毒或毒性较小的物质。对于废弃的放射性物质、易爆品、剧毒难以处理的化学危险品应送有关专业部门进行处理。

5. 结语

化学药品仓库的管理对保障化学实验教学顺利进行有着重要意义，是一项不断完善、常抓不懈的基础性工作。化学药品的规范存储是实验室管理的一个重要环节，也是安全生产的重要保证，因此首先要重视，其次是要对相关人员进行培训；再次是制定有关管理制度并严格执行。对于高校化学化工专业的学生来说，化学实验教学比重越来越大，学生接触化学危险药品类的机会不断增多，对化学药品进行有效管理和预防，遏制因教学药品引起的教学事故的发生，更好地保障教学工作，有着极其重大的意义，每一个仓库管理工作者都应为此而努力。这一方面需要全体师生强化安全和环保意识；另一方面，化学仓库的管理和使用一定要制度化，规范化。只有这样，才能确保高校的化学药品保管与使用安全。

参考文献

[1]李忠英，罗跃中．化工类高校化学药品仓库管理的探讨[J]．安全健康和环境，2008，8(11)：36－38.

[2]张智豪，欧黎明．浅谈高校危险化学药品的管理[J]．科技创新导刊，2009，(16)：170－172.

[3]公安部消防局．易燃易爆化学物品安全操作与管理[M]．北京：新华出版社，1999.

[4]吕明泉．实验室化学危险品的安全知识与管理[J]．中国科技论文统计源期刊，2005，(5)：116－118.

关于高师院校提高大型仪器设备利用率的思考

张晓凤

（福建师范大学化学与材料学院，福州，350007）

摘要：近年来，随着高师院校教学科研水平的不断提高，学校对大型仪器设备的投入不断加大，为了充分发挥高师院校大中型仪器的资源优势，加强学生科研能力和实践能力的培养，本文从开放平台、实验队伍的素质、开放制度、仪器档案等方面探讨了高师院校推进大型仪器设备管理创新，提高利用率的策略。

关键词：高师院校；大型仪器；利用率

1. 前言

国家“十一五”规划中明确提出建立创新型国家的任务。而教育是培养创新人才的摇篮，支撑国家创新体系的基础，可以说，高等教育肩负着培养高素质专门人才和创新人才的重要使命。提高高等教育质量，既是高等教育自身发展规律的需要，也是提高学生就业能力和创业能力的需要[1]。福建师范大学作为一所综合性高等师范院校，其中一个重要的功能就是为中小学输送具有实践能力和创新精神的人才。近年来，随着学校办学规模的迅速扩大，对实验室的投资力度加大，实验室仪器设备的数量和金额飞速增长，教师的科研能力培养在整个师范教育中的作用日益凸显出来，过去那种单纯知识传授型的"教书匠"将难以适应新形势的要求，科研型、创新型的中学教师才是今后素质教育的主力军，大中型仪器是高校实验的重要手段和教学、科研资源。管理好实验室的仪器设备、提高其使用率、更好地为实验教学和科学研究提供保障，要求高师院校从事实验室工作者必须从实际出发，探讨一套行之有效的实验室仪器设备管理办法，提高仪器设备的使用率和完好率，充分发挥仪器设备的使用效益。福建师范大学化学与材料学院已有近百年的办学历史，历来很重视对本科生科研能力的培养，特别是2000年以来，学校投入实验教学设施与设备经费约1 430万元，实验室占地面积5 300平方米。化学实验教学示范中心现有仪器设备的台(套)数具有一定的规模，设备的完好率达到90%以上。中心现有10余台大中型仪器设备，分别为紫外可见光谱仪(2台)，红外光谱仪(2台)，气相色谱仪(2台)，液相色谱仪(2台)，X射线粉末衍射仪(1台)，原子吸收光谱仪(1台)，等离子发射光谱仪(1台)，荧光光谱仪(1台)，电化学工作站(2台)，中央超纯水系统(1套)。中心经过这几年的建设基本上改变了以往设备落后、仪器设备完好率低的局面，但是如何有效、科学地利用这些大中型仪器在师范本科生教学中充分发挥其作用，提高师范生的科研能力和创新能力，是一个亟须解决的课题。

2. 推进大型仪器设备管理创新、提高利用率的几点想法

2.1 建立大型科学仪器设备管理平台

建立系间、院间、学校间不同层次的实验设备的共享平台，尤其是把大型尖端的精密实验设备都纳入到共享平台中，提高实验设备的使用率。科技部已经发布了《大型精密仪器管理暂行办法》[2]，各单位充分利用其他高校、科研院所的实验设备，通过互换使用、租赁、参与科研项目等方式，来达到本校科学研究及实验的目的，从而节省学校资金投入，这对于一般本科院校特别重要。学校的仪器设备，在保证学校教学科研和日常运转需要的前提下，要积极参加校际和地区协作，对外开展技术服务，承担校外单位的实验、加工等任务，并制定合理的收费(包括收取必要的折旧费)标准，充分发挥实验仪器的使用效率。目前福建师范大学携地理科学学院、物理与光电信息学院、生命科学学院、体育科学学院建立了较完善的大型科学仪器设备协作共用管理平台，该平台定期组织相关技术人员进行仪器入网培训，并制定了《福建师范大学大型科学仪器设备协作共用管理办法》、《福建师范大学大型科学仪器设备年度效益考核办法》等相关规定，该平台的运行实现了大型科学仪器设备资源校内外共享，提高了利用率；合理配置了我校科技资源，最大限度地杜绝了重复购置和盲目引进现象；探索和建立了多元化的大型科学仪器设备校内外协作共用的运行模式，并鼓励大型科学仪器设备面向社会服务。

2.2 加强实验技术队伍建设

大中型仪器实验室技术队伍的政治水平、业务水平及管理水平的高低，都直接影响实验室的建设和管理水平、实验仪器设备的使用效率，最终影响到大中型仪器实验室对学生教学和科研的服务质量和效果[3]。

政治水平：在高师院校往往对实验室技术人员不够重视，实验室技术人员待遇也较低，这在一定程度上使得实验室技术人员不能安心实验室工作，导致了实验技术队伍质量不高。因此，高师院校要改变以往的思想和观念，提高实验室技术人员待遇，建立一

支爱岗敬业、乐于奉献的实验室技术队伍。同时实验室技术人员也应该树立主人翁意识，全心全意为教学、科研服务。实验教学是富有活力和创造性的教学，实验室技术人员可以通过不断努力，在自己从事的工作上有所作为。

业务水平：大中型仪器价格昂贵，技术含量高，从而对大中型仪器的管理者及实验技术人员的业务水平要求更高。福建师范大学化学实验教学示范中心现有专、兼职教职员工 61 人，其中教师 46 人，教辅及实验技术人员 15 人，博士 24 人，硕士 19 人。人员配置相对合理，但实际参与日常大中型仪器管理的人数不多，专业技术人员也较少。所以除了适当引进一些能力强的高、中级实验技术人员外，对在职技术人员的培训尤为重要。可以采取普及与提高相结合、理论与实践相结合、在职与脱产相结合、长期与短期相结合的培训方案，让实验技术人员到生产厂家或其他科研院所培训，提高操作和维护技能以及仪器的新应用、新方法的开放能力；还可以组织实验技术人员集体外出参观学习、借鉴外单位的经验、开阔视野、提高认识。另外在高师院校设置“教授级实验师”这类的高职称，鼓励实验技术人员多发表相关专业技术论文并给予一定奖励，这对实验队伍水平的提高是有很大促进作用的。

管理水平：实验室如果没有一个优秀的管理核心，就像音乐会没有指挥一样，无法奏出优美的乐曲。也许我们的实验室技术人员有扎实的业务水平，但如果管理方法简单、强硬，不能不说是一件憾事。新时期的实验室技术人员要坚持以人为本的发展观念，推进科学有效的管理。为了提高管理水平，要做到：提高自身品德修养和敬业精神；现有人力资源和作业流程合理调配，科学分工，做到扬长避短、人尽其才，只有每个实验室技术人员都明确自己的岗位职责，整个实验室才能得以良性、健康地运转；要有全局观念，学会计划、思考，善于发现问题、解决问题。

2.3　建立新型的仪器实验室开放模式

建立开放实验室，增加大型仪器设备开放度。在开放实验室，老师和学生可以通过预约来使用仪器设备，这样不仅可以提高仪器设备利用率，而且还培养了教师、学生对大型仪器设备的操作技能。在开放模式上可参考以下几种方式：

(1)针对低年级学生的新型的小班仪器教学模式

传统的化学实验是大班制、教条制，教师上课时统一详细讲解，学生的实验报告是照抄课本，做实验时也是按本操作的，没有创新性，实验数据只要完整合理即可过关[4]。这样的实验教学只会使学生觉得枯燥无味，到后面只会对实验失去兴趣，并且应付了事。仪器室要做到真正的开放就得实行小班教学，学生可以自己提出实验方案，教师进行审核，在开始实验阶段老师要做到手把手指导，最后再由学生自己完成整个实验。实验结束后更要与学生一起分析实验结果，探讨在实验过程中发现的问题。这种宽松的环境能激发学生学习的积极性和主动性，培养低年级学生的创造性思维，还可能让学生走上科研道路。

(2)针对中高年级学生的实验室助理模式

鼓励中高年级优秀的学生或者对实验科学有浓厚兴趣的学生参与到仪器实验室日常工作中来，可以配合实验室技术人员进行实验准备、开机预热、标配样及简单实验操作。实验室助理模式可以使学生更近距离、更频繁接触到大中型仪器，对于将来的科学研究会有很大的帮助。

(3)针对高年级学生的导师制模式

进入高年级后，学生的理论知识和实践能力都有较大的积累，可以让学生进入各个科研队伍中，跟随导师或者研究生一起进行科研活动，也可以实施类似清华大学的SRT(Student Research Training)计划。SRT计划项目的形式是在教师指导下，以学生为主体开展科学研究活动。在这个计划下，学生能做到“以我为主”，进行调查研究、查阅文献、分析论证、制定方案、设计实验、分析总结等方面的独立能力训练，导师则发挥其主导作用。从1996～2008年，清华大学就设立SRT项目近4 200项，参加学生人数9 300多人。导师制模式下学生经过严格培训，经考核合格并取得操作证后可以进行单独仪器操作。

2.4 建立仪器设备技术档案

仪器设备的利用和管理中，档案的建立和有效地利用是整个环节中不可缺少的一个组成部分[5]。如何建立适合实验室日常良好运作的档案管理方法，使仪器设备使用者与仪器设备档案管理者之间有机链接，更好地发挥仪器设备档案的作用，也是管理者需要认真研究和思考的问题。设备档案管理的成功，收集工作是关键。高师院校设备较多、类型多样；设备材料复杂，形成时间较长。要搞好设备档案材料的收集工作，就必须把握设备材料形成的四个阶段，注意收集各阶段所形成的材料。

(1)设备申购阶段

设备购置阶段形成的文件资料有：设备的购置计划申请书、报价单、设备购置技术论证结论材料、设备购置批准书、设备购置订货合同、设备到货通知书、提货单、报关单(进口设备)、发票单据及运单等。

(2)设备开箱验收阶段

设备开箱验收阶段形成的文件资料有：设备开箱验收记录、装箱单、设备安装调试记录、商检证书、索赔报告、保修单、设备结构原理图、线路图、说明书、操作手册、维修保养说明书等所有随机文件。

(3)设备管理使用和维修阶段

设备使用阶段形成的资料有：设备履历书(它应包括设备的编号、类型、名称、型号、规格、制造厂、开始使用日期、设备的技术状况、验收结论、附件明细表、备件明细表、所附技术资料及说明书、增加或减少价值的变动记录、移交接收记录、操作规程、事故及损坏记录、折旧鉴定、保养、检修、检查记录等)、使用记录、维修记录、事故记录、功能开发和技术改造记录等。

(4)设备报废处理阶段

设备报废处理阶段形成的资料有：设备报废申请书、设备报废鉴定与审批材料、设备报废处理转交单等。

3. 结语

在我国高等师范教育快速发展、迅速走上大众化的今天，人们更加关注教育质量的提高，更加重视高师院校内涵的发展，更加重视办学条件的建设。从我国现有的高师院校的财产状况看，学校拥有的仪器设备不仅数量多、价值大、增速快，而且种类繁多，科技含量也较高。提高实验室管理水平，降低重复建设率，提高大型仪器设备的使用效率，无论是对于建设节约型社会，还是对于提高高师院校的科研水平都是十分必要和重要的。

参考文献

[1]屈新树，沈如，姜崇喜，等. 探索大型分析设备在本科教学中的应用[J]. 实验技术与管理，2005，22(10)：30－33.

[2]采振祥，刘军山，罗青，等. 新概念新定位实现资产管理设备建设与管理的跨越式发展[J]. 实验技术与管理，2005，22(11)：135－138.

[3]饶薇薇，包新华，张沁，等. 对本科生开放大中型仪器的实践与探索[J]. 化工高等教育，2008，(3)：49－51.

[4]朱建平. 实验室建设的关键是实验技术队伍的建设[J]. 实验室研究与探索，2004，23(10)：81－83.

[5]田汉梅. 高校实验室资源优化利用的研究[J]. 科技创业，2008，(9)：62－63.

规范实验教学，重视进修提高，保证教学质量

余萍，林深

（福建师范大学化学实验教学中心，福州，350007）

摘要：实验教学是高等学校理工科教学体系中的重要组成部分。实验教学质量和管理水平直接关系到学生的实践能力和创新能力的培养和提高。本文就如何提高化学实验教学质量和管理提出一些粗浅看法。

关键词：化学实验；教学质量；教学管理

目前，对实验教学如何改革，对如何设计实验课程体系，如何启发、教育学生做好实验等已经有了很多报道和很大程度上的重视，但对教师本身的素质、知识水平、具体实验操作的规范方面重视不够。随着实验教学改革的不断深入，实验教学已经与理论教学放在了同等重要位置的今天，如何提高实验教学质量和实验管理是目前应该探讨的重要问题。

1. 规范实验教学

化学是一门实验科学。在高等化学教育中，化学实验课是化学专业学生必修的一门课。化学实验不仅是实践性很强的课程，而且是传授知识和技能、训练科学方法和思维、培养科学精神和品德、全面实施化学教育的最有效形式。作为实验教学的实施人——实验教师，他们的教学理念和实验方法对培养学生掌握化学实验的基本技能，培养学生严肃认真的科学态度和严谨的工作作风是至关重要的。因此，抓实验教学质量和实验管理，

应该先从担任实验的教师抓起。

1.1 集体备课

首先提倡集体备课，因为每年要求更新部分实验内容，加入一些新的实验技术和新的实验方法以紧跟科学技术发展的步伐。为了规范教学，要求担任同一门实验课的教师应该集体备课，课程负责人及主讲教师对于第一次担任该门实验课的教师或刚走上教学岗位的新教师进行传、帮、带。只要是第一次担任实验课的教师一定要进行试讲，并统一实验操作标准。

1.2 教师预实验

学生实验前的教师预实验非常重要，对于新老教师来讲，预实验都是必要的。在进行预实验的过程中可以实践和规范自己的实验操作，可以掌握实验成败的第一手资料，包括实验药品的准备是否正确、实验仪器是否正常以及其他与实验有关的材料是否准备齐全，才能保证实验课正常进行，才能保证在指导学生实验时规范实验操作，并启发帮助学生分析问题和解决问题。

1.3 重视实验原理

教师在讲授实验过程中应该重视实验原理，让学生明白实验原理后再进行实验，效果应该更好。实验原理一般包括实验一般原理、实验装置原理、实验操作原理等。当然，结合到具体的某个实验，实验原理并不一定包括上述的全部内容，可根据实际情况删减。在化学实验中实验原理包括许多内容，它不仅仅是对某一原理的验证，更是多学科、多理论的综合应用[1]，所以应该重视实验原理的讲解，帮助学生举一反三，更好地掌握实验方法。

1.4 规范实验操作

化学实验的基本操作非常重要。特别是分析化学实验，通过基本的分析方法典型实验来培养学生规范的操作技能以及严谨的科学态度，这一点非常重要[2]。学生实验开始前，教师示范操作的规范性极其重要，规范性操作是使学生养成良好实验习惯的开始。为此，在这一阶段的教学中，教师应做到一边讲解一边操作示范，在学生开始实验时要“眼观六路”，及时发现和指出学生的实验操作错误，在不断的巡回、检查、指导中使学生的操作逐渐规范和熟练。所以说学生一开始接触实验就要让其掌握规范操作在化学实验中是尤为重要的，学生有了良好的实验习惯和规范的操作技能，在更复杂的实验中就可以用较多的精力考虑甚至发现问题、解决问题。

1.5 重视实验过程

在实验过程中，教师的角色应由传统的课堂“主宰者”变为学生学习过程中的“向导”，学生则由传统的“被动学习”转变为在和谐、宽松环境中的主动实践者和探索者。只有这样，学生的判断能力、分析能力以及归纳能力才会得到提高。面对学生的提问，教师要做到“四个不轻易”：不轻易打断学生的发言、不轻易否定学生的结论、不轻易中断学生的争论、不轻易给学生标准答案[3]。让学生有充分的空间发挥自己的积极性和想象力，达到掌握实验的目的。

以上可能是一些众所周知的“老生常谈”，但真正要从这几方面入手并落实到位是不容易的，为了保证实验教学质量，实验教师必须努力践行之。

2. 实验教师的在职进修与提高

化学实验教学质量的提高关键在教师，教师富有责任心、掌握完整的实验科学知识体系和不断地在职进修和提高是提高实验教学质量的关键。由于化学实验的专业性、特殊性，要求任课教师要有较宽的知识面、较扎实的基本功，否则是很难把化学的实验原理讲清楚的[1]。培训是完善教师特别是新引进的年轻教师的知识体系的途径。对他们的培训可以采取自学和集中培训相结合的办法。对在实验中遇到的问题，教师可以通过查阅相关资料、相关的专业书籍，认真学习，把搞好实验教学作为自学的动力，完善自己的知识体系。另外可以请从事化学实验教学多年的有经验的教师或专家及学者开讲座，就实验中所涉及的较难掌握的知识点进行较详细的解读，以完善任课教师的知识体系，进而提高实验教学质量。

3. 结语

通过实验教师规范的实验教学，让学生从一进实验室就开始掌握化学实验的基本原理和规范的操作技能，养成良好的实验习惯，为今后开展科研或教学打下良好的基础。随着社会的进步和教学改革的不断深入，要完成知识教育、能力培养、素质教育的和谐统一，培养高素质人才，只有我们教师自身的不断学习，不断进步，才能实现高质量的实验教学和科学的规范管理。

参考文献

[1]许志献，陈勇．有机化学实验课教学实践的思考[J]．安阳师范学院学报，2009，(5)：142—144．

[2]谢音，王聪玲．浅谈基础化学分析实验课程的教学[J]．数理医药学杂志，2008，21(6)：768．

[3]代玉兰．分析化学实验课教学改革的几点尝试[J]．贵州科技工程职业学院学报，2009，4(2)：45—47．

现代教育技术(含化学课件制作)的课程建设*

黄紫洋

（福建师范大学化学与材料学院，福州，350007）

摘要：现代教育技术(含化学课件制作)是一门师范生特色专业课程，该课程整合了分属于化学专业课程化学多媒体课件制作与教育技术专业课程现代教育技术，用一种统一的教学方式和教学内容，既展现多媒体技术在化学教学中的作用，又充分显示现代教育技术的辅助性。

关键词：现代教育技术；化学课件制作；课程整合；课程建设

* 资助项目：福建师范大学优秀青年骨干教师培养基金(2008100226)。

现代教育技术是以现代教育理论、学习理论为指导，以计算机为核心的信息技术在教育教学领域中的应用，是当前教育教学改革的制高点和突破口。现代教育技术在教育领域的应用，必将导致教学内容、教学手段、教学方法和教学模式的深刻变革，并最终导致教育思想、教学观念、教学理论乃至整个教育体制的根本变革。[1-2]

现代教育技术在教学中的应用是由教育部为基础教育课程改革而设立的，并由“跨世纪素质教育工程”提供专项经费支持。在国外，关于现代教育技术与课程整合的提出与研究，开始于20世纪80年代中期，随后美国、加拿大、日本等国都在现代教育技术与课程整合领域中取得了长足发展。美国是世界上率先从政府层面推行现代教育技术整合于课程和学科教学的国家，经过20世纪后10年以信息技术必修课为主要特征的信息技术教育的发展，美国已经超越现代教育技术与信息技术整合并行的发展阶段，开始采用强制性与引导性相结合的策略，推行现代教育技术与课程及学科教学更为紧密地结合。

鉴于国际国内形势和信息时代发展的需要，现代教育技术在各个学科领域都有必要且必须充分运用，因此现代教育技术与课程整合已经逐渐成为现代教育技术教育应用领域中的重要研究课题之一。当然，化学作为一门基础自然科学，在教师的教学过程中也理所应当充分运用现代教育技术，特别是在高等院校的教学中，研究现代教育技术与学科特点相结合是一项很有意义的课题，其将推动现代教育技术在学科教学中的作用。因此，做好化学多媒体课件制作与现代教育技术课程的整合将在化学教学中起到积极的推动作用。

1. 课程建设的依据

化学多媒体课件制作与现代教育技术原属于两个不同专业的两门课程，用一个统一的教学方式和教学内容开设现代教育技术(含化学课件制作)，既展现化学教学的特点，又充分显示现代教育技术的优越性，既有现代教育技术的特色，又能全面为化学教学服务。

首先，在现代教育技术(含化学课件制作)教学中利用多媒体教学课件的交互性与图、文、声、像并茂的特点，提高学生的理解能力。利用网络的丰富资源改革传统的阅读教学模式，提高学生快速获取知识的能力。

其次，探讨在多媒体与网络环境下化学学科的基本特点、基本原则和基本方法，开展网络环境下的新型教学模式的试验，发挥教师的主导作用，充分调动学生学习的主体性，有针对性地对学生进行实践能力与全面素质的培养。

再次，利用计算机网络优势，将现代教育技术与化学多媒体课件制作进行整合，将现代教育技术的思想、方法与手段渗透到化学教学实践与研究中去，形成新的教学模式。以现有的化学教学模式为基础，构造多媒体与网络教学环境下的新型化学教学模式的基本框架与理论体系。

最后，充分利用计算机网络与现代教育技术，学生将实践中的体验、收获进行整理，利用多媒体网络环境整合出多种多样的成果。[3]

(1)利用现代教育媒体的再现功能，增强课堂教学的直观性、生动性。就化学学科而言，如果再现功能应用得当，将很好地优化课堂教学。而目前教育技术专业的教师对化学学科的特点不能很好地把握，化学教育工作者又对现代教育技术有一种敬而远之的感觉，如何才能使两者有机地结合在一起，是一个值得化学教育工作者思考的问题。

(2)利用现代教育媒体的集成功能，把图像、声音、文字等教学材料融合在一起，向学生提供多重刺激，使学生获得视听等多种感觉通道的信息。

(3)利用现代教育媒体的模拟功能，突破课堂教学重难点。在化学课堂教学中，将涉及现实生活中很难再现的情境或是微观世界的微粒，利用现代教育媒体的模拟功能，可以带领学生进入虚拟现实世界或是遨游微观粒子天地，变抽象不可视为形象可视，有利于突破课堂教学的重难点。

(4)利用现代教育媒体的交互功能，提供双向及时反馈。在传统的化学习题课的教学中，教师只能掌握一部分学生的习题情况，不容易从整体上了解学生的水平，而现代媒体技术可以很容易地提供评价反馈系统。

(5)利用现代教育技术不仅可以优化传统的课堂教学，还可以帮助建构新型课堂教学模式。

(6)网络的迅速发展使人们获取信息的渠道大大拓宽，人们正在尝试将网络技术引入课堂。

2. 课程建设的研究方法

(1)整合的主体仍是课程。整合是指整理、组合，强调合乎事理地将各部分的个体力量组织整理成有机的主体，强调了对个体特征的继承性，即被整合的个体并不丧失其自身特性，现代教育技术整合于化学多媒体课件制作课程，其主体是课程，而非现代教育技术。

(2)课堂仍以讲授型为主。课件不应改变课堂的教学方式，还是以讲授型为主。演播式的多媒体只是把不形象的形象化，让不生动的生动起来，只不过教学过程更加具体化、细致化和人性化。

(3)实验操作将被部分取代。现代教育技术特别是多媒体教学的一大优点，就在于能够模拟，可以这样说，化学教学中几乎所有的演示实验计算机都能较好地模拟出来。

(4)教师作用不能被替代。教师是教育过程中的灵魂，是教育方针的执行者，是教育过程的设计者，是学生心灵的塑造者。学生的主动性靠老师来激发，学生的活动由教师来设计安排，学生的才智与差异靠教师来培养和发现，学生遇到挫折、有了疑问，还得教师来答疑解惑。

(5)课件需要完善的交互性。根据皮亚杰的建构主义学习理论：学生是知识意义的主动建构者，而不是外界刺激的被动接受者、知识灌输的对象；媒体是创设学习的情境，是学生主动学习、协作、探索和完成知识意义建构的认知工具，而不是教师向学生灌输所使用的手段和方法。[4]

3. 课程建设的意义

本课程以现代教育技术和化学多媒体课件制作的课程教学为基础，在化学课堂中如何应用现代教育技术改革传统的教学结构，使学生改变单纯的接受式的学习方式，学会自主、探究式的学习，形成一系列被实践证明的行之有效的模式及案例。整合化学多媒体课件制作和现代教育技术课堂教学，突出的是学生与教育者的主体和主导地位，让学生在一系列的自主实践活动中寻求发展，用一个统一的教学方式和教学内容，展现化学教学的特点。

(1)现代教育技术在化学教学中的应用要注意把握适当的方法和时机。在化学教学中掌握适当的方法和时机，使用精心编制的化学课件，可以激活课本内容，让静止变为运动，让抽象变为具体，让微观世界变成宏观世界。在这样的课件引导下，学生不仅可以积极投入到学习活动中，还会有广泛学习、探索发现规律、认识本质的兴趣，提高学习认知的能力和思考创新的能力。

(2)构造化学信息资源积件式课件。积件是由教师和学生根据教学需要，自己组合运用多媒体教学信息资源的教学软件系统。它不只是在技术上把教学资源素材库和多媒体制作平台简单叠加，而是积件库与积件组合平台的有机结合。积件式课件以教学者为核心，以编辑系统为引线，使用者只需要通过简单的组合，便可构造出一个满足教学需要的教学软件，这样的课件才会有强大的生命力。

(3)充分体现学生的主体地位。建构主义理论认为学生是信息加工的主体、知识意义的主动建构者；教师是学生主动建构意义的帮助者、促进者。现代教育技术与化学多媒体课件制作课程整合后，教学的规则发生了变化，学生从传统的接受式学习转变为主动学习、探究学习和研究性学习。教学设计改为以学为中心，创设主动学习环境。在此过程中，教师可针对学生学习情况及时地进行指导和帮助，引导学生学习掌握新技术，提高主动学习的能力。

①将现代教育技术手段恰当地运用到化学学科课程教学中，有效贯彻落实化学学科课程标准和教育培养目标，在此基础上研究、比较、总结现代教育技术与化学多媒体课件制作整合的教育理论和教学实践范式。

②根据新课标不同课型从基础性、拓展性和自主性探索现代教育技术与化学多媒体课件制作课程整合的形式。

③在现代教育技术(含化学课件制作)课程教学中，针对理论性较强的抽象的课程内容，运用现代教育技术手段，进行学习方式与教法的讨论探索，体现为理论与实践、学习与探究的最优整合。

4. 结论

现代教育技术开辟了一个广阔的应用前景，给教与学带来革新的机会，为学科教学信息化奠定了物质基础。如何实现现代教育技术与学科课程的整合，是一个迫切需要研究、探索的问题。因此，开展现代教育技术与学科教学整合的实践研究，有着十分重要的意义。

现代教育技术在化学教学中的广泛应用，不仅从手段上，而且从观念上、教学模式上都引起教学的深层次变革，现代教育技术与课程整合成了教学改革的一个突破口。然而，目前现代教育技术在化学教学中的应用水平仍然非常低，所以，研究“主导-主体”教学思想指导下现代教育技术与化学多媒体课件制作整合的教学模式，可以为化学教师(师范生)提供一些可用于指导教学实践并借以改造的教学模式，对于推进现代教育技术与课程整合显得非常重要而迫切。

总之，现代教育技术应用于化学教学中，是适应时代发展的，是现代教育技术发展的要求，是化学教学发展的必然。在应用的过程中要正确认识出现的问题，不断纠正偏差，不断改进，使现代教育技术在化学教育专业的教学中得以充分利用和完善。

参考文献

[1]万明高．现代教育技术理论与方法[M]．北京：北京大学出版社，2007.

[2]黄紫洋．化学多媒体课件制作[M]．北京：化学工业出版社，2009.

[3]张荣国，雷家珩，刘军，等．基础化学网络教学课件设计与教学实践[J]．武汉理工大学学报，2004，26(9)：97－99.

[4]李运林，徐福荫．教学媒体的理论与实践[M]．北京：北京师范大学出版社，2003.

以α-胰凝乳蛋白酶为催化剂在有机溶剂中合成 N-保护的亮-脑啡肽三肽片段——推荐一个化学生物学综合实验

邢国文

（北京师范大学化学学院，北京，100875）

摘要：推荐一个面向理科高年级本科生的化学生物学综合实验。以二氯甲烷为溶剂，使用α-胰凝乳蛋白酶为催化剂合成 N-保护的亮-脑啡肽三肽片段。希望通过本综合实验的开设能够开拓学生视野，提高其科研创新能力。

关键词：综合实验；化学生物学；酶促合成；亮-脑啡肽；α-胰凝乳蛋白酶

近年来，化学与生命科学相交叉的研究领域——化学生物学方兴未艾，越来越引起研究者们的浓厚兴趣。值得注意的是，翻阅大量的本科生化学和生物学实验可以发现，实验中基本上都是经典的化学或生物学实验，很少能够见到化学与生物科学相交叉的融合型实验。因此，有必要探索开设面向大学本科生的学科交叉型综合实验，丰富实验教学内容，研究跨学科、跨院系开展化学生物学综合实验教学这一新模式。

本文推荐的面向理科高年级本科生开设的学科交叉型综合实验，将化学与生命科学的相关知识结合在一起，让学生：(1)在做实验的同时开阔视野，了解一些近年来学科交叉研究领域的研究热点；(2)熟悉一些化学生物学实验的基本实验方法和技巧，为今后的进一步科研深造奠定坚实的实验基础；(3)通过本课程的训练，有效提高他们的独立科研能力和科研创新能力。

1. 实验原理

亮-脑啡肽(H-Tyr-Gly-Gly-Phe-Leu-OH)是神经递质的一种，能改变神经元对神经递质的反应，起到修饰神经递质的作用；能够激活处于抑制睡眠状态的脑细胞，对因脑损伤导致的后遗症有较好的恢复作用。本实验合成所涉及的亮-脑啡肽主要存在于下丘脑系统，对下丘脑及垂体激素分泌起着重要调节作用。合成此天然活性物质对研究它的作用机制以及探究它在药物合成中的应用都有重要意义。α-胰凝乳蛋白酶(Chymotrypsin，EC 3.4.21.1)，是一种能够分解蛋白质的消化性酶，其催化活性中心含有为丝氨酸，分类上属于丝氨酸蛋白酶。胰凝乳蛋白酶在芳香族氨基酸的羧基处切断肽键，从而裂解蛋白质。近20年来，有机溶剂中的酶催化反应取得了重要的进展，在有机溶剂中，蛋白水解酶可以催化肽键的形成。本实验以二氯甲烷为反应介质，使用α-胰凝乳蛋白酶将酪氨酸的C端和甘氨酸的N端通过肽键连接起来[1]。

本实验以酪氨酸(Tyr)、双甘肽(Gly-Gly)为起始原料，经过四步反应得到了N-保护的亮-脑啡肽前三肽Z-Tyr-Gly-Gly-OEt。首先，酪氨酸在氯化亚砜作用下酯化，得到酪氨酸乙酯盐酸盐(HCl·Tyr-OEt)；然后，酪氨酸乙酯与苄氧羰酰氯(Z-Cl)在碱性条件下反应，得到苄氧羰酰酪氨酸乙酯(Z-Tyr-OEt)；Gly-Gly在氯化亚砜作用下酯化，得到甘氨酰甘氨酸乙酯盐酸盐(HCl·Gly-Gly-OEt)；最后，Z-Tyr-OEt与Gly-Gly-OEt在二氯甲烷中以α-胰凝乳蛋白酶催化得到亮-脑啡肽的前三肽，即N-保护的苄氧羰酰酪氨酰甘氨酰甘氨酸乙酯(Z-Tyr-Gly-Gly-OEt)。具体实验路线见图1。

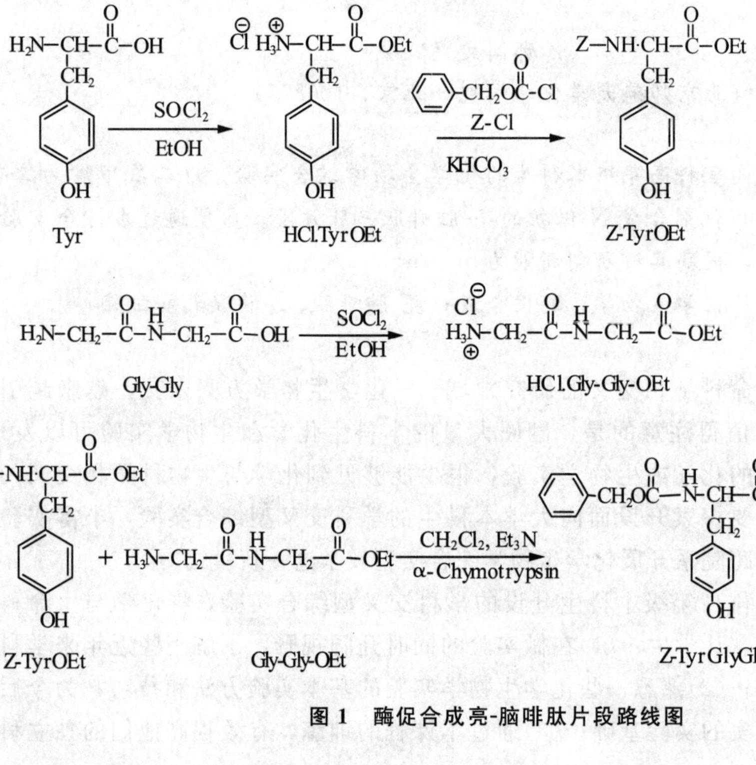

图1 酶促合成亮-脑啡肽片段路线图

2. 实验步骤

2.1 HCl·Gly-Gly-OEt的合成

取40 mL无水乙醇，用冰盐浴冷至－10 ℃，缓慢滴入10 mL氯化亚砜，加完后继续搅拌20 min。加入Gly-Gly 5.0 g，室温搅拌3天。用旋转蒸发仪减压除去溶剂得到大量固体。此固体用乙醇重结晶后得到产物 6.0 g，产率为 81%。

2.2　HCl · Tyr-OEt 的合成

取 40 mL 无水乙醇，用冰盐浴冷至 −10 ℃，缓慢滴入 10 mL 氯化亚砜，加完后继续搅拌 20 min。加入 Tyr 5.0 g，室温搅拌 3 天。用旋转蒸发仪减压除去溶剂得到大量固体，用乙醇-乙醚重结晶后得产物 6.1 g，产率 90%。

2.3　Z-Tyr-OEt 的合成

将 HCl · TyrOEt 3.7 g(15 mmol)悬浮于 75 mL EtOAc 中，加入 $KHCO_3$ 9.0 g (90 mmol)的 60 mL 水溶液，冰浴下快速搅拌，15 min 内滴加 Z-Cl 的苯甲醇溶液 3.2 mL (18 mmol，5.7 mmol/mL)。加完后搅拌 20 min，撤去冰浴，室温再搅拌 2～3 h。反应结束后用 4 mol/L 的盐酸酸化，使水相 pH 为 1，分出有机相，用水、饱和的食盐水洗涤，硫酸镁干燥，减压蒸去溶剂后，余淡黄色油状物，置于冰箱中，缓慢结晶，过滤得第一批晶体，母液中加入石油醚再结晶得第二批晶体，共得产物 3.9 g，产率 76%，m. p. 49 ℃～51 ℃，$[\alpha]_D^{19}$ −7.2(c=1 MeOH)。

2.4　以 α-胰凝乳蛋白酶合成 Z-Tyr-Gly-Gly-OEt

取 Z-Tyr-OEt 136 mg(0.4 mmol)与 HCl · Gly-Gly-OEt 80 mg(0.4 mmol)悬浮于 4 mL二氯甲烷中，加入三乙胺 112 μL(1.0 mmol)并在振荡混合器上振荡使底物完全溶解，此时体系的表观 pH 约为 10，反应液为一透明溶液。最后加入 α-胰凝乳蛋白酶 4 mg 和 16 μL 水(0.4%V/V)。室温下搅拌反应 1～2d 后，反应液中有白色沉淀产生。反应3 d 后，将反应液过滤，滤饼依次用二氯甲烷、1 mol/L 盐酸、去离子水洗涤。在红外灯下烘干产物，得产品 118 mg，产率 59%，m. p. 164 ℃～165 ℃，$[\alpha]_D^{20}$ +3.1(c=2 HAc)。

本实验中所用合成方法简单、环保，实验材料消耗较低，适合本科生实验的开设。所涉及的内容是化学与生命科学相交叉的研究领域，具有新颖性、前沿性和明显的学科融合性。面向理科高年级大学本科生开设跨学科、跨院系的学科交叉型化学生物学综合实验，是现阶段大学实验教学中一种崭新的探索与尝试，必将有效提高学生的科研创新能力。

参考文献

[1]Yun-Hua Ye, Gui-Ling Tian, Guo-Wen Xing, et al. Enzymatic syntheses of N-protected Leu-enkephalin and some oligopeptides in organic solvents[J]. Tetrahedron, 1998, (54): 12585−12596.

高师化学非师范生培养模式探讨*

李刚，李锦州，金英学，李淑英

(哈尔滨师范大学化学化工学院，哈尔滨，150025)

摘要： 高师院校化学开办非师范专业是近 10 年专业发展的增长点。本文从专业特色

* 基金资助：黑龙江省新世纪高等教育教学改革工程项目：面向社会需要的高师化学非师范生培养模式的研究(X09−5)。

定位、师资队伍建设、培养方案制定、学科建设、课程和教材建设、实验室和实习基地建设、实践环节、指导教师制及毕业环节等方面，介绍非师范专业人才培养的一些措施和办法。

关键词：化学；非师范专业；培养模式

大学阶段化学专业是培养掌握基本理论知识、适应能力强、有创新精神和实践能力的复合型应用化学专门人才的基地。但由于历史原因，我国的师范教育主要以培养中学教师为主体，而随着人才需求的变化，在高等师范院校中增设非师范专业，目的在于培养应用型人才。因此用以往的师范性教学模式来培养非师范生，必然面临着教学体制的转化和满足面向社会的需求问题。高师非师范生培养研究的提出，正是在顺应时代要求、符合经济建设发展、推进教育改革的一个重要举措。

哈尔滨师范大学化学化工学院材料化学专业从2003年开始招收本科非师范生。自创办以来，本着边办学边建设，逐步形成和发展了自己的办学思路，经过几年的建设，办学条件和办学水平有了较大提高。把握市场和社会的需要，发挥传统师范教育优势，夯实基础，加强动手能力和基本技能的培养，注重文理融合，增强独立思考、解决问题的能力。学生一入学就根据自身的情况，制定目标，在思想上加以重视，经过四年的学习，使他们在知识、技能等方面都有较大提高，毕业后能尽快适应市场经济的需要。目前，该专业师资力量雄厚，办学条件较好，培养的人才能够满足社会的需要，深受用人单位的欢迎。在此办学的理念和思想的指导下，我们采取了以下一些措施和办法。

1. 建设好师资队伍，办出专业特色

一个学校教师的水平决定了学校的教学水平，没有稳定、合理的师资队伍就不可能培养高质量的毕业生。抓好教师队伍是培养出合格毕业生的前提。没有自己特色的专业，学院就没有生命力，就不可能在市场经济的大时代背景中立于不败之地。通过整合已有资源，大力抓好学科建设，办出自己的特色。只有这样新专业才能具有生命力，有活力，进而走上良性循环的道路。我们在已有的传统学科和师资的基础上，结合黑龙江化学和化工基地的优势，材料化学专业确定以高分子材料为主，相关的其他材料学科课程为辅，架构较为完整合理的知识体系。在教师队伍建设上，实施人才工程计划。充分挖掘教师的潜力，同时引进所需的相关专业人才。近几年来，化学与化工学院引进多名教授、博士、博士后充实到教师队伍中，并鼓励教师攻读在职博士来提高教学科研水平。目前，材料化学专业已建立起一支人员稳定、结构合理、学历层次和教学科研水平高的师资队伍。

2. 制定合理的教学计划，抓好学科建设

学科建设是培养学生的基础，没有健全和完善的学科体系就不可能为学生提供必要、完善的知识结构。教学计划是培养高素质合格人才的重要保证。专业培养目标和规格，既受教育思想观念的指导，又是专业与课程设置和确定基本培养方式的依据。确定专业培养目标与规格，既要考虑专业的稳定性，又要考虑社会和时代的发展要求，体现出改

革与创新性。我们注重理论教育与实践教育相结合，培养具有创新能力的人才。改变现有教育实践中，只注重基础教育，而忽视实践能力教育的倾向，在加强理论学习和掌握的同时，将实践贯穿教育始终。通过实践加深对理论的理解与掌握。使学生具有扎实的基础和较强的动手能力，为今后的发展打下坚实的基础。

强化化学基础课的同时，增加专业课和交叉学科课程。注意课程间的相互衔接和联系，把握教学内容的深度和广度，增设反映现代化学、化工新技术和新工艺以及体现学科交叉的课程，优化课程结构。精选课程内容，重视工科意识和综合素质的培养。进一步调整专业课和专业课的教学内容，删减陈旧的内容，集中讲授内容新颖、研究成熟、应用性广的理论和工艺过程，注重培养工程研究的思维方法及创新能力，增加对生产实践具有重要指导意义的基本理论和代表化学、化工学科发展前沿的新成就的内容，强调教学内容的实践性和先进性，满足未来学科发展的需要。

3. 完善课程和教材建设，强化教学质量，狠抓学风建设

大力提倡引进和使用高质量教材。教材质量直接体现着学校教育和科学研究的发展水平，也直接影响本科教学的质量。材料化学专业结合学科、专业的建设，加快教材的更新换代。目前，全部使用“面向 21 世纪课程教材”、“十一五”国家重点教材和教学指导委员会推荐的教材，杜绝质量低劣的教材进入课堂。教师的师德和教风，直接关系到教学质量的高低，对学生世界观、价值观、人生观的形成有着直接的影响。建立健全的教学质量监控体系，是提高本科教育质量的基本制度保障。学院建立起科学有效的本科教育质量评估和宏观监测的机制；建立起教学督导、同行专家评议、教研室集体备课、集体听课、青年教师试讲等制度；建立教研室、督导组和学生共同参与的教学质量课堂评估和网上评估体制，来保证教学质量。在期中教学检查和年终考评中，把教学工作的好坏作为衡量教师工作的主要标准。切实加强学风建设，充分调动和发挥学生学习的积极性。学院将学风建设作为教学工作的一项重要内容来抓。引导学生树立正确的学习观、成才观、就业观。弘扬努力学习、刻苦拼搏的精神，增强诚信意识。

4. 增加专业选修课，拓宽专业面

目前，国内教育将学科分得过细，学生过早分科，导致学生知识结构的不合理。理科强调基本理论，忽视文学素养；文科学生缺乏必要的现代科学知识；工科学生在现行的教育形式下，也过于强调理论，而动手能力有很大的下降。非师范生不但要注重实践，还应具备较扎实和全面的基础理论知识。加强文学素养，有利于其全面的发展，满足社会对应用型、复合型人才的需要。我们进一步深化和完善学分制，提高学生选课、修课的自主权，扩大专业知识面，拓展辅修专业，对传统学年制培养模式进行重大改革。在突出专业特点的同时，依据已有的优势学科，为学生开设了 3 个方向的系列选修课 40 多门(涉及无机及材料、化工及应用化学、表面化学与电化学)。学生可以根据自己的爱好以及今后发展方向加以选择。同时尽可能多地开设公共选修课，鼓励学生选修通识课以及拓宽专业面的基础课、辅修课。这样可以帮助学生建立合理的知识体系。

5. 加强实验室和实习基地建设

为了增强和提高学生的动手能力和实验技能，根据实验课程体系的要求，我们争取了学校较多的经费投入，用于充实、添置一些先进的实验设备，使学生在学会使用常规仪器之外，能操作若干大型仪器，更快地接近本专业的前沿领域。我院在日行贷款的支持下，购进一批大型精密仪器，既能满足科研需要，还能积极为基础教学服务，这些实验设备满足了快速发展的科学研究和专业发展的需要。校外实习基地是学生将所学的理论知识直接与社会生产相结合的必不可少的场所，为了让学生有接触生产实践的机会，加大了校外实习基地的建设。材料化学专业目前有多个实习基地(哈尔滨玻璃钢研究所、哈尔滨制药总厂、哈尔滨华尔化工有限公司、哈尔滨市富盛科技开发有限公司、大庆石化总厂、大庆炼化公司、大庆化肥厂、上海美东生物材料有限公司等企业)，这些基地既是学生学习的场所，同时也能为学生提供更多的面向社会服务的机会。

6. 加强实践环节，重视毕业论文(设计)环节

毕业论文(设计)是教学计划设置的最后一个教学环节，根据教学计划对毕业论文(设计)的要求，由学院分管教学副院长总负责，对毕业论文(设计)的选题、指导教师的配备、具体实施过程、毕业论文(设计)成果形式、书写规范、答辩程序和评定标准等环节都制定了详细的实施细则和关于毕业论文(设计)的若干规定，并采取开题、中期检查等一系列措施保证毕业论文(设计)按计划如期完成。实践环节是非师范生培养的重要环节，在非师范生的培养中，充分利用实习基地的有利条件，让非师范生参与到企业具体的研究项目中，为非师范生创造大量实践的机会。非师范生的毕业论文选题来自企业生产实际，可为企业解决科研生产中存在的实际问题，强化毕业论文的实用价值，同时确保学位论文的理论性，力争非师范生论文理论性和实践性相统一。

7. 实行“指导教师制”

由于非师范招生规模较小，专业教师与学生比在1∶3左右，学院实行导师制培养。大学三年级专业课学习阶段，学生根据个人的情况，结合今后的发展方向，选择指导教师。也可以选择两位不同学科、不同专业、不同研究方向的指导教师，或者几位教师指导一组学生。但不同于研究生培养模式，指导教师侧重其学习上的指导和督促。教师和学生经常接触，对于一些学习基础好、有潜力的学生，指导教师吸收其参加自己的课题研究。在指导教师的帮助和指导下，学生积极申报学校的大学生创新计划，从事一些较为简单的科研工作，在研究工作中积累一些经验，同时也暴露出一些自身在知识、能力上的问题，使学生对自己有一个较为全面的认识。在接触中，教师发现学生的一些问题，如思想上、学习上以及生活中的问题，帮助解决，这样也缓解了现阶段大学辅导员人数较少，学生数量较大，对学生疏于管理的问题。在与指导教师的接触中，学生增加了了解社会和研究现实问题的机会。双指导教师或多位指导教师同时指导，还能够充分发挥多位指导教师的各自优势、取长补短，既有利于理论联系实际，有利于毕业论文研究的顺利开展，也可确保毕业论文的水平和质量，同时也提高了学生的实践能力和综合能力。

8. 加强对“指导教师制”监督，建立适合的评价体系

教育创新是一个动态的过程，指导教师制实现了教师之间、师生之间、教育资源之间的优化组合，还需要在非师范生培养过程中通过全过程的评估监督来不断完善与发展。通过学院对指导教师的整体评估、学生对指导教师的指导评估、指导教师对学生的总结性和综合性评估、学生自我学习情况评估、社会对毕业生反馈等评估方式。在学生培养的全过程对指导教师指导工作进行实效评估，重点考察指导教师在日常学习指导环节，包括专业课程的开设、平时指导和论文写作指导等环节的工作。通过评估，对原有的培养机制进行改革，形成一种对指导教师的激励效应，促进指导教师不断更新自己的知识，引领学生把握本专业、本学科的前沿知识，进而不断提高本科生的培养质量。

9. 发挥师范教育的优势，培养健全的人格和合理的知识结构

一个院校的人文、学术的氛围对学生的健康成长、科学理念的形成起到潜移默化的影响，甚至使学生受益终生。在学校教育过程中不应忽视院校的文化氛围的作用。为满足现在社会对应用型、复合型人才的需要，非师范生应该加大综合素质的培养。需要指导教师对此加以重视，并帮助其建立合理的知识体系。为此我们充分发挥师范院校的文化环境和氛围，文理学科齐全的优势，为学生建立全面的知识结构提供了保障。哈尔滨师范大学秉持“敦品励学　弘毅致远”的校训，推崇尊师重教的品德，在这样的环境中使得学生受到熏陶，对培养健全的人格是非常有利的。使这些从师范院校走出来的非师范生具有文理兼容的知识体系以及较完备的人格品质。

10. 注重毕业环节，紧扣市场需要

要为学生毕业提供准确的信息和必要的知识和技术上的支持和保障。从现行的用人机制上看，非师范生也可以从事教师职业，为此对有志于从事教师行业的一部分非师范生选修教育学和心理学等课程，通过教师资格考试，开启教师职业的大门。学院加强与相关企业的联系，创造学生参与企业生产课题研究的机会，为非师范生提供实践的场所。其毕业论文的选题来自企业生产实际，为企业解决生产中存在的具体问题，强化毕业论文的实用价值，又确保学位论文的理论意义，力争毕业论文理论性和实践性相统一，为非师范生就业创造条件。学生毕业后，仍和指导教师建立密切的联系，指导教师帮助毕业生解决一些走向社会后所遇到的具体问题，继续给予知识和技术上的支持，帮助学生更快、更好地发展，从而提升院校的信誉和知名度，为院校的今后发展打下更坚实的基础。

总之，高师非师范生的培养主要着眼点是增强能力的培养，以适应我国化学化工、材料研究迅速发展的需要。培养中需考虑自身办学特色及优势，首先要加强教师队伍的建设，对化学与工程技术课程、专业基础和专业课程的设置以及学时、学分进行合理分配，重视生产实习和毕业论文的教学环节，在非师范生培养过程中实行“指导教师制”，以满足高师化学非师范生的培养需要。哈尔滨师范大学定位在以教师教育为特色的高水平教学研究型综合性大学，学院材料化学专业在办学过程中充分调动非师范生学习的积

极性和主动性，激励其刻苦学习，增强诚信意识，养成良好学风。在实践中我们将不断地完善专业课程体系建设，力求培养出专业基础雄厚、知识结构合理，具有较强独立思考和实验技能扎实的应用型、复合型人才。

信息技术在化学教学论课程教学中的应用

郑柳萍

（福建师范大学化学与材料学院，福州，350007）

摘要：本文探讨了信息技术在化学教学论课程教学中的具体应用，即利用现代信息技术进行课堂教学，扩大课程容量；开展案例教学，提高对教学理论的认识及教学反思的能力；运用网络辅助教学，构建师生交流平台，培养学生自主学习能力；开展微格教学，培养师范生实际教学能力。

关键词：信息技术；案例教学；微格教学；网络辅助教学

化学教学论是研究化学教育教学规律及其应用的学科，是高等师范院校化学教育专业学生的必修课，也是一门具有鲜明的师范性和实践性的教育类课程，旨在引导师范生掌握化学教学基本理论和基本技能，获得从事中学化学教学工作和研究的初步能力。如何在教学时数少、教学内容多、学生缺乏实践体会的情况下，切实提高课堂教学效率和效果，是当前化学教学论课程教学面临的一个重要问题。

以计算机和网络技术为主要特征的现代信息技术的运用为传统的化学教学论课堂教学注入了新鲜活力，在师范生教育教学能力培养方面发挥强大功能。下面结合自己几年来的实践谈谈在化学教学论课程教学中信息技术的具体运用。

1. 利用信息技术，扩大课程容量，及时补充、更新教学内容

进入21世纪以来，我国的基础教育课程进行了前所未有的大变革，各种新信息、新成果不断涌现。然而，由于教材更新的滞后，化学教学论教材往往未能及时反映课程改革的进展及成果，致使教科书的知识内容较为陈旧，不实用。在授课过程中，利用平时收集的素材，根据教学内容要求，有针对性、有目的地进行分析、筛选、组合、修改，制成PowerPoint演示文稿等媒体资料。这种图文并茂、能调动学生各种感官进行学习的教学手段使课堂信息容量大、内容新，教学过程显得生动活泼，有利于突破教材的重难点，优化教学过程，创设情境，激发学生的兴趣，充分调动学生的学习热情。

例如，说课是当前一种重要的教研方式，也是师范生面试时常碰到的考核内容，但现有化学教学论教材中大都没有涉及，有必要加以补充。通过讲授法向师范生系统地讲述说课的概念、说课的特点、说课的内容及说课的形式、说课的要求，同时，运用PowerPoint给师范生展示、分析我院一位获校教育硕士说课比赛一等奖的说课课件——《铝的性质及应用》，然后播放该教师说课录像，让学生从教师的理论讲解和课件的实例展示中，明确了说课稿的撰写要求和说课的要求，提高了师范生对教学理论的感性认识。

2. 利用现代信息技术开展案例教学，提高对教学理论的认识及教学反思的能力

化学教学论教材部分章节的知识理论性较强，学生缺乏实践体会，若无教学案例加以解析，学生很难真正理解吸收，理论与实践存在脱节现象，不利于培养师范生的教育教学能力。案例教学是成熟于西方的一种教学方式，20 世纪 70 年代以来，在师资培训中得到广泛应用，在提高师范生教育教学实践能力方面具有重要作用[1]。通过观摩优秀案例一学生讨论一教师分析点评一学生课后设计案例一课堂实践的方式进行教学，在实践中取得良好效果。

如对中学化学教学方法中关于讲授法的介绍，在教学过程中选择收集到的课堂教学视频资料中较有代表性的典型课例——物质的量，根据教学内容的需要截取部分视频，在课堂上播放后分析教师授课特点，阐明这种方法如何恰当运用，然后布置学生课后自行运用该方法设计教学片段，在课堂上进行实践，组织学生讨论、评价。

对新课改中提倡的新型教学方式和学习方式，如何让学生有所认识？课堂教学中如何组织、调控？案例教学为学生提供了范例。通过播放优秀教学视频《氯气的性质》，为学生提供了探究性实验教学、合作学习的设计、组织的范例；《硫酸型酸雨的形成及危害》的课例中，教师采用课前布置学生准备材料，课堂中学生进行角色扮演、发言辩论的方式，让学生在轻松的氛围中学习了酸雨的形成、酸雨的危害、如何保护环境等知识。观看视频时，这种新颖的课堂教学组织形式深深吸引了学生，中学生的精彩发言让这些准教师哄堂大笑，教师的应变能力和组织能力则让他们从中收获良多。

案例教学紧密结合实际，生动形象，容易激发师范生学习的兴趣，能调动他们积极参与，有利于他们的创造性学习。引导师范生对优秀课堂教学录像、教学设计案例进行研讨，是师范生提升自身素质的最好载体，也是介入新课改研究的最佳途径。组织他们对案例进行分析、研究、总结、反思，从简单模仿教师的教学到学会反思、学会创造性设计，从中体会教育教学观点、学习教育教学方法。

3. 运用网络辅助教学，构建师生交流平台，培养学生自主学习能力

互联网的飞速发展为化学教学论课程教学注入新鲜血液。一方面，利用互联网提供的强大信息资源，提供一些有价值的网站地址，如中学化学课程网等，要求学生自行收集、分析资料，主动学习最新教育理论，了解教研动态，主动由教材理解向课题研究延伸，让师范生借助网络资源，掌握教学科研的基本知识与研究技能，向教学的高层次发展。另一方面，利用学校教务处开通的课程平台辅助课程教学，构建交互式学习环境，使课堂教学延伸到课外。教师可以在课程平台上提供课外学习资源供学生课后自学，布置作业，组织学生开展讨论。课程平台的使用使师生加强互动交流，学生在表达与交流中提高认识，同时也弥补了课时不足、新老校区师生联系不便带来的沟通障碍。此外，学生经常使用 QQ，班级建立了 QQ 群，教师可以加入其中，做学生的朋友，及时发布教学信息，交流学习方法，学生对此很欢迎，经常留言要求教师答疑解惑。

4. 利用信息技术，开展微格教学，培养师范生实际教学能力

微格教学是目前普遍采用的一种有效方法，在1963年由美国斯坦福大学的D. 阿伦(D. Allen)提出，是师范生和在职教师掌握课堂教学技能的一种培训方法，又被译为"微型教学"、"微观教学"、"小型教学"等。它是把复杂的教学过程分解为许多容易掌握的单一教学技能，借助先进的音像设备、信息技术，把课堂教学全过程分解成一个可以单项把握的技能训练点，让学生细心揣摩尝试，通过摄录、回放、自评、互评、纠正、重试等步骤实现自我认识、自我完善，达到教态自如、技能熟练的目的。因此，微格教学又被定义为"有控制的实习系统"，"简化了的、细分的教学"，使师范生和教师有可能集中解决某一特定的教学行为[2]。其教学过程一般可以分为以下步骤[3]：理论学习、示范观摩、编写教案、角色扮演、反馈评价、修改教案。

实际操作中，根据学生数及教师数，首先，把一个班平均分成若干大组，每个教师负责一组。每个大组再分为几个小组在微格教室试讲，每次试讲内容侧重一个教学技能。其余同学和教师在观摩室观看，并进行评价，教师组织同学观看回放的录像，对同学的上课、其他同学的评价意见进行点评，使上课同学清楚认识到自己的不足并改进缺点。其次，试讲结束，选出部分典型(好的或差的)加以重放，重点讲评。对讲得较差的同学，每个教学技能进行反复训练。在此基础上，最后再进行完整一节课的教学实践，同样通过同学互评，录像回放，教师点评，反复训练以达到熟练掌握。

5. 结束语

信息技术在化学教学论课程的教学中发挥了重要作用。然而，任何事物的运用都应该注意其合理性、适用性，不能过分依赖信息技术，把课堂变成多媒体展示台，追求形式的新颖，忽略与授课内容的有机结合。信息技术只是一种辅助手段，只有教师加以合理应用，才能真正发挥其应有功能。

参考文献

[1]杨妙霞，周青，宋忠文．论化学教学论中的案例制作[J]．广西师范学院学报(自然科学版)，2004，10(21)：90.

[2]周建婧，郑柳萍．师范生微格教学存在的问题及对策研究[J]．厦门大学学报(自然科学版)，2008，(10).

[3]胡志刚．化学微格教学[M]．厦门：厦门大学出版社，2007：2－4.

从“实验室开放”到“开放实验室”的思考*

蒋福宾，欧阳津，申秀民
（北京师范大学化学学院，北京，100875）

摘要：本文结合我校当前化学实验教学的现状和实践经验，从实验内容的开放、实验时间的开放和实验室的开放三个方面探讨如何促进化学实验的开放式教学。

关键词：实验教学；实验室开放；开放实验室

当今的中国大学，实验教学越来越受到重视。首先是实验课与理论课的分离，其次是实验课的学时数超过理论课的学时数。种种改变都在说明一个现象，就是人们越来越重视实验教学了。但长期以来，实验教学是被一种固定的模式所束缚的，如学生使用相同的教材，在同一时间内做相同的实验。对于培养学生的创新意识、创新思维和创新能力，培养学生自觉地探索真理，单靠这种教学模式是很难培养出优秀的人才的。因而人们开始尝试开放式教学模式，但在开放的程度上各高校走得不尽相同。所谓“开放式”实验教学模式是指实验内容的开放、实验时间的开放和实验室的开放，三者缺一不可。北京师范大学化学实验教学中心在此方面进行了探索，并取得了可供兄弟院校借鉴的经验。

1. 实验内容的开放

1.1　为“本科生科研基金”的学生开放

为了鼓励学生选择具有创新性的基础和应用研究课题，并与教师科研项目相结合，每一项基金计划在学院领导下组织实施，并从项目的申请、中期考察答辩及结题汇报等阶段层层把关，严格监督管理。从实践上探索基础科学人才培养的新模式，力争培养一批杰出的本科毕业生，推动科研与教育的结合，在研究与实验课教学的结合方面有所突破，实现对基础研究人才的超前培养。

1.2　为第二课堂的学生开放

通过各种主题活动，给学生创造自主探索的环境和条件。在强化实验基本操作技能训练的同时，为热爱化学的学生开放实验室，组织学生开展一些课外理论联系实际的创新与实践活动。通过各类活动的开展，建立第一课堂和第二课堂的联系，建立多层次、多途径的开放实验教学模式。激发学生学习化学的兴趣，提高学生化学实验的基本技能和综合能力。如举办“化学实验安全知识竞赛”、“化学文化节”、“实验教学课件制作大赛”、“食品分析大赛”等多种形式的第二课堂，丰富了学生的文化生活，也提高了学生的综合素质。

1.3　为非化学类专业的学生开放

全校性的选修课“生活化学”历来受到非化学专业，特别是文科生的喜欢。在我们组

* 基金项目：2010 年国家级和北京市教学团队建设项目资助；教育部共建项目(119001)资助；北京市教育委员会共建项目(102—105834)资助；北京师范大学教学建设与改革项目资助(2009-08-02)。

织的“化学一条街”的文化活动中，文科学生参与的积极性比较高，同时也圆了许多文科学生高中的梦，对非化学专业的学生学习化学知识，开阔视野，普及化学常识起到了积极的作用，也成为化学实验教学中心的一个亮点。我们在原有实验内容的基础上，结合当今化学发展的新成果，开发出趣味性强的实验内容供学生选择，同时实施不定期开放实验室的方式，为非化学专业的学生开放实验。学生可以在没有课的时间来做化学实验，不再占用上课时间，教师在定期开放期间为学生提供指导，真正实现开放实验。

1.4 为中学化学教师的进修和提高开放

教师教育是我校的一个特色，免费师范生的培养问题也将成为我们探索如何培养教育家的一个好的机会。2007年实验室建设项目中，化学实验教学中心为教师教育增加了一些新设备——“中学化学数字化实验系统”，这在申报国家级实验示范中心时，已成为一个亮点展现在专家和评委们的面前，得到了专家和评委们的赞扬。因此就如何对这一仪器进行实验内容的开发，如何向学生开放实验将提上日程。我们在此仪器的基础上，结合我校原有实验内容的基础上，开放出供学生使用的实验内容，同时也为学生提供自主创新、自主开发的机会。

2. 实验室的开放

2.1 从有条件的开放过渡到全面开放，使学生从“要我学”转变为“我要学”

在化学基础实验Ⅰ、Ⅱ、Ⅲ的教学过程中，我们发现有一些学生由于种种原因没能做好实验，有一些学生是喜欢探索实验，希望能在课后补做或做一些探索性实验。我们在整合实验室的基础上，在原有小范围开放的基础上，逐步实现从有条件的开放到全面开放来建设“开放实验室”。不定期开放也能让部分学生补做、重做实验。采用“基本实验一拓展实验一设计性实验”的思路，合理安排实验内容，三者的对象分别为“全体学生必做的实验，全体学生选做的实验，优秀学生的设计实验”。

2.2 建立开放实验室满足学生自主实验的需要

为满足不同层次学生自主实验的需要，建设一个环境和谐、设备相对先进的实验室，为学生创造一个进行学术研究的环境氛围。如在“化学基础实验”中，有目的地引导学生进行提高实验技能的实验，即给出一些实验项目，由学生选做，对于一些学有余力的低年级学生很希望有这样的开放实验。在“化学合成实验”中，则以研讨课的形式进行开放式实验教学。学生选修合成实验研讨课，在教师引导下选出实验项目，经查阅文献，自拟实验方案，在开放实验室进行实践。化学的魅力在哪里？在于创造新的物质，要创造新物质必然要进行合成实验。所以“合成实验”是化学魅力所在。“化学合成实验”课程将让学生感受到创造新物质时的兴奋，这同样是面向高年级的开放实验课，是培养学生创新能力和创造能力的实验课。

3. 实验时间的开放

由于实验内容的开放，必然需要与之相应的实验时间上的灵活。由此将带来的是两方面的变化。其一是实验技术人员的作息时间的变化。为适应开放实验室，我们对部分实验技术人员的作息时间做了相应的变动。对参与实验室开放的实验技术人员在实验室开放教学期间实行动态作息，随实验室开放的时间而变化，但保证其 8 小时工作时间。其二是学生来实验室做实验的时间变化，学生可以根据本学期选课情况，提前来实验室登记预约，并安排相应的时间来实验室完成相关实验。实验技术人员根据学生提出的实验方案，报实验中心批准，实验中心安排指导教师做实验指导，并给实验教师计算相应的工作量。

4. 开放实验室的教学效果

通过强化学生的基础知识和实验技能，加强综合性和研究型化学实验课，以及实验室开放教学的实施和学生课外科技活动的开展，提高了学生的综合素质和实验技能以及分析问题和解决问题的能力，科学素养和科研兴趣也获得很大提高，实验创新成果丰富。近 5 年来本科生发表科技论文的质量与数量都大幅度增加，以本科生为主或参与的在《Advanced Materials》、《Chemistry A European Journal》等高水平的杂志上发表 SCI 论文共计 90 多篇，这些本科生发表的论文无论是数量还是质量在国内都名列前茅。

5. 结束语

通过“开放实验”能很好地发挥学生学习的主动性，培养他们各方面的能力，实现教育理论与实践的有机结合，对正常的实验教学活动是一种有益的补充，能起到完善和补充学生化学实验的知识点和促进学生更好地掌握实验基本知识和基本技能。同时，通过实行“开放实验”和建设“开放实验室”，必将为教育理论的丰富与发展提供更多的实证材料。

参考文献

[1]王晓岗，朱仲良，曹同成. 化学实验室开放的探索与实践[J]. 实验室研究与探索，2010，29(4)：89—91.

[2]彭丽. 关于开放实验室的几点看法[J]. 实验室科学，2005，(2)：132—133.

[3]秦晓静. 开放实验教学培养创新人才[J]. 实验技术与管理，2005，22(7)：87—89.

[4]李增新，薛淑云，梁强，等. 高师化学专业实验室开放的探索与实践[J]. 实验室研究与探索，2007，26(3)：128—130.

利用多媒体手段提高双语有机化学教学质量

卢忠林，邢国文，申秀民，张聪

(北京师范大学化学学院，北京，100875)

1. 前言

中国加入 WTO 后，经济全球一体化形势日益严峻，科技合作、科技交流日益频繁。

为此在高校实行双语教学是新形势下教育改革的一项重要举措，符合“教育要面向现代化，面向世界，面向未来”的要求。双语教学的目的是让学生在掌握专业知识的同时提高专业英语的应用能力，促进学生专业知识、外语水平及能力素质的全面发展，培养学生具有国际视野和国际竞争力，在将来的国际合作交流和国际竞争中表现出应有的高效率、高水平。

有机化学作为化学专业的一门基础课程，具有系统性强、逻辑性明显、内容生动丰富等特点，采用双语教学有着非常有利的因素。北京师范大学对基础有机化学双语教学非常重视。2004 年该课程获得了北京师范大学高等教育教学成果一等奖；2007 年立项为校级双语教学示范课程；2009 年该课程获得了教育部“双语教学示范课程”建设项目。

经过多年的探索实践，我们在基础有机化学双语教学方面已经积累了一些经验，尤其是近年来，我们在多媒体教学方面付出了辛勤努力并取得了一些成绩。在此介绍我们的一些体会，愿与各位同人探讨交流。

2. 多媒体教学的意义

多媒体教学包含了图(像)、文、音频、视频等多种媒体信息，能做到图文并茂，活跃课堂气氛，极大地激发了学生学习的热情与兴趣，是教育现代化的一个重要手段。多媒体教学的意义可以概括为如下几方面：首先，多媒体教学可以极大地调动学生的学习积极性。目前教学工作中如何调动学生的学习积极性是教师面临的一个极大挑战。现在的学生思维活跃，摄取信息能力强，在课堂教学中对教师的期望值高。如果教学内容冗长，教学方式死板，学生就会失去学习兴趣和动力。多媒体教学的灵活多样性在这方面可以发挥极大的作用。其次，多媒体教学给予的信息量极大，传统教学无法匹敌。一方面，它可以在短时间内展现丰富多彩的教学内容，刺激学生的视听感觉，在记忆中留下深刻印象；另一方面，利用计算机手段可以将抽象的概念、难以理解的现象、不易操作的实验，在计算机屏幕上实施微观放大、宏观缩小、动静结合，充分调动学生积极参与活动，形成鲜明的感性认识，对于理解有关概念，有关反应机理奠定基础，极大提高了教学效率。再次，目前很多老师都面临教学时数减少，教学压力增大的现实，多媒体教学的高效性有助于教学任务的顺利完成。最后，多媒体教学有助于提高教师自身素质。为了制备一个好的多媒体课件，一方面教师需要掌握一些新的计算机和网络技能；另一方面，老师必须不断地优化自己的知识结构，了解和掌握最前沿的科研动态、学术信息，这样才能更好地激发学生、引导学生。

3. 多媒体的课堂教学

多媒体教学包括了课堂教学和网络教学两个方面。在课堂教学中主要是课件的制作与讲授，内容可以包括图(像)、文、音频、视频等多种媒体信息。

3.1 图形、图像的应用

在课堂教学中，过多的文字会让学生大脑疲劳，注意力难以集中。采用适当的图形、图像，学生就能轻松愉快地接受并留下深刻印象，并容易扩展知识面，提高素质。课堂教学中涉及两种类型的图形、图像。一种是对于教学内容模块的图形、图像设计；另一种是结合教学内容的一些具体图片或者照片。

在教学内容模块方面，一般都会将内容目录化，这样看起来很清楚，但不生动。如果能将教学内容利用一个图形或者模型串起来，这样学生就更容易理解和掌握。例如，对于各种烃类衍生物的化学性质，可以通过对官能团及其连接基团的电子、空间效应做出图形分析，这样就可以非常容易地掌握其反应性能，记住有关的化学转化。

对于具体图片和照片的引入，也会收到良好的教学效果。例如，绪论中讲到有机化学和日常生活的关系时，通过插入 2008 年北京奥运会开幕式的壮丽场面，设问学生其中的火炬燃烧的是什么化学物质？很多学生并不了解。当告诉大家使用的是丙烷气，并解释了使用丙烷气的原因时，同学们一片哗然。另外，大家对水立方的漂亮照片很欣赏，但对其墙体材料的化学成分并不了解。当告诉同学们水立方的墙体是乙烯-四氟乙烯的共聚物时，大家对于经济奥运的概念才有深刻的体会。对于每一章节涉及获诺贝尔奖的化学反应及化学家，有关的图片和背景介绍会让同学们受益匪浅。一方面让大家了解了著名化学家的贡献，另一方面通过著名化学家的优良品质激励了同学们。特别地，我们会及时告诉同学们当年度的诺贝尔化学奖花落谁家，具体贡献是什么，他们对于获奖的感受及对自己的学术生涯的一些想法。这些紧密结合时代脉搏的知识，同学们非常喜欢。

3.2 Flash 动画的使用

Flash 动画在多媒体教学中很受学生欢迎。有机化学的学习涉及价键的形成、分子构型、分子反应性能、化学反应历程，采用语言描述相当抽象，而动画的应用极大地提高了教学效率。在解释反应机理时，Flash 就能将电子流向、旧键的断裂、新键的形成、构型反转等显示得一清二楚。对于杂化轨道 sp^3、sp^2 和 sp 的形成过程，通过 Flash 就很清楚地说明了杂化的过程以及杂化轨道在空间的排布。对于原子间的 σ 键和π键的形成过程也是生动形象，非常直观地解释了不同键型及有关的分子形状。在化学反应机理的解释上，Flash 的作用更加明显。例如在讲解新知识点——烯烃的复分解反应（methases）时，对于金属卡宾的催化作用，从网上下载的一个动画形象生动地展示了“交换舞伴”反应历程，引起同学们的极大兴趣。

3.3 音频的使用

双语教学中音频的使用非常必要。一方面可以提高专业英语的发音标准，另一方面可以提高学生的听力。为此，我们收集下载了一系列国外教学的音频课件，它们很多是 MP3 格式，这样学生可以利用课余时间加强专业英语的听说能力。另外，我们还收集了一些学术讲座的录音并播放给学生。

3.4 视频的使用

视频在双语教学中的作用非常明显。一方面是教学录像。国外很多学校的基础课程是公开的，并且有录像可以下载。对此，我们教学团队的张聪和申秀民老师花了大量的心血收集整理了哈佛大学 Jacob 教授的教学录像，提供给学生观看。另一方面就是有关化学反应或者化学现象的视频录像。在有机化学课堂教学中有些反应很难理解或者不好掌握。采用演示实验，学生的兴趣就被极大地调动起来，而且接受起来也很容易。例如在讲解酯交换反应的过程中，我们找到了一个生物柴油制备过程的视频，其中详细展示了酶催化过程中酯交换反应的机理，学生看后觉得很直观，对于机理完全理解。

4. 网络教学

网络教学是多媒体教学的一个重要组成部分。在这信息爆炸的时代，不论是教还是学已经离不开网络。为此我们积极开展了基础有机化学双语教学的网络建设和使用。

首先，在学校的大力支持下我们建成了网络教学 BB(Blackboard)平台。一方面，我们将有关的教学大纲，电子教案，习题库，中英文词汇库，试题库，阅读资料都上传到 BB 平台，并进行及时的更新补充。另一方面，我们鼓励学生积极使用教学网络空间，及时反馈学习中碰到的问题。

网络教学平台极大地方便了老师和学生。老师可以将有关课件、有关通知、信息发布到平台上，免去了传递、打印、复印的限制，学生也可以根据自己的时间阅读有关材料或下载相关资料。很多音频和视频文件，数据量太大很难使用邮件传递，网络平台就非常方便。

网络教学平台空间很大，可以提供给学生很大的信息量。我们给学生很多有机化学的相关资料，包括课件资源、有机化学相关数据库、有机化学相关内容。

其次，我们深入挖掘原版教材和相关出版社提供的网络教学平台。目前我们使用的原版教材"Organic Chemistry"(L. G. Wade 编写)2009 年已经出版了第七版。在新版中，教材提供给每个学生使用教学平台的权限。通过注册，每个学生只要有网络就可以随时进行以下几方面的工作：互动式地练习回答问题，更好地巩固相关知识；利用 3D 动画可以清楚地观察分子的空间结构；通过关键内容的提示有效地复习每一章节；帮助掌握关键概念、术语和词汇；观看典型习题解析过程的视频。通过一年的使用，同学们觉得收获非常大。

5. 有关问题

多媒体教学是教育现代化的必然途径，受到了教育管理部门和广大教师的极大重视，它的重要性毋庸置疑。但多媒体教学中也面临着很多困难和挑战。我们在教学实践过程中注意到下列问题值得思考：

(1)图形、图片、Flash 动画、音频和视频材料的收集整理难度较大。学生的期望值越来越高，但高质量的多媒体资料并不是很多，尤其是一些制作优良的 Flash 就更为少见。如果能够建立多媒体教学的共享平台，每个人都可以从中受益。另外在多媒体课件制作中要注意版权问题，以免引起不必要的纠纷。"冰冻三尺，非一日之寒"。各种资料的收集整理需要长时间的积累，只有在平时的教学和科研工作及生活中不断做有心人，才能做到厚积薄发，引人入胜。

(2)多媒体教学的开展需要多方面的支持和努力。多媒体课件和网络平台的建设需要硬件的支撑，也需要教师本身对于计算机各种软件的熟练应用。硬件方面需要学校的大力配合，提供必要的网络环境、计算机等多媒体设备。在软件方面，主讲教师必须参加一些专业培训，掌握必要的计算机和网络知识。

(3)要注意到多媒体教学并不是万能的，传统的教学手段并不能全部抛弃。二者应该取长补短、相互补充。例如，对于化合物合成路线设计中，板书过程会带动学生不断思考，激发他们的创新能力，而多媒体的呈现速度过快，有时没有思考余地。

(4)多媒体教学中音频、视频的应用要注意分寸，切忌哗众取宠，或者反客为主。多媒体形式是为了教学服务，为了更好地落实教学任务，如果时间过长或者内容过多，反而会影响教学效果。

(5)多媒体课件和教学网络平台的内容要做到与时俱进。信息时代知识的更新很快，尤其是科学知识更是日新月异。通过多媒体教学始终让学生能够了解科学的前沿，这样就能更好地激励学生对于自然科学的兴趣。

6. 总结与展望

经过多年的教学实践，基础有机化学双语课程正在不断地完善。在多媒体教学工作中，北京师范大学教务处对该课程的建设提供了极大帮助，以立项的形式鼓励主讲老师参加各种形式的多媒体课件比赛和各种专业技能培训；协调教学网络中心对该课程提供了 BB 平台，并专门邀请老师进行 BB 平台建设和使用方面的培训指导。2009 年该课程获得了北京师范大学多媒体软件教学比赛网络课程一等奖。

总之，多媒体教学方法对于基础有机化学双语课程的发展提供了很多的便利条件，为教学质量的提高，培养学生的综合素质奠定了良好基础。相信在学校和教育部的大力支持下，我们有信心把它做得更好，为培养学生具有国际视野和国际竞争力，为高校本科教育与国际先进水平接轨作出新的贡献。

致谢：

感谢北京师范大学“基础有机化学双语教学示范课程”项目的大力支持，感谢教育部“双语示范课程”建设项目的大力支持。

第5章 高师化学专业衔接教学研究改革与创新

探析培养化学教师的实践模式：录像、评价与反馈

杨承印，刘程程，贺小丽，张贞，杨晓晓
（陕西师范大学化学与材料科学学院，西安，710062）

摘要：本文以陕西师范大学2007级化学专业免费师范生微格教学实践为例，介绍了培养化学教师的实践模式。其流程分为三个时期，前期为教学理论指导，中期为教学实践锻炼，后期为教学理论升华。该模式在一定程度上解决了微格教学耗时、教师工作量大、课时不足等问题，期望对化学师范生教育提供参考。

关键词：微格教学；评价量表；教师教育；化学教师

随着教育信息化的发展，微格教学仍将继续成为培养师范生和强化在职教师教学技能的一种有效方法，微格教学设备亦将呈现信息化发展趋势。但是长久以来，微格教学由于存在着耗时长、指导教师投入精力大的问题。为此，笔者以化学专业2007级师范生为例，通过文献检索和教学实践，对以往微格教学培养方式进行扬弃，形成一套教学实践方法。

1. 微格教学回顾

“微格教学”(Micro-teaching)是以现代教育理论为基础，利用先进的媒体信息技术，依据反馈原理和教学评价体系，分阶段、有目的、系统地培养师范生和在职教师基本教学技能的方法。[1]微格教学起源于美国斯坦福大学，1963年该种训练方法得到肯定并成为一门课程，列入教师教育计划中。[2]20世纪90年代开始，微格教学成为我国高校教师教育中教学技能培养的主要形式之一。经过50多年的发展，微格教学理论已经形成一个较为完整的理论体系，在教师技能培养中发挥着巨大的作用。微格教学具有如下特点：训练课题微型化，技能动作规范化，记录过程声像化，观摩评价及时化，是一种能把成功的、复杂的教学过程分解为许多容易掌握的单一教学技能，对每项教学技能用信息技术以及声像传播设备进行系统培养的微型、小组教学活动。[3]随着教育信息化的发展，微格教学在理论和实践方面均有新的突破和发展，但是仍然存在着耗时长、教师工作量大、课时量不足时的情况。

2. 微格教学模式探析——以化学专业师范生培养为例

师范教育不仅要包括全面的专业知识，更要对师范生进行实践方面的训练。陕西师

范大学化学与材料科学学院长期以来在如何更好地利用微格教学提高师范生教学能力方面进行了大量的探索，通过 10 多年的不断修正，确立了成熟的微格教学模式。该模式将微格教学分为三个时期，前期为教学理论学习，中期为教学实践锻炼，后期为教学理论升华。结合师范生特点、课时安排以及培养目标，我们要求每位师范生录四次微格教学课程：教学语言技能、导入新课技能、课堂提问技能和结束课技能，这些练习从简单到复杂、从单一到全面，旨在提高师范生教学实践能力，促进师范生教育教学能力的发展，最终达到整体教学风格的成熟。

2.1　前期

在前期，我们从教学设计的一般原理入手，以化学教学设计的策略与模式的理论为依据，结合化学课堂教学案例，深入浅出地对化学课堂教学过程必备的教学语言、导入新课、课堂提问、课堂调控(教学机智)、实验演示与结束课程等技能做重点讲授，同时要求学生以《化学教学设计与技能实践》(杨承印，科学出版社，2007)为参考，师范生结合自己的实际情况，选择教师推荐的或自己感兴趣的中学化学知识点，依据已学理论进行课前教学设计，设计后的录像前练习，并根据教材中的测量与评价量表进行调整、修正，为中期的录像做好准备，为成功的微格录像奠定基础。

2.2　中期

中期将对学生的教学技能进行录像、分析和评价，即录像—评价—反馈。

第一次录像内容是教学语言技能。教学语言包括教学口语、体态语和书面语，是在教学的特定情境中，以中学生角色为对象，用来实施和完成教学活动的基本手段，是最基本也是最重要的技能。我们要求师范生在讲课时语言表达准确规范，主次分明，重复恰当，有激励性，目标明确等。[4]师范生可以选择中学化学课程中的任意内容作为实践素材，录像时间设置为 5 分钟。录像完成后，我们及时将录像资料上传至学院内部网页的 FTP 空间，满足学生迫切希望看到自己第一次录像效果的愿望。接下来在全班同学参与下，我们对每一位同学的录像进行评价。先由同学互评、然后由课程教学论方向的硕士研究生团队评价，最后由指导教师评价。这样的评价顺序是依据评价主体经验多少和理论水平高低进行的，逐步递进、深化。由于不同行为主体的经历和见解的不同，可以从不同角度进行多视角、多元化的综合评价。评价完毕后，师范生进行自我总结，通过讨论后达成一致，优点继续保持，缺点努力改进。语言技能是否过关直接影响到以后的录像成败，因此第一次评价虽然耗时比较长，但却相当重要。

第二次录像内容为导入新课技能。导入新课对于调动学生的积极性有相当重要的作用，同时也是教师教学方式以及教学风格最精华的展现。导入新课技能的内容和方式均由学生自由选择。在完成了选择课题、编制教学方案之后，师范生进入微格教室录像，录像时间设置仍为 5 分钟，但有的同学仅仅唱“独角戏”，师生多边活动未能开展起来，所以没有用完这 5 分钟。此次评价主体仍然是学生自己、研究生团队以及指导教师，但本次评价不再在课堂上实施，而是每一方对师范生的录像写一份电子评价，将三方评价整理到一起后，上传至 FTP，师范生可以下载后查看。

第三次录像内容为提问技能。课堂是师生互动的，是教师与学生共同完成对知识的探索的过程。美国教学法专家卡尔汉认为：“提问是促进学生的思维，评价教学效果，以及推动学生实现预期目标的基本控制手段”。[5]所以，问题的设置应具有针对性、层次性，这对于师范生来说属于较高要求。本次录像也是四次录像中师生互动最多的一次，要求“教师”设置不同层级、不同类型的问题。“学生”在进入角色前随机抽取准备好的卡片，卡片上会有“沉默”、“不会”、“答非所问”、“完整且流利地回答”等字眼，“学生”在课堂上按照自己抽到卡片上的要求表现。教师如何提出问题、引导“学生”回答问题成为关键，这正是对师范生教学机智的考察和培养。此次评价过程为：学生和同伴先根据自己录像提交一份自我评价和他人评价，然后由研究生团队和指导教师根据学生的录像和已提交的评价对每一位同学做出评价，将所有评价汇总，上传至 FTP。每个学生看后，再写一份电子版的总结或反思发至指导教师邮箱，与指导教师进行交流。通过此次的实践，师范生开始培养关注学生的意识，提高自己活学活用的能力。

第四次录像内容为结束课技能。结束课技能与导入新课技能互相呼应，它是导入新课的延续和补充。如果说导入的主要目的是激发学生的学习兴趣和动机，那么在结束时应该使这种兴趣和动机最终升华为对知识的理解和技能的掌握。特别是在新课程理念的指导下，如何指导每一个学生都掌握好本节课的内容，这是对化学教师的极大挑战。因为导课与结课是相互呼应的，在评价该技能时我们也选择与导课技能相类似的评价方式。

2.3 后期

后期工作主要是对本学期微格教学的总结以及评价。指导教师与师范生共同回顾本学期的学习、收获，明确自己的优点并继续保持，清晰自己的不足以在日后改进，并对学生接下来的实习提出意见和要求。

3. 对该模式的评价

该微格教学模式主要分为三个时期，每个时期分工明确，尤其是中期实践方式，效率高，具有很强的可操作性。四次录像中第一次录像评价耗时最长，原因是第一次录像是后三次录像的基础，要对师范生在教学口语、体态语以及书面语(现场板书与多媒体辅助)等方面都要给予较多的关注，让师范生能够对教学技能的提高充满热情和自信，避免较多的问题在以后的实践中复现。后三次录像则是对教学语言双重考察和强化。后三次评价主要是基于网络的评价，通过电子邮箱、QQ 群、FTP 等途径交换意见。在评价过程中，我们将师范生作为评价的对象，更作为评价的主体，充分尊重师范生的意见。通过四次录像，同学们可以看到自己日渐成熟的趋势，看到自己仍需要努力的方向。同学之间也可以相互观摩，交流学习，借鉴他人优点共同成长。

该微格教学模式依赖于教育技术的现代化，通过网络在校内和校际间进行，为教师技能培训、教学理念、教学过程进行分析和反思提供的素材准确度高、真实性强、信息量大，便于自我分析评价和集体讨论评价。以校为本的教师专业发展 LDC(学习与发展共同体，Learning and Development Communication，陕西师范大学化学与材料科学学院的 LDC 是由指导教师、研究生团队和全体师范生组成)作为专业发展途径，在发展师范生化学教育教学能力的同时也从一个侧面促进了研究生教学能力的发展，使得整个团队成员共同成长。这一模式突破了时间和空间的限制，克服了传统教师专业化发展手段的缺陷，有效地把教师的教学理念和教学过程作为真实的研究对象，促进教师专业化发展，加速了教育的信息化。

微格教学作为一种提高师范生教学技能的手段，不是万能的，但对于师范生的成长具有巨大益处是不容置疑的。微格教学是师范生站在讲台上成长的基点，而这个基点的稳固和发展还需要师范生在日后实习、工作中继续强化。教学能力的提高，绝不是几次微格训练就能够解决问题的，更不是一蹴而就的。微格教学的实践教学探索与研究顺应了时代和社会的潮流，但依然任重而道远。

参考文献

[1]孟宪凯．微格教学基本教程[M]．北京：北京师范大学出版社，1992：2－8.

[2]蒋文彬．数字化微格教学系统构建方案[J]．高校理科研究，2007，(6)：88.

[3]汪振海．微格教学法在教学技能培训中的应用[J]．电化教育研究，2000，(3).

[4]杨承印．化学教学设计与技能实践[M]．北京：科学出版社，2007：75.

[5]欧阳文．学生无问题意识的原因与问题意识的培养[J]．湘潭大学学报(哲社版)，1999，(1)：128－131.

中学化学教学理论与实践课程的设计与实施*

袁明华，黄俊生，赖鹤鋆，林曼斌，文剑辉

（韩山师范学院乡村中学化学教学研究中心，潮州，521041）

摘要：本文从正确认识地方高校与重点师范大学在教师培养层次和规格上应有明确分工的基础上，介绍了中学化学教学理论与实践课程的设计与实施方法。

关键词：中学化学教学理论与实践；课程；设计与实施

当前，我国的师范教育正处在改革与发展的关键时期，传统的师范教育体系将被更为开放、更富有活力的教师教育体系所取代。面对新形势，地方高校与重点师范大学在教师培养的层次和规格上必须有明确分工。那么，作为教师教育课的化学教学论应如何设置才能更好地为培养“留得住、用得上、干得好”的高素质乡村中学师资目标服务呢？我们进行了相关探索，现报告如下。

1．课程整体设计

课程组根据人才培养目标，将中学化学教学理论与实践[1]整体设计成为四大块：理论、实验、实践技能及研究方法等系列课程，如图 1 所示。其中，框架中的实践课在借鉴其他高校做法的基础上，采取“全程教育实践＋竞赛”的组织模式做法(见图 2)，且从化学系层面来组织实施，以确保该做法的可行性。

* 广东省 2008 年度高等院校学科建设专项资金项目(2008-342)。

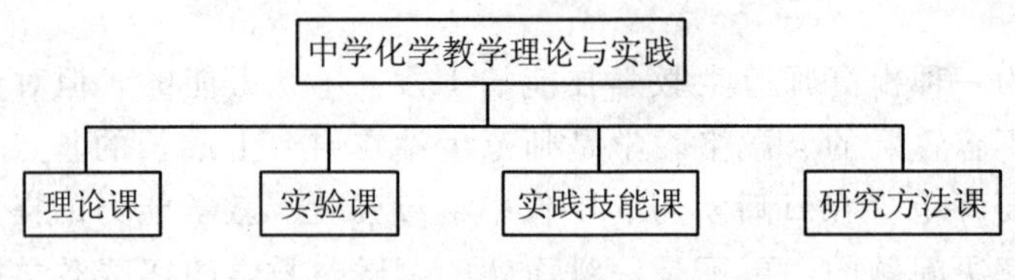

图 1　课程整体设计方案图

2. 课程分块内容设计

2.1　理论课

理论课即化学教学论或中学化学教学理论与实践Ⅰ，其内容的选择既考虑乡村中学的实际，又考虑师范生的可持续发展能力；课程重视教学设计，重视引导学生到乡村中学观摩，开展以区域文化为背景的第二课堂活动；课程重点介绍化学新课程标准及教科书、先进的教学理论及现代教育技术的应用；要求学生初步具备化学教师的“基本功”，即会备课、会说课、会上课、会评课。

中学化学教学理论与实践Ⅰ的知识模块顺序及对应学时如下：

第 1 章	导论	2 学时
第 2 章	化学课程标准与教科书	12 学时
第 3 章	化学教学设计	8 学时
第 4 章	化学教学原则与方法	6 学时
第 5 章	化学实验及实验教学研究	6 学时
第 6 章	现代教育技术的应用	6 学时
第 7 章	化学学习策略及实施	6 学时
第 8 章	说课、微格教学及教师“基本功”	6 学时
第 9 章	新课程化学教学测量与评价	2 学时
第 10 章	化学教师专业发展	自学

2.2　实验课

实验课即中学化学实验教学研究或中学化学教学理论与实践Ⅱ，课程将内容设计成探究式，将学生设计成乡村中学教师，要求师范生设身处地去研究乡村中学化学实验和化学实验教学的原理、过程、内容和方法。课程除了介绍经典的中学化学实验外，还注意将中学化学实验最新发展成果(多媒体化学实验教学、常规化学软件的使用、中学微型化学实验、手持技术实验)引入到教学中。

中学化学教学理论与实践Ⅱ的知识模块顺序及对应学时如下：

实验 1	氧气的制法和性质实验	3 学时
实验 2	氨的反复变色喷泉实验新设计	3 学时
实验 3	胶体的制备和性质	3 学时
实验 4	乙醛的制备和性质	3 学时
实验 5	纤维素的水解	3 学时
实验 6	多媒体化学实验教学	6 学时
实验 7	常规化学软件的使用	6 学时

实验 8　铜与浓、稀硝酸的反应(微型实验)　3 学时
实验 9　乙炔的制备及性质(微型实验)　3 学时
实验 10　加碘食盐中碘元素检验的探究(微型实验)　3 学时
实验 11　测定不同物质溶解于水时溶液的温度变化(手持技术)　3 学时
实验 12　催化剂、浓度等条件对反应速率的影响(手持技术)　3 学时
实验 13　测定含铁物质中铁元素的含量(手持技术)　3 学时
实验 14　中学化学实验设计与交流　9 学时

2.3　实践技能课

实践技能课即中学化学教育技能或中学化学教学理论与实践Ⅲ。课程主要内容包括：课堂导入、课堂讲授、探究活动组织、课堂提问、课堂小结等基本教学技能训练。为了提高师范生的实操水平，学习技能课期间特安排 50 课时的技能强化训练。此处要说明的是，实践教学是从学生入学第一天开始实施，采取贯通整个大学学习过程的“全程教育实践＋竞赛”的做法(图 2)且实践教学以课程组为核心从化学系层面来组织实施。为保证学生实践学习的积极性和持久性，我们还专门构建了技能竞赛平台[2,3]。

中学化学教学理论与实践Ⅲ的知识模块顺序及对应学时如下：

第 1 章　绪论　1 学时
第 2 章　化学新教学技能的理论基础　2 学时
第 3 章　化学课堂教学基本技能　10 学时
第 4 章　化学新课程实验的类型及技能　7 学时
第 5 章　化学新课程教学技能的评价与分析　4 学时
第 6 章　化学微格教学训练　10 学时
第 7 章　化学片段教学训练　10 学时
第 8 章　化学整堂教学训练　30 学时

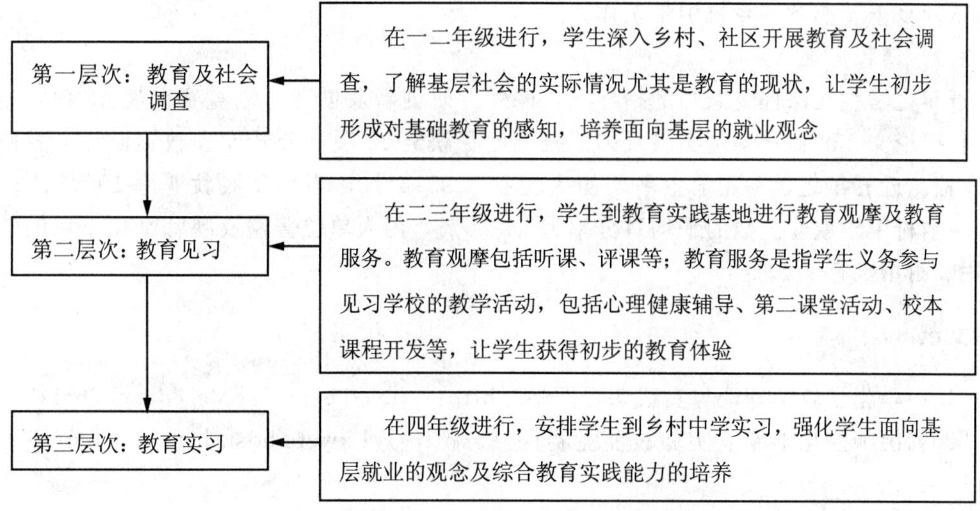

图 2　全程教育实践框架图

2.4 研究方法课

研究方法课即化学教育科研法或中学化学教学理论与实践Ⅳ，其内容设计成方法入门课。重点介绍化学教育成果的正确表达、化学教育经验总结、化学教育调查、化学教育实验、化学实验改进以及叙事研究等并给出大量的参考案例，供学生参考、模仿。虽然模仿和独创是两个对立的方面，但往往成功的独创却是从模仿开始的。

中学化学教学理论与实践Ⅳ的知识模块顺序及对应学时如下：

第 1 章	化学教育科研概述	2 学时
第 2 章	化学教育科研成果的表达	2 学时
第 3 章	化学教育统计初步	3 学时
第 4 章	化学教育经验总结	2 学时
第 5 章	化学教育调查	4 学时
第 6 章	化学教育实验	5 学时
第 7 章	中学化学实验改进与研究	4 学时
第 8 章	化学教育叙事研究	2 学时
第 9 章	化学教育科研的趋势和走向	自学

3. 课程实施的特色与取得的成绩

3.1 课程特色

首先，将中学化学教学理论与实践整合为理论、实验、实践、研究方法四大板块，方便了教学的有效组织；采取“全程教育实践＋竞赛”模式，调动了学生教育实践的积极性和持久性。其次，坚持选用优秀教学资源与开发本土资源相结合的理念，不仅开发网上资源[4-6]，编写校本教材[7-10]，而且充分利用学校教学平台及区域资源，促进学生全面发展。再次，在教学内容、教学环境、教学改革等方面融入区域文化教育与研究，使学生认同乡土，愿意到乡村中学工作。

3.2 课程成果

近年，学生在课程组老师的指导下，课外科研创新及创业计划竞赛获奖 46 项，公开发表科研论文 159 篇；学生实验及师范技能竞赛获奖 52 项，公开发表教学设计或教研论文 43 篇。近五年化学专业学生平均初次就业率 93.44%，当年年底就业率 100%[11]。其中，在乡村中学就业人数的平均百分率为 85.86%，用人单位普遍反映韩师化学系的学生“好用、耐用，肯干、能干”。

参考文献

[1]中学化学教学理论与实践课程网站．http://huaxue.host.hstc.edu.cn/hxjxl/.

[2]韩山师院化学专业实验技能竞赛网站．http://hxweb.host.hstc.edu.cn/syjnds/syjnds.asp.

[3]韩山师院化学专业师范技能竞赛网站．http://huaxue.host.hstc.edu.cn/lessonnet/js/jy_index.htm.

[4]邮票中的化学史专题网站．http://huaxue.host.hstc.edu.cn/lessonnet/hxstamp/.

[5]丁有宽教育思想专题网站. http://dyk.host.hstc.edu.cn/.

[6]韩师中学化学教学资源网站. http://huaxue.host.hstc.edu.cn/lessonnet/hxresources/zc.asp.

[7]袁明华. 化学新课程教学设计[M]. 广州：暨南大学出版社，2010.

[8]袁明华. 化学教育科研法[M]. 广州：华南理工大学出版社，2009.

[9]袁明华. 高中化学校本培训指导手册[M]. 广州：广东高等教育出版社，2008.

[10]袁明华. 初中化学校本培训指导手册[M]. 广州：广东高等教育出版社，2008.

[11]严赞开，袁明华. 培养创新型中学化学教师的实践[J]. 广东化工，2009，36(5)：212－213.

从化学角度浅谈有效的创新学习

李小美

（福建省罗源第一中学化学组，罗源，350600）

摘要：进行有效的创新学习，能为学生构建开放的学习环境，让学生在有效的接受学习的同时，能形成对知识的主动探究。本文以两个化学课堂案例，分析实施有效的创新学习的策略。

关键词：有效；创新学习；中学化学

实施有效的创新学习，目的是为了培养和激发学生的创新精神和实践能力，其出发点是促进学生全面发展，让学生能够得到全面、终生的发展。从课程改革来说，实施有效的创新学习正是基础教育课程改革的重点任务和主攻方向。在我校实施新课程改革以来，笔者在“让学生用有效的创新学习方法学习化学”方面做了许多有益的探索。下面，笔者尝试谈些个人对这一方面的粗浅认识。

1. 什么是有效的创新学习

美国心理学家布鲁纳认为：发现，并不限于寻求人类尚未知晓的事物，而应指人类用自己的头脑亲自获得知识的一切方法。创新学习是在布鲁纳所倡导的发现法基础上发展起来的一种学习方法；创新学习是一个模仿科学家的研究，亲历获取新知识的过程，是一种以个体创造性思维为基础，探求突破现成知识体系、传统学习模式的发现式的学习。创新学习固然重要，但有效的创新学习更重要。从化学角度来讲，有效的创新学习，就是以掌握化学学科的基本结构为内容，把化学学科的基本概念、原理及特有的研究方法纳入教材内容，围绕学习课题准备好现有学生知识储备的条件下能解决的问题、验证用的资料及实验用品等，引导学生把现有储存的知识不断转化和更新，形成一系列新知识的学习，让学生在有效的学习实践中真正理解所学的知识，掌握所学的知识，达到知识的有效、全面积累与升华。因此，有效的创新学习属于学会学习的范畴，是一种开放式、发展式、发现式的学习，是一种具有强烈的时代感和创造性的学习方法，具有主动性、独立性、体验性和问题性等特征。

2. 为什么要实施有效的创新学习方法学习化学

闭目静思人类发展史，睁眼目睹现实世界，我们可以感受到世界各国为了自身的生存与发展，在政治、军事、经济、科技等各个领域展开十分激烈的竞争；这些竞争的核心就是人才竞争，事实说明，未来更需要创新型的高素质人才。正如联合国教科文组织在《教育——财富蕴藏其中》一文中所说的那样：未来教育的四大支柱是学会认知，学会做事，学会共同生活，学会生存。这都表明了未来教育是要培养有创新精神、创新能力、敢于参与国际竞争的高素质综合性创新型人才。

研究学生有效的创新学习，目的是促进学生整体素质的全面发展、学习能力的有效提高，同时也是为了转变教师教学方式，促进教师的专业发展与成长，进一步促进新课程改革的实施与发展。面对新世纪的挑战，作为一名教育一线的化学教师，我们不得不对化学学科研究的对象、学科的地位和高中化学课程的重要性重新进行定位，不得不对创新人才的培养与化学创新学习的关系进行深入的探索和尝试。基于上述事实，我们不得不改变学生原有单纯接受式的学习方式，倡导学生主动参与构建化学知识，乐于探究化学事实和有关技能，体验科学的探究过程，学会用化学的视角认识人类的过去和现在、将来，认识化学的过去和现在，学会用创新学习方法探索化学的基本原理，学会用创新学习思维发掘科学真理。

3. 实施有效的创新学习方法学习化学的方式

根据化学知识的特点，进行有效的创新学习的方式是多种多样的，如接受式学习、发现式学习、问题式学习、体验式学习等。下面，笔者就结合两个化学课堂案例，从接受式学习和发现式学习两个方面谈谈实施有效的创新学习化学的策略。

3.1 以化学基本概念为构建内容，用接受式学习方法实施有效的创新学习

化学学科研究的对象是物质，是在原子、分子水平上进行的研究，其特征是研究分子和创造分子，有关的化学基本概念的教学内容往往是理论性强，比较抽象。这部分内容教学时可以让学生进行接受式学习，即教师列举大量的化学事实，引导和吸引学生的注意力，使学生意识到某种现象的存在，从而自然地接受化学基本概念；然后，要求学生根据以前的知识、教科书上文字表达、教师的表情和手势等，对接受的实例或语句进行分析，抽取语义，形成意义表征而实现语言的理解；接着，学生试图将他的理解运用于一些已知化学事实。如果应用成功，他就认同被告知的化学基本概念。否则，他将产生困惑并且要重新理解，直到做出肯定的判断为止。这样，让单调抽象的化学基本概念的学习过程获得了生机，使学生对抽象概念的认识更加准确、深刻，乃至于发现新的问题，导致新概念的形成。

例如，学生学习“物质的量”这个概念。

首先，要通过教师精心挑选的实例“长度及其单位——米”，感知“物质的量及其单位——摩尔”，认识到“物质的量”是国际单位制中7个基本物理量之一，是一个用来衡量一定微粒集合体的物理量，是一个将宏观物体的量与微观构成的粒子个数联系起来的物

理量。而“摩尔”是“物质的量”这个物理量的单位，有此比较具体的表象后，老师介绍“若在实验室中模拟工业炼铁，称取 0.012 千克焦炭(设焦炭是由碳-12 原子构成)与足量的氧化铁反应，在这个反应中有多少个碳-12 原子参加反应，也就是 0.012 千克焦炭中含有多少个碳-12 原子？答案是约为 6.02×10^{23} 个，规定为 1 个阿伏伽德罗常数，就是 1 摩尔。也就是 1 摩尔碳-12 质量是 12 克，含有的碳-12 原子个数为 1 个阿伏伽德罗常数，近似为 6.02×10^{23} 个，归纳为 1 摩尔碳-12 中约含有 6.02×10^{23} 个碳-12 原子。”学生就可以通过老师的上述介绍，对书本上的语句“0.012 千克碳-12 中含有的原子数为阿伏伽德罗常数”进行分析，抽取语义，形成关于“物质的量”这个概念本质属性的意义表征——“物质的量是一个基本物理量，其单位为摩尔，规定含阿伏伽德罗常数个微粒的集合体为 1 摩尔，也就是物质若含有的某种微粒的个数约是 6.02×10^{23}，则该微粒的物质的量就是 1 摩尔”。

接着，学生开始尝试把自己的理解应用于已熟知的一些事物上。例如，氧气是由氧分子构成的，1 摩尔氧气中约有 6.02×10^{23} 个氧分子；氢氧化钠是由钠离子和氢氧根离子构成的，1 摩尔氢氧化钠中约含 6.02×10^{23} 个钠离子和 6.02×10^{23} 个氢氧根离子。应用成功，学生认同给予的“物质的量”定义，能逐步理解“物质的量”是从微粒集合体的角度来衡量物质的多少，并使“物质的量”、“摩尔”、“阿伏伽德罗常数”这三个概念符号化——“n”、“mol”、“N_A”。

到此，“物质的量”这个概念的学习并未结束，下一步是，让学生再次尝试应用初步形成的概念解决相关的问题：“计算下列物质的微粒数或物质的量：1 摩尔硫酸中的氧原子是多少？6.02×10^{23} 个水分子中氢原子的物质的量是多少？”在解决问题的过程中，学生不但明确了新概念的外延“物质的量适用的描述对象是分子、离子、原子、质子、中子、电子等微粒”，使新概念跟已有的概念结构联系起来构成一个新的概念结构，整合了物质的量与阿伏伽德罗常数、微粒数之间的关系；而且还发现了新问题“物质的量与质量的关系，掌握了物质的量与所含的微粒数、质量之间的换算关系”，领悟到“物质的量”这个概念在化学计量上的方便之处，并导致新概念——摩尔质量的形成。

这样，我们选择化学中的一些基本概念作为背景材料进行有效的创新学习，学生往往有明确的学习目标和需要，能更好地掌握化学知识，并从学习中获得积极的情感体验。

3.2　以化学反应原理为建构内容，用发现式学习方法实施有效的创新学习

所谓“发现式学习”是指学生通过眼、手等感官感知实验现象或化学事实，并经过大脑思维加工分析获得系统化、结构化的知识的一种学习方式。

例如，学生在学习必修 2 中“化学能转化成电能”时，笔者创设学习情境“讨论面对能源危机，化学家在做什么呢？介绍电池 200 年的发展简史”。确定学生感兴趣的问题“能不能利用身边一些常见的材料制作一个简易的电池，并测试是否产生电流”。笔者以伏打电池为例将上述问题分解成三个学生必须回答的问题：(1)锌片和铜片分别插入稀硫酸中有什么现象发生？(2)锌片和铜片用导线连接后，同时插入盛有稀硫酸的烧杯中，会有什么现象发生？在它们的内部到底发生了什么变化？(3)连接锌片和铜片的导线上有电流通过，电流是如何产生的？可用什么方法测得？学生运用直觉思维假设答案：“锌片插入稀硫酸中时，锌片表面有气泡生成，而铜片插入稀硫酸中无明显现象发生；锌片和铜片用导线连接后同时插入稀硫酸中现象跟上述基本相同，在它们内部发生的变化是锌跟硫酸反应生成氢气和硫酸锌；电流是因两金属接触而产生的，可用在锌片和铜片之间连接一个小灯泡或灵敏电流计等方法测得电流。”

接下来，学生可以通过设计实验，动手做实验，收集和处理有关的信息，发现锌片和铜片用导线连接后同时插入稀硫酸中，是在铜片的表面看到大量的气泡生成，经检验该气体是氢气，溶液仍为无色的；学生产生疑惑：“在上述情况下，锌片和铜片上到底发生了什么变化呢?”

这时，笔者及时给予指导，及时给学生解惑，让学生知道“它们内部发生的变化仍然是锌与硫酸反应生成硫酸锌和氢气，锌仍然是被氧化变成锌离子，发生了氧化反应；氢离子被还原成氢气，发生了还原反应”；让学生了解“导线上电子的流动方向，溶液中电流的移动方向”；让学生明确“电子的定向移动产生电流，从本质上看，电流是在两极分别发生的氧化反应和还原反应的基础上产生的”。告诉学生“在通常情况下，锌与稀硫酸反应过程中是将化学能转化成热能，但如果将该反应放在原电池里进行，则化学能将转化成电能。因此，大家在制作简易电池时，可以根据上述的反应原理，找到两种原子得失电子能力不同的且具有导电能力的材料做电极，将它们用导线连接起来同时放入电解质溶液中，构成一个原电池，便会产生电流”。

此时，学生就会自然展开讨论，并找出自己动手制作简易电池所需的材料，开始自己动手操作实验。教师只要在学生的汇报过程中，帮助学生确定合理的、有创意的制作方法即可。例如，有的学生设计从废弃的干电池上拆取锌片和碳棒，用导线将它们连接起来，同时插入白醋(或橙子或芦柑)中；若要测定是否能产生电流，可以买一个小灯泡，连在锌片和碳棒之间即可。

最后，教师要留心科学发展，将发明中的创新意识有效地融入学生学习中，再次唤醒学生创新学习思维。例如，氢气和氧气反应生成无污染的水，并放出大量的热量；但是，如果仅仅利用氢气燃烧释放出的能量作为能源去发电，也就是将热能转化成电能，其转化率很低；大家都知道氢气和氧气的反应是一个氧化还原反应，实质上也是一个电子转移的过程；科学家就利用这个原理另辟蹊径，成功设计出一种具有广阔前景的氢氧燃料电池，其能量的转化效率远远高于氢气直接燃烧的能量转化效率，且具有排放的废弃物少、运行噪声小等诸多优点。该例子可以给学生带来全新的视听觉冲击，有效地培养了学生的创新意识。

通过上述的案例，我们可以看到：这样设计可以让学生通过展示整个发现过程，在思维方式上得到启迪；通过学生自己动手验证，不仅让学生灵活掌握化学知识，更重要的是让学生领略到科学学习化学的基本方法，充分展示了学生的创新能力和实践能力，并在情感上得到最大的满足。

4. 实施有效创新学习的优点和要求

笔者对创新学习的研究尚处于初级阶段，但有一点是肯定的，那就是：创新学习肯定比学生通过传统的填鸭式学习方法从老师口中直接获得知识结论好。因为心理学研究已表明：学生如果能把自己看成是学习的“主宰”，对自己学习的成败就会主动承担责任，这些学生的学习效果就比那些把自己看成是“奴仆式”被动学习的学生好得多。而有效的创新学习的方法恰恰能很好地培养学生的“主宰”意识，是一种能够充分调动学生积极性的学习方法。

教学过程是由教师的“教”和学生的“学”的两个部分组成的，是学与教二者互动且不可分割的师生双边活动，教师的“教”和学生的“学”只有相互适应、相互配合才能取得较好的教学效果。有效的创新学习同样需要教师的良性引导和学生的有机配合，需要教师改变自己传统的接受式教学模式，也需要学生改变原有被动、接受式的学习方法。

4.1　对教师提出了新要求

(1)树立终身学习理念，确保专业知识不断更新提高

美国教育学家夸美纽斯说过：“教师职业本身就督促教师孜孜不倦地提高自己，随时补充自己的知识储备量”，树立正确的教育理念和现代教育教学思想，包括正确的课程观、教材观、教学观、学生观、教研观等。要加强对教学内容和创新学习方法的研究，因为“教而不研则浅，研而不教则空。”在当今科学技术飞速发展的年代，青少年们可以通过多种途径获得知识，造就视野开阔、思维敏捷、求知欲强的新一代，他们对教师也提出了高要求。因此，作为一名化学教师，必须不断地充实自己的知识储备，更新自身的知识结构，努力掌握博大精深的现代科学知识，并在教学实践中深入研究化学学科特点，积极探索新的化学学习方法，不断更新创新思想，发挥自己的教学优势，创新有效的学习方式、组织形式和教学内容的呈现方式，以达到最优化的教学效果。

(2)定位好自己的教学角色，建立和谐的师生关系

备课时换位思考，重新当一回学生，将有效的创新学习方法融于教法中，认真做好日常教学教法设计工作；要辩证对待学生的学习方式，重点抓好探究学习，让学生学会提出问题；要针对特定的探究任务给学生提供必需的资料、资源、工具、设备和相关信息，做到因材施教、因地制宜；要平等地对待每一个学生，特别要关注弱势群体，努力创建民主友好的教学环境。

(3)经常组织学生举行学法经验交流会，倡导探究、发现、交流的学习方法

在交流过程中，重视培养学生发现问题与提出问题的能力，培养学生的科学精神、创新精神和实践能力；重视加强师生之间、学生之间的交流沟通，做到互助互动、扬长避短、相互促进、共同提高。

4.2　对学生提出的要求

(1)要有主动学习的愿望与兴趣，能自我调控和反思；要有探究意识与创新精神，能在创新学习中力争做到：运用已有的知识提出问题、运用多种手段搜集证据、协作完成信息处理和整理、独立做出结果表述；要有横向联系和求异思维，能运用各种学习策略来提高学习水平。

(2)要有强烈的合作意识和交际意识，能在尊重并理解他人观点的基础上，与他人一起确立共同学习目标并努力去实现目标，做到自我约束和客观自我评价。

(3)要有正确的情感态度和价值观，能从美学角度看待事物，对生活、学习有着积极、乐观的态度，勤奋好学。

综上所述，化学教育与有效的创新学习是密不可分的。因为强调有效的创新学习化学有利于挖掘学生的学习潜力，增加新的化学知识，为学生在未来竞争中争得主动权，

为世界带来美好的明天。所以，让学生进行有效的创新学习将是笔者要研究的一个重要课题，也是笔者从事教育的最终目的。只要师生齐心协力，携手攻关，迎难而上，开拓创新，相信我们的努力一定会取得阶段性的成果，一定会让学生今后的发展终生受益。

参考文献

[1]王祖浩. 普通高中课程标准实验教科书：必修 1，必修 2[M]. 南京：江苏教育出版社，2007.

[2]斯情高娃，等. 谈 21 世纪化学教师应具备的素质[J]. 中学化学，2008，(11).

[3]陈启新，黄丹青. 高中化学新课程教学设计与评析[M]. 北京：高等教育出版社，2010.

[4]夏正盛. 高中化学课程标准教师读本[M]. 武汉：华中师范大学出版社，2003.

[5]刘知新. 化学学习论[M]. 南宁：广西教育出版社，1996.

[6]吴启建. 浅谈化学创新教育模式[J]. 福建教育学院学报，2003，(9).

从质疑半满使 Fe^{3+} 稳定谈起

吴国庆，魏锐

（北京师范大学化学学院，北京，100875）

摘要：从质疑基态组态 $3d^5$（半满）而使 Fe^{3+} 稳定为起点讨论了如何正确认识洪特规则、构造原理、Cr 的基态原子组态、能量最低原理、用 Gauss 程序计算讨论 NO_2 的 π 电子数以及 d-pπ 等问题。

1. 引言

教学由一系列要素构成。要素有软有硬。就软要素而言，目标、理念、计划、内容、手段、方式……都是构成教学的要素。其中最核心的是什么？是教学内容。选取什么教学内容以及被选取的教学内容要达到什么水平，跟教学的目标、理念和计划等要素有关，也与教师和学生的总体水平有关，还受到教学条件、环境和氛围的制约。然而，如果教学内容本身是错误的，一切都无从谈起了。研究教学，多受白眼。常闻道：教学论文不值钱，评职称不算数，白费工夫。然而，教学内容果真没有什么可以研讨的吗？

2. 质疑半满使 Fe^{3+} 稳定

有位先生出了一道考题：Fe^{2+} 容易氧化为 Fe^{3+} 而 Ni^{2+} 却不容易氧化为 Ni^{3+}，为什么？这位先生拟定的答案是：Fe^{3+} 的 $3d^5$ 半满组态比较稳定。我说，不见得吧。这位先生接着说：许多书上都说半满稳定；还有人把它称为第二洪特规则呢。言下之意似乎是：书上写着的，你怎敢随便否定？

教科书不是真理的化身。姑且承认 $3d^5$ 半满而使 Fe^{3+} 稳定，能推广吗？请看：Cr^+、

Mn^{2+}、Co^{4+}跟Fe^{3+}一样也是$3d^5$，是否也稳定？Mn^{2+}常见，却似乎大不如Mn^{4+}稳定，证据之一是自然界的锰多以软锰矿MnO_2存在。再看$4d^5$和$5d^5$组态的离子，也找不到像Fe^{3+}似的例子。可见，姑且认为Fe^{3+}稳定，也不能用它的组态为$3d^5$来解释。此其一。

Fe^{3+}是否真比Fe^{2+}稳定？未见得。$E^\ominus(Fe^{3+}/Fe^{2+})=0.77$ V，是个不小的正值，可见在水溶液里Fe^{3+}的氧化性是不弱的。只缘我们生活在富氧环境中，O_2的电极电势比Fe^{3+}高得多，Fe^{2+}可被O_2氧化自发地转化为Fe^{3+}，才形成Fe^{3+}稳定的错觉。特别是中学化学里有一个$Fe(OH)_2$氧化为$Fe(OH)_3$的实验，令人印象深刻，更觉得Fe^{3+}稳定。

物质所处环境不同，表现出的性质各异。在生命体里，Fe^{2+}和Fe^{3+}互相转化频繁，没有显示Fe^{3+}更稳定。生命体里的“铁库”是铁蛋白，其核心是与磁铁矿Fe_3O_4晶体结构相近的Fe_3S_4的纳米颗粒，Fe^{2+}占其全铁量的1/3！高温下，Fe^{2+}比Fe^{3+}稳定。例如《无机化学(第四版)》通过热力学计算说明铁丝在充满氧气的广口瓶里燃烧为什么得到Fe_3O_4。青砖不会变成红砖，也说明固态中的Fe^{2+}不会转化为Fe^{3+}。够了。皮之不存毛将焉附？Fe^{3+}并不比Fe^{2+}稳定，$3d^5$稳定之说还站得住脚吗？

3. 洪特规则

Fe^{3+}因$3d^5$而稳定之说缘于对洪特规则的误解。首先，查遍洪特的论文，没有查到洪特说过化学教科书里的“洪特规则”。洪特在研究原子光谱时得到三个经验规律，可判定能量最低的谱项。而洪特规则的原始表述只说明不同谱项之间的能量关系，并未说明电子如何排布。“分占轨道并自旋平行”是后人演绎的结果，具有历史局限性。根据今天人们对原子结构的认识，每个能级不是仅仅对应唯一的微观状态，而是几个微观状态的组合，即能量最低的谱项是一个混合态。也就是说由洪特所表达的光谱规律只能得到“电子填入简并轨道将优先分占而不配对”的推论，却得不到自旋平行的推论。

不过后来洪特研究了O_2的分子光谱，得到三线态氧(自旋平行)是基态的结论。也许有人将这个结论嫁接到原子光谱上了。不过量子力学理论可以解释简并轨道里自旋平行电子越多能量越低，经验变理论了，至少不能再说是经验规则。

即便如此，洪特规则也不能用于非简并轨道。换言之，非简并轨道里的电子并非不配对电子越多越稳定。例如，碳的基态不是$2s^1 2p^3$而是$2s^2 2p^2$。然而，人们普遍误解Cr取$3d^5 4s^1$而不取$3d^4 4s^2$的组态是“洪特规则”(被称为洪特规则特例)。须指出，正是洪特发现Cr和Cu基态违背了构造原理。注意，违背的是构造原理。他发现Cr的原子光谱的谱项跟Mn^+的相同，由此判定Cr的基态是$3d^5 4s^1$而非$3d^4 4s^2$，违背了构造原理。一直到2002年，有人用一种称为Dirac Hyper Hartree - Fock的量子力学方法计算了过渡元素最低能量的组态，结果基本上解释了d区的Cu、Mo、Ru、Rh、Pd、Ag、Pt和Au等的基态组态，却仍然解释不了Cr(还有Nb)的基态组态。反思之，Cr基态组态2002年前没有得到令人满意的解释。用Slater规则可算得Cr $3d^5 4s^1$能量比$3d^4 4s^2$的低。但多算几个，发现高兴得太早了，算出好多个$4s^1$比$4s^2$能量更低的来！所以后来才有人修正了Slater规则的参数，包括徐光宪先生。多电子原子的总能量跟核电荷数、电子数和电子的单电子波函数的状态三者相关，只有计算才能知道哪一种组态能量最低。然而，单电子波函数假设本身只是一种近似，如何算更准？一直在修正着。

眼界放宽点，我们发现，离子不符合常规的组态更为普遍。例如：气态基态离子 V^+ 是 $3d^4$，Co^+ 是 $3d^8$，Ni^+ 是 $3d^9$，La^+ 是 $5d^2$，Ce^+ 是 $4f^1 5d^2$[以上情况都是在失去 1 个 ns 电子后另一个 ns 电子变为$(n-1)$d 电子了]，Hf^+ 是 $4f^{14}5d^1 6s^2$(即失去的是 1 个 5d 电子)。这些例外至今无法定性解释或形成规则。好在常见化学反应所涉及的元素的孤立气态正离子的电子组态没有例外。

4. 能量最低原理

高师《无机化学(第四版)》对能量最低原理的表述为：基态原子的组态是保证整个原子能量最低的状态。换言之，构造原理并不总是电子填入能量最低的轨道。可是，许多老师不接受。认为电子排布顺序等同于能量高低顺序，电子填入能量最低的轨道既简单又好懂，不愿意放弃。上面的例子说明了，这种想法太简单，是要不得的。说起道尔顿的“思维经济”大家都说太可笑，许多人却并未吸取教训。这里涉及对能级交错图的误解。应该明确，只有填充了电子，才有轨道能。因为对于多电子原子，轨道能里包含了电子间的斥力，没有电子何谈斥力？能级交错图上的 K 和 Ca 的 3d 能量比 4s 高说的是：如果电子不填入 4s 而填入 3d，则后者能量高，并非 3d 和 4s 都有电子时的情形，若都有电子(Sc 之后的元素)，3d 能量总比 4s 的低，这才是实验事实。

徐光宪先生在《物质结构(第二版)》中也明确指出：“原子轨道的能量随其本身及其他原子轨道的电子占据情况而变化，也就是说，不同原子或离子的原子轨道能级顺序不尽相同，不存在一个普遍适用的能级顺序……决定基态原子核外电子组态的是体系总能量而不是轨道能级的高低。”于是，问题的逻辑是，我们并非先提供一套按能量高低排列的轨道，再让电子由低到高依次填入(先有轨道再填电子的观点)；而是电子与核共同作用的结果表现为一系列的量子化的运动状态——轨道，电子占据能量低的轨道(有了电子才有轨道的观点)；并且不同的电子组态轨道的能量也会变化(这是尤为值得关注的)。仍以 3d 和 4s 的关系为例，若持“电子填入能量低的轨道”这一简单的想法，就很难理解对于 Sc 为何能量较低的 3d 轨道只填 1 个电子，而能量较高的 4s 填了 2 个电子。原因在于，若由 $3d^1 4s^2$ 变为 $3d^2 4s^1$，3d 和 4s 轨道的能量都会发生升高，这样，体系的总能量不是下降而是升高了，所以保持原子体系能量最低才是判断基态的依据。

5. C_2 的顺磁性

实验证实气态 C_2 呈顺磁性，化学教科书讲的第二周期同核双原子分子的 MO 还对吗？用 Guass 程序计算，结果之一是 C_2 的三线态比单线态能量低！原来，单线态 C_2 的 HOMO 和LUMO 的能差仅 0.09 eV，比电子填入一个原子轨道所要消耗的成对能(电子排斥能)更低！第二周期同核双原子分子中只有 C_2 例外。这是能量最低原理的又一例证。电子不一定都填到能量低的轨道，要看整体。不过有的量化计算法得到的结果相反。说明单线态 C_2 和三线态 C_2 能量差如此之小，以致难以通过各种不同的近似计算分出高下了。

6. NO_2 的离域大 π 键的电子数

在我(吴国庆先生，编者注)年轻时就曾就 NO_2 的离域大 π 键里究竟是 4 个电子还是 3

个电子请教过结构化学老师，得到的回答都是 3 个电子。我深信 NO_2的键角比 NO_2^- 离子的键角大是由于 NO_2分子平面上的孤电子是单电子，并因而 NO_2有双聚能力。最近我们用 Gauss 程序算了一下，果然 NO_2取 Π_3^4 比取 Π_3^3 总能量更低。同时也验算了 HO_2、ClO_2 等分子：ClO_2按 VSEPR 应为 sp^3，不会形成 π 键；但 Cl—O 明显是双键，必须有 p-pπ 键，计算结果表明为 Π_3^5。类似的，HO_2 为 Π_2^3。上述分子都必须看做少数几个不符合 VSEPR 的例外。这个例子是想告诉大家，不要轻信教科书，也不要轻信"专家"。现代化学已经是理论与实验齐头并进的时代，要充分利用理论计算的工具修正教科书里一些司空见惯却熟视无睹的错误。

7. d-pπ 键

杂化轨道理论认为，SO_4^{2-} 等四面体构型离子的中心原子取 sp^3杂化轨道，所有 3 个 p 轨道都用于形成 σ 键了，不可能再用于形成中心原子与氧原子间的 π 键，因 π 键一定是中心原子用 d 轨道和氧原子的 p 轨道形成的，称为 d-pπ 键或 dπ-pπ 键。然而，分子轨道理论已经颠覆了这种说法。按分子轨道理论，中心原子的 3 个 p 轨道和 4 个氧原子的各 3 个 p 轨道共 15 个 p 轨道，加上中心原子和氧原子的共 5 个 s 轨道总共可以形成 20 个分子轨道，最多可填入 40 个电子。然而，实际填入这些分子轨道的电子数只有 32 个，绰绰有余，可以不动用中心原子的 d 轨道，即使 d 轨道参与，所占成分也很有限。据 Cotton & Wilkinson 书载，1985 年后 d-pπ 键的说法已经退出历史舞台了，而现如今我国大一化学仍普遍未讨论超双原子分子的分子轨道，也不提 d-pπ 键的颠覆。这是我国教材内容滞后之一例。仔细考察，这类教材内容滞后现象甚多，值得同仁们一起切磋，如何面对，如何更新。

参考文献

[1]Mark L. Campbell. The Correct Interpretation of Hund's Rule as Applied to "Uncoupled States" Orbital Diagrams[J]. J. Chem. Educ.，1991，68(2)：134；祁嘉义 . Hund 规则应用于轨道图的正确解释[J]. 大学化学，1994，(4)：18.

[2]Hund F，Phys Z. Zur Deutung Verwickelter Spektren Insbesondere der Elemente Scandium bis Nickel. 22. Juni，1925.

[3]Hund，Z. Phys，1928，51，759.

[4]W. Kutzelnigg 1，J. D. Morgan Ⅲ，Hund's rules，Z. Phys. D. 1996，36：197－214.

[5]Friedrich Hund and Chemistry，Werner Kutzelnigg，on the occasion of Hund's 100th birthday，Angewandte Chemie，1996，35：573－586.

[6]T. L. Meek，L. C. Allen. Chemical Physics Letters，2002，362：362－364.

[7]http：//hyperphysics. phy－astr. gsu. edu/hbase/HFrame. html.

[8]I. Levine. Quantum Chemistry，4th ed[M]. Prentice Hall，1991，303.

[9]Cotton，Wilkinson. Advanced Inorganic Chemistry，5 th ed. [M]. 1988，33.

[10] L. G. Vanquickenborne，K. Pierloot，D. Devoghel. Transition Metals and the Aufbau Principle[J]. Journal of Chemical Education，1994，71(6)：469－471.

[11]徐光宪，王祥云. 物质结构[M]. 第 2 版. 北京：高等教育出版社，1987：74.

高师化学教师教育应对基础教育中化学课程改革发展的思考

胡满成

（陕西师范大学化学与材料科学学院，西安，710062）

摘要：本文以基础教育中化学教育改革发展的方向为起点，探讨了高师化学教师教育应对的策略。

关键词：教师教育；化学教育；课程

1. 基础教育中化学教育改革发展的方向

我国目前的初中与高中化学教育已明确把培养和发展学生的科学素养作为核心目标。化学教育的三维目标中对学生掌握知识与技能、过程与方法和情感态度与价值观做了明确要求，突出对科学探究、科学过程、科学方法教育的要求。要求学生要有对科学本质的正确的认识，对化学现象和原理有深刻的理解，对科学有积极的态度和情感，对科学史，对科学与技术、科学与社会、科学与人文的关系有深刻的认识。基础教育中化学教育改革发展的方向已朝着多元化、人文化和现代化的方向迈进。

在新的普通高中新课程改革中，化学学科由原来的必修 1、必修 2 变成了现在的必修 1、必修 2 和 6 个选修模块(化学与生活、化学与技术、物质结构与性质、化学反应原理、有机化学基础、实验化学)。选修模块课程的开设是我国基础教育课程体系一种新的课程模式，要实施这种课程的教学，高中化学教师的教学能力、高中学校的教学资源以及传统的教学模式都面临着严峻的挑战。这无疑对高等师范院校化学教师教育提出了新的要求。

2. 高师化学教师教育应对的策略

2.1 加强学科建设

当今化学的发展与进步日新月异，与经典化学比较起来，具有明显特点：一是化学学科与其他学科间的相互渗透而形成许多新型边缘学科，如固体化学、生物化学、材料化学、能源化学、环境化学等，这些新型学科又构成了许多新的生长点，从而产生许多新理论、新知识、新概念、新工艺、新方法；二是化学这门科学的应用性与日俱增。社会各部门、工业、农业、国防以及人类衣、食、住、行等都需要化学。为社会提供新能源、新材料；为人类治理“三废”，保护环境；征服疾病，改善健康以及了解生命活动的本质等都离不开化学；三是化学高新科技知识尽快转化为生产力，为国民经济发展起到核心作用。高等师范教育在发展教师教育的同时化学学科建设不能落后，师范特色绝不等于学术水平的降低，因为过硬的专业背景是高质量的基础教育师资的基本素质。因此，高等师范院校化学教师教育应对挑战的策略之一是加强学科建设，为提升化学师范生的专业素质搭好平台。

2.2　完善课程结构

高师化学专业的课程体系必须充分反映当今化学学科发展的特点，充分反映化学在国民经济发展中的地位和作用。必须采取“拓宽视野、夯实基础、加强复合、提高能力、发展个性”的基本思路去优化课程设置。教学内容和课程体系注重素质教育与专业知识的融合。具体做法为：

(1)理论课

把握好无机、分析、有机、物化的教学内容，加强“三基”，注重基本理论、基本知识和基本技能的培养；把社会关注的热点和人们日常生活中的问题与化学紧密结合起来，在基础化学的起点上，联系生产、生活和社会热点，立足前沿反映高新科技，使学生对化学在社会中的举足轻重的地位有全貌的认识；对中学化学教学内容拓宽与加深，注重制备、结构、性质和应用的内在联系，体现新科技和学科间的交叉与渗透，使学生了解学科前沿开拓思路，与实践结合引发创新思维，培养创新能力。

(2)实验课

以认知规律和创新人才素养内在需求为指导，构建创新性化学实验教学新体系保持在一级学科平台上统一选定实验内容的“一体化”和在能力培养上循序渐进的“多层次”内涵，建立有利于实施综合实验的基础实验、有助于衔接基础实验与研究型实验的综合实验、有益于科研综合素质培养的研究型实验，创新性化学实验教学新体系。

基础实验：从化学一级学科层面整合实验内容，以“基本知识＋基本操作＋基本技能”为单元实验，主要实现学生对化学所有二级学科基本知识的深化理解、基本操作的全面掌握、基本技能的全面培训。

综合实验：综合实验为以合成－分离－表征为主要实验内容的涉及 2～3 个二级学科的实验，注重从实验中所囊括的众多知识与技术节点的对接中启发学生对实验综合性的深刻理解，注重从物理信号与化学信息关联性启发学生对知识和仪器设备综合运用的意识和能力，从而提高学生在一级学科内运用所学知识与所掌握技能的灵活运用能力。

研究型实验：以学生由综合实验到创新性实践所产生障碍的根源为依据，构建具有特定内涵的研究型化学实验。

研究型实验教学新体系，以其涵盖了由基本技能到创新能力的培养的全程体现循序渐进的教育理念；以其注重层次间的内在关联性实现层次间有效衔接，从而实现了从形式上的层次化到层次内在联系上的贯通性。从创新人才培养需求而言，该体系蕴涵了创新人才应有的素质因素；从实验形式而言，属于“科研与教学结合、课内与课外结合、理科与工科结合”的立体式。

2.3　课程资源建设

在有限资金投入的条件下，既要保证实验教学，又要促进科学研究，是困扰我国众多高等院校的一个普遍难题。针对教学研究型大学实验室的现状，构建教学与科研资源共享的化学实验教学基地(中心)新模式，为充分发挥“实验教学中心”优势资源和科研实验室优势资源，探索教学和科研资源共享实验教学基地是一个具有现实意义的重要课题。

我国师范院校的教育体系正处在一个转型时期，转型的主要标志是传统的师范教育向教师教育转变。这种转变是师范院校改变教育观念以顺应我国建设创新型国家的重大战略决策的体现。我国目前的国民科学素养还远远适应不了创新型国家的要求，这与我国传统教育观念长期存在的问题有关。教学上重应试技巧训练，轻综合素质培养；重知识灌输，轻智能开发。这种教育观念直接影响了创新人才的培养。这对于尤其关乎基础教育的师范院校而言，既是难得的机遇，又是更大的挑战。长期以来，我国教师职业的专业化程度不高；教师教育的重心偏低，难以适应“创新型国家”对基础教育的要求。探索培养创新型人才的教师教育体系就成为高等师范院校教育体系改革的重要课题。在这种背景下，根据具有较强实验性的化学学科特点，以及实验在创新能力培养中的重要作用，我们可以围绕学科建设、课程体系完善与资源建设几方面，推进教师专业化和职业化教育，切实保障和提升教师教育人才培养质量，以积极应对基础教育中化学课程改革发展所带来的挑战。

参考文献

[1]胡柏平，万炳军，康喜来．师范生免费教育背景下体育教育专业课程构建的思考[J]．当代教师教育，2009，(3)：44－49．

[2]石海信．让小实验成为学习化学的桥梁——对新课改精神下的师范化学教学的认识[J]．广西广播电视大学学报，2003，(9)：82－84．

[3]张晓峻．基于师范生免费教育的化学教育改革[D]．武汉：华中师范大学，2008．

[4]耿原文．免费师范生政策下西北农村学校体育现状与体育教育专业课程设置研究[D]．西安：陕西师范大学，2009．

[5]李芙蓉．师范生免费教育背景下生物教育专业课程体系和教学方式的研究[D]．西安：陕西师范大学，2009．

课堂“意外”问题的处理——动态生成性教学

陈灿琼

（福建省惠安第一中学，惠安，362100）

1. 主题与背景

作为一个年轻教师，我经常有这样的经历，自己备好的教案，往往会被意想不到的“意外”打乱，弄得措手不及。不过，现在回头想想，课堂上学生的那些“奇谈怪论”正是教学过程中不断涌现出的新资源。如何合理利用这些资源，使课堂效率最大化，是教师应该深入思考的一个问题，是对教师理念与智慧的挑战。

2. 情境描述

化学反应速率影响因素教学，市评估小组的人组织听课，课前有所准备，但还是属于第一次上课。在教师讲解完有关化学反应速率决定因素是反应物本身的性质后，随后的课堂实录如下。

师：化学反应速率对于某一具体反应来说是不是就一成不变了？同一化学反应的反应速率可能受哪些因素影响？怎样影响呢？

[实验 1]取两支试管，各加入 5 mL 12%的过氧化氢溶液，将其中一支试管用水浴加热，观察并比较两支试管中发生的变化。

[实验 2]取两支试管，各加入 5 mL 4%的过氧化氢溶液，用药匙向其中一支试管内加入少量二氧化锰粉末，观察并比较两支试管中发生的变化。

[实验 3]取两支试管，分别加入 5 mL 4%、5 mL 12%的过氧化氢溶液，再各加入几滴 0.2 mol/L 氯化铁溶液，观察气泡生成的快慢。

师：[观察与思考]

实验过程中观察到什么现象？说明反应速率受哪些因素影响？

(提问三个同学代表他们小组回答)

学生甲：实验 1 现象：水浴加热后，产生气泡的速率加快。

结论 1：升高温度可以加快反应速率。

学生乙：实验 2 现象：加入二氧化锰的试管，产生气泡的速率较快。

结论 2：催化剂能显著地增大反应速率。

学生丙：实验 3 现象：12%的过氧化氢产生气泡的速率较 4%的快。

结论 3：增大反应物的浓度，可以加快反应速率。

师：很好，说明同学们观察都很细心。下面我们一起来归纳一下影响化学反应速率的因素。

学生丁(举手)：老师，我们这一组在完成实验 3 时，观察到的现象不一样……

(一听机会来了，是时候好好表现一下课堂调控能力，于是启发该学生把他们观察到的不同现象描述出来)

师：那你们观察到的现象是什么样的？

学生丁：我们观察到的现象是 4%的过氧化氢溶液比 12%的过氧化氢溶液产生气泡快。

(面对这个与众不同的问题，学生的学习积极性一下被调动起来了。有些同学已经讨论开了，有几个平时不怎么爱学习的同学也流露出少有的专注，有的是希望尽快从教师那里得到答案，个别的则是一副幸灾乐祸看好戏的样子)

师：这个问题很有意义，可见该组同学观察得很仔细。但是为什么大部分同学观察到的现象一样，而只有你们这组不一样呢？大家一起来讨论一下可能原因。

学生戊：可能是做实验时把两种不同浓度的药品弄混淆了。

学生己：也可能是装 4%过氧化氢的那支试管没洗干净，里面有残留的二氧化锰，二氧化锰催化效果比氯化铁溶液好……

(学生还在热烈地分析着可能原因，我看了下时间，剩下不到 5 分钟了，后面还要对该节课进行归纳总结，还有其他影响因素也得提一下，还有作业……不能再拖了)

师：同学们分析得很好，这些都是导致实验结果不一致的可能原因，该组同学好好想想自己可能哪方面失误了……下面我们再来看一下影响化学反应速率的因素，除了刚才提到的三种因素，还有没有其他因素……

上完课后，通过与几个学生了解情况，同学大都反映本节课上得不错，学到很多东西。这跟笔者设想的差不多。后来，又听取了评课专家的意见，结果出乎意料，专家组成员对这节课总体设计也比较认可，但是对于自认为是闪光点的地方提出了意见，就是对课堂上出现的这个“意外”处理得还不够好，没有充分肯定学生的怀疑精神，应该让学生在纠正了可能出现的问题的基础上将实验重做一遍，并且指出大部分老师在遇到这种课堂意外时，通病都是要将学生思路引向自己设想好的。现在想想这个点评真的是一针见血。

3. 问题讨论

每次出现“意外”问题的时候，课堂气氛都稍显嘈杂，这种氛围总会让人又喜又惊。喜的是这是教师梦寐以求的课堂效果，能够在师生的互动中形成动态的教学；惊的是教学设计时没有想过这些问题，不知道能不能处理好。

在上述案例中，丁同学及其组员勇于在老师已下结论的基础上提出不同见解，显然，这些学生的化学基础知识很扎实，对知识的运用也很合理。这些问题如果不解答好，对他们思维敏锐性及提出问题和分析问题能力的培养会很不利。而且全班同学的好奇心已经被调动起来了，和这个问题相关的知识是学生愿意接受的。类似问题还有很多，面对这类问题时，教师应该体现其课堂主导作用，暂时改变预先的教学设计，积极地引导学生去思考并解决问题。

当然，也不是学生提出的所有问题都要一一详细地给以回应，或详细或简单、或引导或回避，应视具体情况而定。例如，属于已有知识的运用问题，是对已学知识的一种复习巩固，对待这类问题，点到为止即可；涉及的知识点太多，简单的解释会把学生弄得云山雾罩，无可适从，过度的展开又会浪费很多时间，且对本节课教学目标的达成没有帮助的问题则不可盲目跟从，应该合理回避，等等。

4. 诠释与研究

课堂教学中，教学设计和“意外”问题是不可或缺的两个方面。教学设计提供目的性和导向性，教学过程的良好设计可以让教师成竹在胸、沉着施教；“意外”问题提供创造性和开放性，“意外”问题的合理分析可以让学生思维活跃、乐于学习。可是由于问题的“意外”，教师很容易忽略它们，遇到问题后往往一语带过，浪费了宝贵的课堂资源。使得有些课堂规范有余，活力不足；容量不小，效率不高。一切都是设计好的，缺少创造的氛围，学生的主体地位也就无从体现了。

在上述案例中，针对课堂教学的动态交流过程中由学生产生的问题进行教学，是处理课堂“意外”问题的一个典型范例，但还不够完善。

通过对此案例的分析，从中得到了以下几点启示：

4.1 课改理念角度

《基础教育课程改革纲要(试行)》中指出，教师在教学过程中应与学生积极互动、共同发展，要处理好传授知识与培养能力的关系，注重培养学生的独立性和自主性，引导学生质疑、调查、探究，在实践中学习，促进学生在教师指导下主动地、富有个性地学习。

把教学定位为交往，强调师生交往、生生交流，构筑互动教学关系，是新课程改革的一个重要理念。上述案例中，教师通过对“意外”问题层层深入地分析，切实可行地把这一课改理念落实到了课堂教学中。

动态生成性教学对课堂而言，意味着对话，意味着参与，意味着相互构建，它不仅是一种教学活动方式，更是弥漫、充盈于师生之间的一种教育情境和精神氛围。

4.2　学生“课堂主体”角度

苏霍姆林斯基说过：在人的心灵深处，总有一种根深蒂固的需要，就是希望自己是一个发现者、研究者、探索者。教师如果能有效地利用学生的这种心理，针对课堂教学的动态交流过程中由学生产生的问题进行教学，既可以让学生更好地掌握知识，又保护了学生思考问题的积极性，让他们的思维不受约束。

可以想象，当一个由学生自己提出的问题，在老师的引导，自己的研究、探索下得到了解决时，同学们的心情该是多么愉悦啊。也可以断定，在这样的学习氛围下，同学们的学习兴趣是浓厚的，学习动力是充足的，学习效果是良好的。同时，学生提出问题、分析问题、解决问题的能力也得到了培养。

这样的教学过程中，学生的“课堂主体”地位得到了体现，知识积累和能力提高的双重目的得到了实现，“豁然开朗”、“怦然心动”、“悠然心会”、“浮想联翩”等美好的境界在我们学生的头脑中也孕育成长起来了。

动态生成性教学对学生而言，意味着心态的开放，主体性的凸显，个性的张扬，选择性的增加，创造性的解放。

4.3　教师“课堂主导”角度

面对各种“意外”问题，教师有以下几种态度可供选择：(1)合理回避；(2)点到为止；(3)积极利用。视不同问题的有效程度，教师应该选择不同的处理方式。对问题有效性的判断，是教师教学理念和教学能力的体现。应该点到为止的问题却大张旗鼓地引导学生向纵深思考，那是盲目跟随；可以积极利用的问题却视而不见，那是浪费课堂资源。

如何才能做到张弛有度、胸有成竹呢？首先，教师应树立强烈的资源意识，珍惜课堂生成资源，用好课堂生成资源。其次，教学设计要留有空间，教学过程可适当调整，教学策略应注重引导。再次，要不断学习总结，加强理论修养，提高对问题有效性的辨别能力，做到不盲从。

课堂上，学生的创造性思维往往是个别的行为，教师如果能发现这种稍纵即逝的生成资源，敏锐地捕捉住其中有价值的因素，“为学习而设计教学”，通过富于智慧的教学策略，重构教学，定会生长出较之“知识”更具再生力的因素。

动态生成性教学对教师而言，意味着上课不只是传授知识，而是一起分享理解；上课不是依葫芦画瓢，机械的重复，而是创造性的劳动；上课不是无谓的牺牲和时光的耗费，而是生命活动、专业成长和自我实现的过程。

参考文献

[1]赵亲水. 及时捕捉生成性资源，实现课堂教学的动态生成[J]. 化学教学，2008，(10).

在新课改的背景下如何提高高三化学总复习的有效性

陈新清

（福建省仙游县盖尾中学化学组，仙游，351252）

摘要： 在新课改背景下，如何有效地提高高三化学总复习的质量是一线教师最大的心结。本文从认真分析课改区的高考试卷的角度出发结合课标和省教学建议及考试说明的要求，浅谈高三化学总复习中应关注的几个方面。

关键词： 课标；新题型；课改区；复习有效性

纵观三十多年中国高考的改革变化，不难发现，高考的命题已经从单一的考双基到考能力，到今天课改区的考科学素养的变化。面对高考这一新变化，如何在高三有限的时间内寻找到切实有效的高考复习模式，是所有一线教师值得深思的问题，本文笔者从以下几个方面来阐述相关问题，望同行不吝指教。

1. 关注课改区高考试题，提高复习的针对性

研究近几年课改区的高考试题，就会发现这些高考试题中也都再现了一定数量的传统题，没有出现“繁、难、偏、怪”的试题，体现高考试题的连续性，同时也没有单独的化学计算题，纯计算内容得以淡化。但它更加注重以实验、生产为载体的化学“基础知识、基本技能和基本方法”的多方位考查，而且选取素材新、来源广泛，内容涵盖了冶炼、医药、材料、新能源、日用、化工、环保等领域。如2008年广东第1题是关于2007年诺贝尔化学奖，第16题是关于高铁电池，第19题是关于纯碱的提纯；2008年山东第28题是关于黄铜矿的冶炼，第29题是关于祥云火炬，都涉及时代气息和科技新边缘。高考试题内容覆盖面广，重要考点的基础知识反复出现。如2008年海南第5题，2008年广东第10题，2008年山东第13题都是考查阿伏伽德罗常数；2008年海南第6题，2008年广东第11题考查离子方程式的书写正误判断；2008年宁夏第13题，2008年山东第14题，2008年海南第8题考查化学反应与能量。

针对课改区高考试题的特点，我们不难发现，在化学总复习时，应认真对照课标和省教学指导意见，要重视学科的主要知识的落实，巩固和拓展，对基本知识要熟记、熟悉，对主干知识要进行归纳整理，形成知识网络，对各模块的双基知识要梳理、整合，形成系统化。着重培养学生分析问题解决问题的能力，提升学生的学科科学素养能力。

2. 关注课标和考试说明，避免复习盲目性

课程标准和考试说明是高考的依据，也是化学复习依据，对高考方案，样题、考纲、考试说明要反复研究。对照课标研究教材，注意各版本教材的区别，注意同一版本的修订和各种版本的交叉点和差异点，把握不同版本的脉络。对照考试说明和大纲分析知识点的增、减、升、降、必选、改的变化，对大纲中暂不做要求和不做要求的内容要做到

心中有数，尤其要对照省教学指导意见中要求部分逐一分点复习，要注重三维目标要求，注重学生探究能力的培养和学科科学素养的形成。对增删内容要及时关注。如删去乙烯的实验室制法，增加苯的硝化反应实验，增加两种生产异丙苯的工艺对比（绿色化学工艺）、氯乙烯的五种生产方法比较（绿色化学工艺）、增加了 1，3-丁二烯的 1，2 加成与 1，4加成等。

3. 关注新题型，提高复习的创造性

从课改区的高考试卷中，可以发现增加的新题型有：科学探究性试题面世，工艺流程图的试题出现，表格数据题的问世，复杂曲线题的再现四种，复习中要多关注这四种新题型，才能有效提高复习的创造性。

3.1　科学探究型的试题

某研究性学习小组为探究乙醛使溴水褪色的原因，查阅了相关资料，形成了以下三种初步猜想：

甲同学：乙醛分子中甲基上的氢原子在一定条件下能与卤族元素的单质发生取代反应而导致溴水褪色，反应方程式为：

$$CH_3-\overset{\overset{\displaystyle O}{\|}}{C}-H + Br_2 \longrightarrow \overset{\overset{\displaystyle Br}{|}}{CH_2}-\overset{\overset{\displaystyle O}{\|}}{C}-H + HBr$$

乙同学：

$$CH_3-\overset{\overset{\displaystyle O}{\|}}{C}-H + Br_2 \longrightarrow CH_3-\underset{\underset{\displaystyle Br}{|}}{\overset{\overset{\displaystyle OBr}{|}}{C}}-H$$

丙同学：乙醛具有还原性，把溴水中的溴还原为溴化氢而导致溴水褪色，反应方程式为：

$$CH_3-\overset{\overset{\displaystyle O}{\|}}{C}-H + Br_2 + H_2O \longrightarrow CH_3-\overset{\overset{\displaystyle O}{\|}}{C}-OH + 2HBr$$

为确定溴水褪色的真正原因，他们设计了如下两个实验方案进行验证：

方案一：检验褪色后溶液的酸碱性。

方案二：测定反应前溴水中 Br_2 物质的量和反应后溶液中 Br^- 物质的量。

①方案一是否可行<u>否</u>(填“是”或“否”)；理由是<u>因为甲、丙两种方案都有 HBr 生成</u>。

②方案二中，假设测得反应前溴水中 $n(Br_2)=a$ mol，若测得反应后 $n(HBr)=$ <u>a</u> mol，则说明溴水中的溴与乙醛发生取代反应；若测得反应后 $n(HBr)=$ <u>0</u> mol，则说明溴水中的溴与乙醛发生了加成反应；若测得反应后 $n(HBr)=$ <u>$2a$</u> mol，则说明溴水中的溴将乙醛氧化为乙酸。

③按物质的量之比为 1∶5 配制 1 000 mL $KBrO_3$-KBr 溶液，该溶液在酸性条件下完全反应可生成 0.5 mol Br_2。取该溶液 10 mL 加入足量乙醛溶液，使之褪色，然后将所得溶液稀释为 100 mL，准确量取其中 10 mL，加入过量的 $AgNO_3$溶液，过滤，洗涤，干燥后称量，所得固体质量为 0.188 g。若已知 CH_3COOAg 易溶于水，通过计算可以判断出溴水与乙醛所发生的反应类型为<u>氧化</u>反应。该步骤中为什么用 $KBrO_3$-KBr 溶液在酸性条

件下反应生成 Br_2 而不是直接使用溴水进行实验？

这是一道来自对课本中某实验现象的再思考，既有方案筛选，又有实验的探究，也有数据收集等，它是一道非常好的探究题。

化学探究性试题是一类通过阅读、理解、分析试题所提供的信息或解题材料，结合已掌握的化学基本知识和基本技能，根据试题所要求探索的目的，模拟科学研究方式，提出假设或猜想，拟定探索方案并验证方案，根据验证结果进行必要的分析，推理求得正确结论的一种新题型。解答这类试题，学生必须具备一定的化学知识和阅读、理解、分析、推理、实验设计、归纳总结等能力，因而有一定的难度，但探究性习题能很好地培养学生的自学、阅读、理解、分析等多种能力，十分适应新课改的需要，其发展空间很大，有可能成为今后高中新课程改革中的高考主干题型之一，平时复习要有意识地多关注此类题目，归纳总结解题方法并形成清晰的解题思路。

3.2 工艺流程图题

通常情况下空气中 CO_2 的体积分数为 0.030%，当空气中 CO_2 的体积分数超过 0.050%时，会引起明显的温室效应。为减少和消除 CO_2 对环境的影响，一方面世界各国都在限制其排放量，另一方面科学家加强了对 CO_2 创新利用的研究。

(1)目前，用超临界 CO_2(其状态介于气态和液态之间)代替氟利昂作致冷剂成为一种趋势，这一做法对环境的积极意义在于保护臭氧层。

(2)最近有科学家提出“绿色自由”构想：把空气吹入碳酸钾溶液，然后再把 CO_2 从溶液中提取出来，经化学反应后使之变为可再生燃料甲醇。“绿色自由”构想技术流程如下：

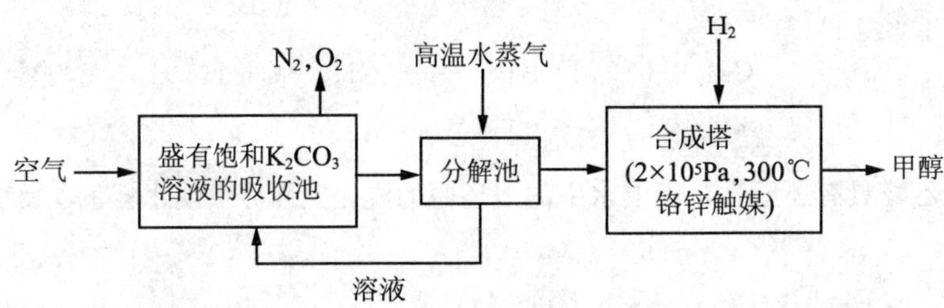

①分解池中反应的化学方程式为 $2KHCO_3 \xlongequal{\triangle} K_2CO_3 + CO_2\uparrow + H_2O$

②在合成塔中，若有 4.4 kg CO_2 与足量 H_2 恰好完全反应，可放出 4 947 kJ 的热量，试写出合成塔中发生反应的热化学方程式：$CO_2(g) + 3H_2(g) \xlongequal[\text{加热加压}]{\text{催化剂}} CH_3OH(g) + H_2O(g)$ $\Delta H = -49.4\ kJ/mol$。

(3)李明同学拟用沉淀法测定空气中 CO_2 的体积分数，他查得 $CaCO_3$，$BaCO_3$ 的溶度积(K_{sp})分别为 4.96×10^{-9}，2.58×10^{-9}。

李明应该选用的试剂是 $Ba(OH)_2$(或 NaOH 和 $BaCl_2$ 溶液)，实验时测定的数据除空气的体积外，还需要测定实验时的温度、压强、沉淀的质量。

这是一道体现绿色化学理念的化工工艺流程图的题目，考查学生关注环保、关注化学在环保中的运用。那么复习这类习题应注意：

(1)重视常见重要物质用途与性能；

(2)了解 STS 的化学概况；

(3)整理一些典型材料给学生研读，带领学生看懂读懂工艺流程图并总结规律。

(4)帮助学生提高应用化学反应原理、物质制备和分离的知识、晶体知识、绿色化学观点、经济原子化等知识的应用能力，并学会从经济学的视角分析实际生产中的各种问题的能力。

(5)介绍必要的化工术语和常识。

(6)介绍水的处理、煤的加工、新材料的制备、金属冶炼、绿色工艺、循环工艺等有关知识。

(7)重视书写氧化-还原反应的化学方程式和离子方程式。

总之，在复习中要特别关注这一新题型，读懂工艺流程图，明确题目所要求的原理和专业术语，及时总结解题方法和落实好相关的知识点，明确解答此类题目时所应关注的注意事项和必备的双基知识并且要有意识加强这方面的专项训练，让学生对这一类题型有较明确、清晰的解题思路。

3.3　表格数据型

(1)我国化学家侯德榜参考下表数据，在实验室中制得纯碱 Na_2CO_3，主要步骤如下：将饱和 NaCl 溶液倒入烧杯中加热，控制温度在 30 ℃～35 ℃，搅拌下分批加入研细的 NH_4HCO_3 固体，加料完毕后，继续保温 30 分钟，静置，过滤得 $NaHCO_3$ 晶体。用少量蒸馏水洗涤除去杂质，抽干后，转入蒸发皿中，灼烧 2 小时，得 Na_2CO_3 固体。

表1　四种盐在不同温度下溶解度表(g/100 g 水)

温度/℃	0	10	20	30	40	50	60	100
NaCl	35.7	35.8	36.0	36.3	36.6	37.0	37.3	39.8
NH_4HCO_3	11.9	15.8	21.0	27.0	—	—	—	—
$NaHCO_3$	6.9	8.1	9.6	11.1	12.7	14.5	16.4	—
NH_4Cl	29.4	33.3	37.2	41.4	45.8	50.4	55.3	77.3

①如表1所示，反应控制在 30 ℃～35 ℃，因为高于 35 ℃，NH_4HCO_3 会分解，若低于 30 ℃，则反应速率降低，为控制此温度范围，通常采取的加热方法为水浴加热。

②加料完毕后，继续保温 30 分钟，目的是：使反应充分进行(或使 $NaHCO_3$ 晶体充分析出)。

③静置后只析出 $NaHCO_3$ 晶体的原因是 $NaHCO_3$ 的溶解度最小。

④过滤所得的母液中含有 $NaHCO_3$、NaCl、NH_4Cl、NH_4HCO_3，加入适当试剂并进一步处理，使 NaCl(填化学式)循环使用，可回收得到 NH_4Cl 晶体。

(2)侯德榜在实验室成功制备纯碱的基础上，改革国外的纯碱生产工艺，使生产工艺更加先进，被称为侯德榜制纯碱法，生产流程简要表示如图1所示。

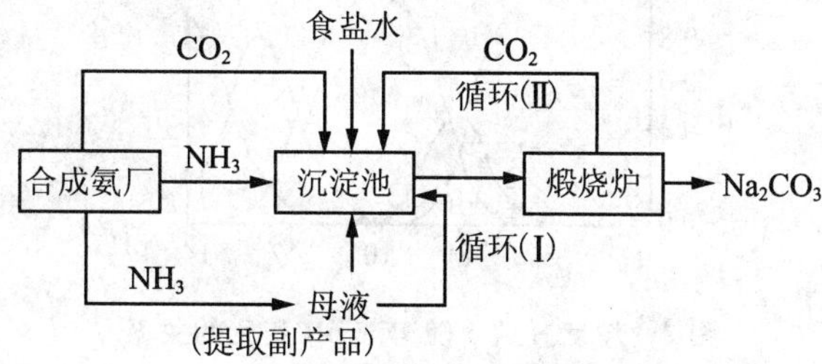

图1　侯德榜制纯碱法生产流程简图

①沉淀池中发生反应的化学方程式是：$NH_3+CO_2+H_2O+NaCl=NH_4Cl+NaHCO_3\downarrow$；或 $NH_3+CO_2+H_2O\longrightarrow NH_4HCO_3$；$NH_4HCO_3+NaCl\longrightarrow NaHCO_3\downarrow+NH_4Cl$。

②检验产品碳酸钠中是否含有氯化钠的操作方法为：取少量试样溶于水，滴加过量硝酸银、再滴加过量稀硝酸（添加过量稀硝酸，再滴加过量硝酸银），观察最终是否有沉淀。

③循环（Ⅰ）中应该加入或通入的物质的化学式为NH_3。

表格数据分析题就是将物质的某组数据以表格的形式呈现，根据表格中数据提供的信息对数据进行分析处理，按其内在联系抽象成知识与规律，进而达到解决问题的题型。数据一般是通过化学实验实测得，也可以是教科书中提供的物质本身就具有的性质数据，如溶解度、熔点、沸点、密度等。这类题目主要是考查学生对数据的灵活运用和分析处理的能力。因此，通过对数据分析的练习，能培养学生分析与处理数据的能力。表格数据分析题的分类，目前主要有两个方面，一是根据解题的目的要求可分为：(1)探究物质的结构类；(2)测定某组分的含量类；(3)优选混合物分离方法类；(4)寻求某种性质变化规律类；(5)综合计算类等。二是依据数据的性质或数据的产生，分为：(1)实测数据类。该类数据一般通过化学实验或科研方法实际测定，主要是求解物质的组成或含量，或寻求物质性质变化规律；(2)物质的溶解度或溶度积常数(K_{sp})类。利用物质的溶解度不同制取物质或分离混合物；(3)物质的熔点、沸点、密度类。探索制取物质的方案或探寻物理方法分离物质的方法；(4)物质固有的性质数据（如键长、键能、键角、电负性、电离能等）类。这类数据题一般设计为探讨物质的性质，诸如物质的稳定性、氧化性、还原性等；(5)化学平衡与化学反应速率类。主要涉及的题型有比较化学反应速率快慢和化学平衡移动有关的计算和判断题；(6)数学建模类。将某组数据设计成数学计算题模式，用数学方法求解。

在复习中要关注此类题型，注重培养学生分析与处理数据的能力，总结此类题目的基本解题方法与思路，并借此复习相关双基知识。

3.4 复杂曲线型

水体中重金属铅的污染问题备受关注。水溶液中铅的存在形态主要有 Pb^{2+}、$Pb(OH)^+$、$Pb(OH)_2$、$Pb(OH)_3^-$、$Pb(OH)_4^{2-}$，各形态的浓度分数 a 随溶液 pH 变化的关系如图 2 所示。图中 1 表示 Pb^{2+}，2 表示 $Pb(OH)^+$，3 表示 $Pb(OH)_2$，4 表示 $Pb(OH)_3^-$，5 表示 $Pb(OH)_4^{2-}$。

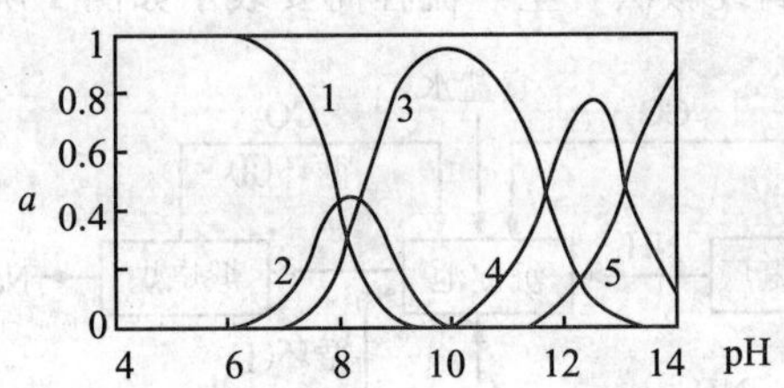

图 2 浓度分数 a 随溶液 pH 变化的关系

(1)$Pb(OH)_2$溶液中，$c(NO_3^-)/c(Pb^{2+})$ ≥ 2（填“＞”，“＝”或“＜”）；往该溶液中滴入

氯化铵溶液后，$c(NO_3^-)/c(Pb^{2+})$增加，可能的原因是Pb^{2+}与Cl^-发生反应，使$c(Pb^{2+})$减小。

(2)往$Pb(NO_3)_2$溶液中滴稀 NaOH 溶液，pH＝8 的溶液存在的阳离子(Na^+除外)有Pb^{2+}、$Pb(OH)^+$、H^+，pH＝9 时，主要反应的离子方程式为$Pb^{2+}+2OH^-=Pb(OH)_2$。

(3)某课题组制备了一种新型脱铅剂，能有效去除水中的痕量铅，实验结果如下表：

离子	Pb^{2+}	Ca^{2+}	Fe^{3+}	Mn^{2+}	Cl^-
处理前浓度/(mg·L^{-1})	0.100	29.8	0.120	0.087	51.9
处理后浓度/(mg·L^{-1})	0.004	22.6	0.040	0.053	49.8

上表除Pb^{2+}外，该脱铅剂对其他离子的去除效果最好的是Fe^{3+}。

(4)如果该脱铅剂(用 EH 表示)脱铅过程中主要发生的反应为：

$$2EH(s)+Pb^{2+} \rightleftharpoons E_2Pb(s)+2H^+$$

则脱铅的最合适 pH 范围为　A　(填代号)。

A. 4～5　　B. 6～7　　C. 9～10　　D. 11～12

这是一道取材于生活中水体污染的问题，它很好地考查了学生的识图能力。

解复杂曲线题的一般程序为：①理解题目所描述的化学过程；②看清坐标轴所表示的意义；③分析曲线的变化趋势及曲线上各点的纵横坐标的对应关系和变化关系；④分析特殊点(起点、拐点、终点、交点)的含义。

解这类型题目难度相对较大的主要障碍是学生要有相应的扎实的数学基本功，以及良好的心理素质，但只要我们加强相应的训练并从中培养学生读图、识图、懂图的能力，就不怕此类题型。

4. 关注学生规范答题，提高答题准确性

规范是一种行为方式，它是利用群体的智慧把最好的经验总结出来。规范决定答题的质量和效率，复习中应该结合平时作业、练习、考试和板书等，有意识对学生进行规范书写、规范答题的训练，重点对化学方程式、结构简式、电子式、离子方程式、化学式等化学用语训练；对实验步骤不完整、语言表达不到位，简答题作答没有针对性，答非所问，计算题的格式、步骤、有效数字等都要加强训练。以上这些都是每年高考试卷中学生暴露的问题，会不等于对，对不等于不失分，因此在复习时要有意识加强规范训练，培养良好的解题、答题习惯，才能在高考中得高分。

总之，关注是为了更好地搞好高三化学总复习，提高复习的针对性、创造性、准确性。在有限的高三化学复习中如何快速把握高考脉络，除了上面关注的几点外，还要关注对无机化学中的元素及化合物做适当延伸的复习，把握好模块之间知识点内在联系，关注化学学科特点和化学研究基本方法在整个中学化学中的应用。从多方面、多角度培养学生的科学探究能力，提高他们分析问题、解决问题、处理问题的能力，特别要关注应试技巧和方法的训练，关注心理素质的训练，做到遇难不怕，遇多不急，遇易不松，遇烦不躁，遇旧不轻的良好心理素质等，才能在高考中立于不败之地。

参考文献

[1]刘金明，左香华．热点演练[M]．广州：广州出版社，2008.

[2]杨洁，张善增．探究性实验实施的问题与思考[J]．中学化学教学参考，2007，(5).

[3]刘知新．化学教学论[M]．第5版．北京：高等教育出版社，2004.

中学新课程背景下高师无机化学及无机化学实验教学研究与实践

王世铭

（福建师范大学化学与材料学院，福州，350007）

摘要：本文针对中学化学新课程背景，结合笔者的教学实践与教改研究，从大学与中学学科学习的衔接、深化无机化学课程内涵建设，构建无机化学实验教学新体系等三方面详细探讨了高师化学教师教育专业无机化学及无机化学实验课程的教学研究与实践。

关键词：高中化学新课程；化学教师教育；无机化学；无机化学实验

无机化学及无机化学实验是大学化学系的先行主干基础课。该课程基础理论涵盖面广，涉及化学元素周期表中所有元素，是化学专业承上启下——衔接中学教材和大学后续课程的基础主干课程。因此，在高师化学专业中，无机化学的地位与重要性是显而易见的，课程的教学研究与改革实践一直是高师化学教育关注的热点之一。面对近年来中学化学新课程及新教材对原有课程进行了重大调整和改进的背景，笔者结合自身的教学实践与教改研究，从大学与中学学科学习的衔接、深化无机化学课程内涵建设、构建无机化学实验教学新体系等方面浅述了高师化学教师教育专业无机化学及无机化学实验课程的教学研究与实践的一些心得。

1. 教学过程应注重与中学的学科知识、教学方法、学习方法三方面的衔接

结合国际、国内化学教学的发展动态，依据《国家基础教育课程改革纲要(试行)》的有关精神，化学新课程及新教材对原有课程进行了重大调整和改进。具体表现为：①降低了部分学科教学要求，删除了原有课程中“繁、难、偏、旧”的内容；②增强了时代气息，精选了众多适合学生终身学习与适应现代社会生活必备的化学课程内容，几乎涵盖了当前有关环境、资源、能源、科技等社会热点、焦点问题；③化学新课程及新教材从学生发展的需要出发，在对以往课程内容进行整合和优化的同时，对凸显学科综合素养的内容适当提高了教学要求。因此高师无机化学及无机化学实验的教学过程应注重与中学的学科知识、教学方法、学习方法等三方面的衔接。

首先，教师应认真钻研、熟悉中学化学新课程理念及新教材的体系和内容。明确中

学化学新课程教学涉及的知识及其教与学的层次，做到心中有数。中学、高师无机化学知识衔接部分要注意让学生能从更高层次上来准确理解中学化学知识，做到化学知识学习上不同于中学阶段学习的质的飞跃。其次，教学方法上则应更多地采取启发式教学。教师在教学方法中要抓住学生从中学生到大学生转变过程中相应的生理、心理转变，把握学生中学学习掌握的知识大部分归属于“经验记忆型”被动接收和仅少部分归属于“探索理解型”主动学习的特点。在高师无机化学及无机化学实验教学方法上则应更多地采取启发式教学，激发学生主动地进行学习，注重学生质疑能力的提高，引导学生从本质上理解所学内容。教学过程中应当充分利用各种先进的教学手段培养学生的学习兴趣、学科素养，实现学生能力的培养和提高。再次，教师应关注学生学习方法的衔接。无机化学及无机化学实验是学生进入大学后的第一门化学专业理论课程和实验课程，学生不仅面临角色的转变，而且要应对大学课堂教学的快速度和大容量，因此教师对学生学习方法的指导应贯穿于教学的各个环节中，注重对学科方法论的教授，逐步培养学生思维的科学性、敏捷性和严密性。

2. 立足教师队伍和教材建设深化无机化学课程内涵建设

高水平的师资队伍建设是课程建设的保障。经过几年的努力，我们已建成了一支年龄结构、知识结构、学历结构和职称结构合理、教学效果好、爱岗敬业的老中青结合的教师梯队。教学中注重充分发挥老教师教学经验丰富、对化学概念和化学基本原理理解透彻的优势，刻意培养青年教师，坚持进行传帮带。实行课程负责人制度，经常性地开展教学大纲修订、教学内容更新及教学方法改革的研讨。

教材是教学内容的载体，教材建设是保证教学质量的重要基础，是课程建设的重要组成部分。近些年来无机化学有了突飞猛进的发展，已出版的其他无机化学教材既保留了经典内容，又大量引入了最新的科研成果，教材越编越厚，而无机化学系列课程的学时却不断压缩，教材与实际的教学内容不相适应，有的教材只能讲授 1/2～2/3 的内容。为此，2005 年我们参与编写、出版了高等学校无机化学课程的系列教材 2 部——普通高等教育“十一五”国家级规划教材《无机化学》(上、下，高等教育出版社)。该教材与中学新课标紧密衔接，保留了无机化学基础内容的精华，引入了与人类生活及现代科学技术紧密相关的无机化学最新成果，使教材的知识内容和知识容量都能满足当前的教学需要。尤其是教材体现了课程组教师多年的教学研究和改革的经验，立足学生实际，内容的设置深浅适中，可读性强，适合教师教学和学生自学，有利于夯实学生的化学基础知识，为更高知识层面的学习打下良好基础。为了促进学生自主学习，还配套编写了高等教育出版社出版的《无机化学学习指导》教学参考书，进一步强调学科重点，分析化解难点、便于学生自学、练习、提高。

无机化学课程教学中强调对学生的素质教育，在专业教育的同时进行人文教育。贯彻“少而精”的教学理念，强调师生的互动式、讨论式教学模式，形成了“主线式—开放式”的理论教学模式，结合学科前沿开设讲座，加强研讨，提高学生的学习能力，拓宽学生的知识面。课堂教学中注重学科方法论的指导，如对元素和化合物性质，突出结构对性质的影响，抓住其反应线索去延伸、扩展；同时注意使学生在科学思维能力上得到训练和培养，加强学生查阅文献资料和利用参考资料的能力；强调学习者系统掌握基础无机化学和元素化学的基本原理、知识和方法，并且提高学习者灵活运用无机化学和元素化学的三基知识分析和解决无机化学问题的实际能力。

3. 构建以强化实验基本技能、强调绿色化学意识、注重培养创新能力和素质拓展的无机化学实验教学体系

针对中学化学新课程实验基础实际，根据学科学生综合素质和创新能力培养的需要，在吸取国内外实验教学体系改革的成功经验的同时，基于无机化学实验内容的内在联系、学生实验技能形成的规律、学生综合素质和创新能力发展的规律，构建了以强化实验基本技能、强调绿色化学意识、注重培养创新能力和素质拓展的无机化学实验教学新体系。

针对无机化学实验涉及的药品种类繁多、药品价格昂贵、教学经费短缺的现状，结合课程组教师丰富的教学经验和无机化学实验的微型化教改研究成果，建立了微型一常量互补的教学模式，强调学生绿色化学意识的培养；并设计系列实验，使一些实验的产品及废物成为下次实验的试剂和原料。同时注意实验的改进，合并某些性质类似的实验内容，增加综合性实验和设计实验，不断总结、设计和完善实验内容，编写了无机化学实验学习指导，加强实验课程方法论的教授。

实验教学中首先通过基本操作、基本技能和基本实验方法的强化训练，培养学生严谨的科学态度和熟练的实验基本技能，为后续实验教学奠定坚实的基础。其次通过开设综合性、设计性实验突出学生的主动性和独立性，培养学生对科学实验的兴趣、激发其创新意识。设计性实验对学生基础训练是一个全面考核，对学生创新意识的萌发起着至关重要的作用。与此同时，开展加强技能型、实用技术型、创新研究型等多种形式的开放实验，提高学生的实际操作能力，激发了学生对化学实验科学的兴趣，突出学生“个性化”培养，促进学生“个性化”发展，给学生提供良好的自主学习、个性发展的空间和条件，培养学生的科学思维、创新精神及创新实践能力。

4. 结语

根据高等师范的培养目标和21世纪对中学师资的要求，无机化学及无机化学实验课程建设的最终目标是：实现从“应试教育”向“素质教育”的转变，从传统的“教师教—学生学”向“教师教学生学”的转变，从而培养出基础知识扎实、知识面广、分析和解决问题能力强、具有创新精神、面向21世纪的合格的中学化学教育师资。

参考文献

[1]教育部．普通高中化学课程标准(实验)[M]．北京：人民教育出版社，2003.

[2]教育部考试中心．普通高等学校招生全国统一考试大纲(理科·课程标准实验·2010版)[M]．北京：高等教育出版社，2010.

中学化学教师专业素质要求及其构建

周兰，胡满成，焦桓

（陕西师范大学化学与材料科学学院，西安，710062）

化学课程作为基础教育课程体系的重要组成部分，逐渐形成了以提高所有人的科学素养为宗旨，以探究为基础，用整体观念进行组织等为主要内容的现代科学教育理念[1]。因此，新课程背景下的化学教师也面临着新的挑战，特别是在专业素质方面也有了更高的要求。

教师的专业包括学科专业和教育专业两个方面，教师应该既是学科知识方面的专家，又是教育专业方面的专家。新课程背景下化学教师应具有高尚的职业道德，愿为国家和民族的教育事业奉献自己的全部力量；能把握教育的真谛，了解青少年发展的规律，启迪学生的心灵，发展学生的智慧，发掘学生的潜力，激发学生的创造性，培养学生健全的人格；具有正直、真诚、善良的品德。

作为一门综合性和应用性很强的学科，化学与其他学科之间相互联系、相互交叉和渗透。化学教师在较好地掌握所教学科知识的同时，具备良好的理论修养，能从更新、更广、更深的角度把握问题，判断是否在教育教学中做到深刻、严谨。教师的知识越精湛，视野越宽广，科学素质越全面，就越能更好地为学生提供其生长的营养。在教学第一线的教师要掌握现代教育理念和教育方法，要懂得并教会学生高效能的学习技术，不仅掌握学习技术和学生学习过程技术，还要创造性地、统筹地管理影响各种影响学习的内外因素[2]。

同时教师还应具备设计和实施教学过程的能力、用专门语言、按照化学科学的表述规范去进行课堂教学的语言表达能力、实验指导能力、化学教育研究能力、重视培养学生的创新精神和实践的能力、灵活的教学组织能力以及查询、评估、传输、有效利用和创造具有各种形式信息的能力[3]。

而目前高师院校的毕业生距此还有一定距离，存在在校期间厌学、就业后学科背景单一、组织教学能力欠缺、创新能力差等问题，不能很好地适应职业的要求[4]。基于这样的现状，对于培养中学化学教师的高等师范院校化学专业，就提出了新的要求，但同时也是机遇。如何对现有的教学体系进行调整以适应时代对学生的要求，使毕业的学生在各方面都能够很快适应教学的要求，就成为当务之急。我们认为，可以从以下几方面着手进行尝试。

1. 加强生活化观念

教育工作是人对人的工作，需要一定的身心投入，教育工作者必须有相应的专业情意：教育信念、教师信念、教育情感、教师职业道德。滋长起教师专业情意的土壤是面向生活、依据生活、改造生活的教师教育实践，只有被吸引着的、执著的人从事这个职业，才甘愿在艰苦中散播生活教育的种子[4]。

而在读师范生专业热情低、专业学风差正是当前提高师范教育质量的一个难题，而进修教师的应付思想、只为评职称的动机更造成了教师教育资源的浪费。“生活化”的教师教育方式至少应可扭转那些在教育行业的社会吸引力问题上还徘徊着的那些(准)教师，使他们毅然地投身到教育上来。承担国家教师培养重任的高等师范院校，无疑应在加强学生和培训生的职业教育素养，特别是加强生活化观念方面下工夫，才能从源头上解决问题。一方面，要学校相关部门配合，加强思想政治教育工作，提高学生的政治素养；另一方面，要从课程内容设置上下工夫，在教学过程中穿插与实际生活紧密联系的内容，将课本内容与科技发展、与日常生活的关系明确化。

2. 加强反思性学习

任何一个从事教师职业的人其专业能力都是一个逐渐适应、发展和走向成熟的过程，而这个过程必不可少的就是反思性学习。即在职业活动中，把自我作为意识对象，以及在教学活动过程中，将教学活动本身作为意识对象，不断对自我及教学进行积极主动的计划、检查、评价、反馈、控制和调节。

教师实践性反思能力的提高除了受学术素养影响外，主要依靠他在教育活动中的不断磨炼。与高师院校直接相关的是师范教育的课程如何设置、师范性与学术性如何遵从两个问题。在目前各高校不断提高教师的科研能力的背景下，从教人员的文化素质、教育理论素养的构建已足以满足从业要求，但过于偏向于理论化、学术性则无疑损害了师范性及教育的专业特性。解决这些问题的方法只能是加大学生做的力度，强化实践性课程，增加实践课的比重，改变教育见习、教育实习的档期安排、时间、次数、基地状况，从专业性的角度对师范性与学术性进行整合，多进行职后教师的参与式培训，使教育“生活化”的实践成为他们进行反思的源泉。

3. 树立终身学习的观念

终身学习是人类社会的发展趋势，是教师专业化的个人生长点，需要教师通过树立终身学习的理念，倡导教师的终身学习专业意识，促进教师学习终身化，从而促进教师专业化进程。[5]

1970 年，联合国教科文组织明确指出：“每一个人都必须终身持续不断地学习。终身教育是学习型社会的基石。”要提高教师职业的专业化水平，必须倡导教师建立终身学习的专业意识，并将其贯穿于职前与职后培养。在教师教育中，终身学习应当成为教师的自觉行为，通过各种方式提高自己的专业水平。因此，必须进行整体性、系统性、高层次的继续教育。对于科技迅猛发展的今天，自身学习的稍有松懈就会落伍，势必会影响到教学。所以化学教育专业的师范院校必须加强对学生构建终身学习理念方面的工作力度，通过各种方式使学生了解学科发展的动态，强化持续学习与职业生涯间的相关性。要提倡在学习中有所专攻，尤其要进行研究性学习。对于教学内容、教学艺术与学习方法等，更要引导学生采取开放式的方法，在工作和学习中不断自我提高。

4. 加强学生的创新意识

培养大批创新型教师，使他们具有创新意识、创造性思维、创造能力、创新人格，充分体现教师教育以实践为基点的特性。一方面，要加强学生的科研素养，鼓励学生加入教师的科研团队，通过科研工作激发学生的兴趣和好奇心，养成思考的习惯；另一方面，课程建设应突出教师专业的发展性，使师范生成为一个拥有教学工作能力和先进教育理念的教育者，具有可持续发展能力和动机的学习者，能进行课程开发与创新的研究者。

21 世纪是一个高度智能化、信息化的时代，是一个以知识为主体的时代，是一个以人的全面素质为竞争焦点的时代。在新的时代，化学在生命科学、环境保护、新能源、新材料等诸多领域的作用将越来越突出。高师院校肩负着为社会输送合格基础教育人才的任务，对未来社会发展过程中人才科学素质培养和知识结构完善起着极其重要的作用。因此，各高师院校的化学教育专业应从各方面研究时代对化学教师的要求，积极顺应时代变化，与时俱进，从各方面入手，提高学生的综合素养，以应对新时期教育教学改革赋予的历史使命。

参考文献

[1]钟启泉，崔允淳. 新课程的理念与创新[M]. 北京：高等教育出版社，2004：205－214.

[2]杨莲. 高效能学习技术[M]. 广州：暨南大学出版社，2006：142.

[3]张翼. 新课程背景下化学教师的专业素质建构[J]. 绵阳师范学院学报，2007，26(2)：78－81.

[4]陈会忠. 生活化：当代教师教育的缺失[J]. 高等师范教育研究，2003，15(2)：63－67.

[5]邱芳婷. 终身学习：教师专业化的个人生长点[J]. 教师教育研究，2007，(9)：75－76.

化学课堂提问的案例研究

刘狄，黄昊文，刘汉文

（湖南科技大学化学化工学院，湘潭，411201）

摘要：课堂提问是课堂教学中一种普遍而又古老的教学方法，课堂提问的好坏一定程度上影响课堂教学效果的优劣。在化学教师教学技能训练中，课堂提问是重要内容之一。本文采用案例研究方法，通过对案例的具体分析，比较透彻地对化学课堂提问中存在的问题做了研讨，于案例教学在教师教育中的应用研究有一定价值。

关键词：化学课堂提问；案例研究；教师教育

1. 问题的提出

课堂提问作为一种普遍而又古老的教学方法，无论是在传统的教学，还是在新课程理念下的教学中，作用举足轻重，历来是教师教学基本技能训练的内容之一。

古今中外，对课堂提问的研究历史悠久，也硕果累累[1－7]。而针对化学学科课堂提问的研究则非常少。在新的课程理念下，教师应该审视课堂提问，合理设计课堂提问，通过提问促进课堂上的交流，发展学生的思维能力和解决问题的能力，使提问成为师生共同发现、理解和探究知识的重要途径[8]，因而对化学课堂提问深入研究无疑是必要的。

教学发展历来有两个生长点，就是理论和实践，缺乏理论的思维不可能抓住事物的本质和促进人的认识的发展，而缺乏经验的足够重视，同样不可能产生教育教学的真知灼见[9]。案例研究恰恰是将理论与实践对接的“桥梁”，教学案例是实践智慧的结晶，案例研究是诠释实践的智慧。“授人以鱼，三餐之需；授人以渔，终生受用。”化学课堂提问案例研究有利于提高化学教师的提问技能，同时也有利于丰富课堂提问的理论研究。

2. 化学课堂提问常见问题的案例及分析

2.1 课堂提问与问题教学概念混淆，问题设计随心所欲

随着基础教育课程改革的深入，问题教学日渐走进课堂，有的教师把问题教学与课堂提问混淆，认为课堂上多提几个问题就是问题教学，导致在课堂提问的数量上拼尽全力，由满堂灌变成满堂问，而结果往往事与愿违，教师教得很累，学生学得也很辛苦。

[案例 1]张老师担任高一化学教学，今天他要上“钠的化合物——过氧化钠”这一内容。走进教室，他发现校长坐在后面准备随堂听课，心里很紧张。他想到现代教学理念提倡问题教学，马上调整了教学方案。上课开始，他先把装有水的烧杯放在讲台很显眼的位置，准备开始实验。为了引入课题，他暗示地说：

(师)：同学们，今天教室多了个什么东西啊？

(生)：(学生四顾观察教室)多了校长。

(师)：(老师发觉学生没有受到暗示，继续提问)同学们，校长是东西吗？

(生)：(发觉不对，齐声回答)校长不是东西。

(师)：(老师手指烧杯)那么，教室里多了什么东西呢？

(生)：多了烧杯。

显然，在案例1中，张老师混淆了问题教学与课堂提问。问题教学是教师在教学中的一种模式，是围绕问题和学生一起学习的一种教学方法。问题教学中的问题是老师把教学内容化为问题，以此引导学生通过解决问题而掌握知识、形成能力、养成良好的心理品质。而课堂提问是各种教学模式为完成教学目标的过程中穿插的一种教学方式，课堂提问中的问题是教师就教学过程中某个知识点设计的，以此引起学生的注意、促进学生的学习。当然，无论是问题教学还是课堂提问都是围绕问题而来，有共同的目标：激发学生的学习兴趣、促进学生对知识的构建、培养学生的问题意识和创新精神。其次，问题教学中包含有课堂提问，课堂提问是问题教学得以实施的基本保障，课堂提问技能实施直接影响到问题教学的效果。由此可见它们两者是志同而道不同[10,11]。

从所提出的三个问题来看，显然张老师是随心所欲，没有精心设计，忽视了提问的目的要服从教学目的的原则，内容主次不分。张老师给学生的第一个问题目的在于想让学生知道教室里多了个烧杯，但多了烧杯对本节课的教学有什么用呢？这样的提问值得我们深思。

2.2 课堂提问内容无价值，问题设计为问而问

在目前的课堂教学中，教师一讲到底的已不多见，取而代之的是一问到底。好的提

问固然能在课堂教学中起到“画龙点睛”的作用，但大量低效或无效的、内容缺乏价值的提问会适得其反，不但对教学没有好处，还会产生负面效应。

[案例 2]“钠与水的反应”教学片断

小马是 2007 级准化学教师，参加院里讲课强化训练小组赛，他讲钠与水的反应，他先用实验来给学生展示钠与水的反应情况，他取出一小块钠投入水中，学生观察，设计了下面五个问题：

①钠是银白色的吗？

②钠的密度是比水大还是小呢？

③听到了嘶嘶的声音没有？

④钠是否熔成了小球？

⑤钠与水反应的产物是不是氢氧化钠？

案例中，小马老师设计的五个提问，学生“是”或“不是”的作答声中透露出了课堂提问设计的失败，这些问题学生凭感官就能回答，不能对学生的思维构成挑战，没有思考的价值。这类提问只能营造课堂上虚假的“热闹”气氛。目前，中学化学教学实践中这一现象非常普遍。

课堂提问要发挥作用，设计好提问的内容是关键。课堂提问内容的价值主要体现在：首先，要有明确的目的，不能只是为问而问；课堂提问的内容尽量新颖别致，吸引学生的眼球，创设良好的问题情境；课堂提问的内容还应具有启发性和发散性，激发学生的探究意识，引导学生灵活思考，寻求问题的多个答案。其次，要挖掘教材和利用教材中的重点、难点、易错点知识来设计课堂提问，力求使学生全面深刻地理解知识，帮助学生剖析重点，攻克难点，提高课堂教学效率。

2.3　课堂提问难易无梯度，问题设计平淡乏味

在研究中发现很大一部分老师在课堂中总在问“对不对?”“好不好?”这样的问题，这些问题过于直接、浅显，就像一碗淡水，无滋无味，没有任何思考的空间和价值，学生只需回答“是”、“不是”、“会”、“不会”即可，表面上课堂气氛活跃，实际是浪费了宝贵的课堂时间。提问内容还要注意低水平问题和高水平问题相结合，要有梯度，要环环相扣，逐层递进，遵循由易到难、由简到繁、由浅入深、由表及里的原则，一步一个台阶把问题引向深处。一节课总是低水平问题会让学生觉得枯燥无味，总是高水平问题又会让学生苦于思索，只有两者有机地结合才能取得满意的效果。

[案例 3]“钠的化合物——过氧化钠”教学片段

这是案例 1 中张老师课堂实施的一个片段，张老师通过提问课堂中多了烧杯后引入课题，按照实验步骤操作：往烧杯中滴加酚酞，再加入 Na_2O_2。这时看到的现象是：先有大量气泡产生，溶液变红色，过了一会儿，溶液又变无色。学生对现象充满了好奇。这时老师提问。

(师)：溶液先变红后褪色，是什么原因呢？(学生一片茫然)

相同的教学内容，再来看某省示范性中学张老师的设计。

[案例 4]“钠的化合物——过氧化钠”教学片段

这是张老师讲解过氧化钠与水反应的产物的教学实施片段，通过实验后的介入，引入了钠的两种重要氧化物是氧化钠和过氧化钠，通过对比氧化钙写出氧化钠与水和二氧化碳的反应方程式，再通过氧化钠来学习过氧化钠的化学性质。

问题 1：那么我们来看过氧化钠，过氧化钠和氧化钠有相似的地方也有不同的地方，我们来猜想过氧化钠和水反应会生成什么物质？会不会生成了氢氧化钠？过氧化钠比氧化钠多了一个氧，会不会还生成氧气放出来？（学生相互议论、猜想）

问题 2：我们怎样通过实验来检验氢氧化钠和氧气呢？

用带火星的木条检验氧气，用酚酞检验氢氧化钠，同学们观察现象。通过实验得知过氧化钠与水反应生成了氢氧化钠和氧气，再类比得出过氧化钠与二氧化碳的反应产物。

问题 3：再看我们上课前的魔术，脱脂棉中包裹着的是什么物质啊？为什么包裹有过氧化钠的脱脂棉会燃烧了呢？

从案例 3 和案例 4 中看到，在案例 4 中课堂教学实施顺利，课堂气氛活跃，教师以趣促学，同时也让教学任务在趣味中逐步完成，教学的实施层层推进，让学生步步深入掌握过氧化钠的化学性质。而案例 3 中，教师的提问让学生觉得一片茫然，这是为什么呢？原本氢氧化钠使酚酞变红现象明显，红色褪去自然能想到物质的漂白性，但是案例 3 中教师的提问内容没有梯度，没有层析，知识跨度太大。由此可知，提问内容的设置一定要有层次，不能让学生觉得老师的提问如同空中楼阁，无从下手作答。

2.4　课堂提问表述不科学，学生回答无所适从

课堂提问内容的表述一定要恰当科学，应该体现化学学科知识内在的逻辑顺序，提问的方式、角度要适合学生的一般思维规律。同时问题设计要考虑课程标准的要求，过于深奥，学生无从答起，打击了学生的积极性，甚至让学生产生厌学情绪。

[案例 5]这是两位老师的两个问题：某初中化学教师给学生讲原子的构成第二课时，在巩固原子的构成的时候设计了一个这样的问题：

①上节课我们学习了原子的构成，原子是怎么样构成的？为什么？

第二个问题是一位准化学教师在讲钠与水的反应时设计的：

②钠为什么能与水发生反应？

通过这两个问题，我们想到了什么？教师提问不仅要考虑提出什么样的问题，还应该考虑为什么要提出这样的问题，考虑怎么样表述提问内容才是合理的，才是能让学生接受的？而不是随心所欲，想问则问。在初中，学生只要知道原子是由原子核和核外电子构成的就可以，不需要知道为什么。这样的表述可能激发了学生的思考，却同时逐渐磨灭学生学习的兴趣。为什么钠与水能发生反应，这也是学生不太好回答的问题，是课堂教学中的无效提问，是不科学的问题。

若将这两个问题设计这样改进，效果就完全不一样了：

①上节课我们学习了原子的构成，大家回忆一下原子是由哪些微粒构成的？

②钠能不能和水发生反应？若能反应其产物会是什么？

3. 结束语

近年来我院在化学教师教学基本技能训练中，为了提升教学效果，做过很多有益的尝试，对于缺乏教育教学实践的学生来说，案例教学无疑是深受学生欢迎的。

本文课堂提问的案例，都是从我院2007级学生听课、整理的38个化学教学课堂实录中选择的，在教学中我们以案例为切入点，具体对化学课堂提问的设计与实施等诸多方面进行了研讨，分析其作用及存在的不足，理论与实践的穿插，学生感到收获颇丰。

由于篇幅所限，本文所选部分主要讨论目前中学化学教学中课堂提问所存在的常见问题。同时，由于水平有限，分析不当之处，敬请指正。

参考文献

[1]鲁志鲲．教师课堂提问的有效性及其评价方法[J]．高等农业教育，2005，(8)：69－72.

[2]宋广文，胡凡刚．课堂提问的心理学策略[J]．上海教育科研，2000，(1)：52－54.

[3]袁孝风．化学课堂教学技能训练[M]．上海：华东师范大学出版社，2008：71.

[4][美]Stephen Brookfield，等．讨论式教学法[M]．罗静，等，译．北京：中国轻工业出版社，2002：99－104.

[5]马赫穆夫．教学的问题性原则[J]．教育研究，1985，(10).

[6][美]丹东尼奥，等．课堂提问艺术：发展教师的有效提问技能[M]．宋玲，译．北京：中国轻工业出版社，2006.

[7][美]沃尔什．萨特斯．优质提问教学法：让每个学生都参与其中[M]．刘彦，译．北京：中国轻工业出版社，2009.

[8]毕华林，高敬．关于化学课堂提问的思考[J]．化学教育，2004，(6)：20－23.

[9]陆禾，郁波，等．陆禾化学教学艺术与研究[M]．山东：山东教育出版社，1997：59.

[10]安方明．论问题教学对教学论改革的意义[J]．首都师范大学学报(社会科学版)，1996，(4).

[11]郑金洲．问题教学[M]．福州：福建教育出版社，2005.

对大学化学与高中化学教学衔接问题的思考

周美锋，林深

(福建师范大学化学与材料学院，福州，350007)

摘要：通过问卷、调研，针对大一化学专业学生的学习情况，结合高中课改要求，分析了现用高中教材特点，找出知识的衔接点，就如何做好高中化学与大学化学教学的衔接问题进行了初步探讨，并提出了与中学课改对接的大学化学教学对策。

关键词：大学化学；高中化学；教学衔接

2001年开始，全国38个县、区进行义务教育阶段课程改革国家级实验，到2008年，全国初中教育课程改革已经实行一轮，而普通高中新课改实验省(直辖市、自治区)也已扩展到25个。福建地区在2009年完成了新一轮高中基础教育改革，并有了实施高中新课程后的第一届毕业生。在新的时代背景下，中学化学课改的新理念、新目标不仅对中学化学教学提出了新的要求，也使大学化学教学面临着新的挑战。现在高中生的化学学习水平以及化学实验技能是决定大学人才培养质量的重要因素。做好大学化学与高中化学的教学衔接，是提高大学化学课堂教学质量的关键。

1. 高中现用教材和教学的特点

福建地区现用高中化学教材是苏教版和鲁科版两种教材，为了解新课改后学生对化学知识的掌握情况，结合普通高中化学课程标准(实验)，对我院2009级全体学生展开了关于《新课改后高中化学与大学化学知识衔接》的调查，发放问卷230份，回收221份，问卷回收率96.1%。调查发现，实施新课程和使用新教材后，学生掌握的化学知识具有以下两个特点：

1.1 高中化学知识的广度得到提升

实施高中基础教育改革后，学生首先必修化学必修1和必修2，然后只要再选修一个化学模块就可以修满学分达到毕业，鼓励对化学感兴趣的学生可选修更多模块。调查显示，福建省高中普遍选择化学反应原理、有机化学基础、物质结构与性质这三门选修课，其选择人数比率分别为66.9%、80.3%、71.1%。从化学必修1、必修2及上述三门选修课教材内容可见，高中化学知识广度得到提升。

高新技术手段融入课本。在苏教版及鲁科版的高中化学课本中，一些现代科技手段或方法都以课外阅读或家庭小实验的形式予以介绍，有一些甚至直接出现在课本正文中，给学生以常识性的介绍。例如在苏教版必修1中出现利用层析原理的家庭小实验；苏教版有机化学专题一第二单元“有机化合物结构的研究”一课中，介绍了红外光谱和核磁共振这两种用于研究有机物结构的分析方法，说明了这两种手段的原理及其应用。在高中阶段运用现代科技手段解释化学现象或者物质结构，使得学生在大学学习相关知识时减少了陌生感，易于学习。

体现现代化学研究成果。教材中增加了化学研究进展及其成果在生产生活中的广泛应用。例如，鲁科版第四章“元素与材料世界”第一节“硅　无机非金属材料”中介绍了几种特殊的陶瓷材料，如高温结构陶瓷、生物陶瓷、压电陶瓷等；鲁科版第四章第三节“复合材料”一课，以社会生活中形形色色的复合材料为例，初步讨论了元素及其化合物的组成和性质与材料性能之间的关系。

加强物质结构知识传授——相对于旧人教版，物质结构知识介绍明显增加。例如高中“物质结构与性质”这一选修模块增加了对元素周期表和元素周期律的深层探索，初步了解原子核外电子的运动情况，探讨了化学键对物质性质的影响，增加了氢键对物质性质的影响，学习价键理论并对晶体结构有了更深的认识。有46.8%的学生认为高中阶段物质结构与性质的学习为其大学深入学习这些理论打下了良好的基础。

大学的化学教材为了保证其知识体系的完整性，其知识点必然与高中化学教材有一定的重复。大学教材也从最基本的定义讲起，不仅可以使学生回顾旧知识，还可以为那些高中基础不够扎实的学生更加夯实基础。这一点在热化学和化学平衡中均有较明显的体现。

1.2　高中化学某些知识点的难度降低

实施新课改后，虽然学生知识的广度增加了，但是有些知识点的难度却降低了，反映在与大学知识的衔接上，就表现为大学教材与高中教材在某些方面具有一定的跳跃性。如氧化还原反应，现在高中教材仅仅是从得失电子的角度来理解氧化还原反应，已经不涉及"归中反应"与"歧化反应"这些名词，45.8%的学生反映在学习氧化还原反应的时候，有些知识点或者名词高中没有涉及，基础不够，理解起来相对有些困难。

关于有机化合物的学习，尽管在知识的广度上比旧人教版教材略有拓展，但是降低了知识的难度。而且，高考对于有机化学的难度要求也较过去偏低。援引福建师大附中一位高中化学老师的看法：现在高考有机化学的合成题基本超过 3 个碳的合成已经不再出现了。原有的知识体系被打破，仅以一些常见的简单有机物为例学习基本的反应原理。

鉴于近两年的高考都是采取"有机化学基础"和"物质结构与性质"选考模式，近 70%的学生并不担心高考选考制度会对自己专业基础知识的学习造成影响；高中化学教师迫于高考升学率的压力，只能顾此失彼；因此，不论中学教师的"教"还是高中生的"学"对"有机化学基础"或"物质结构与性质"的基础不很扎实，这给大学相关课程的教学带来了困难。

2. 大学化学与高中化学知识的有效衔接

由于中学与大学的培养目标、教学方式不同，大多数人在刚进入大学的时候不能很快适应大学生活，常常表现出在自学能力、独立分析问题能力、知识的应用和创新等方面有所欠缺[1]。为了提升大学课堂效率、提高人才培养质量，就必须完成从中学基础知识学习到大学专业知识学习的过渡，做好大学化学与高中化学教学的衔接，降低学习跨度。

在化学学习中，由于受到学生认知能力和心理发展水平的限制，许多知识，尤其是抽象的化学概念及化学理论，在教学上通常会采取螺旋式循序渐进的方式进行，防止给学生的认知及学习情感带来障碍，因而，知识间紧密的衔接关系往往在教材中被打破[2]。教师在教学中如何引导学生构建知识间点的衔接，对学生建立完整的知识体系结构具有重大意义。比较福建省高中现用教材和大学无机化学教材，可以发现中学化学知识与大学化学知识的衔接点非常多。不仅有酸碱等概念在内涵和外延上的拓展，也有碳氧等元素及其化合物知识的延伸，还有物质结构等理论知识的深化，作者建议在大学化学实际教学中应关注以下几个方面。

2.1　加强理论联系实际

新课改强调"自主、合作、探究"的学习方式，强调从社会生活实际出发，强化学生科学探索的意识。在问卷的问题 4"你在学习大学无机化学时觉得最不适应的地方是什么"的调查中，45.8%的学生选择了大学化学的出发点和高中不同。我们知道，化学的学习十分强调"结构决定性质，性质决定用途"。而新课改高中化学十分强调从生产生活入手来研究化学现象，了解物质的生产原理及性质。这相当于提出一个问题："为什么这个物质能够用于这些方面"，然后再从本质上去解释。而大学的无机化学教学过程比较注重理论知识，从物质的结构入手开始阐释。出发点的不同，让 38.0%的学生觉得理论知识较为空洞，脱离了实际生活。同时，另有53.5%的学生不适应大学的教学方式，没有跟上教师的教学进度，进而失去了化学学习的兴趣。在高中普遍开始关注化学与生活的联系时，如何增强化学学习的实用性是大学化学教授过程中应当思考的一个问题。

2.2 注意知识的循序渐进

中学涉及的知识在大学阶段得到进一步的延伸和深化，有部分知识是在原有基础上进一步地扩大知识的外延，丰富其内涵，从而使学生在理论的高度上更客观地认识事物各方面的属性[2]。

有些知识是高中所学的提升。例如，根据普通高中化学课程标准(实验)，中学阶段学生在必修1中知道电子在核外是分层排布的，还在物质结构与性质中初步接触能级、4个量子数等概念，这对学生在大学进一步建立原子结构的量子力学模型打下了基础。高中阶段酸碱的概念在大学阶段被进一步划分为路易斯酸碱、质子酸碱等。高中就要求掌握化学键、氢键和分子间作用力对物质性质的影响，学生对这些知识的掌握也极大地丰富了大学课堂教学的灵活性，便于大学深入探讨其原因。高中只是简单地了解原电池和电解池的工作原理，而大学将引入能斯特方程来全面阐释电化学理论体系的丰富内涵。配合物在高中也较少接触，73.3%学生没有系统学习过配合物，教师只简单介绍一些常见的配合物。可见，配合物的学习应该是大学重点、详细介绍的对象之一。

也有一些内容是高中知识的概括和整合。例如高中通过可逆反应的学习，理解了影响化学平衡的因素并学会判断反应是否达到平衡，而大学则系统学习了电离平衡、沉淀溶解平衡、水溶液中的酸碱平衡及配位平衡，并将其整合到化学平衡的知识体系中。大学化学用原子核外电子排布、电离能、电子亲和能、电负性等周期性的变化进一步概括了元素周期律和原子结构的内在联系。

像这些知识的教学可以用情境再现或者课前预习的方式，通过回顾已有知识，找出知识之间的潜在联系，从而将新旧知识有机地串联在一起，便于学生理解接受。

2.3 注意知识的承上启下和深化

中学限于学生的理论水平有限和教材的深度要求，有些知识在教授起来难免与大学知识相矛盾。例如高中讲解稀硫酸的电离通常认为硫酸中的氢是完全电离的，大学时才进一步了解到实际上硫酸的二级电离是不完全的。在中学阶段，通过金属活动性顺序表，学生可以得出铜和酸不会发生反应，而大学阶段会进一步认识到铜可以与热浓盐酸作用。高中接触到的催化剂都是加快反应速率的正催化剂，而大学进一步延伸了对催化剂的认识，有正负之分。此外，问卷调查第8题关于氧化还原反应的学习，有7%的同学选择了用氧化数代替化合价。因为在高中氧化还原反应的教学中一直在用化合价的概念，大学学习时发现混合价态化合物(如Fe_3O_4、Pb_3O_4)用化合价判断就不准确，而用氧化数来表达，它既可以是整数，也可以是分数。

有研究证明，模糊观念对化学学习的影响深刻，难以消除[3]。所以，在化学教学时也要注意学生的模糊观念对知识学习的影响，尤其是中学化学知识与大学知识相冲突的地方。可以采取实验探究、设置问题情境的模式，建立已知和未知的矛盾关系，通过学生的动手、观察及思考，进一步加深印象，深入了解事物的本质，避免知识的简单灌输。

2.4 强化学生的实验动手能力

化学是一门实验科学。化学实验教学对发展学生智力、培养独立动手能力、训练科学思维、养成严谨的科研精神均具有重要作用。在对实验课的调研中，高中由于受到实验条件和器材数量的限制，多采取两人一组进行学生实验。高中阶段仅学习了一些基本的实验技能，如加热操作、量筒、托盘天平以及容量瓶的使用，也有40.7%的学生进行过简单的气体发生、收集操作。在有机化学实验方面，学生多是通过随堂实验，观察教师的操作过程来学习的，学生的动手能力也大大地受到限制，竟有28.7%的被调查者反映他们在高中阶段没有亲自动手操作过。所以，在大学阶段应该对学生的基本实验技能予以重点加强。也要多安排探究性实验以激发学生学习的兴趣，培养学生独立思考的能力，并得到设计实验思路方面的指导，这是80.8%的学生的心声。

大学化学知识与高中化学的衔接应该要关注并体现学生的主体性。学生学习的成果是教学的最终目的。大学化学课程必须在课程设计理念和授课形式上重视"自主、合作、探究"式的学习方式，多与学生交流，丰富课堂授课手段，注重知识的衔接，融入探索性课题，在实践中不断强化学生对知识系统灵活运用的能力以及独立实验能力。

参考文献

[1]谢九生，钟华. 浅谈大学化学教学与中学化学教学的衔接[J]. 江西化工，2009，(2)：42－44.

[2]吕琳，徐丹悦，吴星，等. 高中化学与大学无机化学知识衔接的方式[J]. 化学教育，2009，30(7)：25－27.

[3]肖新年. 高中化学与初中化学新教材教学衔接之初探[J]. 数理化学习，2005，(13)：47－49.

[4]路振华. 试论从中学到大学化学教学的过渡[J]. 连云港职业大学学报，1993，6(3)：47－48，51.